机械设计
《典型应用图例》

冯仁余　张丽杰　主编

JIXIE SHEJI
DIANXING
YINGYONG
TULI

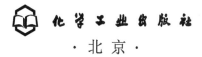

化学工业出版社
· 北京 ·

本书列举大量的机械工程实例应用实例，以图作架，以文为结，主要讲述机械机构（平面连杆机构，凸轮机构，齿轮机构，轮系，间歇运动机构，螺旋机构，挠性机构，组合机构，创新机构等）基本原理及工程应用实例，以及典型机械零部件（螺纹连接，键、花键及销连接，铆接、焊接和胶接，蜗杆，轴承，轴，联轴器、集合器和制动器，弹簧等）结构设计应用实例，突出要点，为读者在机构开发、机械设计中提供设计参考。全书实例丰富、典型，主线明确，辅线清晰，突出工程性和实用性。

本书所编内容涉及领域广泛、收集内容全面、图文翔实、分析透彻，是广大相关专业的本科院校师生拓展应用知识的宝贵资料，也是广大机械工程技术人员学习参考的重要依据和工具书。

图书在版编目（CIP）数据

机械设计典型应用图例/冯仁余，张丽杰主编 . —北京：化学工业出版社，2015.10（2020.1重印）
ISBN 978-7-122-25128-2

Ⅰ.①机… Ⅱ.①冯…②张… Ⅲ.①机械设计
Ⅳ.①TH122

中国版本图书馆 CIP 数据核字（2015）第 212573 号

责任编辑：张兴辉　　　　　　　　　　　文字编辑：项　潋
责任校对：宋　玮　　　　　　　　　　　装帧设计：王晓宇

出版发行：化学工业出版社（北京市东城区青年湖南街 13 号　邮政编码 100011）
印　　装：北京虎彩文化传播有限公司
787mm×1092mm　1/16　印张 21　字数 485 千字　2020 年 1 月北京第 1 版第 3 次印刷

购书咨询：010-64518888　　　　　　　售后服务：010-64518899
网　　址：http://www.cip.com.cn
凡购买本书，如有缺损质量问题，本社销售中心负责调换。

定　　价：89.00 元　　　　　　　　　　　　　　版权所有　违者必究

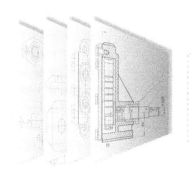

前 言
FOREWORD

机构和零件作为机械产品的核心,其设计的创新性决定了产品的实用性和先进性。作为一名机械设计人员,全面掌握机械常用机构和通用零件的设计理论、设计方法是不言而喻的,有关这方面的书籍很多,但关于全面综合的、工程性的典型应用,有关书籍还为数不多,为此,编者以常用机构和通用零件的设计为主框架,以设计方法、结构设计实践和典型应用图例为主要内容,结合多年来从事机械机构设计方面的教学、科研和实际设计的丰富经验,尤其结合在实践中收集积累的各类应用实例图例,从工程性和实用性的角度编写成此书,侧重于各类机构和通用零件在工程中的各类应用实例。

本书依托大量翔实的工程实例,以图作架,以文为结,尽力阐明机构实例的工作原理与选用要点,能为读者在机构开发和设计中提供一定的帮助。其主要特点如下:

（1）主线明确,辅线清晰

以机构→零件为主线,涵盖机械各类机构和通用零件的典型设计及应用图例,以在交通工具、物流设备等专业领域的机械装备应用为辅线,图文并茂地阐明分析实例的结构原理。

（2）突出工程性和实用性

所选机构典型全面,既有经典机械机构,又有创新机械机构;既有单一机构,又有组合机构;既有对机构实例的剖析,又有对创新机构的介绍,全方位地为读者展示各种典型工程实例。内容简明扼要,深入浅出,图文并茂,可帮助读者在短时间内高效优质地掌握常用机构的工程应用。

（3）图文并茂,形象易读

所选机构图例既包括简单明了的运动简图和轴测简图,又包括装配关系清楚的装配图、构造图和轴测构造图,直观形象。配以简明扼要的文字,说明设计原则与运动分析、工程实例的工作原理、结构特点和设计选用，要点说明脉络清晰，方便查阅。

本书内容涉及领域广泛、收集内容全面、图文翔实、分析透彻，是广大相关专业的本科院校师生拓展应用知识的宝贵资料，也是广大机械工程技术人员学习参考的重要依据和工具书。

本书由冯仁余、张丽杰任主编，王海兰、路学成任副主编，参加编写工作的还有：李改灵、郝振洁、白丽娜、田广才、李若蕾、马雅丽、刘雅倩、孙爱丽、李立华、刘洁、王文照、郭维、李玉兰、柴树峰。本书由徐来春、骆素君主审。

限于编者的水平，书中难免存在不妥之处，真诚地希望读者给予批评指正，以便修改。

编　者

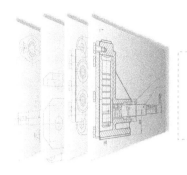

目　录

CONTENTS

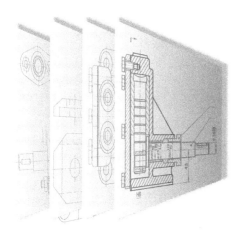

Chapter **01**

第1章

平面连杆机构典型应用图例

连杆机构被应用于各种机械、仪器仪表及日常生活器械中，剪床、冲床、颚式破碎机、内燃机、缝纫机、人体假肢、挖掘机、公共汽车关开门机构、车辆转向机构以及机械手和机器人等都巧妙地利用了各种连杆机构。

连杆机构的主要优点如下。

① 运动副为面接触，压强小，承载能力大，耐冲击，易润滑，磨损小，寿命长。

② 运动副元素简单（多为平面或圆柱面），制造比较容易。

③ 运动副元素靠本身的几何封闭来保证构件运动，具有运动可逆性，结构简单，工作可靠。

④ 可以实现多种运动规律和特定轨迹要求。

⑤ 可以实现增力、扩大行程、锁紧等功能。

连杆机构也存在一些缺点。

① 由于连杆机构运动副之间有间隙，当使用长运动链（构件数较多）时，易产生较大的积累误差，同时也使机械效率降低。

② 连杆机构所产生的惯性力难以平衡，因而会增加机构的动载荷，不宜高速转动。

③ 受杆数的限制，连杆机构难以精确地满足很复杂的运动规律。

根据连杆机构的构件运动范围可以将其分为平面连杆机构和空间连杆机构。在一般机械中较常用的是平面连杆机构，它在结构上和运动形式上相对比较简单，已形成了一套完整的分析和综合理论，同时，它也是研究连杆机构的基础。

平面连杆机构是由一些刚性构件用转动副和移动副相互连接而组成的在同一平面或相互平行的平面内运动的机构。由于平面连杆机构是由若干构件用平面低副连接而成的机构，故又称为低副机构。使用平面连杆机构能够实现一些较为复杂的平面运动，因此，平面连杆机构是应用最早也是应用很广泛的机构。

平面连杆机构的应用主要体现在以下几个方面：通过变换运动形式，把转动转变为移动；实现较复杂的平面运动；放大传动。

平面连杆机构的构件形状是多种多样的，但大多为杆状的，最常用的是四根杆，也就是

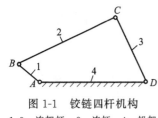

图 1-1 铰链四杆机构

1,3—连架杆；2—连杆；4—机架

四个构件组成的平面四杆机构。

运动副均为转动副的四杆机构称为铰链四杆机构，它是平面四杆机构的基本形式。在图 1-1 所示的铰链四杆机构中，固定不动的构件 4 称为机架，直接与机架相连的构件 1 和 3 称为连架杆，不与机架直接相连的中间构件 2 称为连杆。

连架杆 1 和 3 通常绕自身的回转中心 A 和 D 回转，杆 2 做平面运动。能做整周回转的连架杆称为曲柄，仅能在一定范围内做往复摆动的连架杆称为摇杆。能够做整周转动的转动副称为周转副，不能够做整周转动的转动副称为摆转副。根据两个连架杆是曲柄还是摇杆，铰链四杆机构共有三种基本形式：曲柄摇杆机构、双曲柄机构和双摇杆机构。

1.1 曲柄摇杆机构

1.1.1 运动分析

若铰链四杆机构的两个连架杆一个是曲柄，另一个是摇杆，则该四杆机构称为曲柄摇杆机构，如图 1-2 所示。

曲柄摇杆机构的特征是两个连架杆中，一个是曲柄，另一个是摇杆。

曲柄摇杆机构的原动件可以是曲柄，也可以是摇杆。

曲柄摇杆机构能将原动件曲柄的整周回转运动转变为摇杆的往复摆动，也可以将摇杆的往复摆动转换为曲柄的整周回转运动。

曲柄摇杆机构在通信器械、工程机械、纺织机械、机床及印刷机械等很多方面都有广泛的应用。

1.1.2 在通信器械方面的应用图例

在曲柄摇杆机构中，通常曲柄为原动件，且做匀速转动，而摇杆为从动件，在一定角度范围内做变速往复摆动。如图 1-3 所示的雷达天线仰俯机构就是此种曲柄摇杆机构。原动件曲柄 1 缓慢地匀速转动，通过连杆 2，使摇杆 3 在一定角度范围内摆动，则固定在摇杆 3 上的天线也能做一定角度的摆动，从而达到调整天线仰俯角大小的目的。

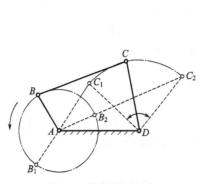

图 1-2 曲柄摇杆机构

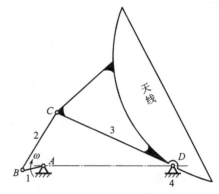

图 1-3 雷达天线仰俯角调整机构

1—曲柄；2—连杆；3—摇杆；4—机架

1.1.3　在工程机械方面的应用图例

（1）搅拌机机构图例

如图 1-4 所示的搅拌机机构为一个曲柄摇杆机构。原动件曲柄 1 回转，从动件摇杆 3 往复摆动，利用连杆 2 的延长部分实现搅拌功能。此搅拌机机构要求连杆 2 延长部分上 E 点的轨迹为一条曲线，实现搅拌功能。

（2）颚式破碎机机构图例

如图 1-5 和图 1-6 所示的两类颚式破碎机机构都是曲柄摇杆机构。

如图 1-5（a）所示的颚式破碎机机构，当带轮 1 带动偏心轴 2 转动时，悬挂在偏心轴 2 上的动颚 3，在下部与推杆 4 相铰接，使动颚做复杂的平面运动。在动颚 3 和固定颚 5 上均装有颚板 6，它上面加工有齿。当活动颚板做周期性的往复运动时，两个颚板时而靠近，时而远离。靠近时破碎物料 7，远离时物料在自重下自由落出。由图 1-5（b）可以看出，此类颚式破碎机机构是通过固连在连杆上的动颚将矿石压碎。

图 1-6 所示的是另外一类颚式破碎机的机构运动简图。曲柄 AB 带动连杆 BC 和摇杆 CD 运动。可以看出，它与前一类颚式破碎机虽采用了相同的机构，但工作原理不同，它是通过固连在摇杆上的动颚将矿石压碎。

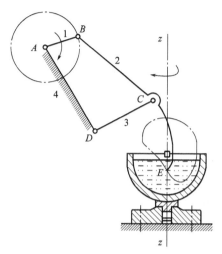

图 1-4　搅拌机机构

1—曲柄；2—连杆；3—从动摇杆；4—机架

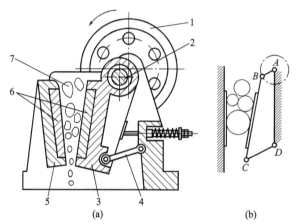

(a)　　　　　　(b)

图 1-5　颚式破碎机机构（动颚固连在连杆）

1—带轮；2—偏心轴；3—动颚；4—推杆；

5—固定颚；6—颚板；7—物料

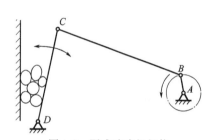

图 1-6　颚式破碎机机构

（动颚固连在摇杆）

1.1.4　在纺织机械方面的应用图例

图 1-7（b）所示为缝纫机的踏板机构，图 1-7（a）为其机构运动简图。踏板 1（原动件）往复摆动，通过连杆 2 驱使曲柄 3（从动件）做整周转动，再经过带传动使机头主轴转动。

在实际使用中，缝纫机有时会出现踏不动或倒车现象，这是由于机构处于死点位置引起的。一般情况下，对于传动机构来讲死点是不利的，应采取措施使机构能顺利通过死点位置。对于缝纫机的踏板机构而言，它在正常运转时，是借助安装在机头主轴上的飞轮（即上带轮）的惯性作用，使缝纫机踏板机构的曲柄冲过死点位置。

1.1.5　在夹具方面的应用图例

在机械工程上有时利用死点位置的自锁特性来满足一些工作的特殊需要。死点位置对传动虽然不利，但是对某些夹紧装置却可用于放松。例如图1-8所示的夹紧机构，扳动手把2（连杆），杆1（曲柄）和杆3（摇杆）均逆时针方向旋转，这时与杆1连接的压头将工件5压住，当工件被夹紧时，连杆2和杆3共线，即铰链中心 B、C、D 共线，在 F_N 力的作用下，杆2、3为从动杆，此时机构出现死点位置而自锁。工件加在杆1上的反作用力 F_N 无论多大，也不能使杆3转动。这就保证在去掉外力 F 之后，仍能可靠地夹紧工件。当需要取出工件时，只需向上扳动2上的手柄，即能使整个机构运动而松开夹具。

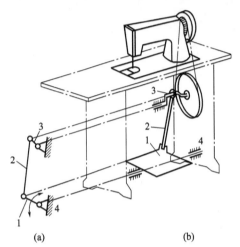

图1-7　缝纫机踏板机构

1—踏板；2—连杆；3—曲柄；4—机架

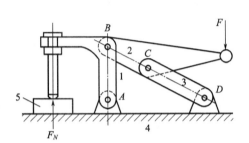

图1-8　夹紧机构

1—曲柄；2—连杆；3—摇杆；4—机架；5—工件

1.1.6　在汽车方面的应用图例

汽车前窗刮雨器机构是一个曲柄摇杆机构，如图1-9所示。电动机驱动原动件曲柄 AB 转动，使连杆 BC 带动摇杆 CD 左右摆动。摇杆绕 D 点的摆动可以驱动安装在摇杆 CD 延长部分的雨刷完成清扫挡风玻璃上雨水的动作。

如图1-10(a) 所示的多杆机构是另外一种汽车前窗刮雨器机构的传动装置，1为机架，2为原动曲柄，通过杆件3、4、5、7可以实现从动杆6、8的大摆角摆动。图1-10(b) 为其机构运动简图。

1.1.7　在摄影机械方面的应用图例

摄影机抓片机构是曲柄摇杆机构，如图1-11所示。原动件为曲柄 AB 且做匀速转动，摇杆 CD 为从动件，在一定角度范围内做变速往复摆动，连杆 BC 延长部分上的 E 点沿点画线所示的曲线运动。可以看出，摄影机抓片是利用曲柄摇杆机构中连杆的延长部分来实现的。

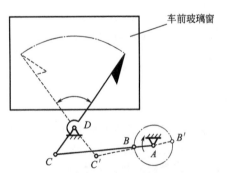

图1-9　汽车前窗刮雨器机构（一）

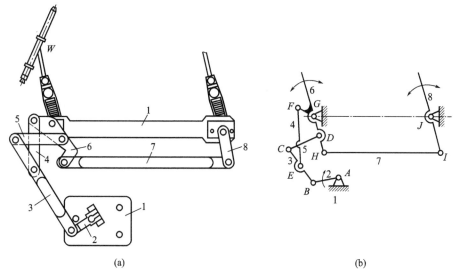

(a)   (b)

图 1-10　汽车前窗刮雨器机构（二）

1—机架；2—原动曲柄；3～5,7—杆件；6,8—从动杆

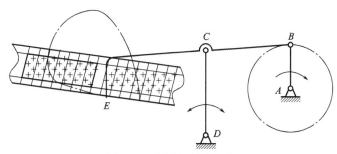

图 1-11　摄影机抓片机构

1.1.8　在自动化生产方面的应用图例

（1）钢材步进输送机的驱动机构图例

钢材步进输送机中的驱动机构包含两个相同的曲柄摇杆机构，如图 1-12 所示。曲柄 1 通过连杆 2 驱动摇杆 3 摆动。当曲柄 1 整周转动时，连杆 2 上的 E 点沿点画线所示的曲线运动。若在 E 和 E' 上铰接推杆 5，则当两个曲柄同步转动时，推杆也按此曲线轨迹平动。当

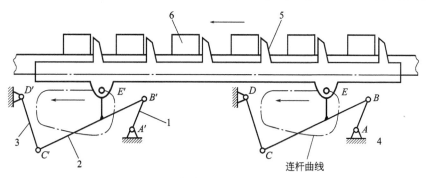

图 1-12　钢材步进输送机的驱动机构

1—曲柄；2—连杆；3—摇杆；4—机架；5—推杆；6—钢材

E（E'）点行经曲线上部时，推杆做近似水平直线运动，推动钢材 6 前移。当 E（E'）点行经曲线的其他部分时，推杆脱离钢材沿左面轨迹下降、返回和沿右面轨迹上升至原位置。曲柄每转一周，钢材就前进一步。在实际设计中还会利用急回运动的特点使其回程速度加快以提高钢材步进输送机的生产率。

（2）由连杆构成的步进送料机构图例

如图 1-13 所示步进送料机构，驱动机构由连杆机构构成。在机体 7 上固定有两个连杆支承 3 和 9，在连杆支承 3 上装有连杆 2 和连杆 1，在连杆支承 9 上装有连杆 11 和连杆 10，通过连接杆 13 将连杆 1 和连杆 11 连接起来。

当原动轴转动而原动杆 12 使连杆 1 摆动时，输送杆 8 的运动轨迹在上部是直线，一个循环的运动轨迹好像是压扁变形的"D"字。

机体左右两侧共有两个输送杆，它们由一个原动轴驱动，做同步运动，被输送零件 6 在输送爪 5 的推动下沿导轨 4 到达指定位置。

1.1.9　在印刷机械方面的应用图例

如图 1-14 所示的纹版冲孔机的冲孔动作是由曲柄摇杆机构和电磁铁操纵的曲柄滑块机构的组合运动来实现的。当曲柄摇杆机构的摇杆 CD 向下摆动至水平位置时，滑块向右平移至冲针上方并固定不动。摇杆 CD（又称打击板）继续下摆，滑块（又称榔头）打击冲针实现冲制小孔的功能。如果这两个机构动作不协调，摇杆 CD 从水平位置向下摆动时，滑块不在冲针上方位置或滑块虽已到位但摇杆 CD 却向上摆动，都不能完成冲孔工艺动作。

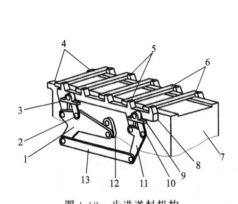

图 1-13　步进送料机构

1,2,10,11—连杆；3,9—连杆支承；4—导轨；5—输送爪；6—被输送零件；7—机体；8—输送杆；12—原动杆；13—连接杆

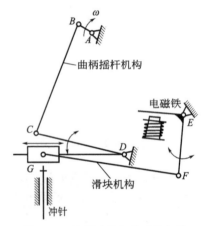

图 1-14　纹版冲孔机的冲孔机构

1.2　双曲柄机构

1.2.1　运动分析

若铰链四杆机构的两个连架杆都是曲柄，则该四杆机构称为双曲柄机构。

双曲柄机构的特征是两连架杆均为曲柄。双曲柄机构的作用是将一曲柄的等速回转转变为另一曲柄等速或变速回转。

双曲柄机构根据其从动件的运动不同，又可以分为不等双曲柄机构、平行双曲柄机构和反向双曲柄机构三种形式。

不等双曲柄机构，如图1-15所示。当主动曲柄 *AB* 转过180°时，从动曲柄 *CD* 转过 φ_1 角度，*AB* 再转过180°时，从动曲柄 *CD* 转过 φ_2 角度。很明显 $\varphi_1 > \varphi_2$，所以当主动曲柄做等速转动时，从动曲柄做变速运动。利用这一特点，可以制成惯性筛，使筛子做变速往复运动。

平行双曲柄机构，如图1-16所示。在双曲柄机构中，如两曲柄的长度相等，连杆与机架的长度也相等，则称为平行双曲柄机构，或称为平行四边形机构。也可以说平行四边形机构是双曲柄机构的特例。

平行四边形机构的特点是两连架杆等长且平行，连杆做平动。该机构有以下三个运动特性。

① 两曲柄转向一致，且转速相等。

② 连杆始终与机架平行。

③ 机构具有运动不确定性。

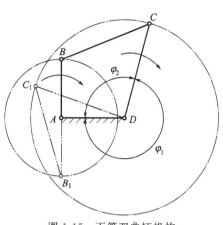

图1-15　不等双曲柄机构

反向双曲柄机构，如图1-17所示。对边杆相等，但不平行，两曲柄的转向相反，且角速度不相等。这一特点，可以应用到需要做反向运动的机械装置上去。例如，双扇门的启闭装置使用该结构，就可以保证两扇门能同时关闭和开启。

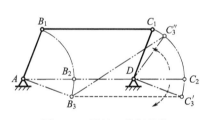

图1-16　平行双曲柄机构

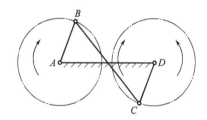

图1-17　反向双曲柄机构

1.2.2　在工程机械方面的应用图例

惯性筛主体机构是双曲柄机构，如图1-18所示为惯性筛主体机构的运动简图。这个六杆机构也可以看成是由两个四杆机构组成。第一个是由原动曲柄1、连杆2、从动曲柄3和机架6组成的双曲柄机构；第二个是由从动曲柄3（原动件）、连杆4、滑块5（筛子）和机架6组成的曲柄滑块机构。

惯性筛主体机构的运动过程为主动曲柄 *AB* 等速回转一周时，从动曲柄 *CD* 变速回转一周，使筛子 *EF* 获得加速度，产生往复直线运动，其工作行程平均速度较低，空程平均速度较高。筛子内的物料因惯性而来回抖动，从而将被筛选的物料分离。

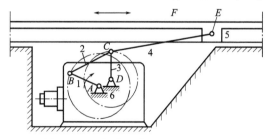

图1-18　惯性筛主体机构的运动简图
1—原动曲柄；2,4—连杆；3—从动曲柄；
5—滑块（筛子）；6—机架

1.2.3 在机车方面的应用图例

如图 1-19(a) 所示为机车车轮联动机构，图 1-19(b) 为其机构运动简图。该机构是利用平行四边形机构的两曲柄回转方向相同、转速相等、角速度相等的特点，使被联动的各从动车轮与主动车轮 1 具有完全相同的运动。由于机车车轮联动机构还具有运动不确定性，所以利用第三个平行曲柄来消除平行四边形机构在这种位置的运动不确定状态。

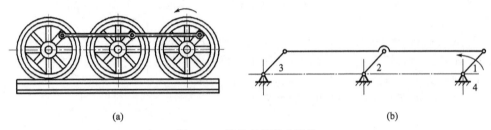

(a)　　　　　　　　　　　　　　　　(b)

图 1-19　机车车轮联动机构
1—主动车轮；2,3—从动车轮；4—机架

另外，当机构处于死点位置，驱动从动件的有效回转力矩为零，此时机构不能运动，实际机构中为使机构通过死点位置，可采取一些措施。例如，采用机构死点位置错位排列能使其顺利通过死点位置。机车车轮联动机构就是采取这样的措施，其两侧的曲柄滑块机构的曲柄位置相互错开 90°，如图 1-20 所示。

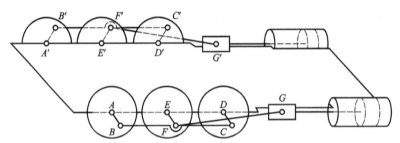

图 1-20　机车车轮联动机构（包括曲柄滑块机构）

1.2.4 在摄影机械方面的应用图例

摄影平台升降机构也是平行四边形机构，它是根据平行四边形机构的特点即两连架杆等长且平行、连杆做平动以及平行四边形机构的运动特性即连杆始终与机架平行的原理，使摄影平台升降移动。

如图 1-21 所示的摄影平台升降机构：连架杆 AB、CD 等长且平行，连杆 BC 始终与机架平行且上下移动。摄影平台升降机构是利用连杆 BC 的延长部分实现摄影平台升降的功能。

1.2.5 旋转式水泵机构应用图例

旋转式水泵是由相位依次相差 90°的四个双曲柄机构组成，如图 1-22(a) 所示。图 1-22(b) 是其中一个双曲柄机构的运动简图。当原动曲柄 1 等角速顺时针转动时，连杆 2 带动从动曲柄 3 做周期性变速转动，因此相邻两从动曲柄（隔板）间的夹角也周期性地变化。转到右边时，相邻两从动曲柄（隔板）间的夹角及容积增大，形成真空，于是从进水口吸水；转到左边时，相邻两隔板的夹角及容积变小，压力升高，从出水口排水，从而起到泵水的作用。

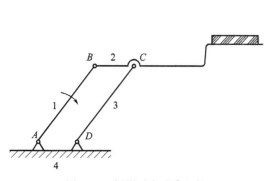

图 1-21　摄影平台升降机构
1,3—连架杆；2—连杆；4—机架

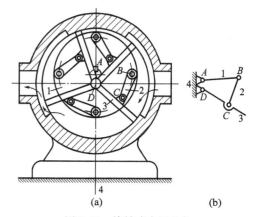

图 1-22　旋转式水泵机构
1—原动曲柄；2—连杆；3—从动曲柄；4—机架

1.2.6　在汽车方面的应用图例

反平行四边形机构是指主动曲柄做等速转动、从动曲柄做反向变速转动的机构。

公共汽车车门启闭机构就是反平行四边形机构，如图 1-23 所示。两个曲柄 AB 和 CD 的转向相反，角速度也不相同，牵动主动曲柄的延伸，使两个曲柄同时转动，进而实现使固连在曲柄上的两扇车门同时打开或关闭的过程。

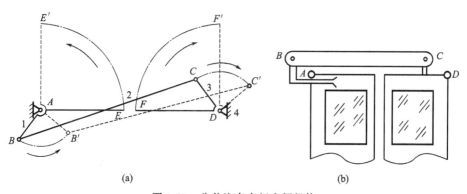

图 1-23　公共汽车车门启闭机构
1,3—曲柄；2—连杆；4—机架

1.2.7　在机床方面的应用图例

冲床双曲柄机构如图 1-24 所示，B 点走过的轨迹是一个圆弧，DC、DE 杆长相等，DC、DE、CE 三杆焊接为一个固定的三脚架。

该冲床双曲柄机构也可以看成是由两个四杆机构组成。第一个是由主动曲柄 AB、连杆 BC、从动曲柄 DC 和机架 AD 组成的双曲柄机构；第二个是由曲柄 DE（原动件）、连杆 EF、滑块（冲头）和机架 DF 组成的曲柄滑块机构。

该机构的运动过程为：原动件曲柄 AB 匀速回转，从动曲柄 DC（或 DE）变速回转。通过连在从动曲柄上的 E 点带动冲头 F 上下移动工作。由于曲柄 DE 是变速回转，所以冲床双曲柄机构具有急回运动特性。

1.2.8 其他应用图例

(1) 回转半径不同的曲柄联动机构图例

如图 1-25 所示,该机构设有一个与两个曲柄机构轴心连线相平行的导向槽,滑块 4 与该导向槽相配合。连杆 3 把两个曲柄与滑块 4 连在一起,连杆 3 通过轴 B 固定在滑块 4 上,并能自如摆动。连杆上部借助轴 A 与小曲柄轮 2 直接相连,而连杆的下端则通过连接杆并借助轴 D 与大曲柄轮 6 相连,图中 1 为机架。

设两个曲柄机构的轴心距离为 L,只要选定连杆的中点 B,即 $AB = BC = \frac{1}{2}L$,那么,由于连接杆的作用,就可使半径不同(如 $R_0 < R_1$)的两个曲柄机构同时运动而不产生干涉。连接杆的长度可以任意选定。整个机构的速度比是相等的,但瞬时角速度不同。

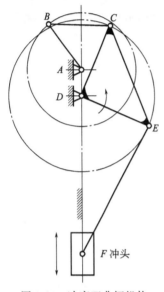

图 1-24 冲床双曲柄机构

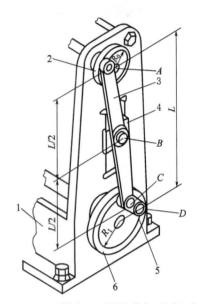

图 1-25 回转半径不同的曲柄联动机构
1—机架;2—小曲柄轮;3—连杆;4—滑块;
5—导向槽;6—大曲柄轮

(2) 挖土机铲斗机构图例

图 1-26 所示的挖土机铲斗机构,是平行双曲柄机构,连杆 BC 在连板上固定。液压缸通过 K 点可以驱动由 AB、CD 构成的平行双曲柄机构,进而使铲斗实现上下移动。

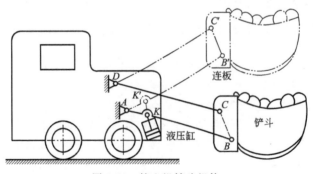

图 1-26 挖土机铲斗机构

1.3 双摇杆机构

1.3.1 运动分析

若铰链四杆机构的两个连架杆都是摇杆，则该四杆机构称为双摇杆机构，该机构可将主动摇杆的摆动转换为从动摇杆的摆动。

双摇杆机构的特征是两个连架杆都为摇杆。

摇杆的两极限位置之间的夹角为摇杆摆动的最大角度，如 α_{max}、β_{max}，如图 1-27 所示。一般情况下 $\alpha \neq \beta$，这种摆角不等的特点能满足汽车、拖拉机转向机构的需要。

1.3.2 在装卸机械方面的应用图例

起重机吊臂中的双摇杆机构，即重物平移机构，如图 1-28 所示。

通过由 $ABCD$ 构成的双摇杆机构的运动可以使起重机悬吊在 E 处的物体做平移运动。当摇杆 DC 摆动时，连杆 CB 的延长线上悬挂重物的点 E 在近似水平线上移动，使重物避免不必要的升降，以减少能量消耗。连杆 CB 延长线上点 E 的选择要合适，点 E 的轨迹才为近似的水平直线。

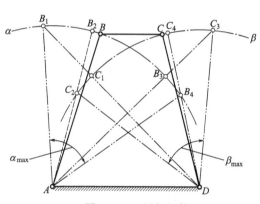

图 1-27　双摇杆机构

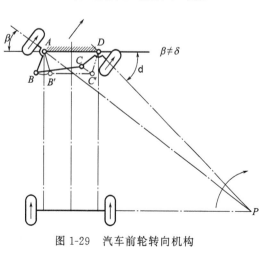

图 1-28　起重机机构
1,3—摇杆；2—连杆；4—机架

1.3.3 在汽车上的应用图例

（1）汽车前轮转向机构图例

两摇杆长度相等的双摇杆机构，称为等腰梯形机构。轮式车辆的前轮转向机构就是等腰梯形机构的应用实例，如图 1-29 所示。车子转弯时，与前轮轴固连的两个摇杆的摆角 β 和 δ 不等，车辆将绕两轮轴线的延长线交点 P 转弯。如果在任意位置都能使两前轮轴线的交点 P 落在后轮轴线的延长线上，则当整个车身绕 P 点转动时，四个车轮都能在地面上纯滚动，避免轮胎因滑动而损伤。一般情况下，等腰梯形机构可以近似地满足这一要求。

图 1-29　汽车前轮转向机构

（2）可逆坐席机构图例

可逆坐席机构是双摇杆机构，如图 1-30 所示，坐席底座 AD 为机架，坐席靠背通过两连架杆与底座铰接，根据需要可改变靠背的方向。

1.3.4　在飞机上的应用图例

飞机起落架机构是双摇杆机构，如图 1-31 所示。飞机着陆前，需要将着陆轮 1 从飞机起落架仓 4 中推放出来，如图中实线所示；飞机起飞后，为了减小空气阻力，又需要将着陆轮收入飞机起落架仓中，如图中虚线所示。这些动作是由主动摇杆 3，通过连杆 2、从动摇杆 5 带动着落轮来实现的。

工程实践中，常利用死点来实现特定的工作要求。例如本实例的飞机起落架机构，飞机着陆时，构件 AB 和 BC 处于一条直线上，无论机轮所在的摇杆 DC 受多大的力，起落架都不会反转，使降落可靠。

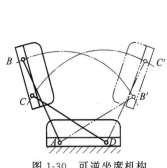 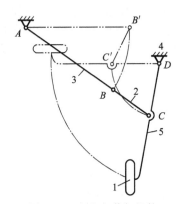

图 1-30　可逆坐席机构

图 1-31　飞机起落架机构

1—着落轮；2—连杆；3—主动摇杆；4—飞机起落架仓；5—从动摇杆

1.3.5　在自动化生产方面的应用图例

（1）摆动式供料器机构图例

摆动式供料器机构如图 1-32 所示，可以分析出其主体机构 ABCD 组成双摇杆机构。当主动摇杆 1 摆动时，经连杆 2 带动从动摇杆即料斗 3 往复摆动，使装在其内的工件翻滚，工件杆身随机落入料斗底缝。每当摆至上面位置时，如图中实线所示，由底缝导向的工件便沿着斜面向下移动，直至进入接受槽中。

（2）造型机翻转机构图例

铸工车间翻台振实式造型机的翻转机构是双摇杆机构，如图 1-33 所示。它是应用一个铰链四杆机构来实现翻台的两个工作位置的。在图中实线位置 I，砂箱 7 与翻台 8 固连，并在振实台 9 上振实造型。当压力油推动活塞 6 时，通过连杆 5 使摇杆 4 摆动，从而将翻台与砂箱转到虚线位置 II。然后托台 10 上升接触砂箱，解除砂箱与翻台间的紧固联接并起模。

1.3.6　在仓储设备方面的应用图例

图 1-34 所示为用于煤仓的闸门启闭机构，图中实线为关闭位置，开启时拉下绳索 5，由滑轮 4 改变绳索方向，拉动摇杆 1，通过连杆 2 使闸门 3（摇杆）也同向摆动。当摇杆 1 由位置 AB 摆动至 AB′ 时，闸门 3 由位置 CD 摆至 C′D，此时煤仓闸门完全开启，关闭时由于闸门 3 的重心偏于垂线左方，利用重力即可使闸门自动摆回至原来位置。

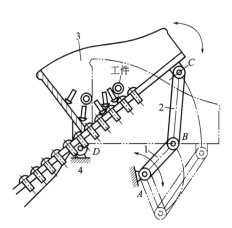

图 1-32　摆动式供料器机构
1—主动摇杆；2—连杆；
3—从动摇杆；4—机架

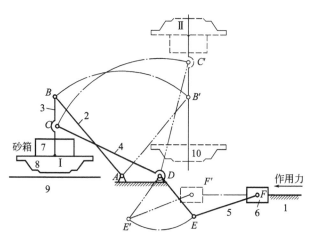

图 1-33　造型机翻转机构
1—机架；2,4—摇杆；3,5—连杆；6—活塞；
7—砂箱；8—翻台；9—振实台；10—托台

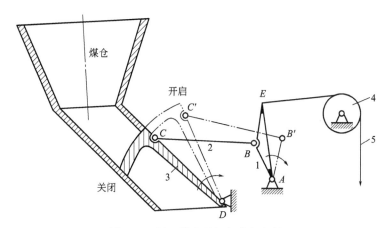

图 1-34　用于煤仓的闸门启闭机构
1—摇杆；2—连杆；3—闸门（摇杆）；4—滑轮；5—绳索

1.3.7　在家用电器方面的应用图例

如图 1-35 所示，电动机安装在摇杆 4 上，连杆 1 上安装一个回转轴线与转动副 A 轴线重合的蜗轮，蜗轮与电动机轴上的蜗杆相啮合。当电动机转动时，通过蜗杆和蜗轮使连杆 1 和摇杆 4 做整周相对转动，从而使连架杆 2 和摇杆 4 做往复摆动，达到电风扇摇头的目的。

1.3.8　其他应用图例

如图 1-36 所示，是用平行四边形机构作小臂驱动器的关节式机械手。该机械手有 5 个自由度，即躯体的回转（θ_1）；手臂的俯仰和伸缩（θ_2、θ_3）；手腕的弯转和滚转（θ_4、θ_5）。该机械手的特点是其第 3 关节（θ_3）的驱动源安装在躯体上，用平行四边形机构将运动传给小臂。这样安排驱动源，是为了减轻大臂的重量，增加手臂的刚度，从而提高手腕的定位精度。

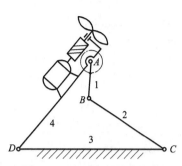

图 1-35 电风扇的摇头机构
1—连杆；2—连架杆；3—机架；4—摇杆

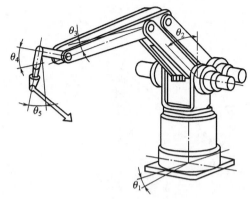

图 1-36 关节式机械手

1.4 曲柄滑块机构

1.4.1 运动分析

通过用移动副取代转动副、变更杆件长度、变更机架和扩大转动副尺寸等途径，还可以得到铰链四杆机构的其他演化形式。

如图 1-37（a）所示的曲柄摇杆机构，铰链中心 C 的轨迹为以 D 为圆心和 l_3 为半径的圆弧 mm。若将 l_3 增至无穷大，则如图 1-37（b）所示，C 点轨迹变成直线。于是摇杆 3 演化为直线运动的滑块，转动副 D 演化为移动副，机构演化为图 1-37（c）的曲柄滑块机构。

构件 1 为曲柄，滑块 2 相对于机架 4 做往复移动，该机构为曲柄滑块机构。曲柄滑块机构分为两类：若 C 点运动轨迹正对曲柄转动中心 A，则称为对心曲柄滑块机构，如图 1-37（c）所示；若 C 点运动轨迹 m-m 的延长线与回转中心 A 之间存在偏距 e，则称为偏置曲柄滑块机构，如图 1-37（d）所示。

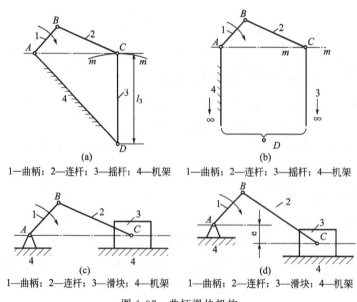

(a)

1—曲柄；2—连杆；3—摇杆；4—机架

(b)

1—曲柄；2—连杆；3—摇杆；4—机架

(c)

1—曲柄；2—连杆；3—滑块；4—机架

(d)

1—曲柄；2—连杆；3—滑块；4—机架

图 1-37 曲柄滑块机构

1.4.2　在冲床上的应用图例

如图 1-38 所示为一冲床机构。绕固定中心 A 转动的菱形盘 1 为原动件，与滑块 2 在 B 点铰接，滑块 2 推动拨叉 3 绕固定轴 C 转动，拨叉 3 与圆盘 4 为同一构件，当圆盘 4 转动时，通过连杆 5 使冲头 6 上下运动，从而完成对工件 8 的冲压，其中构件 4～7（机架）构成了曲柄滑块机构，其简化原理图如图 1-39 所示。

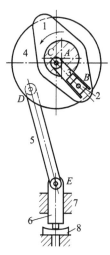
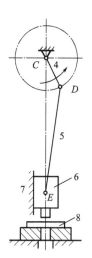

图 1-38　冲床机构

1—菱形盘（原动件）；2—滑块；3—拨叉；4—圆盘；
5—连杆；6—冲头；7—机架；8—工件

图 1-39　冲床机构简化原理图

4—曲柄；5—连杆；6—滑块；7—机架；8—工件

1.4.3　在压力机上的应用图例

如图 1-40 所示，压力机工作机构实际上是一个曲柄滑块机构。曲柄轴 1 旋转，通过连杆 3 带动滑块 2 做往复直线运动，对工件 4 进行冲压。

1.4.4　在搓丝机上的应用图例

图 1-41 所示为搓丝机机构，曲柄 1 绕回转中心 A 转动，通过连杆 2 带动上板牙 3（相当于滑块）做往复运动，上板牙 3 与静止的下板牙 4 作用加工出工件 5 的螺纹。

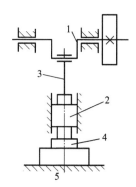
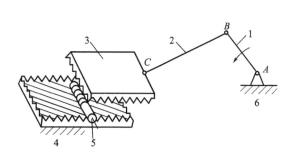

图 1-40　压力机机构

1—曲柄轴；2—滑块；3—连杆；
4—工件；5—机架

图 1-41　搓丝机机构

1—曲柄；2—连杆；3—上板牙；
4—下板牙；5—工件；6—机架

1.4.5 在送料机上的应用图例

图 1-42 所示为送料机机构简图，曲柄 2 等速转动，每回转一周，连杆 3 推动滑块 4 从料仓里推出一个工件。

1.4.6 在注射模上的应用图例

在注射模中，抽芯机构是常用的机构之一，如图 1-43 所示。合模后，模具如图所示状态，塑料经浇口套注入型腔。保压、冷却后，液压缸 6 先工作，推动连接头 5 向左运动，并使连杆 2 转动，使滑块 3 抽芯（向下）。图 1-44 所示的是抽芯机构两个工作位置的原理图。

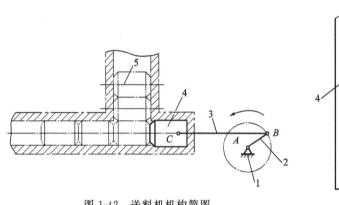

图 1-42　送料机机构简图
1—机架；2—曲柄；3—连杆；
4—滑块；5—工件

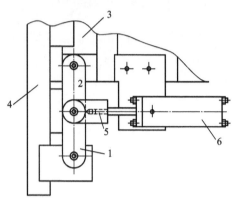

图 1-43　注射模抽芯机构
1—曲柄；2—连杆；3—滑块；4—机架；
5—连接头；6—液压缸

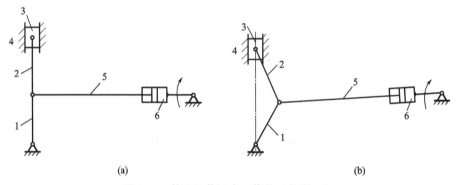

(a)   (b)

图 1-44　抽芯机构两个工作位置的原理图
1—曲柄；2—连杆；3—滑块；4—机架；5—连接头；6—液压缸

1.4.7 在蜂窝煤机上的应用图例

如图 1-45(a) 所示，构件 1 为曲柄（齿轮），构件 2 为连杆，构件 3 为滑梁，构件 4 为脱模盘，构件 5 为冲头，构件 6 为模筒转盘，构件 7 是机架。其中冲头 5 和脱模盘 4 都与上下移动的滑梁 3 连成一体。构件 1、构件 2、滑梁 3（脱模盘 4、冲头 5）和机架 7 构成偏置曲柄滑块机构。如图 1-45(b) 所示，动力经由带传动输送给齿轮机构，齿轮 1 整周转动，通过连杆 2 使滑梁 3 上下移动，在滑梁下冲时冲头 5 将煤粉压成蜂窝煤，脱模盘 4 将已成形的蜂窝煤脱模。图 1-45(c) 为其机构运动简图。

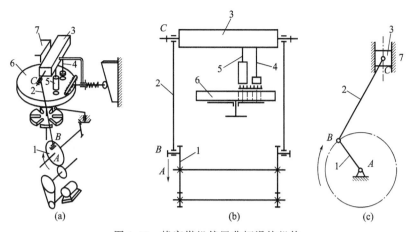

图 1-45　蜂窝煤机偏置曲柄滑块机构

1—曲柄（齿轮）；2—连杆；3—滑梁；4—脱模盘；5—冲头；6—模筒转盘；7—机架

1.4.8　其他应用图例

（1）无死点曲柄滑块机构图例

在机械设计中，由于曲柄滑块机构可以很容易地把旋转运动转换成直线运动，或把直线运动转换为旋转运动，所以，很多机械中采用曲柄滑块机构。但是，在把直线运动转换为旋转运动时，其缺点是有"死点"存在。为了解决这个问题，要采取多种办法。

如图 1-46 所示，是利用简单的机构就可以解决这个问题的无死点曲柄滑块机构。滑板 8 与活塞杆 5 相连接，利用滑板上的曲线形长孔 6 及与之配合的曲柄销 7 驱动曲柄轮 2 转动。在曲柄销的左右死点位置上，由于滑板的曲线形长孔的斜面和曲柄销接触，所以就能消除一般曲柄滑块机构的死点问题。曲线形长孔的倾斜方向确定了曲柄轴的旋转方向，并使其保持固定的旋转方向。图中 1 为曲柄轴，3 为滑板销轴，4 为气缸。

（2）曲柄垂直运动机构图例

如图 1-47 所示，机构是使连杆下端 C 点完成垂直运动的曲柄连杆机构。6 为连接杆，其一端与连杆 4 的下端相连于 C，另一端与滑块 1 相连于 F，滑块可在滑动导轨 2 中沿水平方向滑动。此外，在曲柄轮 3 的轴 A 的正下方设一个固定支点 D，再将连接杆 5 的一端连在 D 点，另一端与连接杆 6 上的 E 点相连。当 $EC=EF=ED$ 时，则随着曲柄轮的旋转，连杆下端点 C 就做上下垂直运动。

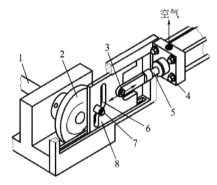

图 1-46　无死点曲柄机构

1—曲柄轴；2—曲柄轮；3—滑板销轴；4—气缸；5—活塞杆；
6—曲线形长孔；7—曲柄销；8—滑板

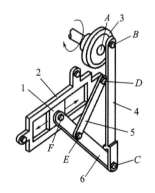

图 1-47　曲柄垂直运动机构

1—滑块；2—滑动导轨；3—曲柄轮；
4—连杆；5,6—连接杆

(3) 切割机构

如图 1-48(a) 所示，随着水平杆的往复运动材料被切割，装有下刀块的水平杆向右移动时，上刀块将向下沿弧线运动来完成切割加工。如图 1-48(b) 所示，在切割时，这个机构的上刀块和下刀块始终保持平行，真正实现了类似剪刀的动作，但是滑动构件间的摩擦会影响切削力。

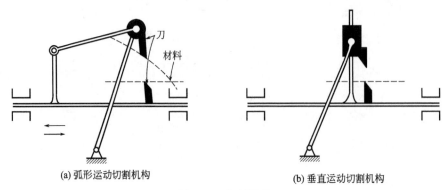

(a) 弧形运动切割机构　　　　(b) 垂直运动切割机构

图 1-48　切割机构

1.5　导杆机构

1.5.1　运动分析

改变图 1-49(a) 曲柄滑块机构中的固定构件，取构件 1 为固定构件，构件 4 对滑块 3 起导向作用，故构件 4 称为导杆，此机构称为导杆机构，如图 1-49(b) 所示。通常取构件 2 为原动件，该机构中，当 $l_2 \geqslant l_1$ 时，构件 2 和构件 4 相对于机架均能做整周运动，故称为转动导杆机构，如图 1-49(c) 所示；当 $l_2 < l_1$ 时，构件 2 相对于机架做整周转动，但构件 4 只能做往复摆动，故称为摆动导杆机构，如图 1-49(d) 所示。

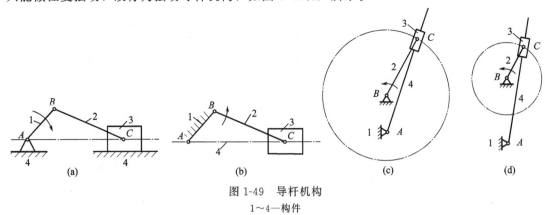

图 1-49　导杆机构

1~4—构件

1.5.2　在牛头刨床上的应用图例

如图 1-50 所示，为牛头刨床机构简图，牛头刨床的动力是由电动机经带、齿轮传动使齿轮 2 绕轴 B 回转，再经滑块 3、导杆 4、连杆 5 带动装有刨刀的滑枕 6 沿床身 1 上的导轨槽做往复直线运动，从而完成刨削工作。

1.5.3 在旋转油泵上的应用图例

如图 1-51 所示的旋转液压泵主体结构中，当原动件 2 转动时，杆 4 随之做整周转动，使活塞 3 上部容积发生变化，从而起到泵油的作用。

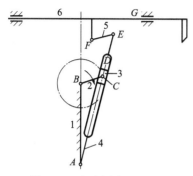

图 1-50 牛头刨床
1—床身；2—齿轮；3—滑块；4—导杆；5—连杆；6—滑枕

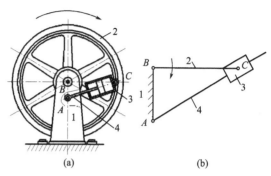

图 1-51 旋转油泵
1—机架；2—原动件；3—活塞；4—杆

1.5.4 在送料机上的应用图例

如图 1-52 所示水平滑板步进送料机构，采用了导杆机构，输送杆 4 由 L 形连杆 5 连接在水平滑板 2 上，当水平滑板沿导轨 7 从左向右滑动时，L 形连杆倾倒在挡块 9 上，当水平滑板从右向左滑动时，L 形连杆升起并靠到挡块 8 上。这样，随着水平滑板的运动，将零件 3 按需要输送。图中 1 为驱动轴，10 为驱动臂，11 为曲柄轮。

由于水平滑板只需要进行左右滑动，所以，如果在驱动中采用快速退回机构，就能缩短输送杆返回时间。

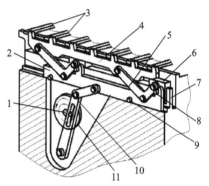

图 1-52 步进送料机构
1—驱动轴；2,6—水平滑板；3—零件；4—输送杆；5—L 形连杆；7—导轨；8，9—挡块；10—驱动臂；11—曲柄轮

1.6 摇块机构和定块机构

1.6.1 运动分析

改变图 1-53(a) 所示的曲柄滑块机构固定构件的位置，取构件 2 为固定构件，构件（摇块）3 可以绕机架上的铰链中心 C 摆动，故称该机构为摇块机构，其机构简图如图 1-53(b) 所示；若取构件 3 为固定构件，机构称为定块机构，如图 1-54 所示。

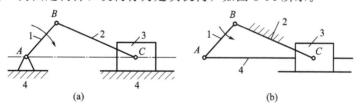

图 1-53 摇块机构
1—曲柄；2—固定构件；3—摇块；4—连杆

1.6.2 在工程机械方面的应用图例

在摆动式液压泵简图1-55中，杆1为原动件做连续回转，通过构件2带动摇块3摆动，完成交替进出油的功能。

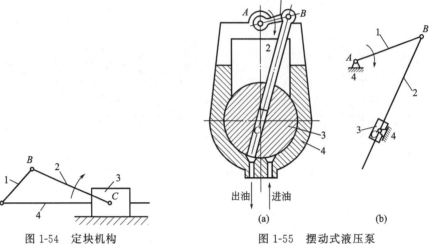

图 1-54 定块机构

1—曲柄；2—可动构件；3—定块；4—连杆

图 1-55 摆动式液压泵

1—原动件；2—构件；3—摇块；4—机架

1.6.3 在水利方面的应用图例

抽水唧筒是定块机构的常见例子，如图1-56（a）所示。当曲柄1往复摆动时，活塞4（移动滑块）在缸体3（机架）中往复移动将水抽出。图1-56（b）是其机构简图。

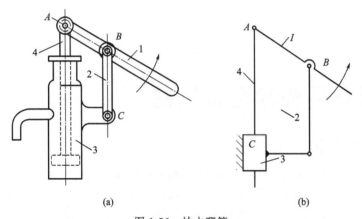

图 1-56 抽水唧筒

1—曲柄；2—连杆；3—缸体（机架）；4—活塞（移动滑块）

1.6.4 在自动翻卸料装置上的应用图例

图1-57所示的是卡车自动翻转卸料机构，是摇块机构的应用，当液压缸3中的压力油推动活塞杆4运动时，车厢1便绕回转副中心 B 倾斜，当达到一定角度时，物料就自动卸下。

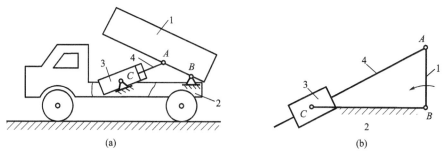

图 1-57　自动翻转卸料机
1—车厢；2—机架；3—液压缸；4—活塞杆

1.7　含有两个移动副的四杆机构

含有两个移动副的四杆机构常称为双滑块机构。

1.7.1　在绘图设备方面的应用图例

图 1-58(a) 所示为双滑块椭圆仪机构简图，当滑块 1 和 3 沿机架 4 的十字槽滑动时，连杆 2 上的各点便描绘出长、短径不同的椭圆。图 1-58(b) 是其机构简图。

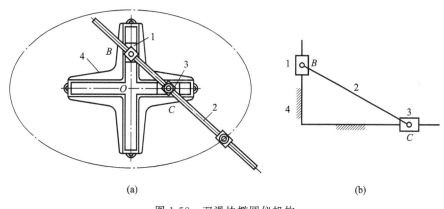

图 1-58　双滑块椭圆仪机构
1,3—滑块；2—连杆；4—机架

1.7.2　在函数机构方面的应用图例

两个移动副不相邻，如图 1-59(a) 所示，从动件 3 的位移与原动件转角 φ 的正切成正比，故称为正切机构。两个移动副相邻，且其中一个移动副与机架相关联，如图 1-59(b) 所示，从动件 3 的位移与原动件转角 φ 的正弦成正比，故称为正弦机构。

1.7.3　在联轴器方面的应用图例

两个移动副相邻，且均不与机架相关联，如图 1-60(a) 所示，原动件 1 与从动件 3 具有相等的角速度，图 1-60(b) 所示滑块联轴器就是这种机构的应用实例，它可用来连接中心线平行但不重合的两根轴。

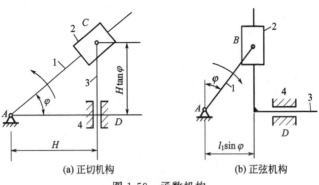

| (a) 正切机构 | (b) 正弦机构 |

图 1-59 函数机构

1—原动件；2—滑块；3—从动件；4—机架

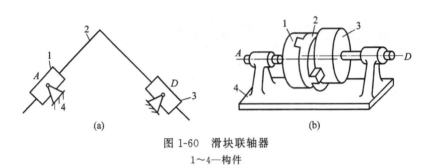

| (a) | (b) |

图 1-60 滑块联轴器

1～4—构件

1.8 多杆机构

生产中常见的很多机构可以看成由若干个四杆机构组合扩展形成的。

1.8.1 在推料机上的应用图例

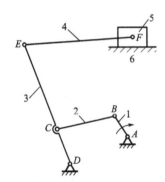

图 1-61 所示的是钢料输送机构的运动简图，它是六杆机构，构件 1～3 机架 6 组成曲柄摇杆机构，构件 3～5 和机架 6 组成摇杆滑块机构，杆 1 为原动件，滑块 5 为输出件，采用六杆机构可以增大滑块的行程。

1.8.2 在抽油机上的应用图例

如图 1-62 所示为六杆增量式抽油机机构。此机构由两个四杆机构组成，曲柄 1、连杆 2、游梁 3 和底座 6（支架 7 与底座 6 连为一体）构成曲柄摇杆机构；游梁 3、摆杆 4、驴头 5 和支架 7（底座 6）构成交叉双摇杆机构。动力由机构前部的带传动传递给

图 1-61 六杆推料机构

1～4—构件；5—滑块；6—机架

曲柄 1，曲柄 1 为原动件，通过连杆 2 带动游梁绕铰链 D 摆动，配合摆杆 4 使驴头做平面复杂运动，从而完成抽油工作。

1.8.3 在小型刨床上的应用图例

图 1-63 所示为小型刨床机构，它的主体机构是由转动导杆机构和曲柄滑块机构构成的。构件 1～4 组成转动导杆机构，构件 1、4～6 组成曲柄滑块机构。构件 2 为原动件，滑块 6 为工作件，输出运动。

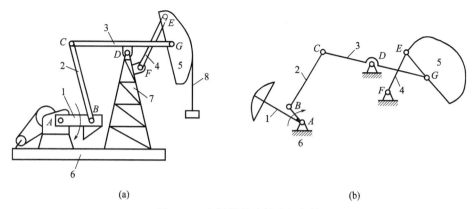

(a)   (b)

图 1-62 六杆增量式抽油机机构
1—曲柄；2—连杆；3—游梁；4—摆杆；5—驴头；6—底座；7—支架

1.8.4 在仿生机械方面的应用图例

图 1-64 所示机构图是为过膝盖断腿的人设计的整体膝盖机构，此机构复现大腿骨 4 与胫骨即假腿构件 1 之间的相对转动中心的移动轨迹，以保持行走的稳定性。图 1-64(b) 为 0°弯曲即伸直位置，图 1-64(c) 为 90°弯曲位置。图 1-64(a)为其机构简图。由两个双摇杆机构组成，构件 1、2、5、6 构成双摇杆机构，构件 2～5 构成双摇杆机构。其中构件 2 为原动件，大腿骨 4 为从动件输出运动。

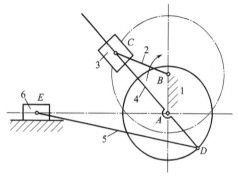

图 1-63 小型刨床机构
1—机架；2—曲柄；3,6—滑块；4,5—连杆

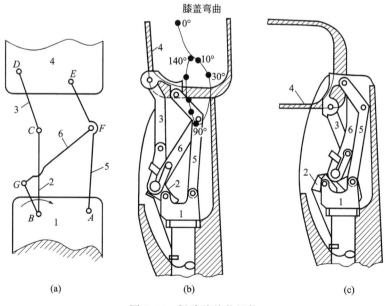

(a)   (b)   (c)

图 1-64 假肢膝关节机构
1～3,5,6—构件；4—大腿骨

1.8.5 在装载机上的应用图例

图 1-65(a) 所示为装载机机构立体图，图 1-65(b) 是其运动简图，其主体机构由举升缸体 1、举升缸活塞杆 2、动臂 3、拉杆 4、摇臂 5、转斗缸活塞杆 6、转斗缸体 7 和铲斗 8 构成，其中动臂 3 左右对称安装耳板，此耳板固连在动臂 3 上，与转斗缸体 7 通过高副连接，前车架可视为与地固定，不参与运动。构件 1、2、3、9 构成摇杆滑块机构，构件 3、5、6、7 构成摇杆滑块机构，构件 3、4、5、8 构成双摇杆机构，举升缸体 1 为原动件，铲斗 8 为输出构件。此八杆机构在一个工作周期内完成伸斗、升举、翻斗、收斗、下降、放平六个动作。

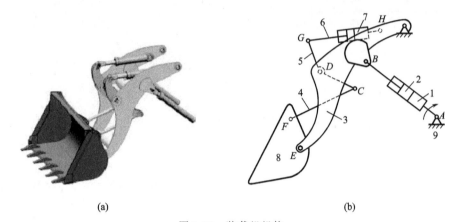

(a)   (b)

图 1-65 装载机机构

1—举升缸体；2—举升缸活塞杆；3—动臂；4—拉杆；5—摇臂；6—转斗缸活塞杆；7—转斗缸体；8—铲斗；9—机架

1.8.6 在纺织机械方面的应用图例

图 1-66 所示的缝纫机摆梭机构是六杆机构，构件 1、2、3、6 组成曲柄摇杆机构，构件 3～6 组成摆动导杆机构。曲柄 1 为原动件，摆杆 5 为从动件。当曲柄 1 连续转动时，通过连杆 2 使导杆 3 做一定角度的摆动，再通过导杆机构使摆杆 5 的摆角增大。

1.8.7 在插齿机上的应用图例

图 1-67 所示的是插齿机的主传动机构，它是六杆机构，构件 1、2、3、6 组成曲柄摇杆机构，构件 3～6 组成摇杆滑块机构，利用此六杆机构可使插刀在工作行程中得到近于等速的运动。

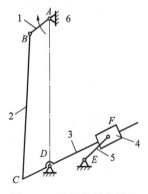

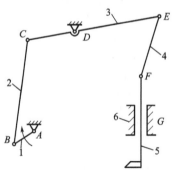

图 1-66 缝纫机摆梭机构   图 1-67 插齿机机构

1—曲柄；2—连杆；3—导杆；4—滑块；5—摆杆；6—机架   1～6—构件

1.8.8 在插床上的应用图例

图 1-68 所示为插床插削主体机构，它是六杆机构，构件 1、2、3、6 组成摆动导杆机构，构件 3~6 组成摇杆滑块机构。杆 1 为原动件，滑块 5 固接插刀，完成插削动作。

1.8.9 在摆式飞剪机上的应用图例

图 1-69 所示为摆式飞剪机机构简图，它是七杆机构。当主动曲柄 1 绕 G 点转动时，GH 带动龙门剪架 4 上下左右摆动，GA 经小连杆 2 带动下剪架滑座 3 沿龙门剪架 4 上下移动，从而使装于龙门剪架 4 的上剪刃及装于滑座 3 的下剪刃开启与闭合。同时，曲柄 6 绕 F 点转动，经连杆 5 带动龙门剪架 4 绕 H 点摆动，以保证上下剪刃在剪切时与工件同速水平移动，即实现同步剪切。此外，将下剪刃与滑座 3 制成可分离的，当调整为 GA 转两周滑座只上推下剪刃一次并完成剪切时，则空切一次，亦即剪切工件长度为原来定长的 2 倍。

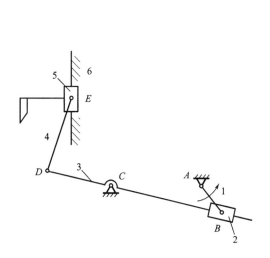

图 1-68 插床插削机构
1~6—构件

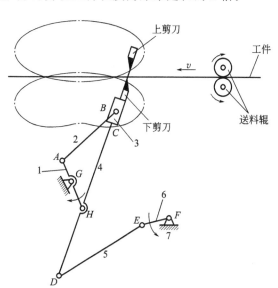

图 1-69 摆式飞剪机机构简图
1—主动曲柄；2—小连杆；3—滑座；4—龙门剪架；
5—连杆；6—曲柄；7—机架

1.8.10 在电动玩具上的应用图例

图 1-70 所示为电动玩具马的主体运动机构。它能模仿马的奔驰运动形态，使骑在玩具马上的小朋友仿佛身临其境。实际上，这种电动马由曲柄摇块机构叠加在两杆机构绕 OO 轴转动的构件上。两杆机构在此作为运载机构使马绕以 OO 轴为圆心的圆周向前奔驰，而构件 2 的摇摆和伸缩则使马获得跃上、窜下、前俯后仰的姿态。

1.8.11 在手动冲床上的应用图例

图 1-71 所示的是手动冲床。它可以看成是由两个四杆机构组成的。第一个是由原动摇杆（手柄）1、连杆 2、从动摇杆 3 和机架 4 组成的双摇杆机构；第二个是由摇杆 3、小连杆 5、冲杆 6 和机架 4 组成的摇杆滑块机构。其中前一个四杆机构的输出件作为第二个四杆机构的输入件。扳动手柄 1，冲杆 6 就上下运动。采用六杆机构，使扳动手柄的力获得两次放大，从而增大了冲杆的作用力。

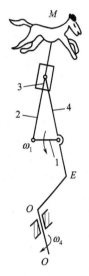

图 1-70　电动玩具马主体运动机构

1～4—构件

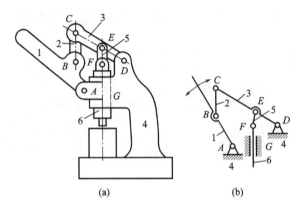

图 1-71　手动冲床

1—原动摇杆（手柄）；2—连杆；3—从动摇杆；

4—机架；5—小连杆；6—冲杆

1.8.12　在包装机械上的应用图例

（1）底面折叠板机构

底面折叠板机构具有两种功能，除了折叠底面一边长外，同时与摆动板一起接住托板推上的条盒和透明纸，以便托板下降。

图 1-72 所示为底面折叠板机构简图。槽凸轮 7 连续回转，通过摆杆 8、连杆 1、摆杆 3 驱动底面折叠板 5 沿导轨 4、导轨板 6 实现往复直线运动。通过调节连杆 1 的长度可实现底面折叠板初始（终了）位置的调整，通过改变铰链 2 在摆杆 3 上圆弧槽内的位置，实现底面折叠板行程的调整。

图 1-73 所示为摆动板机构简图，摆动板机构由摆动板 1、链轮 2，支架 3、连杆 4、轴 5、摆杆 6、凸轮 7 组成。动力经链传动传递给主轴，凸轮安装于轴上并随轴匀速转动。摆杆 6 在凸轮的作用下往复摆动，推动连杆 4，连杆 4 通过铰链与摆动板 1 铰接，其作用是在托板上升过程中使透明纸定位，并对条盒进行 U 形裹包，在托板下降时用来托住条盒。

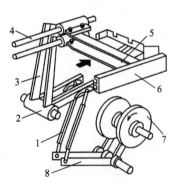

图 1-72　底面折叠板机构

1—连杆；2—铰链；3,8—摆杆；4—导轨；

5—底面折叠板；6—导轨板；7—槽凸轮

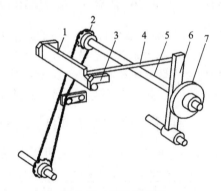

图 1-73　摆动板机构

1—摆动板；2—链轮；3—支架；4—连杆；

5—轴；6—摆杆；7—凸轮

（2）送纸机构

在包装印刷过程中为防止纸板挠曲，常设有吸送纸系统。送纸机构由一个摆动导杆机构串联一个摇杆滑块机构组成，如图 1-74 所示。运动从齿轮 1 输入，曲柄 2 与滑块 3 固连，滑块 3 嵌入导杆 4 的槽内，使导杆获得动力往复摆动。摇杆 6 与导杆 4 固连于同一轴上，以相同的频率摆动，通过连杆 7 推动滑块 10 沿导轨 8 运动，从而使固连于滑块 10 上的踢脚 9 获得往复运动，将纸板逐张推向输纸辊中。往复送纸机构的工作频率应与印刷滚筒转速配合，印刷滚筒转过一转，印刷一块纸板，送纸机构亦往复运动一次。

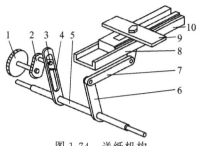

图 1-74　送纸机构

1—齿轮；2—曲柄；3,10—滑块；4—导杆；5,6—摇杆；7—连杆；8—导轨；9—踢脚

1.8.13　其他应用图例

图 1-75 所示的可调机构是由曲柄摇杆机构 A_0ABB_0 和后接四杆机构 $B_0B'CC_0$ 以及双杆组 $EF\text{-}FF_0$ 所组成的八杆机构，曲柄 A_0A 的机架铰链 A_0 位置可调；当转动螺杆 1 时，螺母 2 做轴向移动，从而通过连杆 3 使摆杆 4 及其上的机架铰链 A_0 绕固定中心 V_0 转动，使曲柄摇杆机构的机架长 $\overline{A_0B_0}$ 成为无级可调。当后接四杆机构 $B_0B'CC_0$ 运动时，连杆 BC 平面上的连杆点 E 做往复运动，它所描绘的部分连杆曲线为近似于半径为 EF 的圆弧，连杆点 E 通过这段圆弧时，从动摆杆 F_0F 近似停歇。通过调节可以在从动摆杆摆角保持不变的情况下使停歇时间从最大值（$\varphi_{R1}=150°$）调至为零。链条 5 用于将主动链轮（中心在 V_0）的转动传至从动链轮（主动曲柄 A_0A）。

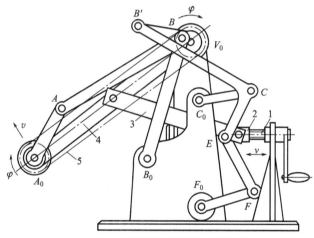

图 1-75　停歇时间可调的八杆机构

1—螺杆；2—螺母；3—连杆；4—摆杆；5—链条

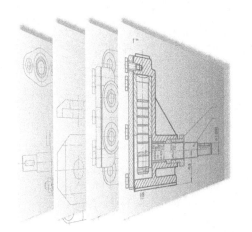

第2章

凸轮机构典型应用图例

凸轮机构是由具有曲线轮廓或凹槽的构件，通过高副接触驱动从动件实现预期运动规律的一种高副机构，它广泛地应用于各种机械，特别是自动机械、自动控制装置和装配生产线中，是工程实际中用于实现机械化和自动化的一种常用机构。

2.1 凸轮机构的组成和类型

2.1.1 凸轮机构的组成

凸轮机构主要由凸轮、从动件和机架三个基本构件组成。凡是靠轮廓的形状把一种有规则的运动，变成为一种特殊的运动的机件，都叫做凸轮。凸轮机构就是依靠凸轮本身的轮廓形状，通过从动件直接接触的方式，使从动件获得所需规律的一种机构。图 2-1 所示为内燃机的配气机构。图中具有曲线轮廓的构件 1 为凸轮，当它做等速转动时，其曲线轮廓通过与气门弹簧上座圈 4 接触，使气阀有规律地开启和闭合。机器工作对气阀的动作程序及其速度和加速度都有严格的要求，这些要求均是通过凸轮 1 的轮廓曲线来实现的。

凸轮机构的优点：只需设计适当的凸轮轮廓，即可使从动件得到所需的运动规律，并且结构简单、紧凑，设计方便。

凸轮机构的缺点：凸轮轮廓与从动件之间为点接触或线接触，易磨损，所以通常用于传力不大的控制机构。

图 2-1　内燃机配气机构
1—凸轮；2—气阀杆；3—套筒；
4—气门弹簧上座圈

2.1.2 凸轮机构的类型

凸轮机构的应用广泛，其类型也很多。按凸轮的形状可分为盘形凸轮、移动凸轮和圆柱凸轮；按从动件的形式可分为尖顶从动件、滚子从动件和平底从动件；按锁合方式可分为力锁合、几何锁合。表 2-1 列出了各类凸轮机构的特点及应用。

表 2-1　凸轮机构的特点及应用

类型		图例	特点与应用
凸轮形状	盘形凸轮	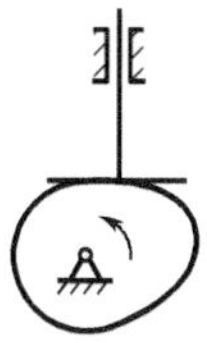	凸轮为径向尺寸变化的盘形构件,它绕固定轴做旋转运动。从动件在垂直于回转轴的平面内做直线或摆动的往返运动。这种机构是凸轮的最基本形式,应用广泛
	移动凸轮	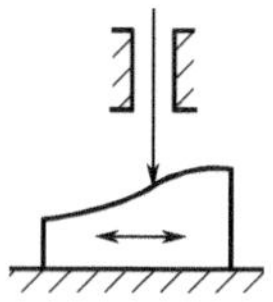	凸轮为一有曲面的直线运动构件,在凸轮往返移动作用下,从动件可做直线或摆动的往返运动。这种机构在机床上应用较多
	圆柱凸轮	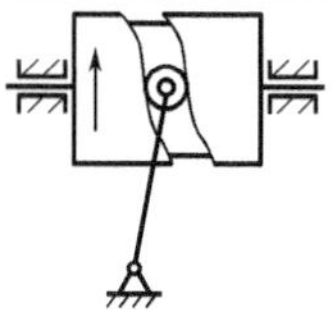	凸轮为一有沟槽的圆柱体,它绕中心轴做回转运动。从动件在凸轮的轴线平行平面内做直线移动或摆动。它与盘形凸轮相比,行程较长,常用于自动机床
从动件形式	尖顶	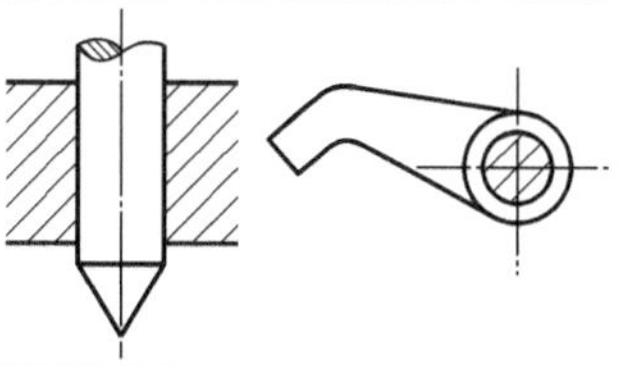	尖顶能与任意复杂的凸轮轮廓保持接触,从而使从动件实现任意运动。但因尖顶易于磨损,故只宜于传力不大的低速凸轮机构中
	滚子	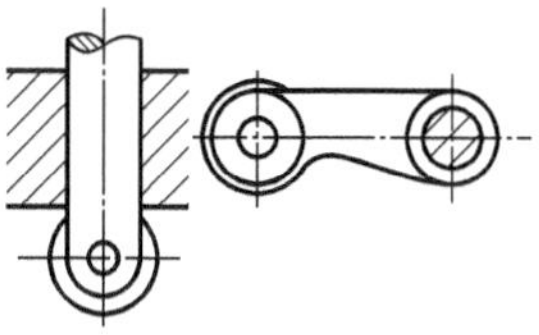	这种从动件由于滚子与凸轮之间为滚动摩擦,所以磨损较小,可用来传递较大的动力,应用最普遍
	平底	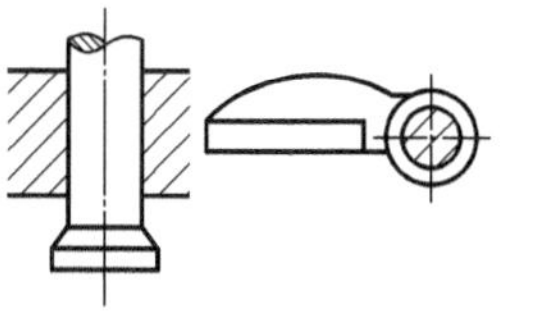	凸轮对从动件的作用力始终垂直于推杆的底边(不计摩擦时),故受力比较平稳。而且凸轮与平底的接触面间易于形成油膜,润滑良好,所以常用于高速传动中
锁合方式	力锁合	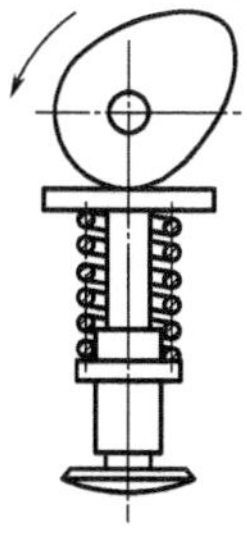	利用从动件的重力、弹簧力或其他外力使从动件与凸轮保持接触
	几何锁合	凹槽锁合	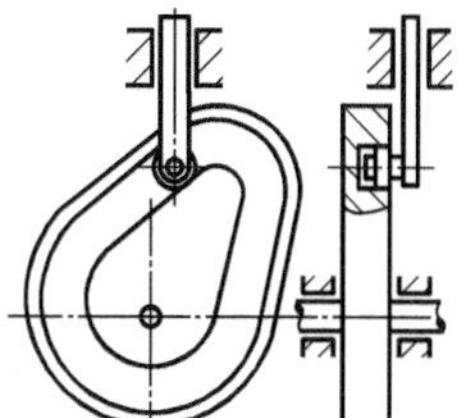 其凹槽两侧面间的距离等于滚子的直径,故能保证滚子与凸轮始终接触。因此这种凸轮只能采用滚子从动件

类型		图例	特点与应用
锁合方式	几何锁合	共轭凸轮	利用固定在同一轴上但不在同一平面内的两个凸轮来控制一个从动件,从而形成几何封闭,使凸轮与从动件始终保持接触
		等径和等宽凸轮 (a) (b)	图(a)为等径凸轮机构,因过凸轮轴心任一径向线与两滚子中心距离处相等,可使凸轮与从动件始终保持接触。图(b)为等宽凸轮,因与凸轮廓线相切的任意两平行线间距离处处相等且等于框形内壁宽度,故凸轮和从动件可始终保持接触

2.2 盘形凸轮

2.2.1 运动分析

盘形凸轮是凸轮的最基本形式。如图 2-2 所示,这种凸轮是一个绕固定轴线转动并具有变化矢径的盘形构件。凸轮绕其轴线旋转时,可推动从动件移动或摆动。盘形凸轮结构简单、应用广泛,但从动件行程不能太大,否则会使凸轮的径向尺寸变化过大,对工作不利,因此盘形凸轮多用在行程较短的传动中。

2.2.2 在纺织机械方面的应用图例

图 2-3 所示为绕线机构中用于排线的凸轮机构,当绕线轴 3 快速转动时,经齿轮带动凸轮 1 缓慢地转动,通过凸轮轮廓与尖顶 A 之间的作用,驱使从动件 2 往复摆动,从而使线均匀地缠绕在绕线轴上。

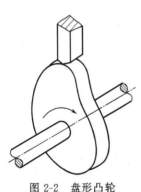

图 2-2 盘形凸轮

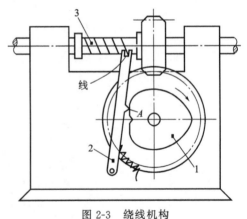

图 2-3 绕线机构
1—凸轮;2—从动件;3—绕线轴

2.2.3 在夹具方面的应用图例

(1) 凸轮式夹紧装置图例

图 2-4 所示为凸轮-顶杆式夹紧机构。凸轮 1 与手柄 a 固连，当凸轮绕轴心 A 转动时，其工作面 b 沿着顶杆 2 的端面 c 滑动，而顶杆沿着固定导路 3 移动。因此，若逆时针方向转动手柄，则凸轮使顶杆向左移动，将工件相对于固定面 d 夹紧；若顺时针方向转动手柄，则弹簧 4 使顶杆向右移动，工件被松开。

(2) 一次夹紧多个零件的夹具图例

图 2-5 所示为一次夹紧多个零件的夹具机构，图中 1 为夹紧滚轮 A，2 为压板 A，3 为夹紧滚轮 B，4 为连接块，5 为夹压偏心凸轮，6 为夹紧滚轮 C，7 为压板 B，8 为夹紧滚轮 D。如图所示，压板 A、B 的两个斜面与滚轮接触，且压板之间制成与被夹压零件截面相同形状的孔，并在这些孔中夹持零件，用偏心凸轮完成零件的夹紧和松开。

压板 A、B 以燕尾槽与连接块相连，所以，夹具的拆装很方便，从而容易清扫夹具，这对夹具而言是十分重要的。

设计要点：本夹具作为磨床、铣床、镗床等大量生产用的夹具，其应用十分方便。制造夹具时，压板斜面相对滚轮的位置以及滚轮直径等，都必须精确加工。

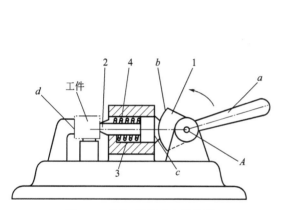

图 2-4 凸轮-顶杆式夹紧机构

1—凸轮；2—顶杆；3—固
定导路；4—弹簧

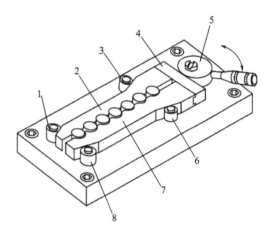

图 2-5 一次夹紧多个零件的夹具

1—夹紧滚轮 A；2—压板 A；3—夹紧滚轮 B；
4—连接块；5—夹压偏心凸轮；6—夹紧
滚轮 C；7—压板 B；8—夹紧滚轮 D

2.2.4 在制动机械方面的应用图例

图 2-6 所示为凸轮式制动机构，主要由转筒 1、凸轮 2、板簧 3 等组成。凸轮可绕固定轴心 B 转动，但因弹簧的作用，凸轮的转动受到一定限制。转筒可绕固定轴心 A 逆时针自由转动。但当转筒欲顺时针转动时，则由于凸轮的斜楔作用产生制动。

2.2.5 在工程机械方面的应用图例

图 2-7 所示为偏心圆等宽凸轮驱动的柱塞泵工作原理图。凸轮转动时，从动件（柱塞）上下运动，油腔 1、2 的容积随之变化。油腔 1 处于排油状态时，油腔 2 就处于吸油状态；油腔 2 处于排油状态时，油腔 1 处于吸油状态。柱塞运动时，总有一个油腔处于排油状态。

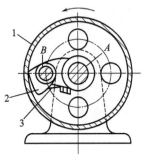

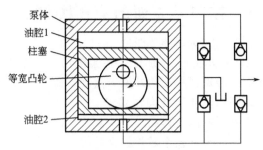

图 2-6　凸轮式制动机构
1—转筒；2—凸轮；3—板簧

图 2-7　偏心圆等宽凸轮驱动柱塞泵工作原理图

2.2.6　在自动化生产方面的应用图例

(1) 多轴压力机零件推出器图例

图 2-8 所示为多轴压力机零件推出器的示意图，在滑块 1 上装有杆 2，杆 2 与凸轮 3 活动连接。凸轮的旋转轴装在滑块的支出架上，滑块 1 移动时，凸轮 3 与固定滚子 4 相遇而转动，从而使杆 2 移动而推出零件。

(2) 摆动筛图例

图 2-9 所示为摆动筛机构，主动偏心轮 1 转动时，通过左右带轮带动筛体 2 往复摆动。筛体 2 悬挂在铰链连接的杆或平板弹簧上。这种机构由于采用两个挠性带，可吸收一部分能量，动力性能较好。

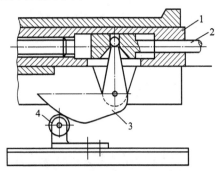

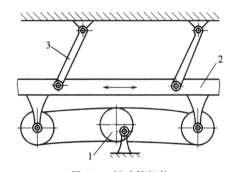

图 2-8　多轴压力机零件推出器
1—滑块；2—杆；3—凸轮；4—固定滚子

图 2-9　摆动筛机构
1—主动偏心轮；2—筛体；3—摆杆

(3) 凸轮钳式送料机构图例

图 2-10 所示为凸轮钳式送料机构，机构由钳口 1、凸轮 2 及连杆组成。钳口的张开与闭合以及其送料的进给和退回均由凸轮 2 推动、连杆 3 和 4 在凸轮 2 的作用下钳口可以张合，而连杆 5 和 6 可以使钳口夹紧料后向前移动一个送料进程，当钳口 1 张开时，则钳口同时退回初始状态。该机构可用于 0.3mm 以下的卷料。

(4) 加工槽纹带条的凸轮机构图例

图 2-11 所示为加工槽纹带条的凸轮机构，其中主动凸轮 1 绕定轴线 A 转动，1 具有槽 b，摇杆 5 的滚子 6 在槽中滚转；从动摇杆 5 绕定轴线 B 摆动。摇杆 5 具有指销 a，它周期性地压在移动的带条 4 上，形成挠度弯曲。带条 4 借绕定轴线 E 转动的光滑轮 3 和绕定轴线 D 转动的槽纹滚子 2 使之移动；槽纹滚子 7 绕定轴线 C 转动；槽纹滚子 2 和 7 的转动发生在形成凹槽的时候借助机构（图上未表示）在相反方向转动。

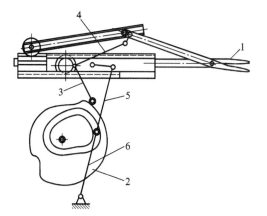

图 2-10 凸轮钳式送料机构
1—钳口；2—凸轮；3～6—连杆

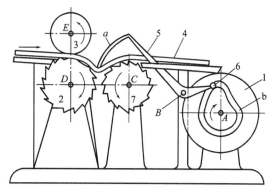

图 2-11 加工槽纹带条的凸轮机构
1—主动凸轮；2,7—槽纹滚子；3—光滑轮；
4—带条；5—摇杆；6—滚子

（5）工件移置装置的运动机构图例

图 2-12 所示为工作移置装置的运动机构，利用两个凸轮机构分别产生升降与进退两种运动。凸轮 1 两面各有一沟槽。从动滚子 11 在一个沟槽内运动。经从动杆 10 及 4 和导槽 3 使横臂杆 8 左右（进退）运动。另一个从动滚子（图示虚线）在另一面的沟槽内运动，经从动杆 12 及 14、滚子 15 及导槽 2 使滑块 6 带动横臂杆 8 上下（升降）运动。采用适当形状的凸轮沟槽，可获得相当任意的输出运动规律。此设计用于工件移置位置。横臂杆前端的板 9 上安装工件夹持器，在适当的凸轮推动下，可作 Ⅱ 形、口形或其他轨迹形状的运动，通用性较强。

（6）采用水平滑板的步进送料机构图例

图 2-13 所示为采用水平滑板的步进送料机构。图中 1 为支架导轨，2 为输送杆，3 为被输送的零件，4 为输送杆运动轨迹，5 为水平滑板，6 为滑板拨销，7 为驱动水平运动的杆，8 为双作用凸轮，9 为驱动上下运动的杆，10 为连接杆，11 为垂直运动板的导向。如图所示，输送杆被固定在水平滑板上，完成输送运动。水平滑板安装在垂直运动板上，所以，垂直运动板的上下运动就成为输送杆的上下运动，其作用是确定输送杆是输送零件还是脱开零件。

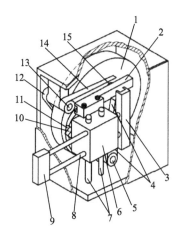

图 2-12 工件移置装置的运动机构
1—凸轮；2,3—导槽；4,10,12,14—从动杆；
5,13—支点轴；6—滑块；7—导柱；8—横
臂杆；9—板；11—从动滚子；15—滚子

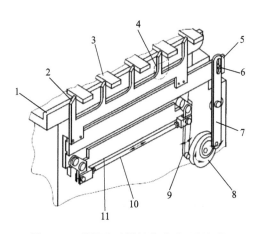

图 2-13 采用水平滑板的步进送料机构
1—支架导轨；2—输送杆；3—被输送的零件；4—输送杆运动轨迹；
5—水平滑板；6—滑板拨销；7—驱动水平运动的杆；8—双作用凸
轮；9—驱动上下运动的杆；10—连接杆；11—垂直运动板的导向

根据水平和垂直运动的动作顺序要求，可以用一个凸轮完成所需的运动控制。但是，如果采用两个凸轮分别驱动，那么，根据输送杆要求的运动轨迹，设计和制造凸轮就比较容易。把凸轮轴制成联动的两根轴，使用两个凸轮驱动也是一种可行的方法。

应用实例：这种机构可用于自动装配机的夹具输送，包装机上硬纸箱的输送，板料和棒料的输送等，其用途甚广。

2.2.7　在仿生机械方面的应用图例

图 2-14 所示为凸轮式手部机构，其中滑块 1 和手指 4 及滚子 2 相连接，手指 4 的动作是依靠凸轮 3 的转动和弹簧 6 的抗力来实现的。弹簧 6 用于夹紧工件 5，而工件的松开则是由凸轮 3 转动，推动滑块 1 移动来达到。这种机构动作灵敏，但由于由弹簧决定夹紧力的大小，因而夹紧力不大，只适用于轻型工件的抓取。

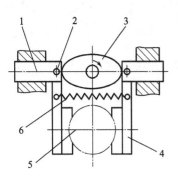

图 2-14　凸轮式手部机构
1—滑块；2—滚子；3—凸轮；
4—手指；5—工件；6—弹簧

2.2.8　在机床方面的应用图例

（1）冲孔机床的凸轮机构图例

图 2-15 所示为冲孔机床上的凸轮机构。凸轮 1 绕定轴线 A 转动；工具 3 在固定导轨 B 中前进运动。推杆 2 在定导轨 C 中往复运动，2 上有滚子 5，它沿凸轮 1 的廓线滚转，推杆 2 用弹簧 4 压住。在主动凸轮 1 转动时滚子 5 从凸轮 1 的廓线上跳下，并且作用到推杆 2 上的弹簧 4 放开，推杆 2 冲击工具 3 穿透产品。

（2）卧式压力机的凸轮连杆机构图例

图 2-16 所示为卧式压力机上的凸轮机构，主动凸轮 1 绕固定轴线 E 转动，摆杆 2 绕固定轴线 A 转动，其上的滚子 6 沿凸轮 1 的廓线滚动；构件 7 与摆杆 2 和构件 3 分别组成转动副 C 和 D，构件 3 绕固定轴线 B 转动，构件 8 与构件 3 和滑块 4 分别组成转动副 F 和 K，从动滑块 4 在固定导轨 f 中往复移动；锻压装置的杆 9 和滑块 4 固连。弹簧 5 保证主动凸轮 1 与摆杆 2 之间的力锁和。

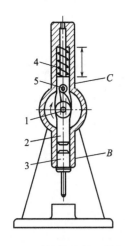

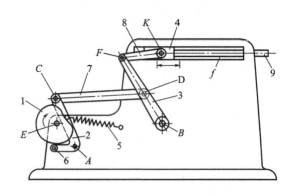

图 2-15　冲孔机床的凸轮机构
1—凸轮；2—推杆；3—工具；
4—弹簧；5—滚子

图 2-16　卧式压力机的凸轮连杆机构
1—主动凸轮；2—摆杆；3,7,8—构件；
4—从动滑块；5—弹簧；6—滚子；9—杆

2.2.9　在数控方面的应用

（1）矩形凸轮驱动的微动开关图例

图 2-17 所示为矩形凸轮驱动的微动开关图。开关轴 1 在复位弹簧 3 的压缩力作用下，由右向左完成返回行程，此时，板弹簧 4 的拨爪 7 勾住矩形凸轮 8 的爪，从而使矩形凸轮转动 90°。

矩形凸轮，顾名思义，成矩形，在其每转动 90°时，就使压板交互地受压或松开，从而，使微动开关接电或断电。

本装置的特点是：把微动开关用于这种装置，可以控制较大的电流。

（2）三凸轮分度装置图例

图 2-18 所示为三凸轮分度装置。这种分度装置的主分配角（每次分度时输入轴的工作角度）可以非常小，可用于有这种需要的场合。也就是说，这种分度装置在一个分度周期中的运动-停留时间比很小，所以，在停留时间中，可以很从容地进行操作。当不需要较长的停留时间时，则可以进一步加快工作周期，缩短循环时间。

应用实例：这种三凸轮分度装置可用于驱动分度旋转工作台、间歇移动带式运输机等，不但启动和停止过程平稳，而且分度精度也很高。

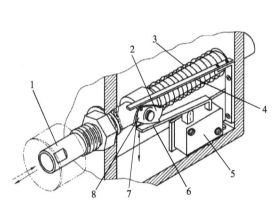

图 2-17　矩形凸轮驱动的微动开关

1—开关轴；2—凸轮爪；3—复位弹簧；4—板弹簧；
5—微动开关；6—压板；7—拨爪；8—矩形凸轮

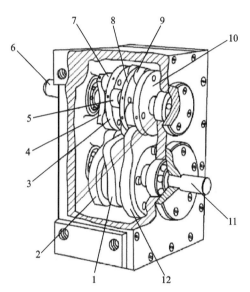

图 2-18　三凸轮分度装置

1,2—分度凸轮；3,4,8,10—圆盘；5,7,9—滚子；
6—输出轴；11—输入轴；12—锁定凸轮

2.2.10　在产品包装方面的应用图例

（1）条盒托板机构图例

图 2-19 所示为条盒托板机构简图，主要由托板 1、凸轮 5、滑座 3 及四杆机构等组成。凸轮 5 固定在轴 4 上，并随轴转动。凸轮 5 通过摆杆 6 和连杆 7 驱动滑块 2 沿滑座 3 上下运动。托板 1 固连在滑块 2 上，因此，随着凸轮 5 的连续运动，托板 1 将条盒及透明纸沿垂直通道不断推送到下一包装工位。

（2）水针灌封机灌注机构图例

水针灌封机由凸轮连杆机构、注射灌液机构和缺瓶止灌机构组成，如图 2-20 所示。

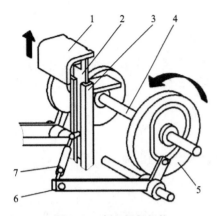

图 2-19 条盒托板机构
1—托板；2—滑块；3—滑座；4—轴；
5—凸轮；6—摆杆；7—连杆

凸轮连杆机构由凸轮 1、扇形板 2、顶杆 3、顶杆座 5、压杆 6 及针筒 7 等构件组成。凸轮 1 连续转动，通过扇形板 2，转换为顶杆 3 的上、下往复移动，顶杆 3 带动压杆 6 的上下摆动，同时压杆 6 将运动转换为筒芯在针筒 7 内的上下往复移动，将药液从储液罐中吸入针筒 7 内并输向针头 10 进行灌装。

实际上，这里的针筒 7 与一般容积式医用注射器相仿。所不同的是在它的上、下端各装有一个单向阀 8 及 9。当筒芯在针筒 7 内向上移动时，筒内下部产生真空；下单向阀 8 开启，药液由储液罐中被吸入针筒 7 的下部；当筒芯向下运动时，下单向阀 8 关阀，针筒下部的药液通过底部的小孔进入针筒上部。筒芯继续上移，上单向阀 9 受压而自动开启，药液通过导管及伸入安瓿内的针头 10 而注入安瓿 11 内。与此同时，针筒下部因筒芯上提造成真空而再次吸取药液。如此循环完成安瓿的灌装。

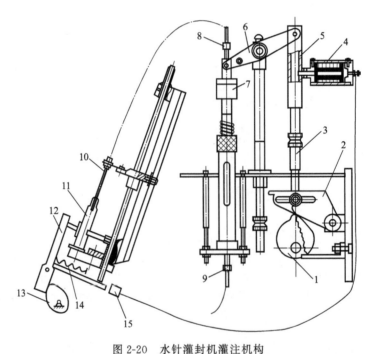

图 2-20 水针灌封机灌注机构
1,13—凸轮；2—扇形板；3—顶杆；4—电磁阀；5—顶杆座；6—压杆；7—针筒；8—下单向阀；
9—上单向阀；10—针头；11—安瓿；12—摆杆；14—拉簧；15—行程开关

缺瓶止灌机构由摆杆 12、凸轮 13、拉簧 14、行程开关 15 及电磁阀 4 组成。其功能是当送瓶机构因某种故障致使在灌液工位出现缺瓶时，能自动停止灌液，以免药液的浪费和污染。在图中，当灌装工位因故缺瓶时，拉簧 14 将摆杆 12 下拉，直至摆杆触头与行程开关 15 触头相接触，行程开关闭合，致使电磁阀 4 动作，使顶杆 3 失去对压杆 6 的上顶动作，从而达到止灌的目的。

2.2.11 其他应用图例

(1) 锯条的凸轮机构图例

图 2-21 所示为锯条的凸轮机构，锯的锯条 2 和摇杆 3 挠性连接；在主动凸轮 1 转动时，锯条 2 做往复运动。凸轮转一转，锯条 2 完成 12 次双行程。主动凸轮 1 绕定轴线 A 转动，主动凸轮 1 具有 12 个凸出部 a。摇杆 3 绕定轴线 B 转动，它具有两个滚子 4 和 5，这两个滚子这样布置，当滚子 4 位于槽中时，滚子 5 位于凸出部 a 的顶端，或者相反。

(2) 切断机的凸轮连杆机构图例

图 2-22 所示为切断机上的凸轮连杆机构，凸轮 1 绕定轴线 A 转动；摇杆 5 绕定轴线 D 转动，其上有滚子 6；6 和凸轮 1 的轮廓线 a 相接触；构件 7 和构件 5 与 8 组成转动副 F 和 L；

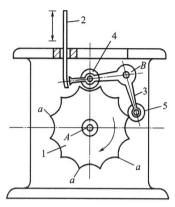

图 2-21 锯条的凸轮机构
1—主动凸轮；2—锯条；
3—摇杆；4,5—滚子

构件 9 和构件 8 及 2 组成转动副 N 和 M；构件 2 和刀 b 绕定轴线 E 转动；构件 8 和构件 3 组成转动副 K；构件 3 绕定轴线 B 转动；爪 4 在定轴线 C 上转动。爪 4 止动构件 3 时（图示位置），凸轮 1 才能使构件 2 和刀 b 有确定的运动；当爪 4 放开构件 3 时，凸轮 1 转动是无益的。

(3) 可以得到复杂运动的组合式凸轮图例

图 2-23 所示为可以得到复杂运动的组合式凸轮机构，控制夹爪开闭的凸轮安装在凸轮杆 1 上，做往复运动的夹爪摆杆 4 上的滚轮 2 与凸轮相接触，在夹爪摆杆 4 由左向右移动时，滚轮 2 从凸轮下侧通过，而当夹爪摆杆 4 由右向左返回时，滚轮 2 则从凸轮上侧通过。然而，凸轮杆只能按图示方向以凸轮杆转轴 3 为中心向下摆动，所以，在夹爪摆杆 4 前进时夹爪开启，返回时则闭合。本机构可用于送纸机构等装置中。

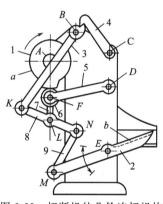

图 2-22 切断机的凸轮连杆机构
1—凸轮；2,3,7~9—构件；
4—爪；5—摇杆；6—滚子

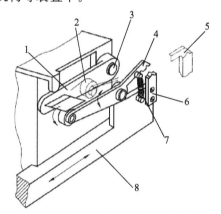

图 2-23 可以得到复杂运动的组合式凸轮机构
1—凸轮杆；2—滚轮；3—凸轮杆转轴；4—夹爪摆杆；5—夹紧位置；6—固定夹爪；7—夹紧弹簧；8—往复运动杆

2.3 移动凸轮

2.3.1 运动分析

当盘形凸轮的回转中心趋于无穷远时，凸轮相对机架做往复移动，这种凸轮称为移动凸轮，如图 2-24 所示。

2.3.2 在家用电器方面的应用图例

图 2-25 所示为录音机卷带装置中的凸轮机构，凸轮 1 随放音键上下移动。放音时，凸轮 1 处于图示最低位置，在弹簧 6 的作用下，安装于带轮轴上的摩擦轮 4 紧靠卷带轮 5，从而将磁带卷紧。停止放音时，凸轮 1 随按键上移，其轮廓压迫从动件 2 顺时针摆动，使摩擦轮与卷带轮分离，从而停止卷带。

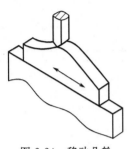

图 2-24 移动凸轮

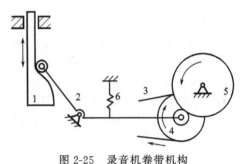

图 2-25 录音机卷带机构

1—凸轮；2—从动件；3—带；4—摩擦轮；5—卷带轮；6—弹簧

2.3.3 在机床方面的应用图例

图 2-26 所示为利用靠模法车削手柄的移动凸轮机构。凸轮 1 作为靠模被固定在床身上，滚轮 2 在弹簧作用下与凸轮轮廓紧密接触，当拖板 3 横向运动时，与从动件相连的刀头便走出与凸轮轮廓相同的轨迹，从而切削出工件的曲线形面。

2.3.4 在夹具方面的应用图例

图 2-27 所示为一滑动支承自动定心夹具机构，凸轮 1 向上移动时，其上端的夹板 2 直接压向工件，同时利用凸轮曲线推动滚轮 3，使摆杆 4 摆动，故摆杆末端的夹板 5 也压向工件，从而将工件支承在三块夹板之间。自动定心的实现是合理设计凸轮曲线，使凸轮位移量总是等于夹板与工件中心之间距离的变动量。自动定心夹具用于轴、套类工件的活动支承，以解决其工件直径在一定范围变化时的自动定心问题。

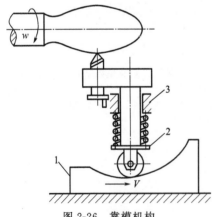

图 2-26 靠模机构

1—凸轮；2—滚轮；3—拖板

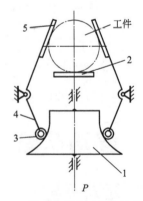

图 2-27 滑动支承自动定心夹具机构

1—凸轮；2,5—夹板；3—滚轮；4—摆杆

2.3.5 在仿生机械方面的应用图例

(1) 凸轮控制手爪开闭的抓取机构图例

图 2-28 所示为凸轮控制手爪开闭的抓取机构，当活塞杆在气缸 1 的作用下移动时，它带着保持板 8 和手爪杠杆 5 一起移动，而滚子 4 在凸轮 3 的表面滚动，由凸轮廓线控制手爪的开闭。活塞杆 2 的端部安装一保持板 8；在保持板 8 的两侧铰接一对手爪杠杆 5；手爪杠杆 5 的左端固结爪片 6，右端铰接滚子 4。手爪杠杆 5 的右端装有弹簧片（图中未表示）以保证滚子 4 和凸轮 3 接触。

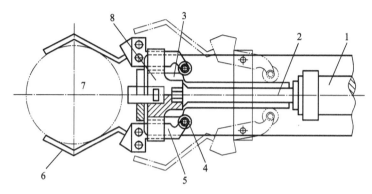

图 2-28　凸轮控制手爪开闭的抓取机构
1—气缸；2—活塞杆；3—凸轮；4—滚子；5—手爪杠杆；6—爪片；7—工件；8—保持板

(2) 可以得到复杂运动的组合式凸轮机构图例

图 2-29 所示为可以得到复杂运动的组合式凸轮机构，为使做往复运动的从动件 1 得以通过固定导向凸轮 2 的死点，可以在死点处装设导向叶片 3 和 4，图示为这种组合式凸轮机构的应用实例。利用安装导向叶片的方法，可以设计出新颖独特的导向凸轮。这样，就可以使从动件完成与其本身往复运动相关的复杂运动。

应用实例：本结构可以用于自动装配装置、自动装配机械手等需要完成复杂运动的机构中。

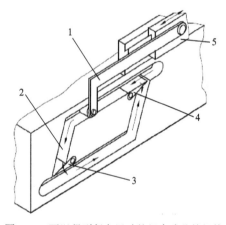

图 2-29　可以得到复杂运动的组合式凸轮机构
1—从动件；2—固定导向凸轮；3,4—导向叶片；
5—从动件燕尾导轨

2.3.6 在纺织机械方面的应用图例

图 2-30 所示为缝纫机刀片上所用的凸轮机构，主动凸轮 1 沿固定导轨 d 往复运动时，推动杠杆 2 的凸出部 a，2 绕轴线 B 转动，刀 b 下降到砍穿织物为止，织物放在可动块 c 上，用单独的机构传递运动。刀的杠杆 2 绕定轴线 B 转动，杠杆 2 在弹簧 3 的作用下回复到初始位置。

2.3.7 在自动化生产方面的应用图例

(1) 移动凸轮送料机构图例

图 2-31 所示的移动凸轮送料机构由曲柄连杆带动凸轮 1 上下移动，通过凸轮槽与滚轮接触，使作为从动件的推杆 2 水平运动，推动工件进入工位。

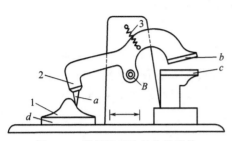

图 2-30 缝纫机刀片的凸轮机构
1—主动凸轮；2—杠杆；3—弹簧

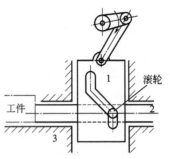

图 2-31 移动凸轮送料机构
1—凸轮；2—推杆；3—导杆

(2) 圆珠笔生产线上的凸轮机构图例

图 2-32 所示为圆珠笔生产线上所用的凸轮机构，图中 4 为工作台，主动轴上的盘状凸轮 2 控制托架 3 上下运动，从而将圆珠笔 5 抬起和放下；而主动轴上的端面凸轮 1 控制托架 3 的左右往复移动，从而使圆珠笔 5 沿轨迹 K 移动，将圆珠笔 5 步进式地向前送给。

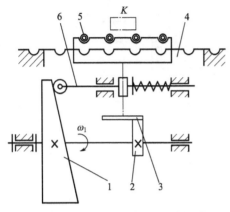

图 2-32 圆珠笔生产线上的凸轮机构
1—端面凸轮；2—盘状凸轮；3—托架；
4—工作台；5—圆珠笔；6—从动件

2.3.8 其他应用图例

(1) 具有两个轮廓的凸轮机构

图 2-33 所示为具有两个轮廓的凸轮机构，主动凸轮 1 沿固定导槽 a-a 往复移动，它具有两个轮廓 b 和 b'，通过滚子 2 使从动件 3 沿固定导槽 B 往复移动。当主动凸轮 1 向上运动，其轮廓 b 作用于滚子 2；当主动凸轮 1 向下运动，其轮廓 b' 作用于滚子 2。通常，轮廓 b 和 b' 的形状是不同的。当轮廓 b 的 cd 段与滚子 2 接触，从动件 3 具有较长的停歇。滚子 2 与轮廓 b 接触过渡到与轮廓 b' 接触。或反之，是由专门装置操作的（图中未示出）。

(2) 摇床机构图例

图 2-34 所示为摇床机构的简图，摇床机构由连杆机构与移动凸轮机构组成，曲柄 1 为主动件，通过连杆 2 使大滑块 3（移动凸轮）做往复直线移动。滚子 G、H 与凸轮廓线接触，使构件 4 绕固定轴 E 摆动，再通过连杆 5 驱动从动件 6 按预定的运动规律往复移动。该机构适用于中低速轻负荷的摇床机构或推移机构。

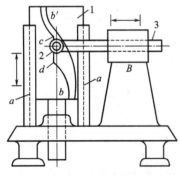

图 2-33 具有两个轮廓的凸轮机构
1—主动凸轮；2—滚子；3—从动件

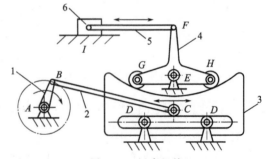

图 2-34 摇床机构
1—曲柄；2—连杆；3—大滑块；4—构件；5—连杆；6—从动件

2.4 圆柱凸轮

2.4.1 运动分析

圆柱凸轮是一个在圆柱面上开有曲线凹槽，或是在圆柱端面上制出曲线凹槽的构件。圆柱凸轮可以认为是将移动凸轮卷成圆柱体而演化成的，如图 2-35 所示。这种凸轮机构可用于行程较大的场合。

2.4.2 在机床方面的应用图例

图 2-36 所示为一自动机床的进刀机构。当具有凹槽的圆柱凸轮 1 回转时，其凹槽的侧面通过嵌于凹槽的滚子 3 迫使从动件 2 绕轴 O 做往复摆动，从而控制刀架的进刀和退刀运动。至于进刀和退刀的运动规律如何，则决定于凹槽曲线的形状。

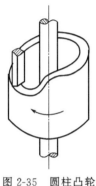

图 2-35 圆柱凸轮

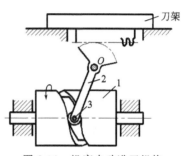

图 2-36 机床自动进刀机构
1—圆柱凸轮；2—从动件；3—滚子

2.4.3 在自动化生产方面的应用

(1) 自动送料机构图例

图 2-37 所示为自动送料机构。当带有凹槽的凸轮 1 转动时，通过槽中的滚子，驱使从动件 2 做往复移动。凸轮每回转一周，从动件即从储料器中推出一个毛坯，送到加工位置。

(2) 圆柱凸轮切削机构图例

图 2-38 所示为圆柱凸轮切削机构。切削利用带沟槽的凸轮机构完成。凸轮 1 带动与从动件 3 固联的刀架 2 做往复运动，对工件进行切削。

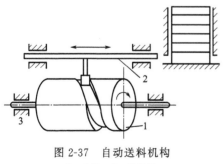

图 2-37 自动送料机构
1—凸轮；2—从动件

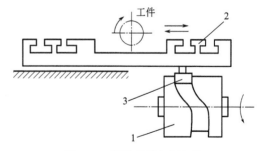

图 2-38 圆柱凸轮切削机构
1—凸轮；2—刀架；3—从动件

(3) 工件分选装置中的固定凸轮机构图例

图 2-39 所示为固定凸轮式工件分选装置，摆杆 2 悬挂于绕轴线 A-A 连续转动的转盘 1 上；来自装料自动机的工件 3 进入摆杆 2 的托盘；在转盘 1 某一确定的转角范围内，摆杆 2 与固定凸轮 4 脱开，在工件 3 重量的作用下摆动。摆杆 2 的摆幅取决于工件 3 的重量，由此而使摆杆 2 右端进入固定凸轮 4 上三个上下配置的槽中的某一个。在摆杆 2 的确定位置，即可将工件带至三个退料板 5 中的一个，退料板依次安置在不同高度；每一摆杆均装有液体阻尼器 6。

2.4.4 在转向机械方面的应用图例

图 2-40 所示为能实现正反转运动的圆柱凸轮机构，其中绕固定轴线 O 摆动的摇杆 1 为输入构件，其上的滚子 3 位于圆柱凸轮 2 的螺旋槽内，使该凸轮绕固定轴线往复转动。由摇杆传动凸轮的可能性在于该凸轮的螺旋槽具有较大的升程角。在机构运动的一个周期内，凸轮在某一方向回转 2 圈。该机构用于运动转向。

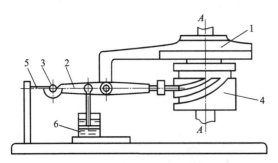

图 2-39　固定凸轮式工件分选装置
1—转盘；2—摆杆；3—工件；4—固定凸轮；
5—退料板；6—液体阻尼器

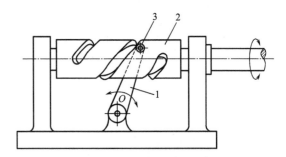

图 2-40　能实现正反转运动圆柱凸轮机构
1—摇杆；2—圆柱凸轮；3—滚子

2.4.5 在压紧装置中的应用图例

图 2-41 所示为空间凸轮压紧机构，按图示方向转动凸轮 1 时，构件 2 随着凸轮的轮廓线 a-a 向下移动，将工件 B 夹紧，当反方向转动凸轮 1 时，就可以将工件 B 松开。凸轮 1 的转动可以通过手柄 d 来调节。凸轮 1 的轮廓线为升距较大的螺旋线，从而使中间构件 2 具有较大的行程。

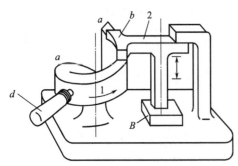

图 2-41　空间端面凸轮压紧机构
1—凸轮；2—构件

2.4.6 其他应用图例

(1) 圆柱凸轮式间歇运动机构图例

图 2-42 所示为圆柱凸轮式间歇运动机构，其中圆柱凸轮 1 是主动件，而圆盘 2 是从动件。按图示运动方向，圆盘 2 上的销 B 开始进入凸轮轮廓的曲线段，圆柱凸轮 1 转动使圆盘 2 转位。A 销与凸轮轮廓脱开。凸轮转过 180°时，转位终了，此时 B 销接触的凸轮轮廓由曲线段过到直线段，同时与 B 销相邻的 C 销开始和凸轮的直线段轮廓在另一侧接触。凸轮继续转动圆盘不动实现了间歇。当 C 销进入凸轮曲线段时，间歇动作结束，下一次转位动作开始。

(2) 利用小压力角获得大升程的凸轮图例

图 2-43 所示为利用小压力角获得大升程的凸轮机构，在凸轮轴 1 上套有一个可沿轴向滑动的端面凸轮 2，借助键 3 连接传递回转运动。端面凸轮 2 的上端与从动滚轮 4 相靠，下端则与固定滚轮 5 相接触，凸轮转动时，从动滚轮的上升行程为两项行程之和，一项是与之相接触的端面凸轮的升程，另一项是由固定滚轮的作用而使端面凸轮本身在轴向方向的上升行程，从而可以获得较大的上升行程。

这种装置在快速上升过程中将相应产生很大的转矩，随着压力角的加大，摩擦阻力也急剧增加。因此，采用这种将压力角分解在凸轮两端面上的方法，就可以提高机构的工作效率。

设计时应充分考虑零件的磨损及强度，要留有充足的余量。

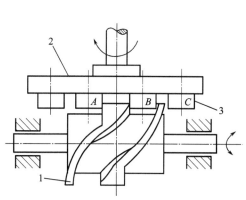

图 2-42　圆柱凸轮式间歇运动机构
1—圆柱凸轮；2—圆盘；3—销

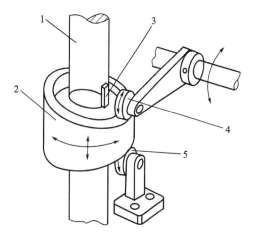

图 2-43　利用小压力角获得大升程的凸轮机构
1—凸轮轴；2—端面凸轮；3—键；
4—从动滚轮；5—固定滚轮

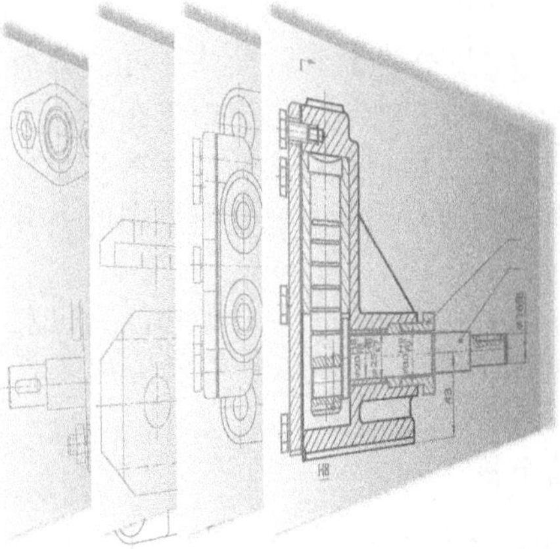

第3章

齿轮机构典型应用图例

齿轮机构适用于传递空间两轴之间的运动和动力，应用极为广泛。与其他机构相比，它具有传递功率大，速度范围广，效率高，寿命长，且能保证固定传动比等优点。但在制造时需要专门设备，且安装时精度要求高，故齿轮机构成本较高。

3.1 齿轮传动的类型及其特性

齿轮传动的类型很多，有不同的分类方法。按两轴的相对位置和齿向，齿轮机构分类见表 3-1。

表 3-1 齿轮机构的类型及其特性

类型		简 图	特 性
圆柱齿轮副	直齿轮		(1)两传动轴平行,转动方向相反 (2)承载能力较低 (3)传动平稳性较差 (4)工作时无轴向力,可轴向运动 (5)结构简单,加工制造方便 (6)这种齿轮机构应用最为广泛,主要用于减速、增速及变速,或用来改变转动方向
圆柱齿轮副	斜齿轮	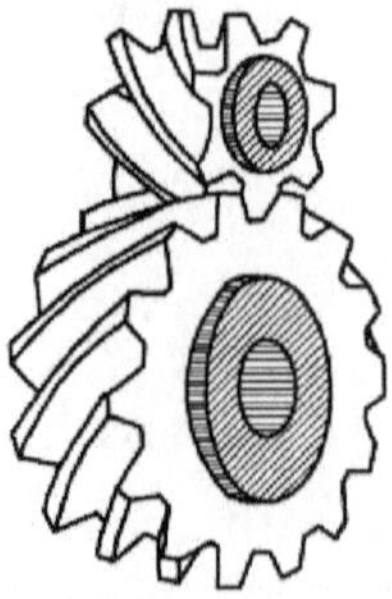	(1)两传动轴平行,转动方向相反 (2)承载能力比直齿圆柱齿轮机构高 (3)传动平稳性好 (4)工作时有轴向力,不宜做滑移变速机构 (5)轴承装置结构复杂 (6)加工制造较直齿圆柱齿轮困难 (7)这种齿轮机构应用较广,适用于高速、重载的传动,也可用来改变转动方向

类型		简　图	特　性
圆柱齿轮副	人字齿轮	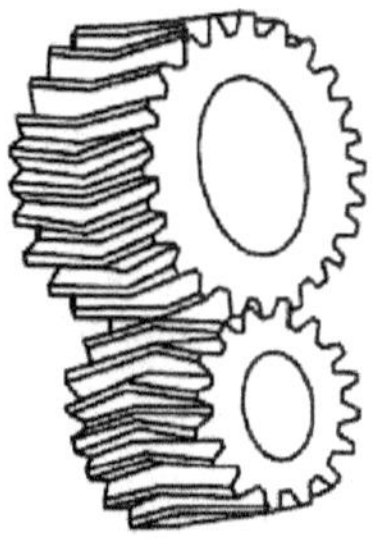	(1)两传动轴平行,转动方向相反 (2)每个人字齿轮相当于由两个尺寸相同而齿向相反的斜齿轮组成 (3)加工制造较困难 (4)承载能力高 (5)轴向力可以互相抵消,这种齿轮机构常用于重载传动
圆锥齿轮副	直齿圆锥齿轮	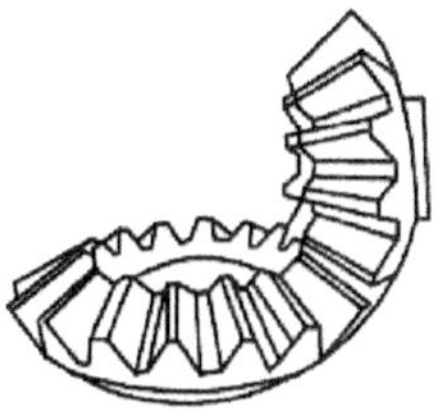	(1)两传动轴相交,一般机械中轴交角为90°,用于传递两垂直相交轴之间的运动和动力 (2)承载能力强 (3)轮齿分布在截圆锥体上 (4)直齿圆锥齿轮的设计、制造及安装较容易,所以应用最广
	曲齿圆锥齿轮		(1)由一对曲齿圆锥齿轮组成,两轮轴线交错,交错角为90° (2)齿轮螺旋线切向相对滑动较大 (3)承载能力低 (4)这种机构常用来传递交错轴之间的运动或载荷很小的场合
蜗轮蜗杆		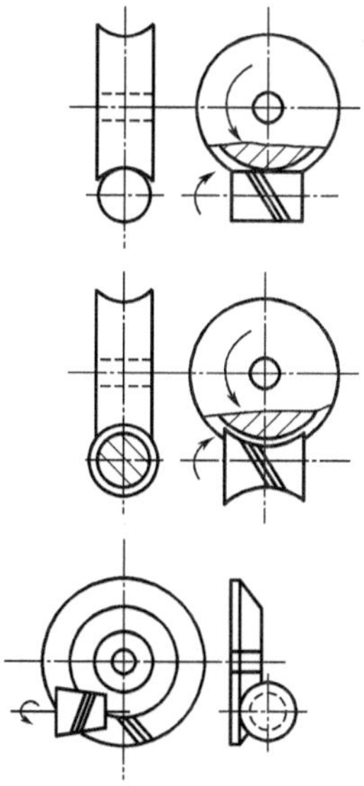	(1)用于传递空间交错轴之间的回转运动和动力,通常两轴交错角成90°。传动中蜗杆为主动件,蜗轮为从动件,广泛应用于各种机器和仪器中 (2)传动比大,结构紧凑 (3)传动平稳,噪声小 (4)具有自锁功能 (5)传动效率低,磨损较严重 (6)蜗杆的轴向力较大,使轴承摩擦损失较大
齿轮齿条			(1)齿廓上各点的压力角相等,均等于齿廓的倾斜角(齿形角),标准值为20° (2)齿廓在不同高度上的齿距均相等,且 $p=\pi m$,但齿厚和齿槽宽各不相同,其中 $s=e$ 处的直线称为分度线 (3)几何尺寸与标准齿轮相同

3.2 齿轮机构图例与说明

3.2.1 在车辆方面的应用图例

(1) 齿轮换向机构图例

如图 3-1 所示，当手柄 6 位于位置 I 时，齿轮 2 和 3 均不与齿轮 4 啮合；当处于位置 II 时，传动线路为 1→2→4；当处于位置 III 时，传动线路为 1→2→3→4，这样只要改变手柄的位置，就可以使齿轮 4 获得两种相反的转动，实现转向的目的。定位销 5 用来固定手柄的位置。

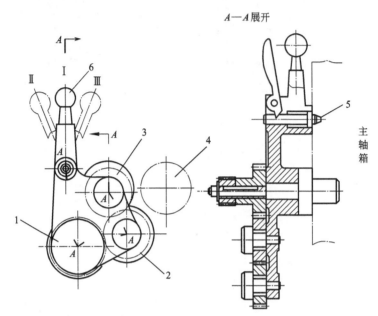

图 3-1 齿轮换向机构结构图
1~4—齿轮；5—定位销；6—手柄

(2) 前驱自动变速器图例

图 3-2 所示为前驱自动变速器，液力变矩器利用液体的流动，把来自发动机的转矩增大后传给行星齿轮机构，同时液压控制装置根据形势需要（节气门开度、车速）来操纵行星齿轮系统，使其获得相应的传动比和旋转方向，实现升挡、降挡、前进或倒退。转矩的增大、油门开度和车速信号对液压控制装置的操纵、行星齿轮机构传动比和旋转方向的改变等，都是在变速器内部自动进行的，不需要驾驶员操作，即进行"自动换挡"。

(3) 摩擦片式差速器

如图 3-3 所示，为增加差速器内摩擦力矩，在半轴齿轮与差速器壳 1 之间装有摩擦片 6，十字轴由两根相互垂直的行星齿轮轴组成，其端部均切出凸 V 形斜面，相应的差速器壳孔上也有凹 V 形斜面，两根行星齿轮轴的 V 形面是反向安装的，每个半轴齿轮的背面有推力压盘 2 和主、从动摩擦片 6。推力压盘以内花键与半轴相连，而其轴颈处用外花键和从动摩擦片连接，主动摩擦片则用花键与差速器壳 1 相连，推力压盘和主、从动摩擦片均可做微小的轴向移动。

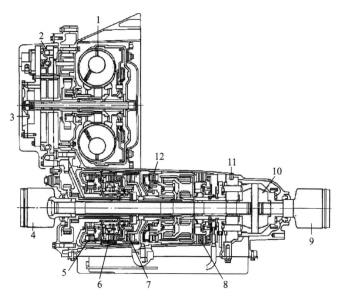

图 3-2　前驱自动变速器

1—液力变矩器；2—阀板；3—泵；4—半轴；5—前进挡离合器；6—直接挡离合器；7—中间离合器；
8—中间低速离合器；9—半轴；10—差速器；11—行星齿轮机构；12—倒挡离合器

　　将其应用于汽车，当汽车直线行驶时，两半轴无转速差时，转矩平均分配给两半轴，由于差速器壳通过斜面对行星齿轮轴两端压紧，斜面上产生的轴向力迫使两行星齿轮轴分别向左、右方向（向外）轻微移动，通过行星齿轮使推力压盘压紧摩擦片，此时转矩经两条路线传给半轴，一路经行星齿轮轴、行星齿轮和半轴齿轮将大部分转矩传递给半轴，另一路则由差速器壳经由主、从动摩擦片、推力压盘传给半轴。当一侧车轮在路面上滑转或汽车转弯时，行星齿轮自转，起差速作用，左、右半轴齿轮的转速不等，由于转速差的存在和轴向力的作用，主、从动摩擦片间在滑转同时产生摩擦力矩，其数值大小与差速器传递的转矩和摩擦片数量成正比，而摩擦力矩的方向与快转半轴的旋向相反，与慢转半轴的旋向相同。较大数值内摩擦力矩作用的结果，使慢转半轴传递的转矩明显增加。摩擦片式差速器结构简单，工作平稳，锁紧系数可达5或更高，常用于轿车和轻型货车上。

（4）托森差速器

　　托森差速器是一种中央轴间差速器，如图3-4所示。托森差速器由空心轴2、差速器外壳3、前轴蜗杆9、后轴蜗杆5、蜗轮轴7和蜗轮8等组成。空心轴2和差速器外壳3通过花键相连而一同转动。蜗轮8通过蜗轮轴7固定在差速器外壳3上，三对蜗轮分别与前轴蜗杆9和后轴蜗杆5相啮合，每个蜗轮上固定有两个直齿圆柱齿轮6。与前、后轴蜗杆相啮合的蜗轮8彼此通过直齿圆柱齿轮相啮合，前轴蜗杆9和驱动前桥的差速器齿轮轴为一体，后轴蜗杆5和驱动后桥的驱动轴凸缘盘4为一体。当汽车驱动时，来自发动机的驱动力通过空心轴2传至差速器外壳3，差速器外壳3通过蜗轮轴7传到蜗轮8，再传到蜗杆，前轴蜗杆9通过差速器齿轮轴1将驱动力传至前桥，后轴蜗杆5通过驱动轴凸缘盘4将驱动力传至后桥，从而实现前、后驱动桥的驱动牵引作用。当汽车转向时，前、后驱动轴出现转速差，通过啮合的直齿圆柱齿轮相对转动，使一轴转速加快，另一轴转速下降，实现差速作用，差速器可使转速低的轴比转速高的轴分配得到的驱动转矩大，即附着力大的轴比附着力小的轴得到的驱动转矩大，可见，差速器内速度平衡是通过直齿圆柱齿轮来完成的。

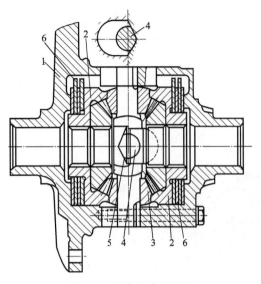

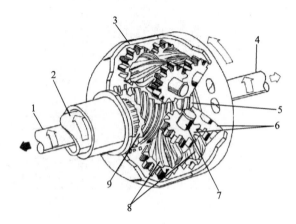

图 3-3　摩擦片式差速器

1—差速器壳；2—推力压盘；3—行星齿轮；
4—十字轴；5—V形斜面；6—主、从动摩擦片

图 3-4　托森差速器

1—差速器齿轮轴；2—空心轴；3—差速器外壳；4—驱动
轴凸缘盘；5—后轴蜗杆；6—直齿圆柱齿轮；
7—蜗轮轴；8—蜗轮；9—前轴蜗杆

3.2.2　在工程机械方面的应用图例

(1) 起重绞车图例

图 3-5 所示为起重绞车简图，该装置由对称机架 4 支撑。当运动由齿轮 1 传递给齿轮 2，带动绞轮 3 转动。该装置可根据拉力大小，通过更换主动轴实现起重目的。

(2) 齿轮泵图例

如图 3-6 所示，外啮合齿轮泵是最常用的一种液压泵，它由泵体 1、齿轮 2、齿轮 3 及端盖等构成。泵体 1 和前后端盖组成一个密封的容腔，即吸油腔和排油腔。当齿轮由电动机或其他动力驱动按箭头方向转动时，吸油腔由于啮合着的轮齿逐渐脱开，使这一容腔的容积增大形成真空，通过吸油口向油箱吸油。随着齿轮的继续转动，油液被送往排油腔内，使这一容腔的容积减小，油液受到挤压，从排油口输出泵外。

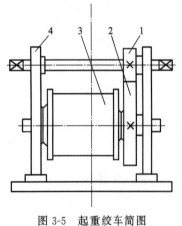

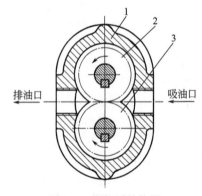

图 3-5　起重绞车简图

1,2—齿轮；3—绞轮；4—对称机架

图 3-6　齿轮泵结构图

1—泵；2,3—齿轮

(3) 混凝土穿孔钻具图例

图 3-7 所示为两级齿轮减速电动机直接驱动钻具的结构简图，图 3-7(a) 为两级展开式，为了减小齿轮减速机构的体积，将电动机出轴做成轴齿轮（齿轮 1）。正常工作时可正常运转，当过载时，如钻具碰到混凝土中的钢筋之类的物件后，穿孔阻力矩将增加多倍，从而大大增加了齿轮啮合面上的作用力，使悬臂安装的电动机轴齿轮发生挠曲变形，破坏与齿轮 2 的正常啮合，发生磨损，容易损坏。经改进后如图 3-7(b) 所示，在电动机出轴两侧对称配置了齿轮 2 和齿轮 3，使电动机的轴齿轮由一侧啮合变成两侧啮合，分流了载荷，齿面受力降低了一半，同时也防止了轴较大的挠曲变形，避免磨损破坏。

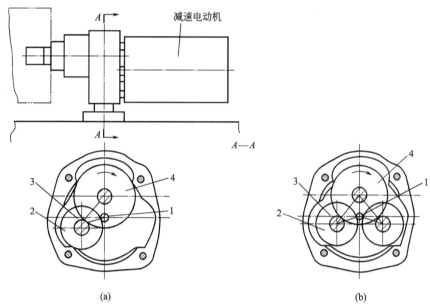

图 3-7　两级齿轮减速电动机直接驱动钻具的结构简图
1—电动机轴（齿轮 1）；2—齿轮 2；3—齿轮 3；4—齿轮 4

3.2.3　在家用机械方面的应用图例

(1) 风扇摇头机构图例

图 3-8 所示为一装载型复联式蜗杆-连杆组合机构，即电风扇自动摇头机构，它是由一蜗杆机构 Z_1-Z_2 装载在一双摇杆机构 1-2-3-4 上所组成，电动机 M 装在摇杆 1 上，驱动蜗杆 Z_1 带动风扇转动，蜗轮 Z_2 与连杆 2 固连，其中心与摇杆 1 在 B 点铰接。当电动机 M 带动风扇以角速度 ω_2 转动时，通过蜗杆机构使摇杆 1 以角速度 ω_1 来回摆动，从而达到风扇自动摇头的目的。

(2) 弹簧秤图例

图 3-9 所示为弹簧秤简图，当测量重物时，物体重量克服拉力弹簧 3 的拉力，通过支架 7 带动齿条 2 向下移动，齿条 2 的移动使与其相啮合的小齿轮 1 以及固连在小齿轮 1 上的指针 6 发生转动，从而在表盘上指示出相应的物体的重量。

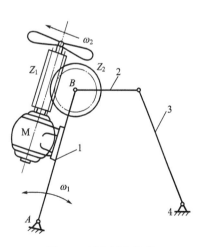

图 3-8　风扇摇头机构
1—摇杆；2—连杆；3—连架杆；4—机架

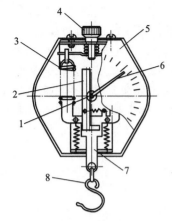

图 3-9　弹簧秤筒图

1—小齿轮；2—齿条；3—拉力弹簧；
4—调整螺钉；5—表盘；6—指针；
7—支架；8—吊钩

3.2.4　在自动化生产方面的应用图例

（1）齿轮齿条倍增机构图例

图 3-10 所示为齿轮齿条倍增机构，主要由可动齿条 1、固定齿条 2、齿轮 3、活塞杆 4、气缸 5 等组成。当活塞杆 4 向左方向移动时，迫使齿轮 3 在固定齿条 2 上滚动，并使与它相啮合的可动齿条 1 向左移动。齿轮 3 移动距离为 S 时，活动齿条 1 的移动距离为 $2S$。由于活动齿条 1 的移动距离和移动速度均为齿轮（活塞杆）移动距离和速度的某一倍数，所以这种机构称为增倍机构，常用于机械手或自动线上。

（2）齿轮齿条式上下料机构图例

图 3-11 所示为齿轮齿条式上下料机构，机构由料仓 1、上料器 2 及下料器 3 组成。在上料器和下料器上装有齿条，用齿轮 4 驱动。齿轮 4 又用拉杆 5 与圆柱形凸轮相连，控制上料器及下料器如图所示程序工作。下料时，下料器向后退，推杆 6 被顶住，取料器 7 翻转，夹口 8 被送料槽 9 挡住而放开，把加工好的工件放入斜槽。

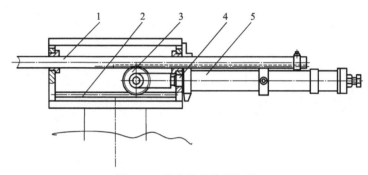

图 3-10　齿轮齿条倍增机构

1—可动齿条；2—固定齿条；3—齿轮；4—活塞杆；5—气缸

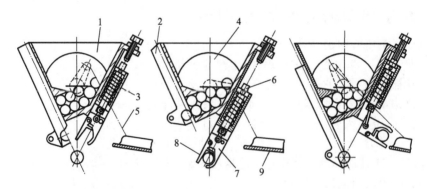

(a) 工件处于加工状态　　(b) 夹持住已加工完的工件　　(c) 上料及下料状态

图 3-11　齿轮齿条式上下料机构

1—料仓；2—上料器；3—下料器；4—齿轮；5—拉杆；6—推杆；7—取料器；8—夹口；9—送料槽

（3）倾斜槽中运送齿轮机构图例

图 3-12 所示为倾斜槽中运送齿轮机构。宽齿轮 3 在料槽中运送时，互相不接触，该槽带有凸轮 1，它能绕轴 2 转动。当在凸轮 1 上有齿轮时，凸轮的位置会阻止下一个齿轮的移动。

(4) 可摆动自动压杆机构图例

图 3-13 所示为可摆动自动压杆机构，压杆 1 可以齿轮 5 的轴为轴线转动 90°，从而使被加工零件装卸方便。压杆的左右转动由摆头气缸 3 经齿条 4 和齿轮 5 驱动。压头上下靠压紧气缸 2 驱动，图中 6 为限程开关。

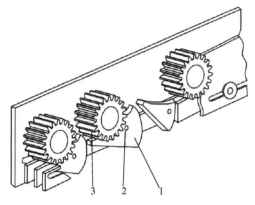

图 3-12　倾斜槽中运送齿轮机构
1—凸轮；2—轴；3—宽齿轮

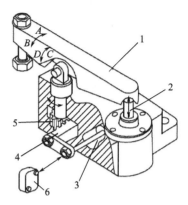

图 3-13　可摆动自动压杆机构
1—压杆；2—压紧气缸；3—摆头气缸；
4—齿条；5—齿轮；6—限程开关

3.2.5　在转向机械方面的应用图例

轮和摩擦圆盘组成的快速反转传动装置是使高速回转轴在短时间内能反转的装置。使用齿轮和摩擦圆盘组合，不需要为吸收急速改变回转方向时产生的冲击而设的离合器，即使是轴在满载的条件下也能反转。

这种齿轮和摩擦圆盘装置，调整简单，制造成本也低，短时期使用不会发生故障，可以用在导弹的制导上。控制系统必须灵敏迅速地反应由计算机传来的误差信号，另外在高转矩控制操作的场合也同样需要灵敏度和速度，这种新装置在工业上也将广泛应用。

基本配置是在高速驱动装置上附加反转传动装置。输入轴将两个经淬火而耐疲劳的钢制圆盘，互相反向回转。左右移动从动圆盘，则可使从动轴改变回转方向。

如图 3-14 所示，在实际装置上，用电动机回转两对互相反转的圆盘。在圆盘 1～4 上有沟槽，并能和输出轮 5 充分分开。当输出轮 5 和逆时针回转的一对圆盘（1 和 3）接触时，输出轮 5 和顺时针回转的一对圆盘（2 和 4）之间有极微小的间隙。

在电磁线圈 17 和 18 的作用下，轴 15 稍一转动，偏心支点就使连杆 14 和输出轮 5 沿直线方向移动。电磁线圈 17 起作用时，输出轮 5 与圆盘 2 和 4 接触；如果电磁线圈 18 起作用，输出轮 5 就与圆盘 1 和 3 接触。两个电磁线圈不工作时，输出轮 5 处于中立位置，和圆盘均不接触，就不传递动力。因为输出转矩给予齿轮 12 和轴 13 的是侧向力，所以随着输出转矩的增加，从动轮（图中的 2 和 4）增加的压力比从动圆盘增加的压力大。这个效果随齿轮 12 的直径变小而增大。θ 角在 60° 时，主、从动圆盘保持最适当的接触力，θ 角变小接触压力增加，但两对主动圆盘的间距变大，所以电磁线圈需要更多的移动量，反转时间也有所增加。

电磁线圈的特性：摩擦圆盘一经配置，对于急速启动、停止，特别是对反转特性，通过电磁线圈必须加的力可以小些。但是为获得最适当的移动距离，必须对市场出售的标准电磁线圈进行改进，即对柱塞进行钻孔或开槽，以减少惯性和涡流。选用长绕组的电磁线圈，可减少自感。使用晶体管和电容器，在启动电流增加时线圈不易过热。

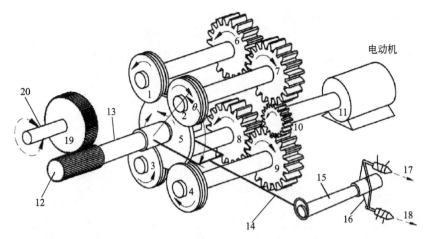

图 3-14 齿轮和摩擦圆盘组成的快速反转传动装置

1～4—圆盘；5—输出轮；6～10,12,19—齿轮；11—电动机；13,15,20—轴；14,16—连杆；17,18—电磁线圈

3.2.6 在计量机械方面的应用图例

图 3-15 所示为外齿小齿轮计数器，能使轴上的数字轮和中间轴上的小齿轮旋转。第一数字轮直接结合驱动，其他数字轮则通过小齿轮驱动。一次转动 1°，第一数字轮的进给齿带动第一小齿轮的全齿，使第二轮数字只进给一个数字。下一个全齿碰到同步面，则小齿轮停住。到下一次进给之前，小齿轮的两个全齿与第一数字轮接合便停住，也使第二个数字轮停住。

由于这种同步方法，间隙增加时，各数字同前个数字产生转动。间隙大时，数字成为螺旋形。

第一数字轮旋转 36° 期间，小齿轮使第二个数字轮转动一个数字。从而，两个轮的读数为 00 时，在 9.5 和 10.5 之间则变为 10。这种变化，进给开始和终了都可以进行。例如，操作者在 9.0～10.0 之间或 9.1～10.1 之间进行进给。

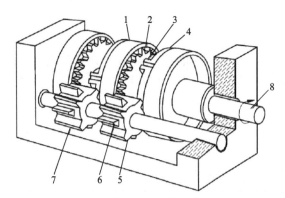

图 3-15 外齿小齿轮计数器

1—轮盘；2—送进齿轮；3—送进齿；4—制动面；
5—全齿；6—半齿；7—小齿轮；8—输入轴

3.2.7 在压紧装置中的应用图例

(1) 压紧机构图例

图 3-16 所示为工件压紧机构，采用液压驱动，当活塞杆 2 在液压缸活塞的作用下往复移动时，齿扇 3 绕固定点 C 摆动，带动有压头的齿条 4 上下移动，完成工件压紧及工件松开的动作。

该机构结构简单、可靠，除用于压紧机构外，还可用于填充料及压力配合等机构中。

(2) 齿轮齿条式摆杆机构图例

图 3-17 所示的是齿轮齿条式摆杆机构，主动气缸 1 驱动齿条 3 沿导向辊 4 往复移动，往复行程由限位开关 2、5 控制；齿条使齿轮 7 做正反转动，由于偏置于齿轮上的小轴在角形摆杆 6 的槽中滑动而使角形摆杆 6 获得往复摆动。

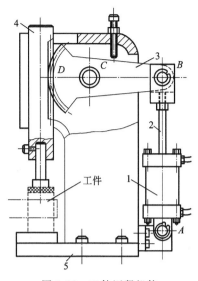

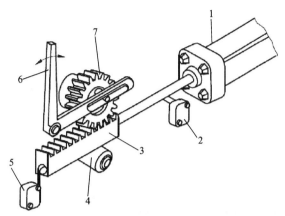

图 3-16　工件压紧机构
1—液压缸；2—活塞杆；3—齿扇；4—齿条

图 3-17　齿轮齿条式摆杆机构
1—主动气缸；2,5—限位开关；3—齿条；
4—导向辊；6—角形摆杆；7—齿轮

3.2.8　在机床上的应用图例

在自动攻螺纹机床上，主轴（丝锥）的前进、后退是利用行程开关进行控制的，这种控制开关在其动作正常时是很好用的。但是，一旦开关失灵，就可能发生故障。

图 3-18 所示的是对以往的控制机构略作修改的设计，作为控制开关发生故障时的安全措施，所使用的安全措施是采用了一对驱动齿轮和从动齿轮，驱动齿轮在轴向上是固定的，而从动齿轮则可在回转的同时沿轴向滑动。攻螺纹过程中，驱动齿轮带动从动齿轮而使主轴回转，同时，在进给螺纹的作用下，主轴还做轴向移动。若在主轴移动行程的两端留出使从动齿轮与驱动齿轮脱开啮合的 A、B 段，则在加工过程中行程开关发生故障而主轴继续移动时，可在 A、B 两处使两个齿轮脱开啮合，而使主轴停止回转，确保机构安全。

在使用时注意：因为攻螺纹深度各不相同，所以，A、B 的长度也不尽相同，因此，应事先准备几种驱动齿轮，其宽度相差 5mm，这样便于调节应用。

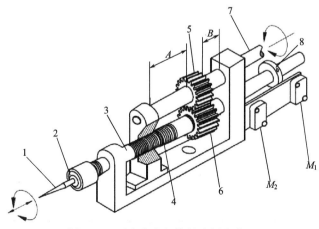

图 3-18　具有安全机构的攻螺纹装置
1—丝锥；2—弹簧夹头；3—主轴；4—进给螺纹；5—驱动齿轮；6—从动齿轮；7—驱动轴；8—挡块

3.2.9 其他应用图例

(1) 悬臂支撑机构图例

图 3-19(a) 所示为悬臂支撑机构，由圆锥齿轮 1、机壳 2、轴套 3、圆锥滚子轴承 4 组成，动力由圆锥齿轮 1 输入，圆锥滚子轴承 4 用轴套 3 装入机壳 2 内，以便于调整。两个轴承采用背靠背布置，这样可以增大轴承支撑力作用点间的跨距，增加圆锥齿轮 1 轴的刚度。

图 3-19(b) 所示，采用斜齿轮及曲齿圆锥齿轮的悬臂式支承机构。斜齿轮和曲齿圆锥齿轮在正反转时，会产生两个方向的轴向力，因此，机构中设有两个方向的轴向锁紧。

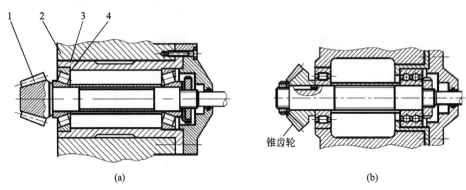

(a)   (b)

图 3-19　悬臂支撑机构
1—圆锥齿轮；2—机壳；3—轴套；4—圆锥滚子轴承

(2) 传动机构图例

图 3-20 所示为含有齿轮机构的组合机构，由圆锥齿轮机构、连杆机构及齿轮齿条机构组成，主体机构为圆锥齿轮机构。圆锥齿轮 1 为主动件，通过圆锥齿轮 2 及其固连的曲柄 3、连杆 4 可推动装有齿轮的推板 5 沿固定齿条 6 往复移动，实现传送动作，该机构可以实现较大行程运动。

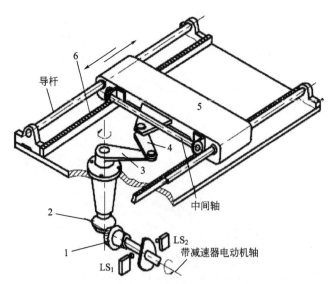

图 3-20　含有齿轮机构的组合机构
1,2—圆锥齿轮；3—曲柄；4—连杆；5—推板；6—固定齿条

(3) 两个齿条机构串联组合的大行程机构图例

用两个齿轮齿条机构串联，若驱动其中一根齿条，另一根齿条可以放大或缩小主动齿条的位移量。根据这一设想可以设计一个如图 3-21(a) 所示的放大行程的串联式组合机构。设图中双联齿轮的节圆半径分别为 r_1' 和 r_2'。当气缸推动齿条 1 向右移动位移量为 S_1 时，齿条 2 向左的位移量为

$$S_2 = \frac{r_2'}{r_1'} S_1$$

对该组合机构进行运动分析可以发现：当图 3-21(a) 中齿条向右移动 S_1 的同时，如果给整个组合机构加上一个向左的位移量 S_1，则齿条 1 将不动，双联齿轮将向左移动 S_1，而齿条 2 会向左移动 $S_1 + \frac{r_2'}{r_1'} S_1$，同样的位移量使齿条 2 的行程进一步增大。因此，将图 3-21(a) 改成图 3-21(b) 所示的形式，即将气缸与双联齿轮的回转中心连接，该组合机构增大行程的功能将得到进一步的增强。

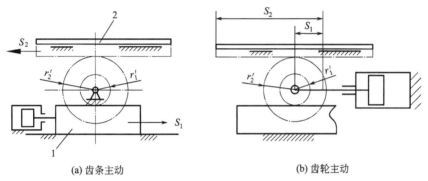

(a) 齿条主动   (b) 齿轮主动

图 3-21 两个齿条机构串联组合的大行程机构

1,2—齿条；r_1', r_2'—双联齿轮的节圆半径；S_1, S_2—位移量

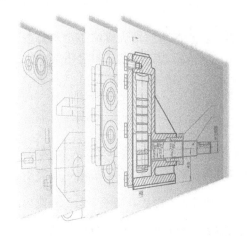

第4章

轮系典型应用图例

由一对齿轮组成的机构是齿轮机构中最简单的形式，但在实际机械中，为了满足不同的工作需要，常采用一系列互相啮合的齿轮（包括圆柱齿轮、圆锥齿轮和蜗轮蜗杆等）所组成的传动系统来实现运动和动力的传递，这种由一系列齿轮所组成的传动系统称为轮系。

根据轮系中各轮轴线是否平行，可将轮系分为两类，即平面轮系和空间轮系。图 4-1(a) 所示为平面轮系，各轮的轴线都是相互平行的；图 4-1(b) 所示为空间轮系，轮系中至少有一个轮的轴线与其他轮的轴线不平行。

根据轮系工作时，各齿轮的几何轴线在空间的位置是否相对固定，将轮系分为三大类：定轴轮系、周转轮系和复合轮系。

4.1 定轴轮系

4.1.1 运动分析

如图 4-1 所示的轮系中，运动由齿轮 1 输入，通过一系列齿轮传动，驱动齿轮 5 转动。在这些轮系中虽然有多个齿轮，但在运转过程中，每个齿轮几何轴线的位置都是固定不变的。这种所有齿轮几何轴线的位置在运转过程中均固定不变的轮系，称为定轴轮系。

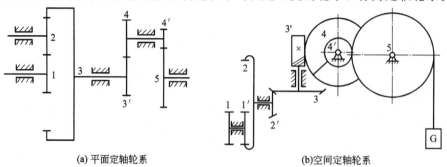

(a) 平面定轴轮系　　　　　　　　　　(b)空间定轴轮系

图 4-1　定轴轮系

1～5—齿轮

4.1.2 在汽车变速箱上的应用图例

当输入轴的转速转向不变时，利用定轴轮系可使输出轴得到若干种转速或改变输出轴的转向，这种传动称为变速与换向传动，如汽车在行驶中经常变速，倒车时要换向等。

图 4-2 所示为汽车上常用的三轴四速变速箱的传动简图。在该定轴轮系中，利用滑移齿轮 4 和齿轮 6 及牙嵌离合器 A 和 B 便可以获得四种不同的输出转速。图中 I 轴输入，II 轴输出。

第一挡：齿轮 5 与 6 相结合，其余脱开（低速挡）。

第二挡：齿轮 3 与 4 相结合，其余脱开（中速挡）。

第三挡：A、B 嵌合，其余脱开（高速挡）。

第四挡：齿轮 6 和 8 相结合，牙嵌离合器 A、B 脱开（最低速倒车挡）。

定轴轮系的变速换向传动广泛应用在金属切削机床等设备上。

4.1.3 在远距离传输机械方面的应用图例

当两轴之间的距离较远时，如果只用一对齿轮直接把输入轴的运动传递给输出轴，如图 4-3 中的齿轮 1 和齿轮 2 所示，齿轮的尺寸很大，这样既占空间也费材料，如果改用齿轮 a、b、c、d 组成的轮系来传动，便可克服上述缺点。

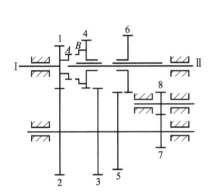

图 4-2　汽车上变速箱结构简图
1～8—齿轮；A, B—牙嵌离合器

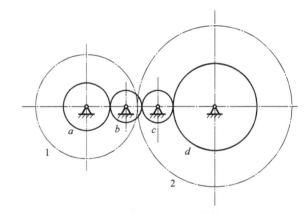

图 4-3　相距较远的两轴传动
1, 2, a～d—齿轮

4.1.4 在计量机械方面的应用图例

(1) 百分表图例

百分表是一种利用齿条齿轮或杠杆齿轮传动，将测杆的直线位移变为指针的角位移的精度较高的计量器具，主要用于测量零件的尺寸以及形状和位置误差等，也可用于机床上安装工件时的精密找正。百分表的结构较简单，传动机构是齿轮系，外廓尺寸小，重量轻，传动机构惯性小，传动比较大，可采用圆周刻度，并且有较大的测量范围，不仅能作比较测量，也能作绝对测量。

如图 4-4 所示，百分表主要由表体部分、传动系统、读数装置三个部件组成，其工作原理是将被测尺寸引起的测杆微小直线移动，经过齿轮传动放大，变为指针在刻度盘上的转动，从而读出被测尺寸的大小。顶杆借助弹簧，经常压在被测物体上，当物体发生沿杆方向位移时，推动顶杆及上面的齿条 1，驱动齿轮 2、3（两轮同轴）转动，齿轮 3 又驱动齿轮 4，使指针转动，经一系列放大，便在表盘上指出移位大小，百分表的最小刻度值为 0.01mm。

(2) 钟表传动机构图例

图 4-5 所示的钟表传动示意图中，由发条 K 驱动齿轮 1 转动时，通过齿轮 1 与 2 相啮合使分针 M 转动；由齿轮 1～6 组成的轮系可使秒针 S 获得一种转速；由齿轮 1、2、9～12 组成的轮系可使时针 H 获得另一种转速。利用轮系可将主动轴的转速同时传到几根从动轴上，获得所需的各种转速。

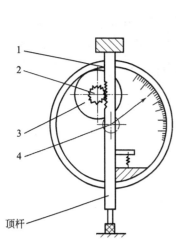

图 4-4　百分表构造原理图
1—齿条；2～4—齿轮

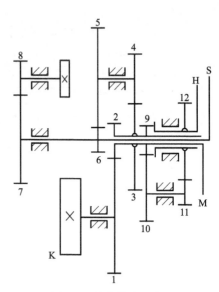

图 4-5　钟表传动示意图
1～12—齿轮；K—发条；H—时针；S—秒针；M—分针

4.1.5　在机床方面的应用图例

(1) 滚齿机工作台传动机构图例

利用定轴轮系可使一个主动轴驱动若干从动轴同时转动，将运动从不同的传动路线传动给执行机构的特点可实现机构的分路传动。

图 4-6 所示为滚齿机中工作台上滚刀与轮坯之间做展成运动的传动简图。滚齿加工要求滚刀和轮坯的转速应满足一定的传动比关系。主动轴通过锥齿轮 1、齿轮 2 将运动传给滚刀；同时主动轴又通过直齿轮 3 经齿轮 4-5、6、7-8 传至蜗轮 9，带动被加工的轮坯转动，从而使滚刀和轮坯之间具有确定的对滚关系，以满足滚刀与轮坯的传动比要求。

(2) 车床走刀丝杠的三星轮换向机构图例

轮系中的惰轮虽不影响传动比的大小，但可改变从动轮的转向。图 4-7 所示的是车床走刀丝杠的三星换向机构。互相啮合着的齿轮 2 和 3 浮套在三角形构件 a 的两个轴上，构件 a 可通过手柄使之绕轮 4 的轴转动。在图 4-7(a) 所示的位置上，主动轮 1 的转动经齿轮 2 和 3 而传给从动轮 4，从动轮 4 与主动轮 1 的转向相反；如果通过手柄转动三角形构件 a，使齿轮 2 和 3 位于图 4-7(b) 所示的位置，则齿轮 2 不参与传动，这时从动轮 4 与主动轮 1 转向相同。

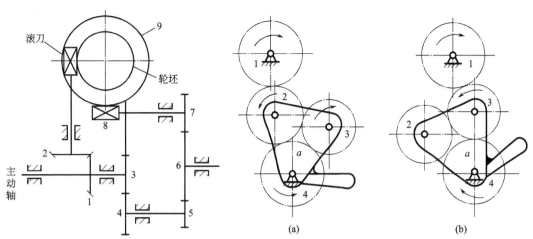

图 4-6 滚齿机上展成运动传动简图
1—锥齿轮；2～7—齿轮；8—蜗杆；9—蜗轮

图 4-7 车床走刀丝杠的三星换向机构
1—主动轮；2,3—齿轮；4—从动轮

(3) 平行移动机构图例

图 4-8 所示为平行移动机构。齿轮 1、5 的中心连线、平行移动体及连杆 2、4 这四个构件组成一个平行四边形，则平行移动体将做平行移动。

4.1.6 在仿生机械方面的应用图例

(1) 利用齿轮的自转和公转运动构成的机械手图例

图 4-9 所示为利用齿轮的自转和公转运动构成的机械手。在 L 形的转臂有一个能转动的锥齿轮 7，在机体上有一个固定锥齿轮 6，两个齿轮相互啮合。将一个小齿轮 5 固定在 L 形转臂上，使其能绕固定锥齿轮 6 的轴线旋转，利用气缸通过齿条 2 使小齿轮 5 转动，则锥齿轮 7 将以固定锥齿轮 6 为中心，既做自转又做公转运动。当锥齿轮 7 和固定锥齿轮 6 的齿数比为 1∶1 时，自转角与公转角相等。

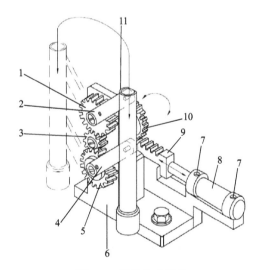

图 4-8 平行移动机构
1—齿轮 A；2—连杆 A；3—中间齿轮；4—连杆 B；
5—齿轮 B；6—机体；7—空气；8—气缸；9—齿
条；10—驱动齿轮；11—平行移动体

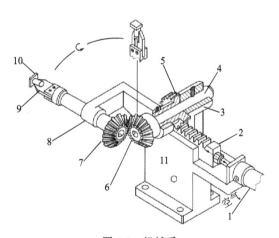

图 4-9 机械手
1—气缸；2—齿条；3—固定轴的支承；4—固定轴；5—小
齿轮；6—固定锥齿轮；7—锥齿轮；8—L 形转臂；
9—手爪；10—被送的零件；11—机体

（2）手爪平行开闭的机械手图例

对于不能像人的手那样灵活地完成各种工作的机器人而言，可以采用更换各种专用手爪的方法使其完成相应的工作。图 4-10 所示的机械手就是可以满足这种要求的一种结构，它的手爪平行移动，而且移动量较大。当活塞 2 伸出时，手爪张开；活塞退回时，抓取零件。在手爪之间装有压缩弹簧，用以消除运动间隙，装在手爪上的可换夹爪的形状应与被抓零件的外形相适应，抓力大小的调节是靠改变工作压力实现的。

4.1.7 在转位机械方面的应用图例

（1）制灯泡机多工位间歇转位机构图例

图 4-11 所示的是制灯泡机多工位间歇转位机构。电动机 1 经减速装置 2、一对椭圆齿轮 3 及锥齿轮 4 将运动传到曲柄盘 6。曲柄盘 6 上装有圆销 7，当圆销 7 沿其圆周的切线方向进入槽轮 5 的槽内时，迫使槽轮 5 反向转动，直到槽轮转过角度 2α，圆销才从槽轮 5 的槽内退出，槽轮 5 和与其相连的转台 8 才处于静止状态。直到圆销 7 继续转过角度 $2\varphi_0$ 后，圆销 7 又进入槽轮 5 的下一个槽内，开始下一个动作循环。转台静止时间为置于转台 8 上的灯泡 9 进行抽气（抽真空）和其他加工工序的时间。

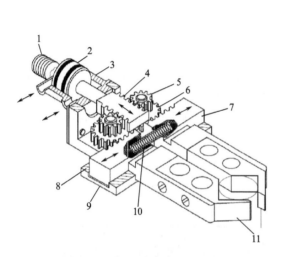

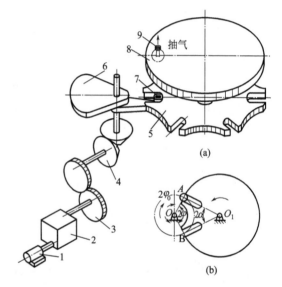

图 4-10 手爪平行开闭的机械手
1—螺杆（用于与机器人手臂相连接）；2—活塞；
3—气缸；4—双面齿条；5—小齿轮 A；
6—小齿轮 B；7,8—滑动齿条；9—手
爪体；10—压缩弹簧；11—可换夹爪

图 4-11 制灯泡机多工位间歇转位机构
1—电动机；2—减速装置；3—椭圆齿轮；4—锥齿轮；
5—槽轮；6—曲柄盘；7—圆销；
8—转台；9—灯泡

（2）重载长距离转位分度机构图例

图 4-12 所示为重载长距离转位分度机构。动力由横轴 1 传来，经恒速传动装置 4，驱动凸轮轴 3 转动。转位时，从动滚子 8 已与凸轮 5 脱离啮合，而小齿轮 2 与分度盘 6 上的轮齿相啮合，使分度盘 6 转动；当分度盘上的另两个从动滚子 8 与凸轮 5 啮合时，小齿轮已退出啮合（对着分度盘的无齿部分）；凸轮 5 带动从动滚子使分度盘减速直至停歇位置。然后凸轮再将分度盘转动并加速到转位速度，凸轮与从动滚子即将脱开，小齿轮与分度盘上的点又重新啮合，带动分度盘转位。

本机构用于线列式或回转式装配机中的重载、长距离转位；工作精确、平稳、可靠。

4.1.8 其他应用图例

(1) 电动机减速器图例

电动机减速器是用于减速传动的独立部件，它由刚性箱体、齿轮和蜗杆等传动副及若干附件组成，是利用定轴轮系实现传动的典型传动机构。常用在原动机与工作机之间，将原动机的转速减少为工作机所需要的转速。

减速器由于结构紧凑、传递运动准确、效率较高、使用维护方便，且可以大批量生产，故在工业中得到广泛应用。

减速器广泛用于各种机械设备中，种类很多，用以满足各种机械传动的不同要求。根据传动的类型可分为齿轮减速器、蜗杆减速器、齿轮-蜗杆减速器、行星减速器；根据传动级数可分为单级、二级及多级减速器；根据齿轮的形式可分为圆柱、圆锥和圆柱-圆锥齿轮减速器。根据传动的布置可分为展开式、分流式和同轴式减速器。

目前，我国已制定出《圆柱齿轮减速器标准》JB/T 8853—2001。标准的减速器包括单级、两级和三级三个系列。常用的电动机减速器形式、特点及应用见表 4-1。

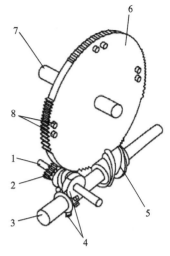

图 4-12 重载长距离转位分度机构
1—横轴；2—小齿轮；3—凸轮轴；4—恒速传动装置；5—凸轮；6—分度盘；7—中心轴；8—从动滚子

表 4-1 常用电动机减速器的形式、特点及应用

形式	机构简图	特点及应用
单级圆柱齿轮减速器		(1)传动比：$1 \leqslant i \leqslant 8 \sim 10$ (2)轮齿可为直齿、斜齿和人字齿 (3)结构简单，精度容易保证 (4)应用广泛。直齿一般用于圆周速度不大于 8m/s 或负荷较轻的传动，斜齿或人字齿用于圆周速度为 $25 \sim 50$m/s 或负荷较重的传动
两级圆柱齿轮减速器（展开式）		(1)传动比：$8 \leqslant i \leqslant 60$ (2)结构简单 (3)齿轮相对于轴承的位置不对称，当轴产生弯曲变形时，载荷沿齿宽分布不均匀，因此要求轴有较大的刚度 (4)直齿常用于低速级，高速级采用斜齿
两级圆柱齿轮减速器（分流式）		(1)传动比：$8 \leqslant i \leqslant 60$ (2)与展开式相比，齿轮对于轴承对称布置，载荷沿齿轮宽度分布均匀，轴承受载平均分配 (3)高速级采用人字齿，低速级采用斜齿 (4)常用于重载荷或载荷变化较频繁的场合

形式	机构简图	特点及应用
两级圆柱齿轮 减速器 (同轴式)	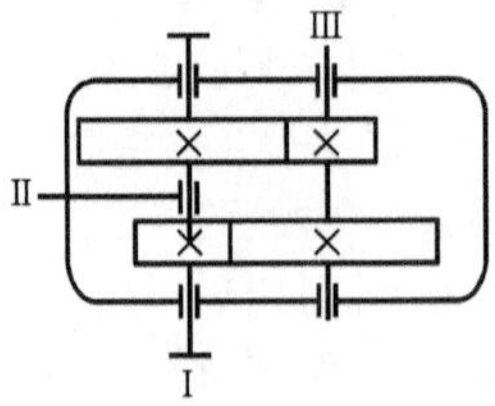	(1)传动比：$8 \leqslant i \leqslant 60$ (2)箱体长度较小，但轴向尺寸及重量较大 (3)中间轴承润滑困难 (4)中间轴较长，刚性差，载荷沿齿宽分布不均 (5)适用于中小功率传动，或在原动机与工作机的总体布置方面有同轴要求时
三级圆柱齿轮 减速器 (展开式)	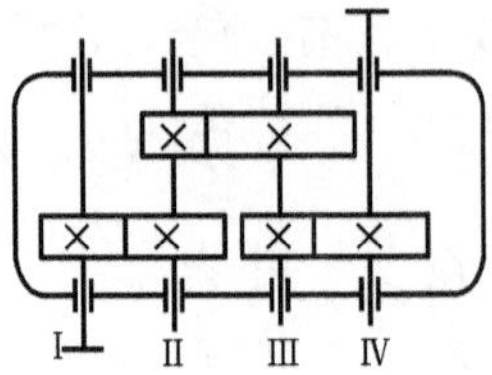	(1)传动比：$50 \leqslant i \leqslant 300$ (2)结构简单，应用较广 (3)其余特点同两级展开式
单级圆锥齿轮 减速器	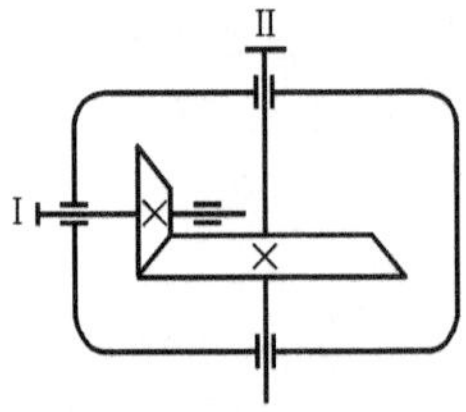	(1)传动比：$1 \leqslant i \leqslant 8 \sim 10$ (2)圆锥齿轮精加工较困难，允许的圆周速度低，因此使其应用受到限制 (3)大多应用于减速器的输入轴与输出轴必须布置成相交的场合
两级圆锥-圆柱 齿轮减速器	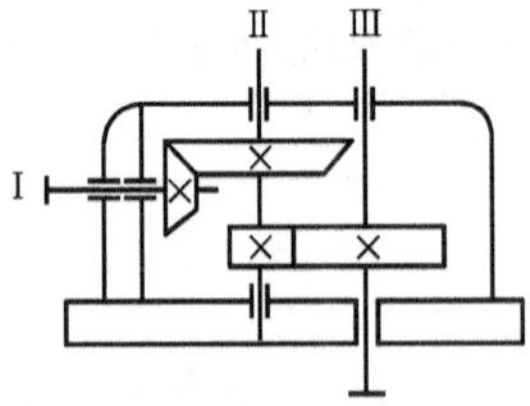	(1)传动比：直齿圆锥齿轮 $8 \leqslant i \leqslant 22$；斜齿及弧齿圆锥齿轮 $8 \leqslant i \leqslant 40$ (2)圆柱齿轮可以制成直齿或斜齿 (3)输入轴与输出轴垂直相交
三级圆锥-圆柱 齿轮减速器	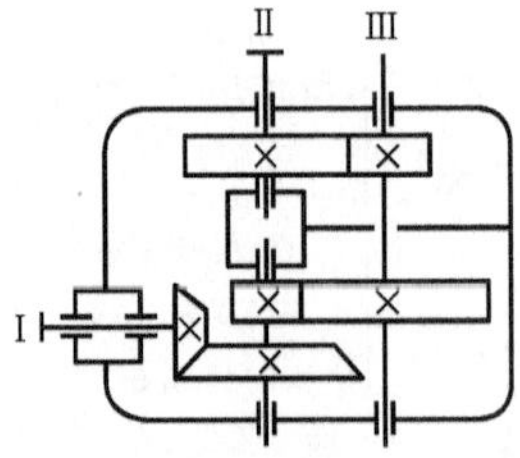	(1)传动比：$25 \leqslant i \leqslant 75$ (2)其余特点同两级圆锥-圆柱齿轮减速器
行星齿轮减速器	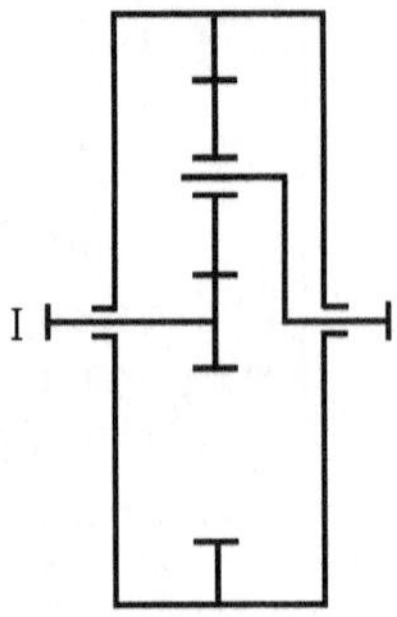	(1)传动比：$2.8 \leqslant i \leqslant 12.5$ (2)与圆柱齿轮减速器相比，尺寸小，重量轻 (3)结构复杂，制造精度要求高 (4)广泛应用于要求结构紧凑的场合

形式	机构简图	特点及应用
蜗轮蜗杆减速器	（下置式）	(1)传动比：$8 \leqslant i \leqslant 80$ (2)大传动比时结构紧凑，外廓尺寸小，效率较低 (3)适用于蜗杆圆周速度小于4m/s的场合
	（上置式）	(1)传动比：$8 \leqslant i \leqslant 80$ (2)适用于圆周速度超过4～5m/s的小功率高速度传动装置
	（旁置式）	(1)传动比：$8 \leqslant i \leqslant 80$ (2)适用于在结构上需要有垂直轴的场合，常用于起重机的水平回转机械及化工机械等搅拌器中

（2）导弹控制离合器图例

图4-13所示的是导弹离合器。在电动机4不断转动过程中，用电磁线圈控制的离合器接收信号，使其能急速改变回转方向。另外，离合器与双向电动机输出端连接。一侧齿轮系的中间齿轮2，使离合器反方向回转。因为圆筒形的电枢6和弹簧离合器是机械连接，所以在一个时间内，只有一侧离合器工作。当两侧离合器都切离时，在弹簧的作用下将止动球压入圆筒中，不反转的蜗轮蜗杆装置被锁定。这个装置从发出指令信号到电动机达到最大转矩时的反应时间为0.008s。

（3）机动可变焦装置图例

图4-14所示为机动可变焦装置。通过摄影机头部的两个按钮7和8来改变远距和广角。驱动齿轮A和从动齿轮B是常啮合，用发条盒3的动力驱动齿轮A；从动齿轮B的转向和发条回转方向相反。按下远距离调节用按钮7，通过杠杆9使支架1回转，拨动远距离调节用小齿轮2和从动齿轮B啮合，通过中间齿轮和弹簧离合器6及操纵透镜用环状齿轮5，使透镜前移；当按下广角调节按钮8时，支架1向另一方向回转，拨动小齿轮4和驱动齿轮A啮合，齿轮5反向转动而使透镜后退。

因为两个小齿轮2、4装在同一支架1上，一个齿轮啮合时，另一个齿轮必分离，因而实现了两个动作互锁；弹簧离合器6用防止透镜移到终端时可能产生的损伤。

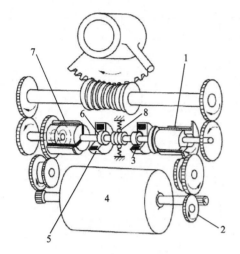

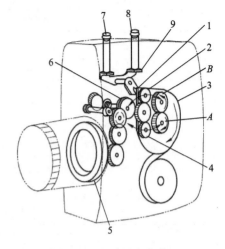

图 4-13 导弹控制离合器
1—逆时针回转弹簧离合器；2—中间齿轮；3—逆时针
回转电线线圈；4—电动机；5—顺时针
回转电线线圈；6—电枢；7—顺时针
回转弹簧离合器；8—止动球

图 4-14 机动可变焦装置
1—支架；2—远距离调节用小齿轮；3—发条盒；A—驱动
齿轮；B—从动齿轮；4—广角调节小齿轮；5—操纵
透镜用环状齿轮；6—弹簧离合器；7—远距离
调节用按钮；8—广角调节按钮；9—踏板

4.2 周转轮系

4.2.1 运动分析

如图 4-15 所示的轮系中，齿轮 1 和 3 以及构件 H 各绕固定的几何轴线 O_1、O_3（与 O_1 重合）及 O_H（也与 O_1 重合）转动，齿轮 2 空套在构件 H 的小轴上。当构件 H 转动时，齿轮 2 一方面绕自己的几何轴线 O_2 转动（自转），同时又随构件 H 绕固定的几何轴线 O_H 转动（公转），这种至少有一个齿轮的几何轴线绕另一齿轮的几何轴线转动的轮系，称为周转轮系。在周转轮系中，轴线位置变动的齿轮，也就是既做自转又做公转的齿轮，称为行星轮；支持行星轮做自转和公转的构件称为行星架或转臂；轴线位置固定的齿轮（一个或两个）则称为中心轮或太阳轮。行星架与中心轮的几何轴线必须重合，否则不能传动。

根据所具有的自由度数目的不同，周转轮系又可分为以下两类。

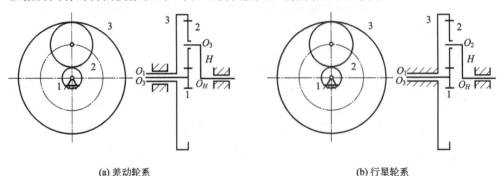

(a) 差动轮系

(b) 行星轮系

图 4-15 周转轮系
1,3—中心轮；2—行星轮

(1) 差动轮系

在图 4-15(a) 所示的周转轮系中，若中心轮 1 和 3 均转动，机构的自由度 $F=3n-2P_{\mathrm{L}}-P_{\mathrm{H}}=2$，需要 2 个原动件，这种自由度为 2 的周转轮系称为差动轮系。

(2) 行星轮系

若将图 4-15(b) 所示的周转轮系中的中心轮 3（或 1）固定，机构的自由度 $F=3n-2P_{\mathrm{L}}-P_{\mathrm{H}}=1$，需要 1 个原动件，这种自由度为 1 的周转轮系称为行星轮系。

4.2.2 在传动机械方面的应用图例

(1) 大传动比传动机构图例

当两轴之间需要较大的传动比时，若仅用一对齿轮传动，则两轮齿数相差很大，小轮的轮齿极易损坏。一对齿轮传动，为了避免由于齿数过于悬殊而使小齿轮易损坏和发生齿根干涉等问题，一般传动比不得大于 5～7；当两轴间需要较大的传动比时，就需要采用行星轮系来满足，可以用很少的齿轮，并且在结构很紧凑的条件下，得到很大的传动比，如图 4-16 所示的轮系就是理论上实现大传动比的一个实例。设各轮齿数为：$Z_1=100$，$Z_2=101$，$Z_2'=100$，$Z_3=99$，其传动比 i_{1H} 为

$$i_{1H}=1-i_{13}^{H}=1-\frac{z_2 z_3}{z_1 z_2'}=1-\frac{101\times 99}{100\times 100}=\frac{1}{10000}$$

即当系杆 H 转 10000 转时，轮 1 才同向转 1 转，可见行星轮系可获得极大的传动比。但这种轮系的效率很低，且当轮 1 为主动时轮系将发生自锁，因此，这种轮系只适用于轻载下的运动传递或作为微调机构中使用。

(2) 多行星轮传动机构图例

在周转轮系中，采用多个行星轮的结构形式，各行星轮均匀地布置在中心轮周围，如图 4-17 所示，这样既可用多个行星轮来共同分担载荷，又可使各啮合处的径向分力和行星轮公转所产生的离心惯性力得以平衡。可大大改善受力情况。此外，采用内啮合又有效地利用了空间，加之其输入轴和输出轴同轴线，故可减小径向尺寸，在结构紧凑的条件下，实现大功率传动。

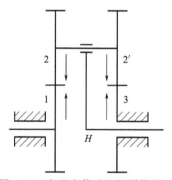

图 4-16 实现大传动比的周转轮系

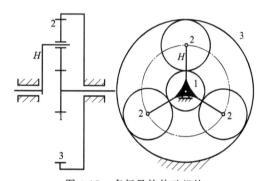

图 4-17 多行星轮传动机构

1,3—中心轮；2—行星轮

4.2.3 在工程机械方面的应用图例

(1) 行星搅拌机构图例

在轮系中，由于行星轮的运动是自转与公转的合成运动，而且可以得到较高的行星轮转速，工程实际中的一些装备直接利用了行星轮的这一特有运动特点，来实现机械执行构件的复杂运动。

图 4-18 所示为一行星搅拌机构的简图。其搅拌器 F 与行星轮 g 固连为一体，从而得到复合运动，增加了搅拌效果。

（2）手动起重葫芦图例

图 4-19 所示为手动起重葫芦机构。该轮系是由 1、2、2'、3、4（H）组成的周转轮系。轴 I 与电动机相连，齿轮 1 为中心轮随轴 I 转动，齿轮 2 和 2' 为行星轮，绕中心轮 1 转动，轴 II、III 作为系杆连接滚筒 A，绳索绕在滚筒 A 上，随 A 的转动将重物提升。

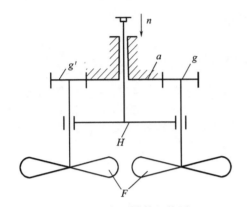

图 4-18　行星搅拌机构图

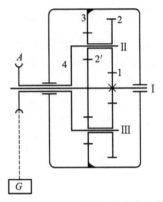

图 4-19　手动起重葫芦机构

1—中心轮；2,2'—行星轮；A—滚筒；3—中心轮；4—系杆

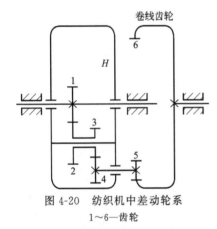

图 4-20　纺织机中差动轮系

1～6—齿轮

4.2.4　在纺织机械方面的应用图例

图 4-20 所示为纺织机中的差动轮系运动简图。该轮系是由差动轮系 1、2、3、4、H 和差动轮系 5、6、H 组合而成的。齿轮 4 和齿轮 5 是双联齿轮，同时套在行星架 H 上，转动行星架 H，带动齿轮 5 和齿轮 6 转动，以完成纺织机卷线的工作。

4.2.5　在计量机械方面的应用图例

图 4-21(a) 所示为差动齿轮机构，其计算公式为

$$N_2 = \left(1 - \frac{T_3 T_5}{T_4 T_6}\right) N_1 \tag{4-1}$$

式中　N_1——主动轴的转速；

　　　N_2——从动轴的转速；

　　　T_3——固定轮的齿数；

　　　T_4——与 T_3 啮合的从动轮的齿数；

　　　T_5——与 T_4 同为一体的从动轮的齿数；

　　　T_6——与 T_5 啮合的从动轮的齿数。

图 4-21(b) 所示的是把这种差动齿轮装置用于照相机计数装置的实例。在这种场合下，式(4-1) 中的 $T_4 = T_5$，则有

$$N_2 = \left(1 - \frac{T_3}{T_6}\right) N_1 \tag{4-2}$$

$$N_2 = \left(\frac{T_6 - T_3}{T_6}\right) N_1 \tag{4-3}$$

若设 $T_6=50$，$T_3=49$，则由式（4-3）计算得

$$N_2=\left(\frac{50-49}{50}\right)N_1=\frac{1}{50}N_1$$

即得到 1/50 的减速比。

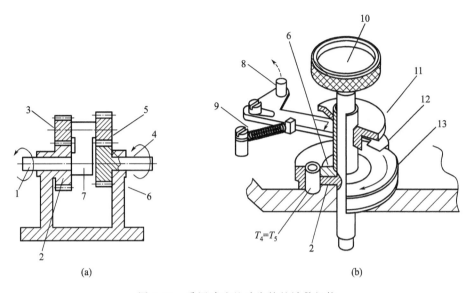

图 4-21　采用减速差动齿轮的计数机构
1—主动轴 N_1；2—固定轮 T_3；3—从动轮 T_4；4—从动轴 N_2；5—从动轮 $T_5(T_4=T_5)$；6—从动轮 T_6；7—曲柄；
8—定位脱开手柄；9—复位弹簧；10—卷片旋钮 N_1；11—计数板 N_2；12—止动杆；13—行星齿轮支承轮

如果把 T_6-T_3 设计得很小，则可得到更大的减速比，从而使从动轮以及固定于其上的计数板十分缓慢地转动。若使行星齿轮支承轮转满一周即停止，即式（4-2）中的 $N_1=1$，则有

$$N_2=1-\frac{T_3}{T_6}\qquad(4-4)$$

因此，可根据式（4-4）把计数值刻在计数板上。

4.2.6　其他应用图例

（1）马铃薯挖掘机图例

图 4-22 所示为马铃薯挖掘机机构简图。中心轮 1 固定不动，挖叉 A 固连在行星轮 3 上，十字架 4 为输入件，行星轮 3（挖叉）为输出件。中心轮 1 与行星轮 3 的齿数相等，中间轮 2 的齿数可任意选择。工作时，十字架 4 回转，带动行星轮 3 平动，使挖叉始终保持竖直朝下的姿态，以实现挖掘的效果。

（2）涡轮螺旋桨发动机主减速器传动机构图例

在机械制造业中，特别是在飞行器中，日益期望在结构紧凑、重量较小的条件下实现大功率传动，采用周转轮系可以较好地满足这种要求。

图 4-23 所示为某涡轮螺旋桨发动机主减速器传动简图。动力由太阳轮 1 输入后，分两路从系杆 H 和内齿轮 3 输往左部，最后汇合到一起输往螺旋桨。由于采用多个行星轮，加上功率分路传递，所以在较小的外廓尺寸下，传递功率可达 2850kW，实现了大功率传递。

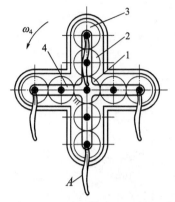

图 4-22 马铃薯挖掘机机构图
1—中心轮；2—中间轮；3—行星轮；4—十字架

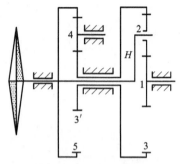

图 4-23 涡轮螺旋桨发动机主减速器传动简图
1—太阳轮；2,3′,4—轮；3,5—内齿轮

4.3 复合轮系

4.3.1 运动分析

在工程实际中，除了采用单一的定轴轮系和单一的周转轮系外，还常采用既含定轴轮系部分又含周转轮系部分的复杂轮系，通常把这种轮系称为复合轮系。

图 4-24 所示的就是复合轮系的例子。图 4-24(a) 所示的复合轮系由两个简单轮系组成，其中齿轮 1、2 组成的是一个定轴轮系，而齿轮 2′、3、4 和行星架 H 组成的是一个行星轮系，通过齿轮 2 和 2′ 将两个轮系联系在一起。图 4-24(b) 所示的复合轮系是由 1、2、3、H_1 和 4、5、6、H_2 两个行星轮系构成的。

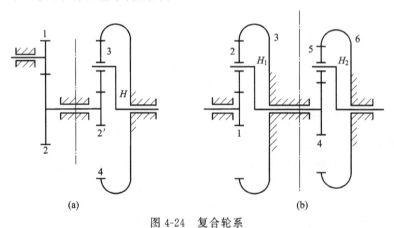

(a)   (b)

图 4-24 复合轮系
1~6—齿轮

4.3.2 在农用机械方面的应用图例

如图 4-25 所示，在该轮系中，双联齿轮 2-2′ 的几何轴线不固定，而是随着内齿轮 5 绕中心轴线的转动而运动，所以是行星轮；支持它运动的构件齿轮 5 就是系杆；和行星轮相啮合的齿轮 1 和 3 是两个太阳轮，这两个太阳轮都能转动。所以齿轮 1、2-2′、3、5（相当于 H）组成一个差动轮系。剩余的齿轮 3′、4 和 5 组成一个定轴轮系。齿轮 3′ 和 3 是同一构

件，齿轮 5 和系杆是同一个构件，也就是说差动轮系的两个基本构件太阳轮和系杆被定轴轮系封闭起来了，这种通过一个定轴轮系把差动轮系的两个基本构件（太阳轮和系杆）封闭起来而组成的自由度为 1 的复合轮系，通常称为封闭式行星轮系。

4.3.3　在交通工具方面的应用图例

(1) 汽车后桥差速器图例

图 4-26 所示为汽车后桥差速器，该差速器是一个复合轮系，它由定轴轮系 5、4 和周转轮系 1、2、3、H 组成，可以实现分解运动。

当汽车在平坦道路上直线行驶时，左右两车轮滚过的距离相等，所以转速也相同。这时齿轮 1～4 如同一个固连的整体，一起转动。

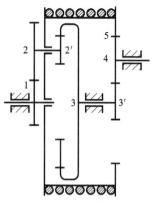

图 4-25　电动卷扬机结构图
1～5—齿轮

当汽车拐弯时，它能将发动机传给齿轮 5 的运动，以不同转速分别传递给左右两车轮。为使车轮和地面间不发生滑动以减少轮胎磨损，就要求外轮比里轮转得快些。这时齿轮 1 和齿轮 3 之间便发生相对转动，行星齿轮 2 除随齿轮 4 绕后车轮轴线公转外，还绕自己的轴线自转，由齿轮 1、2、3 和 4（即行星架 H）组成的差动轮系便发挥作用。

差动轮系利用了分解运动的特性，在汽车、飞机等动力传动中得到广泛应用。

(2) 摩托车里程表图例

如图 4-27 所示为摩托车里程表机构运动简图。该轮系是由周转轮系 3、4、$4'$、H（2）和定轴轮系 1、2 组成的复合轮系，其中固定轮 3 为周转轮系中的太阳轮，C 为车轮轴，P 为里程表的指针。当车轮转动起来后，车轮轴 C 带动定轴轮系里的齿轮 1 和齿轮 2 转动，齿轮 2 又固连在周转轮系中的行星架上，从而带动周转轮系一起转动，使得指针 P 左右摆动。

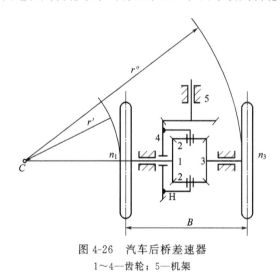

图 4-26　汽车后桥差速器
1～4—齿轮；5—机架

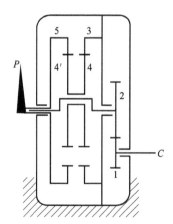

图 4-27　摩托车里程表机构运动简图
1～5—齿轮

4.3.4　在机床方面的应用图例

图 4-28 所示为镗床的镗杆进给机构。该机构是由定轴轮系 2、$2'$、3 和周转轮系 1、$3'$、4、H 组合而成的。周转轮系的齿轮 4 套在镗床的镗杆上，当齿轮 4 转动起来以后，带动镗杆 h' 做进给运动。

4.3.5 在照明机械方面的应用图例

图 4-29 所示为自动化照明灯具上的复合轮系。该轮系是由周转轮系 1、2、2′、3、4、5 和定轴轮系 6～9 组合而成。定轴轮系以转速 n_1 转动，带动整个周转轮系转动。

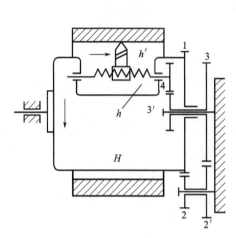

图 4-28 镗床镗杆进给机构
1～4—齿轮

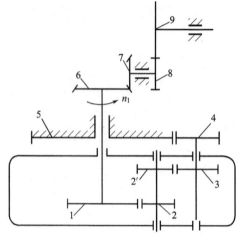

图 4-29 自动化照明灯具上的复合轮系
1～9—齿轮

4.3.6 其他应用图例

(1) 制绳机图例

图 4-30 所示的是制绳机的机构运动简图。三股细线由三个行星轮 2 带动，工作时可按要求操控轮 1 和轮 3 的转速，使行星轮自转又公转，即每股细线自拧，三股线再同向合股，这样可将三股细线绳合为一股粗线绳。

(2) 双重周转轮系图例

图 4-31 所示的轮系是由齿轮 4、5、H 和机架组成的一周转轮系，而该轮系经过一次反转后将 H 相对固定后，又与齿轮 1、2、3 组成另一个周转轮系，故称为复合轮系。这种轮系的特点是：其中最少要有一个行星轮同时绕三个平行轴线转动。如行星轮 2 就是同时绕 O_2、O_4、O_H 三个轴线转动的。

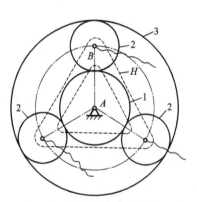

图 4-30 制绳机机构运动简图
1—操控轮；2—行星轮；3—轮

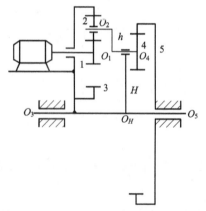

图 4-31 双重周转轮系
1～5—齿轮

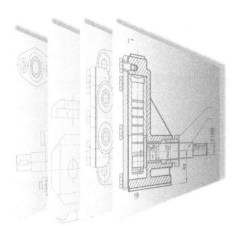

Chapter 05

第5章
间歇运动机构典型应用图例

5.1 概述

    机构的运动方式是多种多样的，除了连续的运动外，在有些场合，经常需要某些机构的主动件做连续运动时，从动件能够产生周期性的间歇运动，即运动-停止-运动。实现这一周期性的间歇运动的装置称为间歇运动机构。间歇运动机构应用很广泛，如转塔车床和数控机床中的转动刀架在完成一道工序后要转位；牛头刨床中刀具每一次往复行程后，工作台要进给；牙膏管拧盖机的转盘式工作台，在拧紧一个管盖后要分度转位；糖果包装机推料机构在一个工作循环中需要有一段停歇时间，以进行包装纸的转送、折叠或扭结等。

    实现间歇运动的机构种类很多，常见的有以下几种。

（1）棘轮机构

    棘轮机构主要由棘轮、棘爪及机架组成，其结构简单，但运动准确度差，在高速条件下使用有冲击和噪声。常用于将摇杆的摆动转换为棘轮的单向间歇运动，在进给机构中应用广泛。在许多机械中还常用棘轮机构作防逆装置。

（2）槽轮机构

    槽轮机构能把主动轴的匀速连续运动转换为从动轴的间歇运动。槽轮机构是分度、转位等传动中应用最普遍的一种机构。由于槽轮的角速度比较大，且在转位过程中的前半阶段和后半阶段的角加速度方向不同，因此常产生冲击。

（3）不完全齿轮机构

    不完全齿轮机构是由齿轮机构演变而成的，即在主动齿轮上，只制出一个或几个轮齿，在从动轮上，制出与主动齿轮相应的齿间，形成不完全的齿轮传动，从而达到从动件做间歇运动的要求。其具有以下特点：动停时间比不受机构结构的限制，制造方便；在从动轮每次间歇运动的始末，均有剧烈的冲击，故只适用于低速、轻载及机构冲击不影响正常工作的场合。

（4）凸轮机构

    利用凸轮原理制成的间歇运动机构，其运动规律，取决于凸轮轮廓的形式，可适应高速运转场合的需要。其缺点是凸轮加工比较复杂，装配调整要求也较高，限制了凸轮机构的应用范围。目前凸轮机构在自动机床的进给机构上应用广泛。如在自动车床刀架上的凸轮机构，可保证刀架的运动为：快速趋进→工作进给→快速退回→间停，然后再开始第二个工作循环。

(5) 其他间歇机构

特殊设计的连杆机构以及某些组合机构，也能实现带有间停的往复运动。

5.2 棘轮机构

5.2.1 运动分析

图 5-1 所示的是最常见的外啮合齿式棘轮机构。绕 O_1 点做往复摆动运动的摇杆 1 是主动构件。当摇杆沿逆时针方向摆动时，驱动棘爪 2 插入棘轮 3 的齿间，推动棘轮转过一定的角度。当摇杆沿顺时针方向摆回时，止动棘爪 4 在弹簧 5 的作用下，阻止棘轮沿顺时针方向摆动回来，而驱动棘爪 2 从棘轮的齿背上滑过，故棘轮静止不动。这样，当摇杆连续地往复摆动时，棘轮做单向的间歇运动。

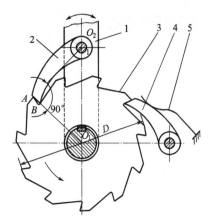

图 5-1 外啮合齿式棘轮机构
1—摇杆；2—棘爪；3—棘轮；
4—止动棘爪；5—弹簧

5.2.2 在机床方面的应用图例

如图 5-2 所示为牛头刨床进给传动系统的核心部分。杆件 1（OA）、2（AB）、3（BC）和机架（床身）8 构成一套连杆机构。杆件 1 转动一周，杆件 3 往复摆动一次。杆件 3 逆时针摆动时，安装在杆件 3 上的棘爪 4 推动棘轮 5 转过一定的角度；杆件 3 顺时针摆动时，棘爪 4 在棘轮上滑回，棘轮不转动。这套棘轮机构又带动一套螺旋机构。棘轮 5 与螺杆 6 连为一体，当棘轮转动时，带动螺杆转动，螺杆在其轴线方向上被限制而不能移动。在工作台 7 中固定着一个螺母（图中未画出），螺母套在螺杆上。当螺杆转动时，螺母连同工作台 7 就会沿着螺杆的轴线方向移动一个很小的距离。杆件 1 和主传动系统中的圆盘是一体的。所以，圆盘转动一周，滑枕往复运动一次，工作台就沿横向移动一步。这个移动发生在滑枕的空回行程中。工作台的这个运动称为进给运动，有了进给运动，才能刨削出整个被加工平面。

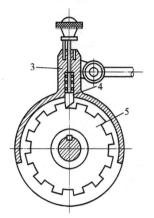

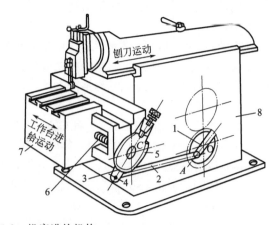

图 5-2 机床进给机构
1~3—杆件；4—棘爪；5—棘轮；6—螺杆；7—工作台；8—床身

5.2.3 在交通工具方面的应用图例

(1) 自行车超越式棘轮机构图例

图 5-3 所示的是自行车后轮上的超越式棘轮机构。当脚蹬踏板时，经链轮 1 和链条 2 带动内圈具有棘背的超越链轮 3 顺时针转动，再通过棘爪 4 使后轮轴 5 顺时针转动，驱动自行车前行。在自行车前进时，如果不踏脚蹬，后轮轴 5 便会超越链轮 3 而转动，让棘爪 4 在棘轮齿背上滑过，从而实现不蹬踏板时，使自行车自由滑行。

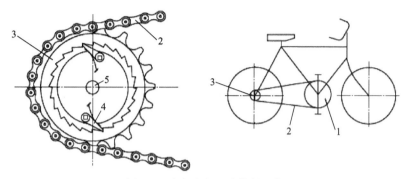

图 5-3 自行车超越式棘轮机构
1,3—链轮；2—链条；4—棘爪；5—后轮轴

(2) 棘轮电磁式上条机构图例

图 5-4 所示为汽车时钟中的棘轮电磁式上条机构，时钟发条一端固定在条盒 1 上，另一端固定在棘轮 3 的轮毂 2 上。在时钟发条未被卷起的时候，弹簧 6 使转子 4 和月牙板 5 绕轴心 A 沿逆时针方向转动。与此同时，月牙板 5 上的棘爪 7 使棘轮 3 沿逆时针方向转动，从而将时钟发条卷起。当转子 4 继续沿逆时针方向转动时，杆 8 受弹簧 9 的作用使触点 10 闭合，于是电磁铁的线圈励磁，转子 4 受磁力吸引沿顺时针方向转动而复位，同时固定在转子 4 上的杆 11 弹开杆 8 将电路断开。如上反复动作，条盒里的时钟发条就被连续地卷紧。

5.2.4 在制动机械方面的应用图例

(1) 带式制动器图例

图 5-5 所示为杠杆控制的带式制动器，制动轮 4 与外棘轮 2 固结，棘爪 3 铰接于固定架上 A 点，制动轮 4 上围绕着由杠杆 5 控制的钢带 6，制动轮 4 按顺时针方向自由转动，棘爪 3 在棘轮齿背上滑动，若该轮向相反方向转动，则制动轮 4 被制动。

(2) 起重设备中的制动器图例

图 5-6 所示为起重设备中的棘轮制动器，当轴 1 在转矩驱动下，逆时针方向转动时，带动棘轮 2 逆时针方向旋转，棘爪 3 在棘轮齿背上滑动。若轴 1 无驱动停止时，棘轮 2 在重物下不会发生转动，起到制动作用。

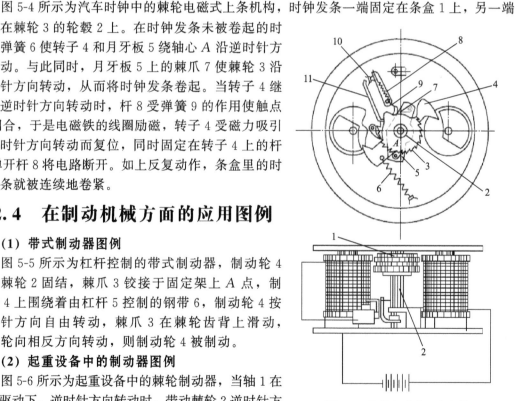

图 5-4 棘轮电磁式上条机构
1—条盒；2—轮毂；3—棘轮；4—转子；5—月牙板；
6,9—弹簧；7—棘爪；8,11—杆；10—触点

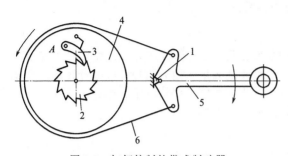

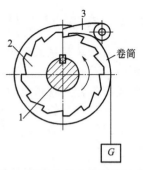

图 5-5　杠杆控制的带式制动器

1—支座；2—外棘轮；3—棘爪；4—制动轮；5—杠杆；6—钢带

图 5-6　起重设备中的棘轮制动器

1—轴；2—棘轮；3—棘爪

5.2.5　在纺织机械方面的应用图例

　　纺织行业棉毛车的卷取装置就是连杆机构和棘轮机构组合而成的连杆棘轮机构，如图 5-7 所示。曲柄摇杆机构 O_1ABO_3 摇杆上的 C 点分别铰接两个Ⅱ级杆组 CDO_8 和 CEO_8 组成了八杆机构。D、E 铰链上铰接的棘爪 9、棘爪 10 与棘轮 8 组成双棘爪机构。

　　主动曲柄 1 转动时通过摇杆 3 和连杆 4、6 带动摆杆 5、7 做相反方向的摆动。当摆杆 5 顺时针摆动时，棘爪 9 推动棘轮 8 顺时针摆动，而摆杆 7 逆时针摆动带动棘爪 10 在棘轮齿背上滑过。同理摆杆 5 做逆时针摆动时，由棘爪 10 推动棘轮转动，而棘爪 9 在齿背上滑过，实现了从动棘轮的间歇转动。

5.2.6　在生产机械方面的应用图例

(1) 警报信号发生棘轮机构图例

　　图 5-8 所示为警报信号发生棘轮机构，带棘齿的凸轮 1 沿顺时针方向转动，其上安装着绝缘体 b。左端固定的弹簧 2 上有触点 a，休止时如图示位于绝缘体 b 上，使电路断开。随着凸轮的转动，电路由凸轮外廓上的齿接通或切断，使警报铃断续鸣响。在圆弧 c-c 部分恒处于接通状态，警报铃则连续鸣响。

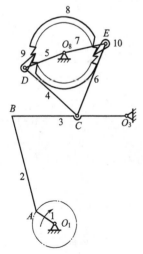

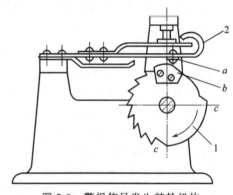

图 5-7　连杆棘轮机构

1—主动曲柄；2,4,6—连杆；3—摇杆；

5,7—摆杆；8—棘轮；9,10—棘爪

图 5-8　警报信号发生棘轮机构

1—凸轮；2—弹簧

如将该机构用于自动生产线上机器故障的报警，可预先使齿数对应于机器的号码，工作人员在听到警报铃声时，就能知道发生事故的机器。

（2）自动改变进给量的木工机床棘轮机构图例

图 5-9 所示为自动改变进给量的木工机床棘轮机构，棘轮 5 和槽形凸轮 7 与从动丝杠 8 固连，棘爪 4 铰接在导杆 3 上，导杆 3 的槽中装有滑块 2，滑块 2 和凸轮槽中的滚子 6 均经销轴 9 与主动连杆 1 连接。

当连杆 1 经滑块 2 带动导杆 3 并经棘爪 4 驱动棘轮 5 转动时，滚子 6 在凸轮槽的作用下带动滑块 2 沿导杆槽移动，使轴心 O_1 与 O_2 之间的距离发生变化，引起导杆转角和棘轮转角的变化，从而实现进给量的自动改变。

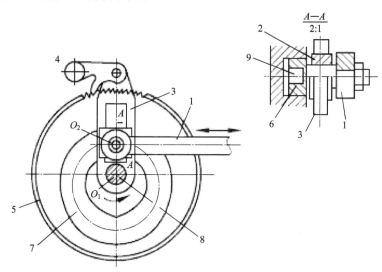

图 5-9　自动改变进给量的木工机床棘轮机构

1—连杆；2—滑块；3—导杆；4—棘爪；5—棘轮；6—滚子；7—槽形凸轮；8—从动丝杠；9—销轴

（3）杠杆棘轮电磁式送带机构图例

图 5-10 所示为杠杆棘轮电磁式送带机构，在绕固定轴心 A 转动的圆盘 2 上设置着凸缘 b 和拨销 a，凸缘 b 与控制杆 1 上的凸缘 c 接触，拨销 a 可沿开设在杠杆 3 和 4 上的槽 d、e 滑动，杠杆 3、4 分别绕固定轴心 B、C 转动。棘爪 5 通过回转副 E 与杠杆 4 连接，且与绕固定轴心 F 转动的棘轮 6 啮合。滚子 7 与棘轮 6 固连在同一轴上，滚子 8 安装在绕固定轴心 H 转动的杆 9 上。若电磁铁 10 工作，将控制杆 1 吸起，当圆盘 2 顺时针转动，经拨销 a 带动杠杆 3、4 以及棘爪 5，使棘轮 6 和滚子 7 转动，从而将夹在滚子 7 和 8 之间的带材向左传送。

（4）浇铸式流水线输送机构

图 5-11 所示为铸造车间浇铸自动线的砂型输送装置。由压缩空气为原动力的气

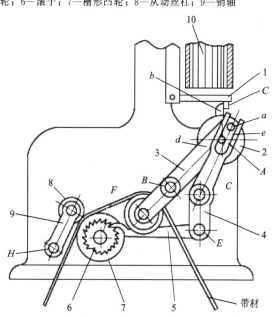

图 5-10　杠杆棘轮电磁式送带机构

1—控制杆；2—圆盘；3，4—杠杆；5—棘爪；6—棘轮；7，8—滚子；9—杆；10—电磁铁

缸带动摇杆摆动，通过齿式棘轮机构使自动线的输送带做间歇输送运动，输送带不动时，进行自动浇铸。

（5）冷镦自动机的送料机构

图 5-12 所示为 Z13-8 冷镦自动机的送料机构的单向离合器采用棘轮机构。当凸轮 1 转动时，从动摆杆 2 有规律性地摆动。与 2 一体的摆杆 3 经连杆 4 带动圆盘 5（相当于摆杆）绕 B 点往复摆动。棘爪 7 推动棘轮 6 及送料辊轮沿顺时针方向转动，当圆盘逆时针方向转动时，在制动器作用下棘轮保持不动。

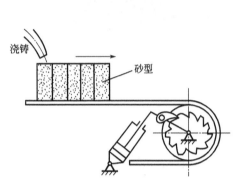

图 5-11　浇铸式流水线输送机构

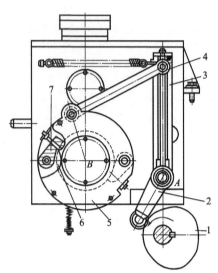

图 5-12　冷镦自动机的送料机构
1—凸轮；2—从动摆杆；3—摆杆；4—连杆；
5—圆盘；6—棘轮；7—棘爪

5.2.7　在单向转动机械方面的应用图例

图 5-13 所示为单向转动棘轮机构，该机构由曲柄滑块机构和双棘爪棘轮机构组成。棘爪 4、6 铰接于滑块 3，通过弹簧可靠地与棘轮 5 接触。主动曲柄 1 匀速转动，带动滑块 3 往复移动，右移时棘爪 4 推动棘轮 5 顺时针转动，棘爪 6 在棘轮上滑动；滑块 3 左移时，棘爪 6 带动棘轮做顺时针转动，而棘爪 4 只空滑。因此从动件棘轮只做单向脉动式转动。

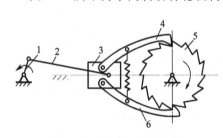

图 5-13　单向转动棘轮机构
1—主动曲柄；2—连杆；3—滑块；
4,6—棘爪；5—棘轮

5.2.8　在转位装置方面的应用图例

（1）气缸驱动 90°转位棘轮机构图例

图 5-14 所示为气缸驱动 90°转位棘轮机构。气缸 1 驱动齿条 2 向右移动时，通过齿轮 10、棘轮 5 和两个棘爪 4，带动装配工作台 7 转位；当转过 90°时，齿条上的挡块 11 与定位环上的凸块 3 相接触，以保证定位精度。另由定位元件将工作台锁定（图中未画出）。当齿条向左退回时，棘轮 5 反转，使棘爪克服片簧 6 的阻力而在棘轮齿的后面上滑过，回到起始位置，等待下一次转位。图中，8 为中心轴，9 为棘爪柱。改变气缸行程及棘轮齿数和定位

环凸块数，便可实现不同角度的转位。为便于棘爪复位，通常棘轮的摆角要略大于工作台的转位角。

(2) 棘轮式转换机构图例

图 5-15 所示为棘轮式转换机构，轴 A 上固连着旋钮 1 和棘轮 2，转动旋钮时，棘轮因弹簧 3 的作用从一个指定位置转到另一个指定位置。在该指定位置上，弹性棘爪 4 与棘轮的齿槽 a 相咬合，将棘轮固定。

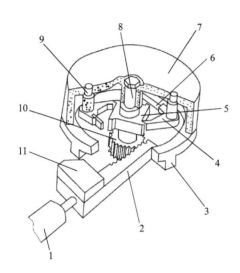

图 5-14 气缸驱动 90°转位棘轮机构

1—气缸；2—齿条；3—凸块；4—棘爪；5—棘轮；
6—片簧；7—装配工作台；8—中心轴；
9—棘爪柱；10—齿轮；11—挡块

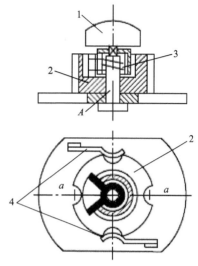

图 5-15 棘轮式转换机构

1—旋钮；2—棘轮；3—弹簧；4—弹性棘爪

5.2.9 其他应用图例

(1) 具有三个驱动棘爪的棘轮机构图例

图 5-16 所示为具有三个驱动棘爪的棘轮机构，圆盘 1 与轴 A 固连，盘上开有三个导槽 a，棱柱形棘爪 2、3、4 可沿该导槽滑动。具有齿 b 的内棘轮 5 空套在轴 A 上，当圆盘 1 沿逆时针方向回转时，三个棘爪与齿 b 啮合，使内棘轮 5 以圆盘 1 的角速度沿逆时针方向转动。当圆盘 1 沿顺时针方向回转时，棱柱的棘爪 2、3、4 顺时针滑过齿 b，内棘轮 5 则静止不动。

(2) 带有棘轮的保险机构图例

图 5-17 所示为带有棘轮的保险机构。如图 5-17（a）所示，连杆 3 的右端插入摇块 2 的孔中，中间装有弹簧 4，摇块 2 与主动摇杆 1 之间以转动副连接。此外，主动摇杆 1 上还装有圆销 6，圆销工作面位于平板 7 的槽口中。平板 7 与拉杆 8 固连，拉杆的左端与棘爪 9 组成转动副。棘爪 9 与摇杆 5 之间以转动副连接，而棘轮 10 则与输出轴 11 固连。

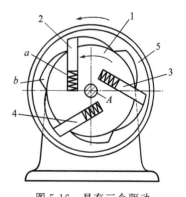

图 5-16 具有三个驱动
棘爪的棘轮机构

1—圆盘；2~4—棱柱形棘爪；
5—内棘轮

正常工作时，主动摇杆 1 通过摇块 2、连杆 3、摇杆 5、棘爪 9、棘轮 10 将运动传给输出轴 11。

当突然过载时，如图 5-17(b) 所示，因摇块 2 压缩弹簧 4，圆销 6 移到平板 7 的槽口上部，故在主动摇杆 1 回程时，圆销 6 带动拉杆 8 右移，棘爪 9 与棘轮 10 分离，同时平板 7 压住触点 12 将电动机关闭。

过载消除后，则可将平板 7 重新放回图 5-17(a) 所示位置，机器又准备工作。

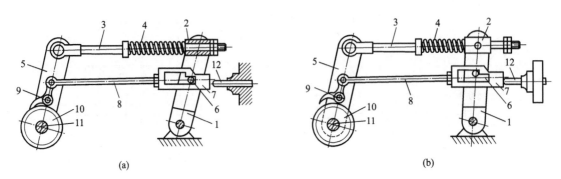

(a)　　　　　　　　　　　　　　(b)

图 5-17　带有棘轮的保险机构

1—主动摇杆；2—摇块；3—连杆；4—弹簧；5—摇杆；6—圆销；7—平板；
8—拉杆；9—棘爪；10—棘轮；11—输出轴；12—触点

(3) 液动式杠杆棘轮机构图例

图 5-18 所示为液动式杠杆棘轮机构，在进入液压缸 1 的压力流体作用下，活塞 6 做往复运动。当活塞 6 向左运动，带动杠杆 7 绕 A 点摆动，经棘爪 2、3 拨动棘轮 4 沿顺时针方向转动。当活塞 6 向右运动，则棘爪 2、3 在棘轮 4 背上滑动，实现间歇运动。弹簧 5 的作用是保持棘爪与棘轮的接触。

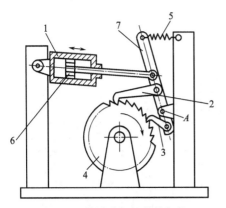

图 5-18　液动式杠杆棘轮机构

1—液压缸；2,3—棘爪；4—棘轮；
5—弹簧；6—活塞；7—杠杆

(4) 计数装置用棘轮机构

图 5-19 所示为香皂自动装箱机的计数装置中采用的棘轮机构，其主动棘爪是用气动控制的。当香皂被推进箱内时（图中未标出），气缸 1 左边进气，活塞向右推动棘爪 2 使棘轮 3 转过一齿。根据预定的香皂数量，棘轮转过相应的齿数，此时与棘轮固结在一起的胶木板 4 的缺口 5 恰与行程开关 6 的触点相对，当触点被弹簧推进缺口中时，使推箱机构（图中未标出）接通电源而动作，自动将装香皂的箱子推出，达到正确控制香皂数量的目的。

(5) 双棘轮式擒纵机构

图 5-20 为双棘轮式擒纵机构。两个像棘轮一样的擒纵轮 1 和 2 固结在同一轴上，轮齿相互错开半个齿距。摆锤 3 绕轴 O 摆动，在摆锤另一端的平面 4，左右交替地与擒纵轮 1 及 2 接触。图中所示情况为摆锤 3 处在左端位置，左边的平面 4 挡住擒纵轮 1 的轮齿，动力源使擒纵轮 1 一面推动摆锤 3，一面开始旋转。摆锤 3 往右端摆动时，端面 4 的右边和擒纵轮 2 相接触而阻挡 2 的旋转，摆锤 3 开始向左边摆动时，又恢复到图示的状态。周而复始，使擒纵轮做单向间歇转动。

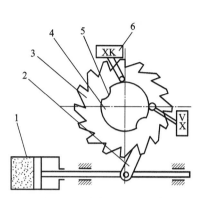

图 5-19　计数用棘轮机构

1—气缸；2—棘爪；3—棘轮；4—胶木板；

5—缺口；6—行程开关

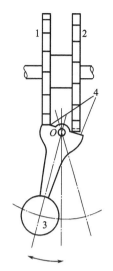

图 5-20　双棘轮式擒纵机构

1,2—擒纵轮；3—摆锤；4—平面

5.3　槽轮机构

5.3.1　运动分析

　　槽轮机构是一种最常用的间歇运动机构，又称为马尔他机构。图 5-21 所示为分度数 $n=4$ 的外槽轮机构，拨盘 1 为主动构件，做连续回转运动。开有 4 等分的径向槽的槽轮 2 为从动构件。当拨盘上的圆柱销 A 进入径向槽之前，槽轮上的内凹锁止弧 n-n 被拨盘上的外凸圆弧 m-m 锁住，槽轮静止不动。图 5-21(a) 所示为拨盘沿逆时针方向回转，圆柱销 A 刚开始进入槽轮上的径向槽的瞬间。锁止弧 n-n 刚好被松开，圆柱销 A 将驱动槽轮转动。槽轮在圆柱销驱动下完成分度运动，转过 90°。图 5-21(b) 所示为圆柱销 A 即将脱离径向槽的瞬间，此时槽轮上的另一个锁止弧又被锁住，槽轮又静止不动。因此，当拨盘连续转动时，槽轮被驱动做间歇运动，拨盘转过 4 周，槽轮转过 1 周。

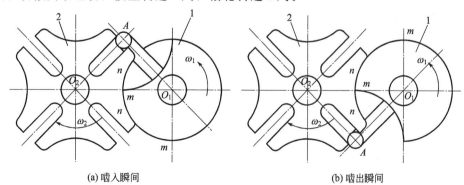

(a) 啮入瞬间　　　　　　　　　　　(b) 啮出瞬间

图 5-21　$n=4$ 的外槽轮机构

1—拨盘；2—槽轮

槽轮机构的优点是：结构简单，易于制造，工作可靠，机械效率也较高，它还同时具有分度和定位的功能；其缺点是槽轮的转角大小不能调节，且存在柔性冲击。因此，槽轮机构适用于速度不高的场合，常用于机床的间歇转位和分度机构中。拨盘上的锁止弧定位精度有限，当要求精确定位时，还应设置定位销。

当设计槽轮机构时，在分度数确定以后，运动系数也随之确定而不能改变，因此设计者没有很大的自由度，这是槽轮机构的突出缺点。此外，虽然它的振动和噪声比棘轮机构小，但槽轮在启动和停止的瞬间加速度变化大，有冲击，不适用于高速情况下。分度数越小，冲击越剧烈；分度数大时，拨盘同转中心到销 A 的距离太小，故一般取分度数 $n=4\sim 8$。

5.3.2 在摄影机械方面的应用图例

图 5-22 所示为电影放映机卷片机构。当拨盘 1 转一周时，槽轮 2 转 90°，影片移动一个画面，并停留一定时间（即放映一个画面）。拨盘继续转动，重复上述运动。利用人眼的视觉暂留特性，当每秒钟放映 24 幅画面时即可使人看到连续的画面。

5.3.3 在机床方面的应用图例

图 5-23 所示为六角车床刀架的转位槽轮机构。刀架 3 上可装 6 把刀具并与槽轮 2 固连，拨盘每转一周，驱使槽轮（即刀架）转 60°，从而将下一工序的刀具转换到工作位置。

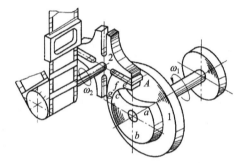

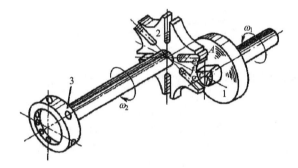

图 5-22　放映机卷片槽轮机构
1—拨盘；2—槽轮

图 5-23　刀架转位槽轮机构
1—拨盘；2—槽轮；3—刀架

5.3.4 在停歇功能装置的应用图例

(1) 具有两个不同停歇时间的四槽槽轮机构图例

图 5-24 为具有两个不同停歇时间的四槽槽轮机构，在主动拨盘 1 上装有两个圆销 2 和 3，两圆销中心到拨盘中心连线间的夹角为 β。当主动拨盘 1 均匀转动，圆销 2、圆销 3 分别拨动从动槽轮 4 转动及停歇。由于夹角 $\beta<180°$ 的原因，可使槽轮两次停歇时间不同。圆销 3 出槽后到圆销 2 进槽前为从动槽轮 4 的第一次停歇时间，该时间对应于主动拨盘 1 转过 $(\beta-90°)$ 的角度；圆销 2 出槽后到圆销 3 进槽前为从动槽轮 4 的第二次停歇时间，该时间对应于主动拨盘 1 转过 $(\beta-270°)$ 的角度。

(2) 主动轴由离合器控制的槽轮分度机构图例

图 5-25 所示为主动轴由离合器控制的槽轮分度机构。主动带轮 1 输入的运动经离合器 2，使凸轮 4 回转，凸轮上的销子拨动从动槽轮 6 使输出轴间歇回转。从动槽轮停歇时，凸轮通过滚子 3 控制绕支点 11 转动的定位杆 7 将槽轮定位。由气缸 8 或手柄 10 操纵离合器，使凸轮停转，以达到控制槽轮停歇时间的目的。

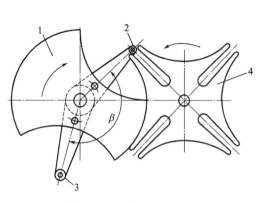

图 5-24 具有两个不同停歇时间的四槽槽轮机构
1—主动拨盘；2,3—圆销；4—从动槽轮

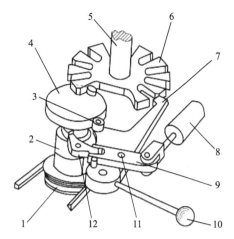

图 5-25 主动轴由离合器控制的槽轮分度机构
1—主动带轮；2—离合器；3—滚子；4—凸轮；
5—轴；6—从动槽轮；7—定位杆；8—气缸；
9—连杆；10—手柄；11,12—支点

5.3.5　在自动化机械设备方面的应用图例

(1) 自动机中的自动传送链装置

图 5-26 所示为自动机中的自动传送链装置。运动由主动构件 1 传给槽轮 2，再经一对齿轮 3、4 使与齿轮 4 固连的链轮 5 做间歇转动，从而得到传送链 6 的间歇移动，传送链上装有装配夹具的安装支架 7，故可满足自动线上的流水装配作业。在实际应用中，常常需要槽轮轴转角大于或小于 $2\pi/z$，这时可在槽轮轴与输出轴之间增加一级齿轮传动。如果是减速齿轮传动，则输出轴每次转角小于 $2\pi/z$；如果是增速齿轮传动，则输出轴每次转角大于 $2\pi/z$，改变齿轮的传动比就可以改变输出轴的转角。同时，增加一级齿轮传动还可以使槽轮转位所产生的冲击主要由中间轴吸收，使运转更为平稳。

(2) 槽轮传动的转盘式送料机构

图 5-27 所示槽轮传动的转盘式送料机构，主要用于卧式压力机。如在槽轮机构上装一大转盘，则也可以用于立式压力机沿圆周方向送料。工件放在轴 5 上端的模具上，踏下脚踏板，滑板 12 向左移动，离合器的挡块脱开，离合器结合，带轮 17 带动曲轴转动，通过链轮及锥齿轮等的传动，使锁盘 7

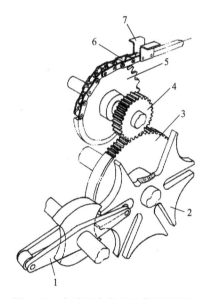

图 5-26 自动机中的自动传送链装置
1—主动构件；2—槽轮；3,4—齿轮；
5—链轮；6—传送链；7—安装支架

逆时针方向间歇转动，从而使模具带着工件做顺时针方向间歇转动。当模具转过 90°时，滑板带动冲头向前冲压。由于滑板 12 向左移动时，杠杆 11 右端的销子 14 在拉簧 13 的作用下插入滑板的孔中，所以冲压后滑板回程时，滑板 12 并不能向右复位，即离合器仍处于结合状态，压力机继续下一个工作循环，一直进行到冲完四个孔

（最后一个工位）。此后，装在轴 5 上的拨杆 10 拨动杠杆 11 左端短销，使杠杆 11 摆动，销子 14 从滑板 12 的孔中退出，滑板 12 在拉簧 15 的作用下向右复位，于是挡块 16 使离合器脱开，曲轴停止转动，带轮空转。这样就达到了连续自动冲压后又自动停车的目的。

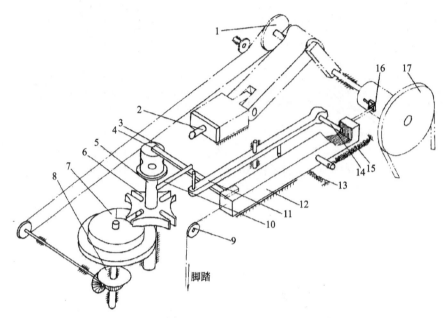

图 5-27　槽轮传动的转盘式送料机构

1—链轮；2—冲头；3—工件；4—挡板；5—轴；6—槽轮；7—锁盘；8—锥齿轮；9—转向辊；10—拨杆；
11—杠杆；12—滑板；13—拉簧；14—销子；15—拉簧；16—离合器挡块；17—带轮

(3) 灌装机中的槽轮机构

图 5-28 所示为冷霜自动灌装机中应用的槽轮机构，工作台 2 与槽轮 6 装于同一轴上，拨盘 5 拨动槽轮 6 从而带动工作台 2 做间歇转动。当工作台停歇时，由冷霜输送管 1 对冷霜罐进行灌装、贴锡纸、压平锡纸和盖合等工艺动作，最后由输送带 3 将冷霜罐 4 运走。在该机构中，槽轮 6 的槽数等于工作台 2 的工位数。若两者不相等，则可利用齿轮机构进行增速或减速。例如，当用八槽的槽轮传动四工位时，可用一对传动比 $i = 2$ 的齿轮增速来实现；又如用六槽的槽轮传动 48 工位的工作台，则可用两对齿轮（$i_1 i_2 = 1/8$），使工作台降速来实现。

(4) 不定期槽轮间歇机构

图 5-29 所示为用于装箱机中做不定期转动的槽轮机构。它是由槽轮、凸轮与气缸控制的单转离合器 2 来实现间歇传动的。当气缸 6 内活塞伸出时，通过摇杆 8 把运动传给定位臂 1，使它与单转离合器 2 的单凸齿脱开，单转离合器立即使凸轮 3 旋转，装在凸轮 3 端面上的圆销 7 带动槽轮 4 分度转位。在圆销 7 离开槽轮的瞬间，凸轮 3 的轮廓控制定位臂 5 锁住槽轮 4，此时，气缸 6 中活塞已缩回，单转离合器 2 的单凸齿转一圈后，又被定位臂 1 挡住，不能继续转动。只有当气缸 6 中活塞再次伸出时，才能使槽轮 4 再次分度转位。因此，其转位与停歇时间由气缸 6 决定，可实现不定期的间歇运动。这种机构可用在连续转位几次后需停歇一段时间，然后再重复上述循环的场合。例如在装箱机中，这种机构配合传送带推送一定数量的小盒后，装满一箱，停歇一定时间，等待另一工艺动作完成后再进行转位。

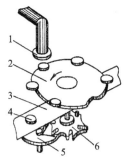

图 5-28　冷霜自动灌装机中的槽轮机构

1—冷霜输送管；2—工作台；3—输送带；
4—冷霜罐；5—拨盘；6—槽轮

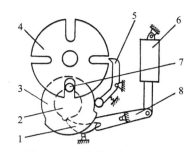

图 5-29　不定期槽轮间歇机构

1—定位臂；2—单转离合器；3—凸轮；4—槽轮；
5—定位臂；6—气缸；7—圆销；8—摇杆

5.3.6　其他应用图例

(1) 利用摩擦作用实现间歇回转的槽轮机构图例

图 5-30 所示为利用摩擦作用实现间歇回转的槽轮机构，图中 1 为连杆，2 为滑枕杆，3 为驱动板，4 为调整螺钉 A，5 为调整螺钉 B，6 为输出轴，7 为槽轮，8 为滑枕，9 为滑枕杆支承轴。如图所示，驱动板 3 可绕输出轴 6 旋转，滑枕杆 2 通过支承轴 9 安装在驱动板 3 上，并能在驱动板上转动。滑动杆的上端装有连杆，下端装有可摆动的滑枕 8，滑枕与槽轮的沟槽相啮合。

当连杆从左向右运动时，滑枕从槽轮的槽中脱开；而当连杆从右向左运动时，滑枕压紧槽轮的槽，于是使槽轮旋转。

特点：由于这种机构不会产生棘轮机构那样的工作噪声，所以可实现安静的运动。但在输出轴上必须装有防止反转的机构。

(2) 具有四个从动槽轮槽轮机构图例

图 5-31 所示为具有四个从动槽轮的槽轮机构，主动拨盘 1 上装有一个圆销 a，四个从动槽轮 2～5 结构完全相同。当主动拨盘 1 连续回转时，依次带动其中一个从动槽轮转位，而其余三个从动槽轮被锁住不动。

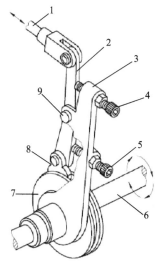

图 5-30　利用摩擦作用实现间歇回转的槽轮机构

1—连杆；2—滑枕杆；3—驱动板；4—调整螺钉 A；5—调整螺钉 B；6—输出轴；7—槽轮；8—滑枕；9—滑枕杆支承轴

图 5-31　具有四个从动槽轮槽轮机构

1—主动拨盘；2～5—从动槽轮

5.4 凸轮式间歇机构

凸轮式间歇运动机构也称为分度凸轮机构，它是 20 世纪以后才发展起来的新型间歇运动机构。凸轮式间歇运动机构是由主动凸轮、从动盘和机架组成的一种高副机构，目前，已得到广泛应用的分度凸轮机构包括三种类型，即蜗杆分度凸轮机构、平行分度凸轮机构和圆柱分度凸轮机构。

5.4.1 在分度装置中的应用图例

(1) 蜗杆分度凸轮机构图例

图 5-32 所示的是分度凸轮机构中应用最多的一种形式——蜗杆分度机构。现介绍该分度凸轮机构的组成和工作原理。其主动凸轮 1 和从动盘 2 的轴线相互垂直交错。凸轮上有一条凸脊，看上去像一个蜗杆，从动盘 2 的圆柱面上均匀分布着圆柱销 3，犹如蜗轮的齿。如果凸脊沿一条螺旋线布置，那么凸轮连续转动时就带动从动盘像蜗轮一样连续转动，而且是从动盘作间歇运动。

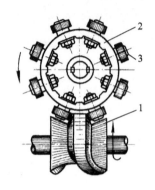

从动盘上的滚子绕其自身轴线转动，可以减小凸轮面和滚子之间的滑动摩擦。两轴之间的中心距可以做微量调整，消除凸轮轮廓和滚子之间的间隙，实现"预紧"，不但可以减小间隙带来的冲击，而且在从动盘停歇时可得到精确的定位。

图 5-32　蜗杆分度凸轮机构
1—主动凸轮；2—从动盘；
3—圆柱销

(2) 圆柱分度凸轮机构图例

图 5-33(a) 所示为圆柱分度凸轮机构。输入轴 3 上装有圆柱凸轮 2，输出轴 5 与输入轴 3 垂直交错，输出轴 5 上装有从动转盘 4。从动转盘在沿圆周方向上装有若干个滚子，滚子轴线与输出轴平行。滚子一般为圆柱形，但图 5-33(a) 中所示为圆锥形滚

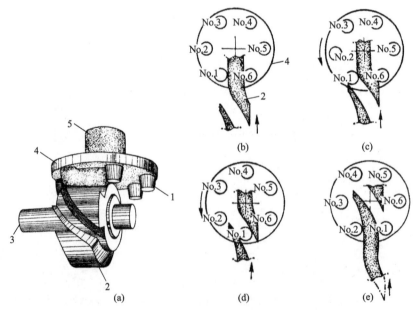

图 5-33　圆柱分度凸轮机构
1—滚子；2—圆柱凸轮；3—输入轴；4—从动转盘；5—输出轴

子，它比圆柱形滚子具有较好的预紧调整和间隙补偿作用。图 5-33(b)～(e) 所示为凸轮与滚子啮合过程示意图，图中圆柱凸轮 2 用展开轮廓表示。图 5-33(b) 为转盘停歇位置，这时从动转盘 4 上的 No.1 与 No.6 滚子跨夹在圆柱凸轮 2 的环形定位面两侧，以保证转盘不动。图 5-33(c) 为转盘开始转位后不久的位置，凸轮按图示方向旋转，其右侧廓线推动 No.6 滚子使转盘逆时针方向转动。图 5-33(d) 为转盘转位期间的某一时刻，此时 No.6 滚子已脱离啮合。由凸轮的另一条右侧廓线推动 No.1 滚子使转盘转动。图 5-33(e) 为转盘转位完毕，此时 No.1 和 No.2 两个滚子取代图 5-33(b) 所示 No.6 和 No.1 两个滚子跨夹在凸轮的环形定位面两侧，使转盘又处于停歇位置。这种分度机构具有较高的定位精度，其动力学性能可以由设计凸轮廓线来保证，但制造成本较高。

(3) 平行分度凸轮机构图例

图 5-34 所示为平行分度凸轮机构。在主动轴上装有共轭平面凸轮 1、1′和 1″，在从动盘上装有均匀分布的两组滚子 2、2′和 2″。三片共轭凸轮分别和三组滚子接触，凸轮的凸起部分的曲线可推动从动盘转动，凸轮的圆弧部分卡在两个滚子之间可实现停歇时的定位。

平行分度凸轮可实现"一分度"，即凸轮转过一周，从动盘也转过一周，并停歇一段时间。这种一分度机构应用在压制纸盒的模切机送进系统中，如图 5-35 所示。该模切及送进系统由分度凸轮机构 8 及两套链传动机构（链轮 4、链条 5）组成，功能由夹持纸板 7 和牙排 6 完成。分度凸轮机构 8 的输出轴 2 通过联轴器 3 与链轮 4 的轴相连。在链条 5 上安装着夹持纸板 7 的牙排 6。分度凸轮机构将输入轴 1 的连续转动转换为链条 5 的步进运动。链条 5 停歇时，夹持纸板 7 正处于模切区，冲模 9 向上运动，夹持纸板上被压制出折痕。链条继续运动时，下一个牙排又将另一张夹持纸板带入模切区。

图 5-34　平行分度凸轮机构
1,1′,1″—共轭平面凸轮；2,2′,2″—滚子

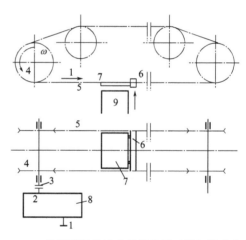

图 5-35　一分度平行分度凸轮机构用于模切机送进系统
1—输入轴；2—输出轴；3—联轴器；4—链轮；5—链条；
6—牙排；7—夹持纸板；8—分度凸轮机构；9—冲模

(4) 共轭盘形分度凸轮机构

图 5-36 所示为共轭盘形分度凸轮机构。输入轴 4 上装有两片形状完全相同但安装时成镜像对称且错开一定相位角的盘形凸轮 5 和 6。输出轴 3 与输入轴 4 平行。输出轴上装有转盘，转盘也有前后两块侧板 2 和 7，各装有若干个滚子 1 和 9。图中所示前后侧板各装有 4 个滚子，即转盘滚子数为 8，前后滚子分别与相应的盘形凸轮接触。当输入轴连续旋转时，前后两片盘形凸轮依次推动滚子使从动转盘绕输出轴分度转位。当凸轮转到其与输入轴同心的圆弧廓线部分时，从动转盘停歇不动。由于两共轭凸轮的廓线始终与转盘上的滚子保持接触，故具有较好

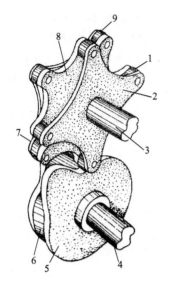

图 5-36 共轭盘形分度凸轮机构
1—转盘前侧滚子；2—转盘前侧板；3—输出轴；4—输入轴；5—前侧盘形凸轮；6—后侧盘形凸轮；7—转盘后侧板；8—转盘中间板；9—转盘后侧滚子

的几何封闭性能，能保证正确定位。而且，从动转盘在分度期的运动规律可以根据工作要求选定，从而设计出不同的凸轮廓线，以保证良好的动力性能，故可适用于比前述槽轮机构等分度机构运转速度更高的场合。

(5) 弧面分度凸轮机构

图 5-37(a) 所示为弧面分度凸轮机构。输入轴 2 上装有圆弧回转面凸轮 3，输出轴 5 与输入轴 2 垂直交错；输出轴 5 上装有转盘 4，转盘上装有若干个滚子，滚子轴线沿转盘的径向线。图 5-37(b)～(e) 所示为转位过程示意图。图 5-37(b) 所示为转盘停歇位置，这时转盘上的相邻两滚子 No.1 和 No.2 跨夹在凸轮环形定位面两侧，以保证转盘具有精确可靠的定位。图 5-37(c) 所示为转盘转位开始后不久，仅由凸轮右侧廓线推动 No.1 滚子使转盘逆时针方向转动。图 5-37(d) 所示为转盘转位一段时间后，凸轮的两条右侧廓线同时推动 No.1 和 No.2 滚子使转盘转动，且 No.1 滚子即将退出啮合，图 5-37(e) 所示为转盘转为结束，停歇开始，此时 No.2 和 No.3 两滚子跨夹在凸轮定位环面两侧。这种凸轮机构具有很高的分度精度和良好的定位作用，其动力学性能有保证，滚子的刚度也比圆柱分度凸轮机构好，因此可用于中高速、重载的场合。但制造较困难，需专用的加工设备。

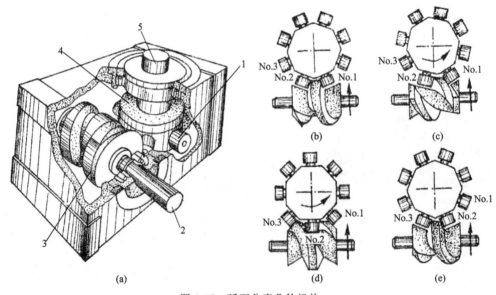

图 5-37 弧面分度凸轮机构
1—滚子；2—输入轴；3—凸轮；4—转盘；5—输出轴

5.4.2 在工程机械方面的应用图例

图 5-38 所示为多柱塞泵中的双推杆式圆柱凸轮机构。当外轮廓具有凹槽 a 的圆柱凸轮 1 旋转时，滚子 2、3 沿着凹槽转动，推杆 4、5 沿着固定导路 6 往复移动。圆柱凸轮的轴线 AA 与固定导路中心线 BB、CC 互相平行，两推杆做对应于凸轮径相位的上下移动。

5.4.3　在控制机械方面的应用图例

图 5-39 所示为蜗杆凸轮机构。此机构包括蜗杆机构、凸轮机构和离合器。主动轴Ⅰ做匀速转动，通过蜗杆凸轮机构控制离合器的离合实现从动轴Ⅱ的间歇转动。蜗杆 3 与离合器 4 同轴，Ⅰ轴通过蜗杆使蜗轮 1 匀速转动，当固结在蜗轮上的凸轮块 A 未与从动摆杆 2 上的凸起接触时，离合器闭合，Ⅰ轴通过离合器带动Ⅱ轴转动。当凸轮块 A 与摆杆 2 上的凸起接触时，凸轮块远休止廓线使摆杆摆至右极限位置，离合器脱开，从动轴Ⅱ停止转动。可通过更换凸轮块 A 来改变轴Ⅱ的动、停时间比。

该机构常用于同轴线间传递间歇运动的场合，以机械方式、周期性地实现对离合器的控制。

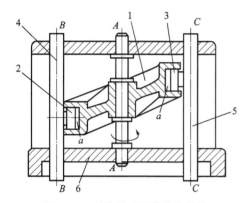

图 5-38　双推杆式圆柱凸轮机构

1—圆柱凸轮；2,3—滚子；4,5—推杆；6—固定导路

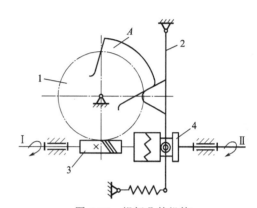

图 5-39　蜗杆凸轮机构

1—蜗轮；2—摆杆；3—蜗杆；4—离合器

5.4.4　在自动化生产机械方面的应用图例

(1) 端面螺线凸轮机构图例

图 5-40 所示为端面螺线凸轮机构。凸轮 1 的端面上螺线凸缘廓线分 a-b 和 b-c 两弧线段，a-b 段是以 O_1 为圆心的圆弧段，b-c 是螺旋线段。从动件 2 是一以 O_2 为轴线的齿轮，也可是一个在圆周上均布滚子的圆盘，以减小摩擦。O_1 轴与 O_2 轴垂直不相交。凸轮 1 匀速转动，当其 a-b 段廓线与从动件相接触时，从动件 2 保持静止并被锁住；当其 b-c 段廓线与从动件接触时，从动件 2 实现间歇转动。当凸轮转 1 圈，从动件转动角度为 $2\pi/z$ [z 为齿数（或滚子数）]。该空间凸轮机构可实现交错轴间的间歇传动，可用作自动线上的转位机构。

(2) 利用凸轮和蜗杆实现不等速回转的机构图例

图 5-41 所示为利用凸轮和蜗杆实现不等速回转的机构，在驱动轴上装有一个驱动销 3，动力通过销子传递到蜗杆 4，蜗杆 4 上与驱动销 3 相配合的部位有一个长孔，所以，允许蜗杆 4 相对于驱动轴做一定距离的轴向滑动。蜗杆的另一端是一个槽形凸轮 1，用压缩弹簧压向一个方向。

当驱动齿轮 6 使蜗杆 4 旋转时，由于凸轮的作用，蜗杆会出现轴向滑动，所以蜗轮除了由蜗杆驱动而做正常的旋转之外，还由于蜗杆的轴向滑动而出现或增或减的附加转动，这样，蜗轮就连续不断地进行复杂的回转运动。

应用实例：自动装配机。

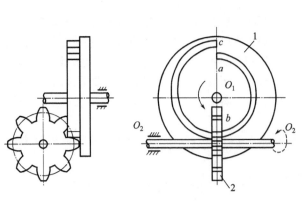

图 5-40　端面螺线凸轮机构

1—凸轮；2—从动件

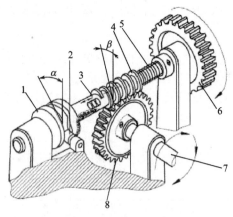

图 5-41　利用凸轮和蜗杆实现不等速回转的机构

1—槽形凸轮；2—凸轮滚子；3—驱动销；4—蜗杆；
5—压缩弹簧；6—驱动齿轮；7—从动轴；8—蜗轮

5.4.5　在机床方面的应用图例

图 5-42 所示为连杆齿轮凸轮机构。该机构由四连杆机构（1-3-7-9）、行星轮系（4-5-6-8-7）和有两个从动件的凸轮机构（2-4-8-9）组成。主动曲柄 1 和凸轮 2 固连。主动曲柄 1 连续转动，通过连杆 3 使摆杆 7 往复摆动，摆杆 7 又是行星轮系的行星架。与 1 固连的主动凸轮 2 转动，它的廓线推动从动摆杆 4、8 往复摆动，4 和 8 上的齿弧交替与行星轮 5 和中心轮 6 啮合。当 8 上齿弧向右摆动与中心轮 6 脱离啮合时，4 上齿弧正好也逆时针下摆至与行星轮 5 啮合，在行星架 7 的带动下，行星轮 5 沿 4 上齿弧向右滚动，带动中心轮 6 实现顺时针转位。当 4 上齿弧在凸轮 2 的作用下，顺时针向上摆动脱离与行星轮 5 的啮合时，8 上齿弧也顺时针向左摆动与中心轮 6 啮合，使中心轮 6 锁止不动，行星轮 5 在行星架的带动下向左滚动，空回复位，从而实现了中心轮 6 的间歇转动。调节主动曲柄 1 的长度可改变中心轮 6 转位角的大小。

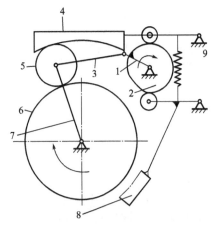

图 5-42　连杆齿轮凸轮机构

1—主动曲柄；2—凸轮；3—连杆；4，8—从动摆杆；5—行星轮；6—中心轮；7—摆杆；9—机架

该机构常用于切削机械、自动机床中，作为可调分度角的分度机构，或间歇转位机构。

5.4.6　在纺织机械方面的应用图例

图 5-43 所示为单侧停歇凸轮机构，该机构是形封闭的共轭凸轮机构。主、副凸轮 1 和 1′固连，廓线分别与从动摆杆 3、3′上的滚子 2、2′相接触。摆杆 4 与 3、3′杆刚性连接。主动凸轮逆时针匀速转动，当主凸轮向径渐增的廓线与滚子 2 接触时，推动 3 带动杆 4 逆时针摆动，当副凸轮 1′向径渐增的廓线与 2′接触时，推动 3′带动杆 4 顺时针摆动至右极限位置后，正值主、副凸轮的廓线在 a-a 和 a'-a' 两段同心圆弧段，从而使从动摆杆 4 有一段静止时间，实现了单侧停歇。

5.4.7　其他应用图例

(1) 速换双凸轮机构图例

图 5-44 所示为速换双凸轮机构。彼此固连的凸轮 1 和 2 绕固定轴心 A 转动，带动从动摆杆 6 绕固定轴心 B 摆动。摆杆的顶端安装着横杆 3，横杆两头装有滚子 4 和 5，图示为凸轮 1 与滚子 4 工作的情形。若将横杆 3 松开后绕 D 点转过 180°，再与摆杆 6 紧固，则可转换为凸轮 2 与滚子 5 工作，达到迅速改变从动件运动规律的目的。

(2) 钻孔攻螺纹机的转位机构

如图 5-45 所示为钻孔攻螺纹机的转位机构。运动由变速箱传给圆柱凸轮 1，经转盘 2 及与 2 固连的齿轮 3，传到齿轮 4，使与齿轮 4 固连的工作台 5 获得间歇的转位。

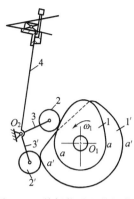

图 5-43　单侧停歇凸轮机构
1,1′—主、副凸轮；2,2′—滚子；
3,3′—从动摆杆；4—摆杆

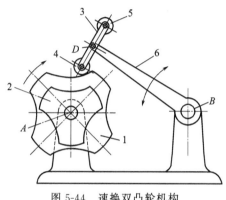

图 5-44　速换双凸轮机构
1,2—凸轮；3—横杆；4,5—滚子；6—摆杆

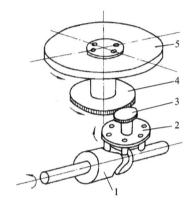

图 5-45　钻孔攻螺纹机的转位机构
1—圆柱凸轮；2—转盘；3,4—齿轮；5—工作台

5.5　不完全齿轮机构

5.5.1　运动分析

不完全齿轮机构是由普通渐开线齿轮机构演化而成的一种间歇运动机构。它与普通渐开线齿轮机构不同之处是轮齿不布满整个圆周，如图 5-46(a) 所示。图示当主动轮 1 转 1 周时，从动轮 2 转 1/6 周，从动轮每转停歇 6 次。当从动轮停歇时，1 上的锁住弧 S_1 与 2 上的锁住弧 S_2 互相配合锁住，以保证从动轮停歇在预定的位置。

不完全齿轮机构的类型有外啮合 [见图 5-46(a)] 和内啮合 [见图 5-46(b)]。与普通渐开线齿轮一样，外啮合的不完全齿轮机构两轮转向相反；内啮合的不完全齿轮机构两轮转向相同。当从动轮 2 的直径为无穷大时，变为不完全齿轮齿条 [见图 5-46(c)]，这时从动轮的转动变为齿条的移动。

5.5.2　在往复移动间歇机构中的应用图例

(1) 单齿条式往复移动间歇机构图例

图 5-47 所示为单齿条式往复移动间歇机构，不完全齿轮 1 做顺时针转动时，与不完全齿

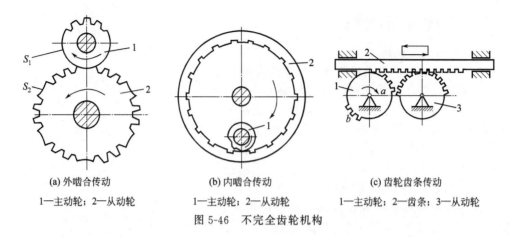

(a) 外啮合传动   (b) 内啮合传动   (c) 齿轮齿条传动
1—主动轮；2—从动轮   1—主动轮；2—从动轮   1—主动轮；2—齿条；3—从动轮

图 5-46　不完全齿轮机构

轮 3 啮合，不完全齿轮 3 又与齿条 2 啮合，从而带动齿条 2 向左移动。当不完全齿轮 1 的轮齿 A 部分与不完全齿轮 3 脱开时，齿条停歇。待不完全齿轮 1 的轮齿 B 部分转到和齿条 2 啮合，从而又带动齿条 2 向右移动，直到不完全齿轮 1 的轮齿 B 与齿条 2 脱开，齿条 2 又停歇。这样，只要改变不完全齿轮 1 上的不完全齿数，便可对齿条 2 在两端的停歇时间进行调节。

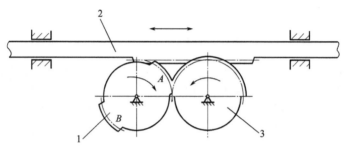

图 5-47　单齿条式往复移动间歇机构
1,3—不完全齿轮；2—齿条

(2) 双齿条式往复移动间歇机构图例

　　图 5-48 所示为双齿条式往复移动间歇机构，当不完全齿轮 1 做顺时针转动时，不完全齿轮 1 的轮齿与齿条 2 上部的齿条 A 相啮合，从而使齿条 2 向右移动；当不完全齿轮 1 上的轮齿与齿条 A 部分脱开时，齿条 2 停歇；待不完全齿轮 1 的轮齿与齿条 2 下部的齿条 B 部的齿啮合时，又带动齿条 2 向左移动。这样在不完全齿轮 1 交替地与齿条 A、B 部相啮合，从而使齿条 2 做往复的间歇运动。

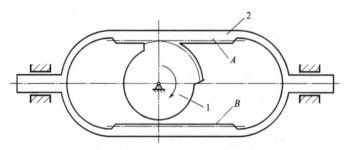

图 5-48　双齿条式往复移动间歇机构
1—不完全齿轮；2—齿条

5.5.3 在自动化生产机械方面的应用图例

(1) 压制蜂窝煤球工作台间歇机构图例

图 5-49 所示为压制蜂窝煤球工作台间歇机构，工作台 1 在压制蜂窝煤球时需用 5 个工位来完成装填、压制、退煤等动作，因此要求工作台做间歇运动，即工作台每转动 1/5 转后停歇一段时间。为了满足这一要求，在工作台上装有一个大齿圈 2，主动齿轮 4 为不完全齿轮，当齿轮 4 转动时，它与中间齿轮 3 组成间歇运动机构，可使工作台 1 完成所需的间歇运动。

(2) 凸轮不完全齿轮机构图例

图 5-50 所示为凸轮不完全齿轮机构，该机构由圆柱凸轮机构和不完全齿轮机构组成。凸轮机构的滚子从动件即不完全齿轮 2。小齿轮 1 绕主动轴 A 做连续转动，当其与不完全齿轮 2 的齿廓啮合时，轮 2 转动；当其对着轮 2 的无

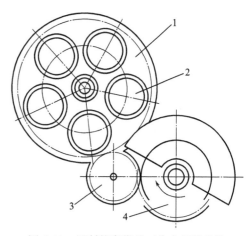

图 5-49 压制蜂窝煤球工作台间歇机构
1—工作台；2—大齿圈；3—中间齿轮；4—主动齿轮

齿部分时，轮 2 停歇不动，从而实现从动轴 B 的间歇转动。为避免轮 2 突然转动、突然停歇产生严重冲击，附加一凸轮机构，轮 2 端面安装滚子 3，并合理设计凸轮 4 的廓线，且合理选择凸轮 4 与轮 1 的传动比，使轮 1 与轮 2 的有齿部分即将结束啮合时，凸轮 4 与滚子 3 相啮合并使轮 2 逐渐减速至停歇；在轮 1 将与轮 2 的下一段有齿部分相啮合前，凸轮 4 又带动滚子 3 加速至正常转速。此机构动、停之间无冲击，有良好的传动性能。

应用举例：在从动轴 B 上安装工作台，可用于各种生产线，作为间歇回转工作台的传动机构。工作台可匀速分度转位，可减速后停歇、加速后启动。

5.5.4 在夹具上的应用图例

如图 5-51 所示为采用扇形齿轮的夹持机构，齿轮 1 和齿轮 2 制成一体，可绕轴心 O_1 转动，并分别与可绕轴心 O_2 转动的扇形齿轮 3、扇形齿轮 4 相啮合。当齿轮 1 和齿轮 2 沿逆时针方向旋转时，扇形齿轮 3、扇形齿轮 4 的卡爪部分 a、b 向内靠近，将重物夹紧。

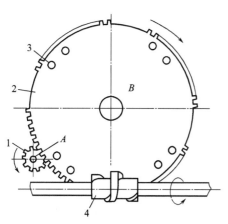

图 5-50 凸轮不完全齿轮机构
1—小齿轮；2—不完全齿轮；3—滚子；4—凸轮

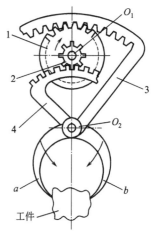

图 5-51 采用扇形齿轮夹持机构
1,2—齿轮；3,4—扇形齿轮

5.5.5 其他应用图例

(1) 带瞬心线附加杆的不完全齿轮机构图例

图 5-52 所示为带瞬心线附加杆的不完全齿轮机构，主动轮 1 为不完全齿轮，其上带有外凸锁止弧 a。从动轮 2 为完全齿轮，其上带有内凹锁止弧 b。瞬心线附加杆 3～6 分别固连在轮 1 和轮 2 上，其中杆 3、4 的作用是使从动轮 2 在开始运动阶段，见图 5-52(a)，由静止状态按一定规律逐渐加速到轮齿啮合的正常速度；而杆 5、6 的作用则是使从动轮 2 在终止运动阶段，见图 5-52(b)，由正常速度按一定规律逐渐减速到静止。

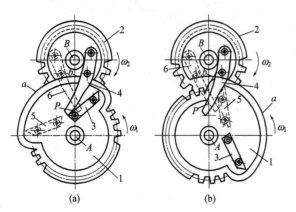

图 5-52 带瞬心线附加杆的不完全齿轮机构
1—主动轮；2—从动轮；3～6—瞬心线附加杆

图示位置为杆 3、4 传动的情形，此时从动轮 2 的角速度（P 为轮 1、2 的相对瞬心）。该机构能实现从动轮 2 的间歇转动，且没有冲击。

(2) 不完全锥齿轮往复运动机构图例

图 5-53 所示为不完全锥齿轮往复运动机构，图中 1 为主动轮，2、3 为从动轮，4 为输出轴。如图所示，主动轮 1 是不完全的，从动轴有两个完全齿轮 2 及 3，主动轮的末齿与一个从动齿轮脱啮后，首齿与另一从动齿轮接触。主动轮转动方向不变时，两个从动轮转动方向相反。因此，主动轮连续回转时，从动轴做往复转动。适当选择主动轮有齿段的齿数，可以使从动轴换向时有停歇或无停歇。

(3) 插秧机秧箱移行机构

图 5-54 所示为插秧机的秧箱移行机构，该机构由与摆杆固连的棘爪 1、棘轮 2、与棘轮固连的不完全齿轮 3、上下齿条 4（秧箱）组成。当构件 1 顺时针方向摆动时，2、3 不动，秧箱 4 停歇，这时秧爪（图中未示出）取秧；当取秧完毕，1 逆时针方向摆动，2 与 3 一同逆时针方向转动，3 与上齿条 4 啮合，使 4 向左移动，即秧箱向左移动。当秧箱移到终止位置（如图示位置），轮 3 与下齿条 4 啮合，使秧箱自动换向向右移动。

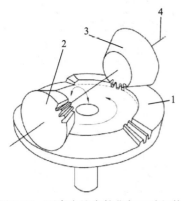

图 5-53 不完全锥齿轮往复运动机构
1—主动轮；2,3—从动轮；4—输出轴

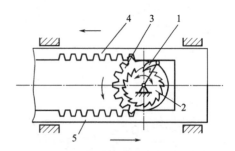

图 5-54 插秧机的秧箱移行机构
1—棘爪；2—棘轮；3—不完全齿轮；4—上齿条；5—下齿条

5.6 其他常用间歇机构

5.6.1 在自动化生产机械方面的应用图例

(1) 连杆摆动单侧停歇机构图例

图 5-55 所示为连杆摆动单侧停歇机构，这是指从动件在摆动的某一侧极限位置有停歇。该机构是由四杆机构 ABCD 加上二级杆组 MEF（包括滑块 4、导杆 5）组成的六杆机构。M 点为连杆 BC 上的一点，M 点铰接了滑块 4。M 点的轨迹 m 中的 M_1M_2 段为近似直线段。当主动曲柄 1 连续转动时，通过杆 BC 上的 M 点带动滑块 4 和导杆 5 往复摆动。当导杆 5 摆动到左极限位置时正好与 M 点的近似直线轨迹段 M_1M_2 重合，在 M 点从 M_1 到 M_2 的运动过程中，从动导杆 5 做近似停歇。该机构利用连杆曲线的直线段实现从动件单侧间歇摆动。

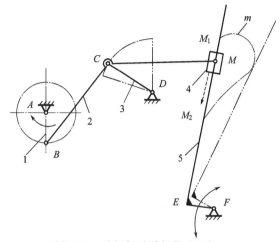

图 5-55　连杆摆动单侧停歇机构
1—主动曲柄；2—连杆；3—摇杆；4—滑块；5—导杆

应用举例：可用于轻工机械、自动生产线和包装机械中运送工件或满足某种特殊的工艺要求，实现某种加工。

(2) 连杆齿轮单侧停歇机构图例

图 5-56 所示为连杆齿轮单侧停歇机构，该机构由五连杆机构和行星轮系组成。主动曲柄 1 也是行星架。行星轮 2 与固定中心轮 3 的节圆半径比 $r:R=1:3$，连杆 4 与轮 2 在节圆上的 A 点铰接。主动曲柄连续匀速转动，带动行星轮系运动，点 A 产生有三个顶点 a、b、c 的内摆线。以其中的 ab 段的平均曲率半径为连杆长 l_{AC}，曲率中心 C 为摆杆 CD 和连杆 AC 的铰接点。主动曲柄 OB 和行星轮 2 的两个运动输入，使五连杆机构的从动摆杆 CD 有确定的摆动。当主动杆 1 对应 A 点在 $\angle aOb=120°$ 范围内运动时，摆杆在右极限位置 C'D 近似停歇，而在左极限位置 C"D 时有瞬时停歇。这是利用轨迹的近似圆弧实现单侧停歇摆动。若以滑块代替摇杆，可实现单侧停歇的间歇移动。

应用举例：这类机构可实现长时间的停歇，可用于自动机或自动生产线上工件运送至工位后的等待加工或实现某些工艺要求。

(3) 齿轮连杆摆动双侧停歇机构图例

图 5-57 所示为齿轮连杆摆动双侧停歇机构，该机构是由曲柄摇杆机构和不完全齿轮机构组成。摇杆 3 是一扇形板，齿圈 4 可在其外圆上的 A、B 挡块之间滑移，行程为 l。A、B 固定在 3 上。曲柄 1 匀速连续转动，带动摇杆 3 往复摆动。摇杆 3 做顺时针摆动时，挡块 A 推动齿圈同向摆动，带动从动齿轮 5 逆时针摆动。当摇杆 3 做逆时针回摆时，摇杆 3 在齿圈 4 中滑移，齿圈 4 和小齿轮 5 在右极限位置相对静止。摇杆 3 摆过 l 弧长后，B 挡块与 4 接触，推动齿圈 4 逆时针同向摆动，带动小齿轮 5 顺时针摆动。摇杆 3 再次改变方向时，齿圈 4 和小齿轮 5 在左极限位置也有一段停歇，从而实现从动件小齿轮 5 的两侧停歇摆动。改变 A、B 挡板的位置，即改变间距 l，可调整停歇时间。此机构与利用连杆轨迹的机构不同，理论上可准确实现停歇，但需克服滑道中的摩擦。

应用举例：可用于自动线中，实现双工位加工。

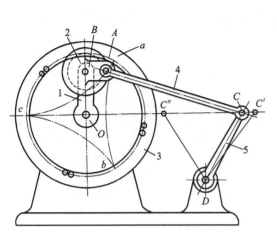

图 5-56　连杆齿轮单侧停歇机构
1—主动曲柄；2—行星轮；3—中心轮；4,5—连杆

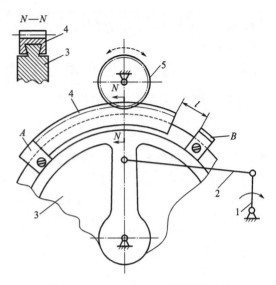

图 5-57　齿轮连杆摆动双侧停歇机构
1—曲柄；2—连杆；3—摇杆；4—齿圈；5—小齿轮

（4）单侧停歇移动机构图例

图 5-58 所示为单侧停歇移动机构，该机构由凸轮机构和连杆机构所组成。固定凸轮 4 在 α 角的范围内沟槽是一段凹圆弧，以圆弧的半径 r 为连杆 5 的杆长，圆心为滑块 1 与连杆 5 的铰链中心。主动导杆 3 匀速转动，带动同时也在凸轮沟槽中运动的滚子 2，通过连杆 5 使滑块 1 做往复移动。当导杆 3 在 α 角范围内转动时，滑块 1 在左极限位置停歇。从而实现单侧停歇的间歇移动。

应用举例：此机构可实现单侧的较长时间的停歇。可用于自动生产线上运送工

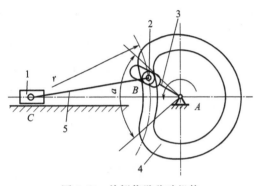

图 5-58　单侧停歇移动机构
1—滑块；2—滚子；3—主动导杆；
4—固定凸轮；5—连杆

件至工位等待加工或做满足工艺要求的某一动作。

5.6.2　在军工机械方面的应用图例

图 5-59 所示为齿轮摆杆双侧停歇机构，该机构包括锥齿轮 1、2、3 组成的定轴轮系和摆动导杆机构。柱销 A_2、A_3，分别安装在锥齿轮 2、3 的内侧，相差 180°。轮 1 匀速转动，驱动轮 2、3 同步反向转动。当轮 2 上的柱销 A_2 到达摆动位置 6 时，开始进入摆动导杆 4 的直槽中，带动导杆顺时针摆动，至摆动位置 5 时退出直槽，摆动导杆 4 在一侧极限位置停歇。直至轮 3 上的柱销 A_3，到达摆动位置 5，进入摆动导杆 4 的直槽内带动摆动导杆逆时针摆回，至摆动位置 6 退出直槽，摆动导杆 4 在另一侧极限位置停歇。轴Ⅰ的连续转动，变换为摆动导杆 4 两侧停歇的摆动。

应用举例：可用于双侧需等时停歇的间歇摆动场合，如用作双筒机枪的交替驱动机构。

5.6.3 在机床上的应用图例

图5-60所示为摩擦轮单向停歇机构，该机构2、3为一对摩擦轮，2为不完全摩擦轮，以 a 为工作圆弧段。工件1放置在固定导路 b 上。轮2连续顺时针转动，当轮2上的 a 段圆弧廓线与工件1接触时，轮2、3对滚，轮间的摩擦力使工件1左移送进。当轮2的廓线与工件脱离接触后，工件则静止。轮2转1周，工件完成一个周期的送进和停歇动作。摩擦轮机构结构简单，但为了可靠的送进，还需加径向压紧力。

应用举例：这是步进式的单向送进机构，可用于冲压机床等机械，作为板条形状工件的间歇送进。

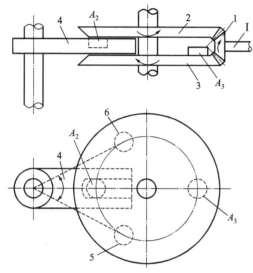

图5-59 齿轮摆杆双侧停歇机构

1~3—锥齿轮；4—摆动导杆；5,6—摆动位置

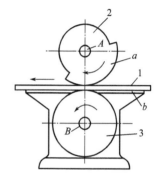

图5-60 摩擦轮单向停歇机构

1—工件；2,3—摩擦轮

5.6.4 在制动机械方面的应用图例

图5-61所示为棘齿条移动单向机构，1为带棘爪的棱柱止动块，2为棘齿条，3为弹簧。止动块1上的棘爪在弹簧的作用下恒压紧在棘齿条的齿槽中，当棘齿条2沿固定导轨 a 向上移时，止动块1上的棘爪在棘齿条的齿背上滑过，若棘齿条2有下移趋势时，止动块1上的棘爪压紧在棘齿条2的齿槽中，阻止其向下移动，实现棘齿条2的单向移动。

应用举例：带止动棘爪的棘齿条机构可作反向止动机构，有制动作用。

5.6.5 其他应用图例

(1) 利用摩擦作用的间歇回转机构（A）图例

图5-62所示为利用摩擦作用的间歇回转机构，在侧板 A 和 B 上设有弯向摩擦轮中心的长弯孔，楔滚5穿过长弯孔，并利用一个摆杆使楔滚5左右摆动。当楔滚5由右向左运动时，由于楔滚5在侧板的长孔和摩擦轮4之间起到楔的作用，而使摩擦轮4旋转。当楔滚5由左向右运动时，楔滚从摩擦轮4上脱开，不产生摩擦作用，于是没有旋转力。如果在输出轴上装上一个飞轮，那么，摩擦轮4就不是间歇转动，而是连续回转。

特点：由于这是一种利用摩擦作用的间歇回转机构，所以，不会像棘轮机构那样出现工作噪声，因此，运转过程比较安静。其缺点是：运转比棘轮机构困难一些。

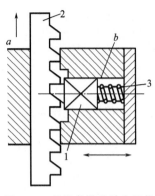

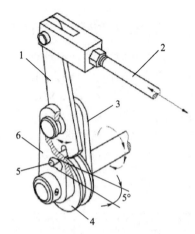

图 5-61　棘齿条移动单向机构
1—带棘爪的棱柱止动块；2—棘齿条；3—弹簧

图 5-62　利用摩擦作用的间歇回转机构（A）
1—摆杆；2—连杆；3—侧板 B；4—摩擦轮；
5—楔滚；6—侧板 A

(2) 利用摩擦作用的间歇回转机构（B）图例

图 5-63 所示为利用摩擦作用的间歇运动机构，楔形齿条 3 的背面制成与摩擦轮 5 同心的圆弧，并且与摩擦轮贴合。摆叉 7 左右摆动时，小齿轮 2 与齿条 3 啮合，齿条被夹在小齿轮与摩擦轮之间，并与摩擦轮之间产生摩擦力，于是使摩擦轮 5 和输出轴 4 做间歇回转。在返回过程中，摆叉 7 借助挡板 6 使松动的齿条返回。

(3) 利用摩擦作用的间歇回转机构（C）图例

图 5-64 所示为利用摩擦作用的间歇回转机构（C），图中 1 为摩擦圆盘，2 为输出轴，3 为旋转弹簧，4 为压紧弹簧，5 为驱动杆，6 为偏心滚柱。如图所示，固定在输出轴 2 上的摩擦圆盘 1 由两个偏心滚柱 6 夹持着，借助使驱动杆左右摆动的驱动力可使输出轴进行间歇回转运动。压紧弹簧 4 和旋转弹簧 3 用来使偏心滚柱 6 和摩擦圆盘 1 保持接触。当驱动杆从右向左运动时，偏心滚柱压紧摩擦圆盘。于是，输出轴便沿着图示的箭头方向做间歇转动；当驱动杆 5 从左向右运动时，摩擦圆盘不旋转。

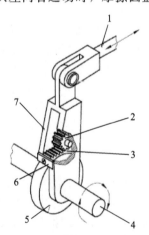

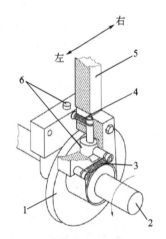

图 5-63　利用摩擦作用的间歇回转机构（B）
1—连杆；2—小齿轮；3—楔形齿条；
4—输出轴；5—摩擦轮（与输出
轴固定）；6—挡板；7—摆叉

图 5-64　利用摩擦作用的间歇回转机构（C）
1—摩擦圆盘；2—输出轴；3—旋转弹簧；
4—压紧弹簧；5—驱动杆；
6—偏心滚柱

(4) 可停歇的曲柄滑块机构图例

图 5-65 所示为具有停歇的曲柄滑块机构，当曲柄 1 绕固定轴心 A 回转时，经连杆 2、4 分别带动滑块 3、5 往复移动。各部长度为：$BC=3AB$，$BD=2.5AB$，$ED=3.5AB$。在铰链点 D 的轨迹中，图示 DD' 部分近似于以 E 点为中心、ED 为半径的圆弧。故当铰链点 D 沿 DD' 部分运动时，滑块 5 几乎停止不动。

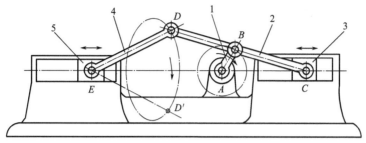

图 5-65 具有停歇的曲柄滑块机构
1—曲柄；2,4—连杆；3,5—滑块

(5) 具有长时间停歇的齿轮连杆机构图例

图 5-66 所示为具有长时间停歇的齿轮连杆机构，行星轮 2 沿固定中心轮 1 滚动，两轮节圆半径之比为 $r_2 : r_1 = 1 : 3$。铰链点 C 位于行星轮 2 的节圆上，机构运转时，点 C 的轨迹为三条近似于圆弧的内摆线。若取连杆 3 的长度等于上述圆弧的半径，则当点 C 通过内摆线 cc 时，滑块 4 将在右极限位置上近似停歇。

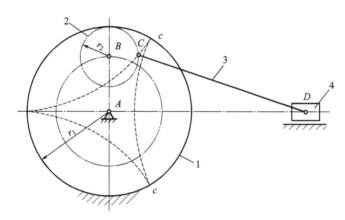

图 5-66 具有长时间停歇的齿轮连杆机构
1—中心轮；2—行星轮；3—连杆；4—滑块

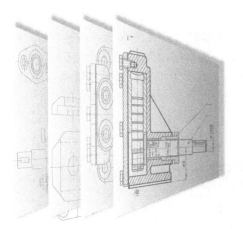

Chapter **06**

第6章

螺旋机构典型应用图例

6.1 螺旋传动概述

螺旋传动是利用螺杆和螺母组成的螺旋副来实现传动要求的。它主要用于将回转运动转变为直线运动，同时传递运动和力。

6.1.1 螺旋机构的工作原理

螺旋机构是利用螺旋副传递运动和动力的机构。图 6-1 所示为最简单的三构件螺旋机构，其中构件 1 为螺杆，构件 2 为螺母，构件 3 为机架。在图 6-1(a) 中，B 为旋转副，其导程为 l；A 为转动副，C 为移动副。当螺杆 1 转动 φ 角时，螺母 2 的位移 s 为

$$s = l \frac{\varphi}{2\pi}$$

如果将图 6-1(a) 中的转动副 A 也换成螺旋副，便得到图 6-1(b) 所示螺旋机构。设 A、

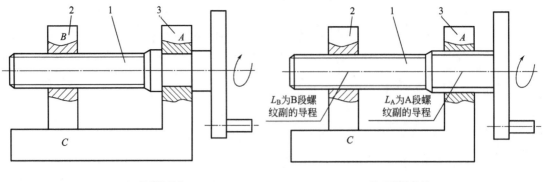

(a) 单螺旋机构   (b) 双螺旋机构

图 6-1 螺旋机构

1—螺杆；2—螺母；3—机架

B 段螺旋的导程分别为 l_A，l_B，则当螺杆 1 转过 φ 角时，螺母 2 的位移为

$$s = (l_A \mp l_B) \frac{\varphi}{2\pi}$$

式中，"$-$"号用于两螺旋旋向相同时，"$+$"号用于两螺旋旋向相反时。

由上式可知，当两螺旋旋向相同时，若 l_A 与 l_B 相差很小，则螺母 2 的位移可以很小，这种螺旋机构称为差动螺旋机构（又称微动螺旋机构）；当两螺旋旋向相反时，螺母 2 可产生快速移动，这种螺旋机构称为复式螺旋机构。

螺旋机构是利用螺杆和螺母组成的螺旋副来实现传动要求的。通常由螺杆、螺母、机架及其他附件组成。它主要用于将回转运动变为直线运动，或将直线运动变为回转运动，同时传递运动或动力，应用十分广泛。

6.1.2 螺旋传动的类型

① 根据螺杆和螺母的相对运动关系，螺旋传动的常用运动形式，主要有以下三种。

a. 螺杆轴向固定、转动，螺母运动，常用于机床进给机构，如车床横向进给丝杠螺母机构。

b. 螺杆转动又移动，螺母固定，多用于螺旋压力机构中，如摩擦压力加压螺旋机构。

c. 螺母原位转动，螺杆移动，常用于升降机构，如千斤顶机构。

② 螺旋传动按其用途不同，可分为以下三种类型。

a. 传力螺旋，如举重器、千斤顶、加压螺旋。

b. 传导螺旋，如机床进给机构。

c. 调整螺旋，一般用于调整并固定零件或部件之间的相对位置，要求自锁性能好，有时也有较高的调节精度要求，如车床尾座调整螺旋机构。

③ 螺旋传动按其螺旋副的摩擦性质不同，又可分为滑动螺旋（滑动摩擦）、滚动螺旋（滚动摩擦）和静压螺旋（流体摩擦）。滑动螺旋机构简单，便于制造，易于自锁，但其主要缺点是摩擦阻力大，传动效率低，磨损快，传动精度低。相反，滚动螺旋和静压螺旋的摩擦阻力小，传动效率高，但结构复杂，特别是静压螺旋还需要供油系统。因此，只有在高精度、高效率的重要传动中才采用，如数控机床、精密机床、测试装置或自动控制系统中的螺旋传动等。

6.1.3 螺旋传动的特点

螺旋机构与其他将回转运动变为直线运动的机构（如曲柄滑块机构）相比，具有以下特点。

① 结构简单，仅需内、外螺纹组成螺旋副即可。

② 传动比很大，可以实现微调和降速传动。

③ 省力，可以很小的力，完成需要很大力才能完成的工作。

④ 能够自锁。

⑤ 工作连续、平稳、无噪声。

⑥ 由于螺纹之间产生较大的相对滑动，因而磨损大、效率低，特别是若用于机构要有自锁作用时，其效率低于 50%。这是螺旋机构的最大缺点。

螺旋机构是常见的机构，在各工业部门都获得广泛的应用，从精密的仪器到轧钢机加载装置中的重载传动均可采用这种机构。

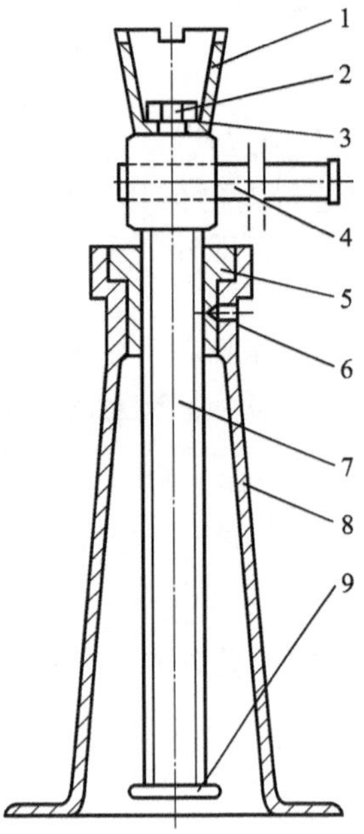

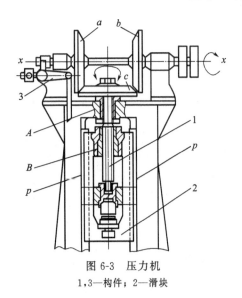

图 6-2　千斤顶

1—托杯；2—螺母；3—挡环；4—手柄；5—螺母；6—紧定螺钉；7—螺杆；8—底座；9—挡环

6.2　传力螺旋

6.2.1　在工程机械方面的应用图例

(1) 千斤顶图例

图 6-2 所示为千斤顶传力螺旋机构。螺杆 7 和螺母 5 是它的主要零件。螺母 5 用紧定螺钉 6 固定在底座 8 上。转动手柄 4 时，螺杆即转动并上下运动。托杯 1 直接顶住重物，不随螺杆转动。挡环 3 防止托杯脱落，挡环 9 防止螺杆由螺母中全部脱出。

(2) 压力机图例

图 6-3 所示为加压用压力机螺旋机构。构件 1 与机架组成转动副 A，它又与滑块 2 组成螺旋副 B，2 沿固定导轨 p-p 移动，构件 1 上固定有锥形摩擦轮 c，利用构件 3 使主动摩擦轮 a 和 b 交替与轮 c 接触，由此实现构件 1 按两个相反方向的转动，从而使滑块 2 向下移动时加压，向上移动时退回。

(3) 螺旋-杠杆式压力机构图例

图 6-4 所示为螺旋-杠杆压力机构。在丝杠 1 上制有相同螺距的右旋螺纹 a 和左旋螺纹 b，螺母 2、3 分别经转动副与长度相等的杠杆 4、5 连接，两杠杆与压头 6 在 A 点构成复合铰链。当丝杠 1 转动时，压头 6 沿轨道 7 上下移动。

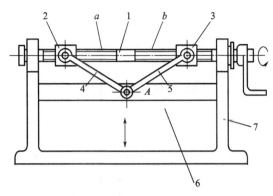

图 6-3　压力机

1,3—构件；2—滑块

图 6-4　螺旋-杠杆压力机构

1—丝杠；2,3—螺母；4,5—杠杆；6—压头；7—轨道

6.2.2　在制动机械方面的应用图例

图 6-5 所示为螺杆块式制动器。当具有左、右旋向螺纹的螺杆 5 绕轴线 xx 转动时，带动螺母 1 和 4 相向移动而缩短距离，使摇杆 2 和 6 分别沿顺时针和逆时针方向转动，从而带动左、右两闸块 a 制动轮 3。

6.2.3 在压紧固定装置中的应用图例

(1) 螺栓杠杆压紧机构图例之一

图 6-6 所示为螺栓杠杆压紧机构。在加工工件 4 时，需要压块 6 和杠杆 3 夹紧。构件 1 与构件 5 用螺旋副连接，构件 5 与构件 3 用转动副 A 连接，构件 3 绕固定轴 B 转动，杠杆 2 绕固定轴 C 转动，构件 5 穿过杠杆 2 上的孔，并具有相当大的间隙。在构件 1 转动时，杠杆 2 与 3 压紧工件 4，为了均匀地压紧工件，构件 2 上装有自动调节的压块 6。

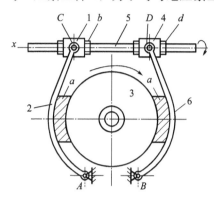

图 6-5 螺杆块式制动器

1,4—螺母；2,6—摇杆；3—轮；5—螺杆

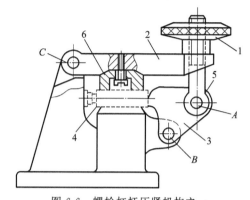

图 6-6 螺栓杠杆压紧机构之一

1,5—构件；2,3—杠杆；4—工件；6—压块

(2) 螺栓杠杆压紧机构图例之二

图 6-7 所示为螺栓杠杆压紧机构。构件 1 与构件 4 用螺旋副连接，构件 5 分别与构件 2 和 4 用转动副 A 和 B 连接，构件 4 穿过构件 2 的孔中并具有相当大的间隙；当手柄 6 旋转构件 1 通过螺杆 4、连杆 5 将工件 3 压紧。

(3) 镗刀头的固定机构图例

当把镗刀头装夹在镗杆上，而不能用螺钉从镗杆侧面固定镗刀头时，可采用图 6-8 所示的结构，用一个具有锥孔的螺母及锥形夹套紧固镗刀头，并用一个具有两种螺纹的螺钉在轴线方向上调节刀头的伸出量。

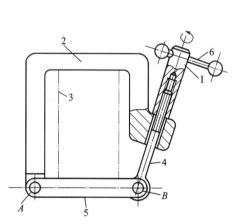

图 6-7 螺栓杠杆压紧机构之二

1,2,5—构件；3—工件；
4—螺杆；6—手柄

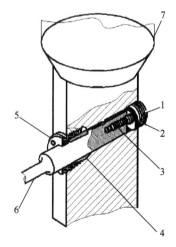

图 6-8 镗刀头的固定机构

1—螺钉；2—细牙螺纹；3—粗牙螺纹；4—锥形夹套；
5—锥孔螺母；6—圆形镗刀；7—镗杆

在镗刀上装有埋头键，以使镗刀在刀杆孔内不能相对转动。镗刀的尾部切有粗牙内螺纹，当旋动与此内螺纹相配合的螺钉 1 时，镗刀便做轴线方向的微量位移，其移动量是螺钉头部的细牙螺纹螺距和螺钉尾部的粗牙螺纹螺距之差，从而可调节刀尖的伸出量。

只要拧紧锥孔螺母 5，则与锥孔相配的锥形夹套 4 就可将刀头紧紧固定住。

6.2.4　在自动化生产方面的应用图例

图 6-9 所示为螺旋输送机。它由一根装有螺旋叶片的转轴 3 和料槽 2 组成。转轴通过轴承安装在料槽 2 两端轴承座上，转轴一端的轴头与驱动装置相连。料槽 2 顶面和槽底开有进、出料口。其工作原理是：物料从进料口 1 加入，当转轴转动时，物料受到螺旋叶片法向推力的作用，该推力的径向分力和叶片对物料的摩擦力，有可能带着物料绕轴转动，但由于物料本身的重力和料槽对物料摩擦力的缘故，才不与螺旋叶片一起旋转，而在叶片法向推力的轴向分力作用下，沿着料槽轴向移动。

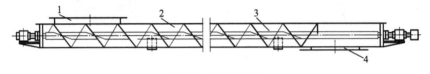

图 6-9　螺旋输送机
1—进料口；2—料槽；3—转轴；4—出料口

6.2.5　其他应用图例

(1) 螺旋手摇钻图例

图 6-10 所示为螺旋手摇钻。螺母 1 和螺杆 2 组成螺旋副，螺杆 2 具有大升角螺纹，当转动螺杆 2 时，由于螺旋副的相对关系，可使钻头 a 边旋转边直线移动，从而达到钻孔的目的。

(2) 车辆连接机构

图 6-11 所示为车辆连接机构实例，它是复式螺旋机构的应用，可以使车钩 E 与 F 较快地靠近或离开。

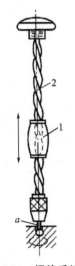

图 6-10　螺旋手摇钻
1—螺母；2—螺杆

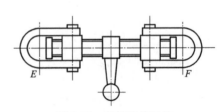

图 6-11　车辆连接机构

6.3 传导螺旋

传导螺旋以传递运动为主，有时也承受较大的轴向力，传导螺旋常需在较长的时间内连续工作，工作速度较高，因此要求具有较高的传动精度。

6.3.1 在机床方面的应用图例

(1) 机床刀具进给装置图例

图 6-12 所示为机床刀具进给装置。当螺杆 1 原地回转，螺母 2 做直线运动，带动刀架向左移动，达到车削的目的。

(2) 牛头刨床工作台图例

螺旋机构结构简单，制造方便，它能将回转运动变换为直移运动，运动准确性高，降速比大，可传递很大的轴向力，工作平稳、无噪声，有自锁作用，但效率低，需有反向机构才能反向传动，例如，图 6-13(a) 所示的牛头刨床工作台的导螺杆，若要使工作台反向移动，必须采用图 6-13(b) 所示的有可变向棘爪的棘爪机构。

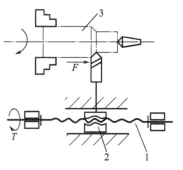

图 6-12　机床刀具进给装置
1—螺杆；2—螺母；3—工件

6.3.2 在转向控制装置方面的应用图例

图 6-14 所示为转向控制的螺旋连杆机构。当主动螺杆 1 转动时，螺母 6 沿轴 z-z 直移运动，并经过连杆 2 给从动连杆 3 传递运动。构件 4 绕定轴线 D 转动；主动螺杆 1 和构件 4 组成圆柱副，和摇块 5 组成转动副，和螺母 6 组成螺旋副。连杆 2 和螺母 6 与从动连杆 3 组成转动副 A 和 B；从动连杆 3 绕定轴 E 转动，并与摇块 5 组成转动副 C。舵 a 和构件 3 固结，主动螺杆 1 能在轴承 4 中转动并滑动。

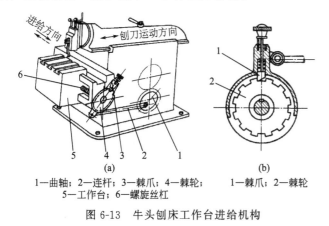

1—曲轴；2—连杆；3—棘爪；4—棘轮；
5—工作台；6—螺旋丝杠

图 6-13　牛头刨床工作台进给机构

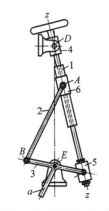

图 6-14　转向控制的螺旋连杆机构
1—主动螺杆；2—连杆；3—从动连杆；
4—构件；5—摇块；6—螺母

6.3.3 在拆卸装置方面的应用图例

(1) 拆卸装置图例

图 6-15 所示为拆卸装置。螺杆 1 与构件 2 组成螺旋副。螺杆 1 的回转可使构件 2 上下移动，从而带动构件 2 上的两个拆卸爪随之上下移动，实现零件的拆卸。

(2) 简易拆卸器图例

当需要拆卸压配在一起的零件时，常因无法卸下而遇到各种各样的困难，这里介绍一种结构简单且易于自制的简易拆卸器。如图 6-16 所示，在拉杆的中间拧着装有手轮的牵引螺杆，拉杆左右两侧挂有两个拉钩 A、B，为了适应大小不同的零件，在拉杆上开有若干个沟槽。

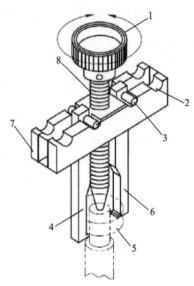

图 6-16　简易拆卸器

1—手轮；2—沟槽；3—拉钩支承销；4—拉钩 A；5—被
拆卸的零件；6—拉钩 B；7—拉杆；8—牵引螺杆

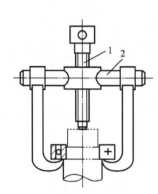

图 6-15　拆卸装置
1—螺杆；2—构件

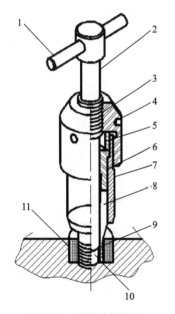

图 6-17　内张式拆卸器
1—T 形手柄；2—手柄轴；3—手柄轴螺纹；
4—圆柱螺母；5—隔套；6—轴肩；7—弹
簧夹头外套；8—三爪弹簧夹头；9—弹
簧夹头齿端；10—手柄轴锥端；
11—被拆卸的零件

(3) 内张式拆卸器图例

图 6-17 所示是内张式拆卸器图例。圆柱螺母 4 和弹簧夹头外套 7 用螺纹紧紧连在一起，借助圆柱螺母 4 并通过隔套 5 和夹头轴肩 6，将三爪弹簧夹头 8 夹紧固定在弹簧夹头外套 7 中。用手握住圆柱螺母 4，并旋转 T 形手柄 1，使手柄轴 2 拧入，则三爪弹簧夹头 8 便从内部被扩张，其上的爪齿被咬住欲拆卸的套筒，然后，再继续旋转 T 形手柄 1，则手柄轴 2 下端顶住工件的底面，三爪弹簧夹头 8 就可以将零件拉出。

6.3.4　在超越机构中的应用图例

图 6-18 所示为螺旋摩擦式超越机构。摩擦轮 2 装在有右旋螺纹的轴 1 上。启动电动机与轴 1 相连，发动机曲柄轴与摩擦盘 3 相连。启动时，电动机按图示逆时针方向转动，摩擦轮 2 左移，其端面与摩擦盘 3 压紧并靠摩擦力带动曲柄轴。当发动机启动转速高于轴 1 的转速时，摩擦轮 2 与摩擦盘 3 脱开，即发动机曲轴做超越运转。若将摩擦盘 3 固定，则轴 1 做逆时针方向或摩擦轮 2 做顺时针方向转动时，均因摩擦轮 2 和摩擦盘 3 端面压紧而被制动。

6.3.5 在夹具中的应用图例

(1) 夹圆柱零件的夹具图例

图 6-19 所示为夹圆柱零件的夹具。螺杆 5 左右两端分别为左螺旋和右螺旋螺杆,并分别与螺母 2 和螺母 4 旋合。螺母 2、螺母 4 分别与夹爪 3 和 8 连接在一起并通过轴 9 和 10 与本体 1 连接。当螺杆 5 转动时,由于其在左右两端螺纹旋向相反,且被螺钉 6 限制,只能旋转而不能移动,并带动螺母 2 和螺母 4 左右移动。螺母的移动又使夹爪绕支点转动,从而可以将工件 7 夹紧或松开。

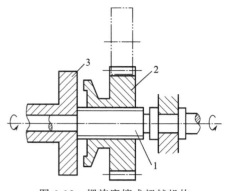

图 6-18　螺旋摩擦式超越机构
1—轴;2—摩擦轮;3—摩擦盘

(2) 台钳定心夹紧机构图例

图 6-20 所示为台钳定心夹紧机构。由平面钳口夹爪 1 和 V 形夹爪 2 组成定心机构。螺杆 3 和 A 端是右旋螺纹;B 端为左旋螺纹,采用导程不同的复式螺旋。当转动螺杆 3 时,平面钳口夹爪 1 与 V 形夹爪 2 通过左、右螺旋的作用夹紧工件 5。

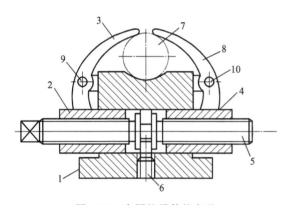

图 6-19　夹圆柱零件的夹具
1—夹具本体;2,4—螺母;3,8—夹爪;5—螺杆;
6—螺钉;7—工件;9,10—轴

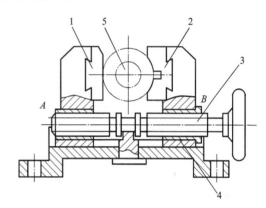

图 6-20　台钳定心夹紧机构
1—平面钳口夹爪;2—V 形夹爪;
3—螺杆;4—底座;5—工件

6.3.6 在摩擦传动装置方面的应用图例

图 6-21 所示为自动适应负载的摩擦传动装置。摩擦锥轮 2 在主动轴 1 的驱动下,按图示的箭头方向旋转,通过摩擦锥轮 3、键 4、粗牙螺母 7 和螺杆 8 使从动轴 5 旋转。通过键 4 的作用,粗牙螺母 7 在摩擦锥轮 3 中可做少量的轴向滑动。在运转过程中,若从动轴 5 上的负载大于规定值时,则摩擦锥轮 2、3 间产生相对滑动而使机构不能正常运转,此时,粗牙螺母 7 便由右向左滑动,压缩弹簧 6 进一步被压缩而压紧两个摩擦锥轮 2 和 3,使摩擦力加大,从而使机构继续运转。如果负载减小时,粗牙螺母 7 便由左向右滑动,亦即减弱了压缩弹簧 6 的压力,使摩擦轮 2、3 的摩擦力减小。

6.3.7 其他应用图例

图 6-22 所示为驱动回转盘且带对心曲柄滑块机构的螺旋机构。设该机构尺寸满足下列条件:$AD=CB$,$OD=OC$,螺旋 a 和螺旋 b 的螺距相等,当主动螺杆 1 绕 x-x 轴转动时,通过连杆 5、连杆 6 可带动从动圆盘 2 绕轴 O 摆动。螺杆 1 上的右旋螺纹 a 和左旋螺纹 b 分

别与螺母 3 和 4 相配，连杆 5 分别与螺母 3 和圆盘 2 铰接于 A 点和 D 点，而连杆 6 分别与螺母 4 和圆盘 2 铰接于 B 点和 C 点。

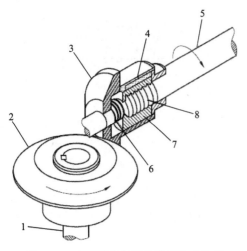

图 6-21　自动适应负载的摩擦传动装置

1—主动轴；2—摩擦锥轮；3—摩擦锥轮；4—键；
5—从动轴；6—压缩弹簧；
7—粗牙螺母；8—粗牙螺杆

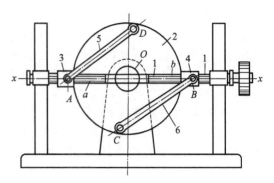

图 6-22　驱动回转盘且带对心
曲柄滑块机构的螺旋机构

1—主动螺杆；2—从动圆盘；3,4—螺母；
5,6—连杆

6.4　调整螺旋

　　调整螺旋机构用以调整、固定零件的相对位置，如机床、仪器及测试装置中的微调机构的螺旋。调整螺旋不经常转动，一般在空载下调整。

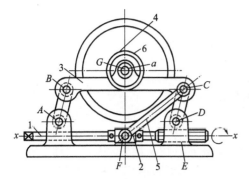

图 6-23　张紧带的螺旋连杆机构

1~3—构件；4—带；5—连杆；6—带轮

6.4.1　在传动装置方面的应用图例

　　图 6-23 所示为张紧带的螺旋连杆机构。当主动构件 1 绕轴线 $x\text{-}x$ 转动时，构件 2 沿轴线 $x\text{-}x$ 移动，实现带 4 张力的调整，机构构件长度满足条件：$AB=DC$，$BC=AD$，亦就是图形 $ABCD$ 是平行四边形。构件 1 绕轴线 $x\text{-}x$ 转动，并和固定构件组成螺旋副 E，和构件 2 组成转动副；连杆 5 和构件 3 组成转动副 C，在构件 3 上布置了带轮 6 的轴承 a，连杆 5 和构件 2 组成转动副 F；带轮 6 绕轴线 G 转动。

6.4.2　在微调装置方面的应用图例

（1）可消除螺旋副间隙的丝杠螺母机构图例

　　图 6-24 所示为可消除螺旋副间隙的丝杠螺母机构。主螺母 2 和附加螺母 3 均与丝杠 1 组成螺旋副，而附加螺母 3 还以细牙螺纹与主螺母 2 旋合。转动附加螺母 3 可消除它们与丝杠 1 螺旋副中的间隙，然后再将止动垫片 4 嵌入附加螺母的制动槽中将其固定。附加螺母应具有足够多的止动槽，以供选择。

（2）镗床镗刀的微调机构图例

图 6-25 所示为镗床镗刀的微调机构。螺母 2 固定于镗杆 3，螺杆 1 与螺母 2 组成螺旋副 A，同时又与螺母 4 组成螺旋副 B。4 的末端是镗刀，它与 2 组成移动副 C。螺旋副 A 与 B 旋向相同而导程不同，当转动螺杆 1 时，镗刀相对镗杆微量的移动，以调整镗孔的进刀量。

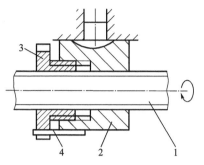

图 6-24　可消除螺旋副间隙的丝杠螺母机构
1—丝杠；2—主螺母；3—附加螺母；4—止动垫片

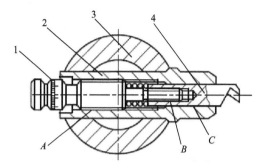

图 6-25　镗床镗刀的微调机构
1—螺杆；2,4—螺母；3—镗杆

（3）从动件行程可调的螺旋凸轮机构图例

图 6-26 所示为从动件行程可调的螺旋凸轮机构。构件 1 绕固定轴线 $x\text{-}x$ 回转，使与其组成螺旋副 B 的导块 2 沿固定导槽 $p\text{-}p$ 移动；从动件 3 一方面随着其组成移动副 $d\text{-}d$ 的导块 2 移动，一方面因其上的销 f 位于固定的曲线槽 $a\text{-}a$ 内使它相对导块 2 移动。曲线槽 $a\text{-}a$ 位于板 e 上，该板用螺钉 h 和 m 固定在机架上，旋松这两个螺钉，调节曲线槽 $a\text{-}a$ 位置，再紧固，可改变从动件 3 相对导块 2 移动的规律。

（4）带有微调装置的刀杆图例

图 6-27 所示为带有微调装置的刀杆。图示结构使刀杆的前端部分与刀夹 3 用燕尾槽 2 相结合，利用微调螺钉 9 调节刀尖高度，然后用紧固螺钉 7 将刀夹 3 固定。在制造这种装置时，要尽可能提高燕尾槽 2 的精度，而且要进行淬火和磨削加工。

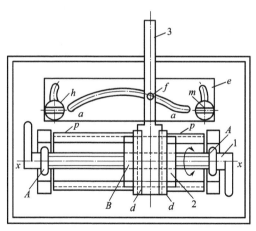

图 6-26　从动件行程可调的螺旋凸轮机构
1—构件；2—导块；3—从动件

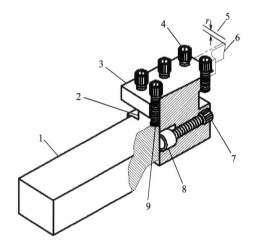

图 6-27　带有微调装置的刀杆
1—刀杆柄；2—燕尾槽；3—刀夹；4—刀头安装螺钉；
5—刀夹调整尺寸；6—刀头；7—刀夹固定螺钉；
8—垫块；9—微调螺钉

(5) 利用板簧构成的微动调节机构图例

图 6-28 所示，把两个圆弧形板簧 4 和 5 制成圆弧状，并将其插在基座 7 与滑块 6 之间，利用调节螺钉 1、3 压紧或松开板簧 4、5 的圆弧中凸部分，就可改变圆弧形板簧 4、5 的变形量，从而实现滑块 6 位置的微动调节。

(6) 消除进给丝杠间隙的机构图例

图 6-29 所示为消除进给丝杠间隙的机构。进给丝杠 1 通过手轮 12、止推轴承 2 以及圆螺母 8（A）、（B）无间隙地装在机体上，在丝杠的螺纹部分安装有两个带法兰盘的螺母，其中一个是加压螺母 3。

紧固在主螺母 5 上的两个双头螺栓 4，穿过加压螺母上的光孔，然后在螺栓上套装加压弹簧 6 和调压螺母 7。这样，使主螺母 5 与加压螺母 3 互相产生压靠作用，从而消除了它们与丝杠间的间隙。

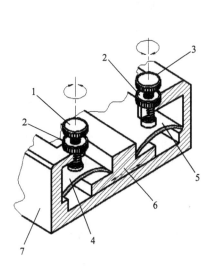

图 6-28　利用板簧构成的微动调节机构
1,3—调节螺钉；2—锁紧螺母；4,5—圆弧形板簧；
6—滑块；7—基座

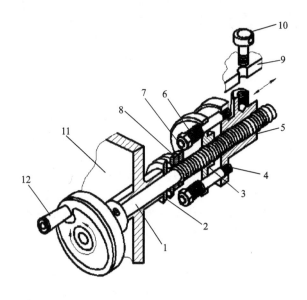

图 6-29　消除进给丝杠间隙的机构
1—丝杠；2—止推轴承；3—加压螺母；4—双头螺栓；
5—主螺母；6—加压弹簧；7—调压螺母；8—圆
螺母（A）、（B）；9—进给部件；10—拧紧
进给部件的螺钉；11—机体；12—手轮

6.4.3　其他应用图例

(1) 调整螺旋机构图例

图 6-30 所示为一种调整螺旋机构。螺杆 1 与曲柄 2 组成转动副 B，与螺母 3 组成螺旋副 D。曲柄 2 的长度 AK 可通过转动螺杆 1 改变螺母 3 的位置来调整。

(2) 螺旋-锥套式消除反向跳动装置图例

图 6-31 所示为螺旋-锥套式消除反向跳动装置。构件 5 为机架，圆环 1 旋入机架 5 左端的螺纹孔中，螺杆 4 与螺母 3 组成螺旋副，螺母 3 的两端外表面带有锥度。若旋紧圆环 1，通过锥套 2 推压螺母 3，则螺杆 4 与螺母 3 之间的间隙减小，故可消除反向跳动。

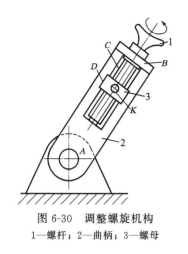

图 6-30 调整螺旋机构
1—螺杆；2—曲柄；3—螺母

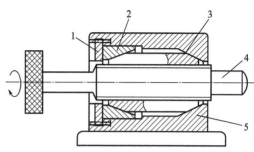

图 6-31 螺旋-锥套式消除反向跳动装置
1—圆环；2—锥套；3—螺母；4—螺杆；5—机架

6.5 滚动螺旋

若在普通螺杆与螺母之间加入钢球，同时将内、外螺纹改成内、外螺旋滚道，就成为滚动螺旋机构。由于丝杠螺母副间加入了滚动体，当传动工作时，滚动体沿螺纹滚道滚动并形成循环，两者相对运动的摩擦就变成了滚动摩擦，克服了滑动摩擦的缺点。按滚珠循环方式不同有内循环、外循环两种方式。

滚动螺旋传动的特点：传动效率高，精度高，启动阻力矩小，传动灵活平稳，磨损小，工作寿命长，但是不能自锁。由于滚动螺旋传动特有的优势，在机构设备中的应用越来越广泛。现代数控机床的进给传动机构基本上都采用滚动螺旋传动。

6.5.1 在机床中的应用图例

图 6-32 所示为由螺母钢珠丝杠组成的高效螺旋副。钢珠在丝杠导槽中沿螺旋线分布，钢珠 4 放置成几列，但不应少于两个封闭列；用嵌入套筒 2 上的特殊沟槽（反珠器）实现滚珠返回而成一封闭列。在不允许丝杠与螺母间有游隙的机构中，可采用图 6-32（b）所示双螺母结构。其中，螺母 1 和 3 安装在套筒 2 中，并且螺母 1、3 和套筒 2 上各有三角形截面的花键状的外齿圈和内齿圈，而螺母 1 和套筒 2 的齿圈齿数与螺母 3 和套筒 2 的齿圈齿数不同（差 1 齿）。在两螺母相对转动消除游隙后，用齿圈固定。

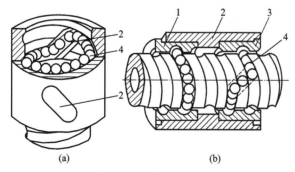

(a)   (b)

图 6-32 由螺母钢珠丝杠组成的高效螺旋副
1,3—螺母；2—套筒；4—钢珠

6.5.2　其他应用图例

图 6-33 所示为双螺母垫片调整式滚珠螺旋机构。滚珠螺旋机构在螺母 1 和螺杆 4 之间具有封闭的滚道，其中充满着滚珠 3。挡珠器 2 上方有螺柱，通过螺母将其固定在滚珠螺母 1 上。在螺母 1 上开有侧孔及回珠槽 5，把相邻的两条滚道连通起来。这样就可以保证滚珠 3 在螺杆转动期间不停地滚动，并通过回珠槽 5 又返回原来的螺纹滚道中来。这种滚珠返回通道的形式为内循环式，另外还有外循环式。

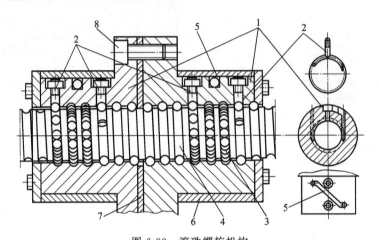

图 6-33　滚珠螺旋机构

1—螺母；2—挡珠器；3—滚珠；4—螺杆；5—回珠槽；6—衬筒；7—垫片；8—螺栓

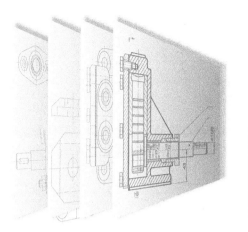

Chapter **07**

第7章

挠性机构典型应用图例

挠性传动机构是通过中间挠性件传递运动和动力的机构，适用于两轴中心距较大的场合。与齿轮机构相比，挠性传动机构具有结构简单、成本低廉等优点，因此被广泛应用于大型机床、农业机械、矿山机械、输送设备、起重机械、纺织机械、汽车、船舶及日用机械中。

挠性传动机构分带传动机构和链传动机构两大类，其中带传动以摩擦带传动为主，同步带传动是一种特殊的齿形带传动机构。

7.1 摩擦带传动

7.1.1 运动分析

带传动通常是由主动轮 1、从动轮 2 和张紧套在两轮上的环形带 3 所组成，如图 7-1 所示。安装时带被张紧在带轮上，这时带所受的拉力称为初拉力，它使带与带轮的接触面间产生压力。主动轮回转时，依靠带与带轮接触面间的摩擦力拖动从动轮一起回转，从而传递一定的运动和动力。

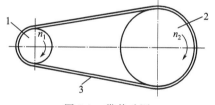

图 7-1　带传动图
1—主动轮；2—从动轮；3—环形带

带传动运动平稳，噪声小，结构简单，维护方便，不需要润滑，还可以对整机起到过载保护作用。然而，带传动的效率较低，带寿命较短，传动精度不高，外廓尺寸较大，在实际应用中依据工作需求选择。

摩擦型带传动，按横截面形状可分为平带、V 带和特殊截面带（如圆带、多楔带等）三大类，如图 7-2 所示。

平带结构简单，挠性大，带轮容易制造，用于轮距较大的场合。V 带传动较平带传动能产生更大的摩擦力，故具有较大的牵引力，能传递较大的功率，但摩擦损失及带的弯曲应力都比平带大。V 带结构紧凑，所以一般机械中都采用 V 带传动。圆带结构简单，承载较小，常用于医用机械和家用机械中。多楔带兼有平带的挠性和 V 带摩擦力大的优点，主要用于要求结构紧凑、传递功率较大的场合。

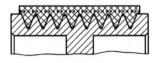

| (a) 平带 | (b) V带 | (c) 多楔带 | (d) 圆带 |

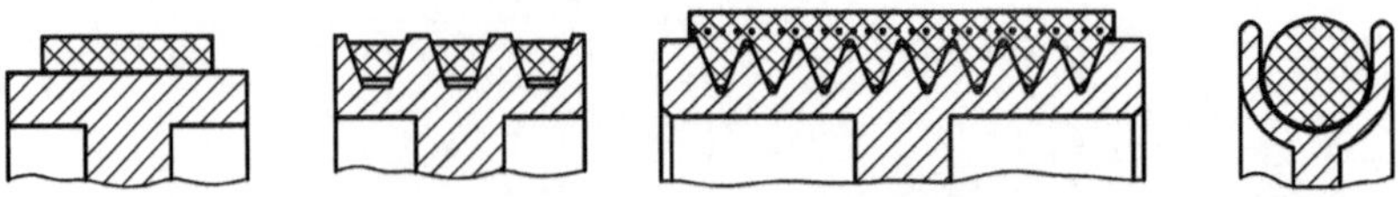

图 7-2　带的横截面形状

摩擦带传动有多种传动形式。主要包括以下几种：平行开口传动，交叉传动，半交叉传动，有导轮的角度传动，多从动轮传动，多级传动，复合传动和张紧惰轮传动，见表 7-1。

表 7-1　摩擦带传动传动形式

传动形式	机构图例	性能
平行开口传动	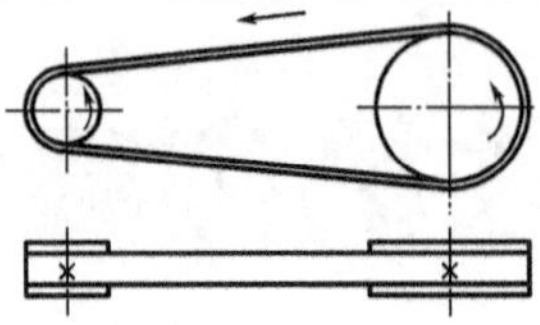	两带轮轴平行，转向相同，可双向传动，传动中带只单向弯曲，寿命高
交叉传动	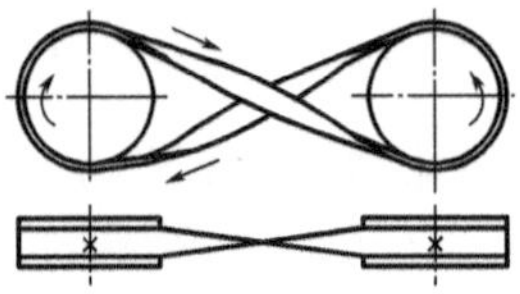	两带轮轴平行，转向相反，可双向传动，带受附加扭矩，交叉处摩擦严重
半交叉传动	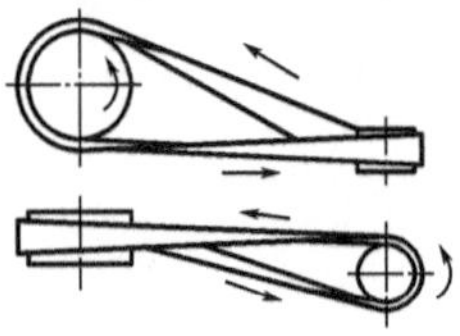	两带轮轴交错，只能单向传动，带受附加扭矩
有导轮的角度传动	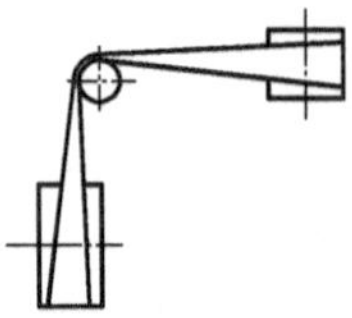	两带轮轴线垂直或交错，两带轮轮宽的对称面应与导轮柱面相切，可双向传动，带受附加扭矩
多从动轮传动	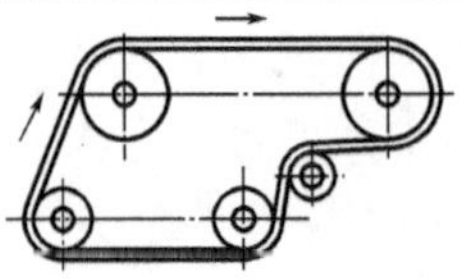	带轮轴线平行，可简化传动机构。带在传动过程中绕曲次数增加，降低了带的寿命
多级传动	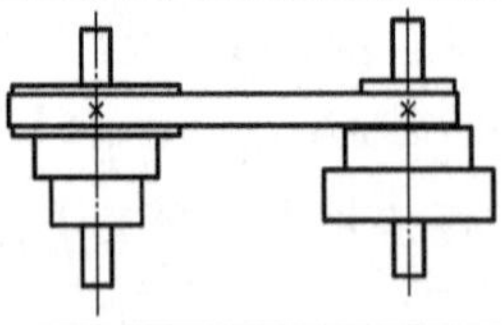	带轮轴线平行，用阶梯轮改变传动比，可实现多级传动
复合传动	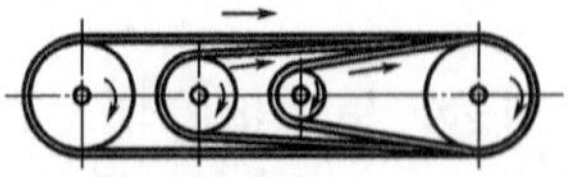	一个主动轮，多个从动轮，各轴平行，转向相同
张紧惰轮传动	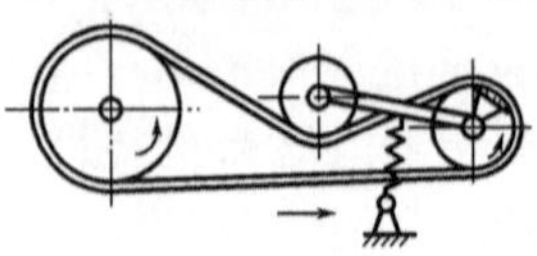	主动轮从动轮间安装了张紧惰轮，可增大小带轮的包角，自动调节带的初拉力，单向传动

7.1.2　在机床上的应用图例

(1) 带传动减速器图例

带传动减速器利用窄 V 带实现传动，比普通 V 带承载能力高。带减速器具有传动效率高、噪声小、寿命长、结构紧凑、维护方便等特点，因此，广泛应用于化工设备中，常用于冷却塔或反应釜搅拌，在立式机床中也比较常见，如图 7-3 所示。

如图 7-3 所示，电动机 1 带动小带轮 6 转动，通过窄 V 带 7，将动力传递到大带轮 8，大带轮安装在主轴 10 上，主轴由轴承 11 支承于机架 9 上，主轴 10 通过联轴器与其他轴连接，驱动工作部分转动，从而达到减速目的。

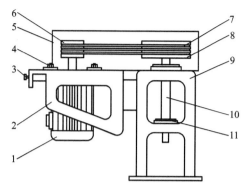

图 7-3　带传动减速器
1—电动机；2—电动机机架；3—调节螺母；4—螺栓连接；5—保护架；6—小带轮；7—窄 V 带；8—大带轮；9—机架；10—主轴；11—轴承

(2) 二级带传动减速器

若有更高的减速要求，可以用二级带传动减速器实现，如图 7-4(a) 所示为二级带传动减速器。使用二级带传动减速器要考虑安装问题，工程中常用"井"字架解决，如图 7-4(b) 所示。

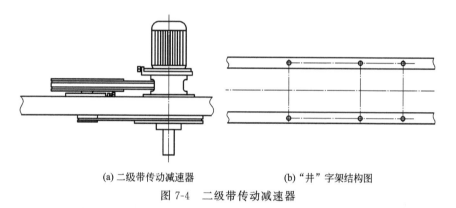

(a) 二级带传动减速器　　　　　　　(b) "井"字架结构图

图 7-4　二级带传动减速器

7.1.3　在运输设备方面的应用图例

带式输送机是连续运输机中使用最普遍、构造最典型的一种形式，它是用封闭无端的输送带连续输送货物的机械。输送带的种类很多，通常采用橡胶输送带，一般称为胶带输送机。

带式输送机的特点是：生产率高，结构简单，工作平稳可靠，输送距离长，能量消耗小，其应用范围遍及工厂、矿山、冶金、化工、建筑、轻工、港口、车站和仓库等部门。带式输送机主要用于连续输送水平或有一定倾斜角度的散粒物料，也可用来输送大宗成件物品，例如袋装或箱装货件。

图 7-5 所示为固定式带式输送机。带式输送机机架的两端设计有传动滚筒 3 和改向滚筒 11，作为牵引构件和承载构件的胶带 5 是封闭的，在整个带长上被许多托辊支承。上部的载货胶带称为承载工作分支，支承在上托辊 9 上；下部的不承载胶带称为非工作的返回分支，支承在下托辊 7 上。工作时物料由漏斗或者其他卸料机器装载，开动驱动电动机 1，经由减

速装置 2 减速后，驱动传动滚筒旋转，依靠胶带与滚筒之间的摩擦力，驱动胶带运行，使物料在另一端卸载。

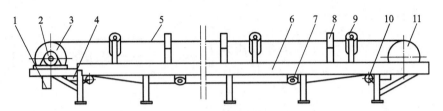

图 7-5 固定式带式输送机

1—驱动电动机；2—减速装置；3—传动滚筒；4—清扫器；5—胶带；6—机架；
7—下托辊；8—调心辊；9—上托辊；10—张紧装置；11—改向滚筒

带式输送机可用于水平或倾斜输送物料，可按照工作环境布置，有五种基本布置形式，如图 7-6 所示。

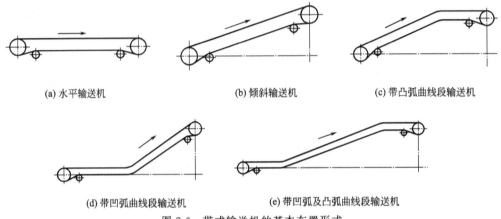

(a) 水平输送机   (b) 倾斜输送机   (c) 带凸弧曲线段输送机

(d) 带凹弧曲线段输送机   (e) 带凹弧及凸弧曲线段输送机

图 7-6 带式输送机的基本布置形式

7.1.4 在发动机上的应用图例

发动机是汽车的动力源，它是将某一种形式的能量转化为机械能的机器。目前多数汽车发动机都是采用将燃料燃烧产生的热能转化为机械能的发动机，称为热力发动机。发动机通过带传动将动力传递到自身的某些部位，多采用多楔带或 V 带传动。

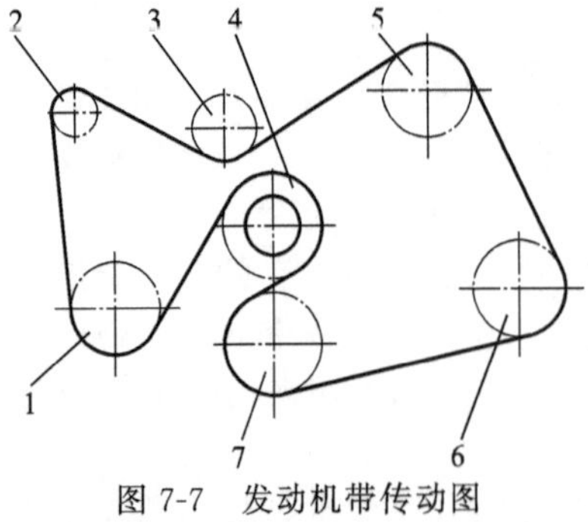

图 7-7 所示为常见的发动机带传动图，当发动机启动时，传动带从电动机带轮 1 获取动力，经传动带驱动曲轴带轮 7，曲轴带轮 7 与内部曲轴相连，带动发动机内部零件运动，从而启动发动机。启动后，传动带从工作中的发动机的曲轴带轮 7 获取动力，经张紧轮 3 带动压缩机带轮 5 转动，压缩机是汽车空调系统的中枢；经导向轮 2，传动带驱动水泵带轮 4 转动，冷却系统工作；同一根带驱动转向泵带轮 6 转动，汽车获得转向助力。

对于大型客车的发动机，目前普遍采用后置引擎的方式，后轮驱动，特别是豪华型大客车，使车厢内

图 7-7 发动机带传动图

1—电动机带轮；2—导向轮；3—张紧轮；
4—水泵带轮；5—压缩机带轮；6—转向
泵带轮；7—曲轴带轮

的主要部分远离振动与噪声源，使车厢内部容积完整流畅，有助于乘客流动并改善了乘坐条件与驾驶环境，有利于长途行驶。发动机支撑着几大系统的运行，如空调压缩机、风扇、附加发电机等都通过 V 带传动实现。

图 7-8 所示为四点支承发动机图例。电动机带轮 9 与水泵带轮 3 和曲轴带轮 8 由同一根带连接，曲轴带轮 8 带动内部曲轴同时转动；同时通过中间带轮 2，动力传递给风扇带轮 1；同时曲轴带轮还连接了压缩机带轮 5，在曲轴带轮 8 和压缩机带轮 5 之间装有自动偏心轮 4，自动偏心轮 4 可以自动调节两组带轮的中心距，减小发动机跳动造成的影响。图中 6 为机架，7 为发动机。

7.1.5 在农用机械方面的应用图例

(1) 木材加工机带传动图例

带传动在农业、林业机械中应用十分广泛，如碎草机、收割机、锯木机等。

以木材加工机械为例，图 7-9 所示为木工圆锯机，电动机 1 通过带传动 2 减速，带动主轴旋转，圆锯片 4 安装在主轴上，木材固定于导板 6 上，随导板移动而移动，当木材接触到圆锯片 4，木材沿圆锯片 4 径向方向被切割。图中 3 为工作台，5 为锯片罩。

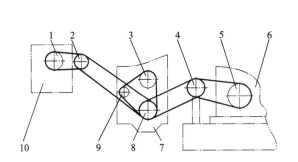

图 7-8 大客车的带传动

1—风扇带轮；2—中间带轮；3—水泵带轮；4—自动
偏心轮；5—压缩机带轮；6—机架；7—发动机；
8—曲轴带轮；9—电动机带轮；10—风扇

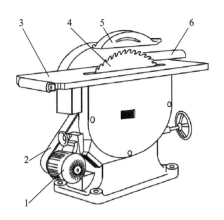

图 7-9 木工圆锯机

1—电动机；2—带传动；3—工作台；
4—圆锯片；5—锯片罩；6—导板

(2) 带式抛粮机图例

图 7-10 所示为带式抛粮机，原动机为电动机 13，通过带传动 12 减速，将动力传递到传动轮 5，带在摩擦力作用下传动。抛粮轮 9 由带传动获得很高的线速度运动，当谷物从入料口 8 进入后，由胶带 10 和胶圈 11 夹持以同样高的线速度运行，在胶带 10 和抛粮轮 9 脱离处，谷物从抛粮轮切线方向被抛向远方。

7.1.6 在交通工具方面的应用图例

(1) V 带无级变速传动机构图例

汽车行驶性能的好坏不仅取决于发动机，在很大程度上还依赖于变速器及变速器与发动机的匹配。在汽车上使用的自动变速器大致有三类：液力自动变速器、电子控制机械自动变速器和无级变速器。无级变速器传动比连续改变，无换挡跳跃，减缓了汽车换挡过程中的冲击，因此应用越来越广泛。

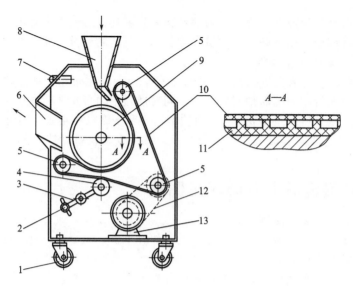

图 7-10　带式抛粮机

1—脚轮；2—紧固螺栓；3—张紧杆；4—张紧轮；5—传动轮；6—抛粮口；7—传感器；
8—入料口；9—抛粮轮；10—胶带，11—胶圈；12—带传动；13—电动机

无级变速器最早是在 1896 年开始应用，德国 Daimler-Benz 公司将 V 带式无级变速器技术应用于该公司生产的汽车上，后来随着科技的发展一步一步改进，发展为金属带式无级变速器。带式无级变速器靠旋转体之间的接触摩擦力来传递动力，通过改变输入输出的作用半径，连续地改变传动比。

V 带式无级变速传动机构制造方便，结构紧凑，运转可靠，因而被广泛应用。常见 V 带式无级变速传动机构有单变速轮式、双变速轮式和中间变速轮式。

图 7-11(a) 所示为单变速轮式，下带轮为普通带轮，上带轮为可变槽宽带轮，通过调节两轮中心距，在弹簧和 V 带张力作用下，迫使可动盘开合，从而到达变速目的，常用于中心距不大的场合。

图 7-11(b) 所示为双变速轮式，上、下带轮可改变槽宽，利用调速机构使变速带轮的可动盘轴向移动，可使两轮的接触半径同时改变，以改变传动比。这种机构具有变速范围大、中心距不变等特点，但结构复杂。

图 7-11(c) 所示为中间变速轮式，在输入和输出轴上装有普通带轮，在中间轴上的带轮为可变槽宽的双槽变速带轮。移动中间轮的可变锥盘，可使两个槽宽同时改变，一槽变宽，一槽变窄，以达调速目的。

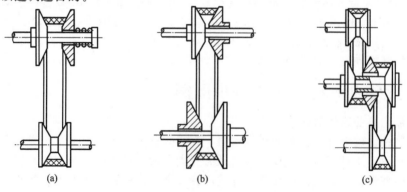

(a)　　　　　　　　　　(b)　　　　　　　　　　(c)

图 7-11　V 带式无级变速传动机构

(2) SEW 宽 V 带式无级变速器图例

图 7-12 所示为 SEW 宽 V 带式无级变速器。其中 1 为分离式箱体，2 为宽 V 带，3 为可调带轮，4 为调节装置，5 为电动机，6 为减速器。

(3) 带式挡块换向器图例

图 7-13 所示为带式挡块换向机构。带式挡块换向是利用挡块和夹紧装置换向，图中 B、C 为固定挡块，A 为可移动撞块。机构在图示位置时，弹簧 6 通过销子 5 的斜面推动夹头 2 将带 4 压紧在构件 3 上，构件 3 随带 4 左移；当撞块 A 碰到挡块 B 后，夹头 2 顺时针转动，推动销子 5，在夹头 2 的斜面定点越过销 5 的斜面定点后，夹头 2 的下部将带 4 压紧在构件 3 上，构件 3 随带 4 右移，从而达到自动换向，图中 1 为带轮。

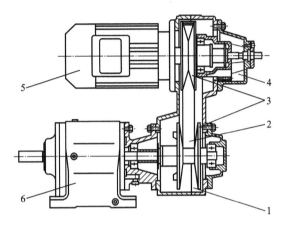

图 7-12　SEW-VARILOC 系列宽 V 带式无级变速器
1—分离式箱体；2—宽 V 带；3—可调带轮；
4—调节装置；5—电动机；6—减速器

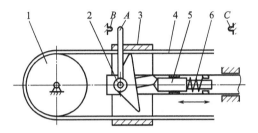

图 7-13　带式挡块换向器
1—带轮；2—夹头；3—构件；4—带；5—销；6—弹簧

7.1.7　在化工机械方面的应用图例

图 7-14 所示为脱水机结构原理。脱水机由机壳、转鼓、底盘、吊杆、减振压簧、配料盒传动部件、离合器、制动装置部件组成。工作时，电动机 1 带动主动轮 2，通过多根 V 带 3 将动力传递给主轴轮 4，驱动转鼓绕主轴线回转构成离心力场，当该机运转正常时，从顶部加料管进入物料，转鼓与物料接触部分均采用不锈钢，物料在离心力场的作用下，均匀分布于转鼓内壁，液体穿过离心机网经转鼓滤孔而泄出，固体则被截留在转鼓内壁，当达到分离要求后，关闭电动机，制动停机，由人工把物料从该机上部卸出。

离心脱水机有配重底座和减振器，不需要浇注基础，具有结构简单、操作方便、通用性强等特点，广泛用于服装毛巾、蔬菜加工、纺织、染整、化工、制药、食品、饭店、宾馆、浴室、医院等领域，满足大容量脱水需求，也称为甩干机。

7.1.8　在自动化生产机械方面的应用图例

图 7-15 所示为利用带式运输机实现板材连续自动供料的装置。1 和 2 是被供板材，3 是正在供给的板材，4 是浮动压轮，5 是带式运输机，6 是滚子，7 是挡铁，8 是摆动臂，9 是加工机械。将板材直接放在带式运输机上，向加工机械输送供料，其上重叠放置的板料靠在挡铁上而停止前进，处于等待状态，并用浮动压轮压在上面，使其供料状态不发生混乱。带式运输机的驱动电动机为电子控制的无级高速电动机。该机构可以用于制板厂或木工厂的板料自动供料，可以一次放置几张板材，从而可节约放料的辅助时间。此外，还可保证生产安全。

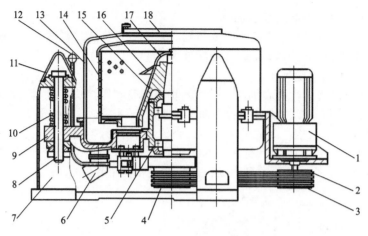

图 7-14　ss 型工业脱水机

1—电动机；2—主动轮；3—V 带；4—主轴轮；5—主轴组合部件；6—出水管；7—柱脚；
8—摆杆；9—底盘；10—缓冲弹簧；11—柱脚罩；12—制动手柄；13—外壳；
14—转鼓筒底；15—转鼓底；16—布料盘；17—主轴罩；18—翻盖

7.1.9　其他应用图例

(1) 直线位移微调机构图例

图 7-16 所示的是一个光学镜头高精度微调机构的后半部分。其前半部是一个精密螺杆螺母传动装置，将旋钮的转动转变为输入杆 6 的移动。图中仅示出输入杆 6 及后半部分差动机构。从动杆 9 与镜头连接。滚子 1～3 是一个整体，直径分别为 d_1、d_2 及 d_3，且分别与滑块 5、7 及机架导轨 8 用挠性带 4 连接。输入杆 6 及滑块 5 移动时，滚子 3 在机架导轨 8 上滚动，滚子 2 带动滑块 7 及输出杆 9 输出微小运动。输出杆 9 与输入杆 6 位移距离之比为 $\dfrac{d_3-d_2}{d_3-d_1}$。令 $d_3-d_1 \geqslant d_3-d_2$，可得非常小的传动比。

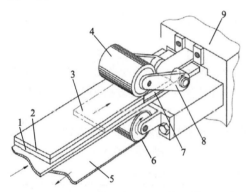

图 7-15　板材的连续自动供料机构

1,2—被供板材；3—正在供给的板材；4—浮动压轮；
5—带式运输机；6—滚子；7—挡块；
8—摆动臂；9—加工机械

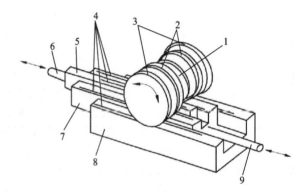

图 7-16　直线位移微调机构

1～3—滚子；4—挠性带；5,7—滑块；
6—输入杆；8—机架导轨；9—输出杆

(2) 长距离匀速往复运动机构图例

谈到往复运动机构，人们首先便想到曲柄机构。但是，如果往复距离很长，如 1m 或者 2m，曲柄机构就不能胜任了。

如图 7-17 所示的往复运动机构，是在两根轴间安装带或链条 4 作为传动机构。虽然其往复运动距离并非毫无限制，但是，完全可以设计得相当大。在带或链条外侧的某个部位安装一个销子支承座 5，驱动销 6 与往复运动工作台上的滑动长孔 3 相配合，带动往复运动工作台 2 做往复运动。

本装置的特点是不但往复运动距离可以很大，而且，往复运动两端的减速和加速运动是相当平稳的。至于驱动电动机，则可以使用无级变速电动机。这种往复运动机构既可用于喷涂工作台的往复运动，也可用作上下运动的斗式提升机。在往复运动的行程中设置各种传感器和限位开关等，便可适应不同的作业需要。

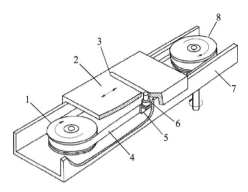

图 7-17　长距离匀速往复运动机构
1—张紧从动轮；2—往复运动工作台；3—滑动长孔；
4—带（或链条）；5—销子支承座；6—驱动销；
7—导轨；8—驱动轮

7.2　同步带传动

7.2.1　运动分析

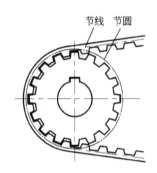

图 7-18　同步带传动

同步带也称同步齿形带，是以钢丝为抗拉体，外面包覆聚氨酯或橡胶组成。同步传动带横截面为矩形，工作面具有等距横向齿，带轮也制成相应的齿形，工作时靠带齿与轮齿啮合传动，如图 7-18 所示。由于带与带轮无相对滑动，能保持两轮的圆周速度同步，故称为同步带传动。

同步带机构传动比恒定，结构紧凑，抗拉强度高，传动功率大，传动效率高，线速度可达 50m/s，传动比可达 10，传递的功率可达 200kW。此外，因传动预紧力小，所以轴和轴承上的受力较小。同步带传动的缺点是带与带轮价格较高，对制造、安装要求高。

7.2.2　在工程机械方面的应用图例

利用同步带实现传动的旁入式（侧式）搅拌机，主要用于石油、化工、制药、食品加工及环保等行业，可用于无悬浮颗粒的各种液体混合匀质和防止沉降的场合，如污水处理，药剂调合等。由于使用同步齿形传动，使中心距大为缩小，外形较为紧凑，传动效率高，传动比准确、平稳、噪声小、无滑差，又节能，便于拆装维修。

如图 7-19 所示，电动机 4 固定于机架上，通过同步带传动驱动主轴旋转，主轴另一端装有叶片 6，是工作部分。控制箱 3 固定在立柱 2 上，是控制部分，可以实现搅拌机的高度调节，带传动置于传动箱体 5 内部，可有效防尘。安装可依照工作现场环境，图示 1 为小车，小型搅拌机置于小车上，便于移动，使用灵活方便。

7.2.3　在机床上的应用图例

数控机床有普通机床无法比拟的优点，其加工精度高，可靠性高，生产效率高，经济效益好，这不仅得益于计算机技术的应用，机械结构的优化同样起到重要的作用。数控机床的本体仍然是机械结构实体，但是为了满足数控技术的要求和充分发挥数控技术的特点，在机构上有所变化，如采用高性能的主传动及主轴部件就是变化之一。

如图 7-20 所示，立式加工中心传动系统，1 为电动机，2 为联轴器，3 为滚珠丝杠，5 为轴承，5 为蜗杆副，6 为同步带传动。

数控机床的主传动系统一般采用直流或交流主轴电动机，通过带传动和主轴箱内的变速齿轮驱动主轴旋转。传动主轴的带形式有同步齿形带和多楔带。同步带传动，综合了带传动、齿轮传动和链传动的优点，传动效率高，可达 98%，同时可以克服齿轮传动时引起的振动和噪声的缺点。

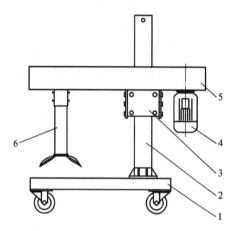

图 7-19　同步带旁入式搅拌机
1—小车；2—立柱；3—控制箱；4—电动机；5—传动箱体；6—叶片

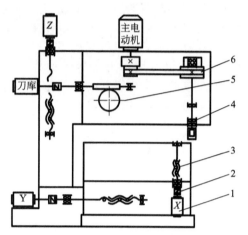

图 7-20　立式加工中心传动系统简图
1—电动机；2—联轴器；3—滚珠丝杠；4—轴承；5—蜗杆副；6—同步带传动

7.2.4　在发动机上的应用图例

目前，四冲程汽车发动机都采用气门式配气机构。其功用是按照发动机的工作顺序和工作循环要求，定时开启和关闭各缸的进、排气门，使新气进入气缸，废气从气缸中排出。

气门配气机构由气门组和气门传动组两部分组成，每组的零件组成与气门的位置、凸轮轴的位置和气门驱动形式等有关。配气机构的布置形式可以按照多种分类方法分为多种不同类型。按照凸轮轴的传动形式分可分为齿轮传动、链传动和同步带传动三种。齿轮传动用于凸轮轴下置、中置配气机构中，链传动适合凸轮轴顶置式配气机构。近年来，随着汽车技术的发展，同步带传动广泛地应用在高速汽车的发动机上，曲轴通过同步带传动，带动凸轮轴旋转。同步带传动可以减小噪声，减小结构质量，也可以控制成本。如一汽奥迪 A6 和捷达、宝来、桑塔纳型轿车发动机配气机构都采用同步带传动。

图 7-21 所示为同步带传动配气机构总成，由双凸轮轴 1，气缸 2，曲轴 3，张紧轮 5、6 和同步带传动组成。曲轴 3 在气缸 2 作用下转动，带动小带轮 4，同步带 7 带动大带轮 8 转动，大同步带轮与双凸轮轴 1 相连，凸轮轴与曲轴转速比为 1：2，实现配气功能。

7.2.5　在计量机械方面的应用图例

图 7-22 所示的是具有张紧轮的同步齿形带，带动测微计丝杠旋转，同时使计数器转动。图中是有关电动测微计示意图，测微计的顶尖同工件接触时，由电流检测电路作用而停止转动。

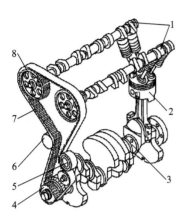

图 7-21 同步带传动配气机构
1—双凸轮轴；2—气缸；3—曲轴；4—小带轮；
5,6—张紧轮；7—同步带；8—大带轮

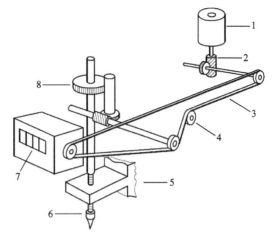

图 7-22 同步齿形带在计数装置上的应用
1—马达兼制动器；2—蜗杆传动；3—同步齿形带；4—张紧轮；
5—绝缘台；6—测微计螺钉；7—计数器；8—苯酚齿轮

7.3 链传动

7.3.1 运动分析

链传动是由装在平行轴上的主、从动链轮和绕在链轮上的环形链条所组成，如图 7-23 所示，以链作中间挠性件，靠链与链轮轮齿的啮合来传递动力。和带传动相比，链传动没有弹性滑动和打滑，可以保持平均传动比，需要的张紧力小，作用在轴上的压力也小，可以减少轴承的摩擦损失。早在中国东汉时代，张衡发明的浑天仪就采用了链传动，1874 年，世界上出现第一辆自行车也采用了链传动，链传动的应用日趋广泛。

链传动的主要优点是挠性好，承载能力大，相对伸长率低，结构十分紧凑，而且可在温度较高、有油污的恶劣环境条件下工作，耐蚀性强，因而在矿山机械、农业机械、石油机械及机床中广泛应用。链传动的缺点是瞬时链速和瞬时传动比不是常数，因此传动平稳性较差，而且自重大，工作中有一定的冲击和噪声。链传动的功率可达 3000kW，中心距可达 8m，链速可达 40m/s，但一般情况下功率不大于 100kW，链速不大于 15m/s。

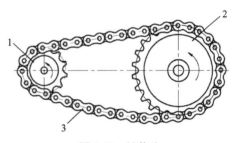

图 7-23 链传动
1—主动链轮；2—链；3—从动链轮

用于动力传动的链主要有套筒滚子链和齿形链两种。套筒滚子链可单列使用和多列并用，多列并用可传递较大功率。套筒滚子链比齿形链重量轻、寿命长、成本低。在动力传动中应用较广。齿形链是由许多齿形链板用铰链连接而成，齿形链板的两侧是直边，工作时链板侧边与链轮齿廓相啮合。与滚子链相比，齿形链运转平稳、噪声小、承受冲击载荷的能力高，但是结构复杂，价格较贵，也较重，所以齿形链的应用没有滚子链广泛，齿形链多用于高速或运动精度要求较高的传动。

7.3.2　在交通工具方面的应用图例

　　自行车也称脚踏车、单车，对于自行车起源的问题，目前没有确切的说法，但是有一点很明显，作为一种代步工具，自行车经济、环保、轻快、便捷，时至今日仍受到青睐，特别经过改造的自行车，更富有新奇创意，成为一种时尚。自行车通过人力驱动，对脚蹬施力，与曲轴固连的链轮转动，通过链牵引带动后轴链轮，自行车向前行驶。现代的变速车还可实现变传动比，让骑车人更省力。

　　一般的自行车由主动轮和从动轮两个链轮，通过链条传动，实现自行车的前进。对于变速自行车，则增加了变速装置。在主动轴附近的链条上有个装置叫前拨，先转动变速杆，就会使前拨的位置发生变化，从而使链条连到不同的前链轮上，这时，再转动调节从动轴的变速杆就可以了。也就是说主、从动轴都采用了可变换的设计，从而形成不同的传动比，达到变速的目的。一般的变速自行车，是在主动轴上安装 3～5 大链轮，从小到大排列好。在从动轴上安装 6～9 个链轮，从大到小排列好。在车把或车身上有两个变速杆，分别对应着主动轴和从动轴，如图 7-24 所示。

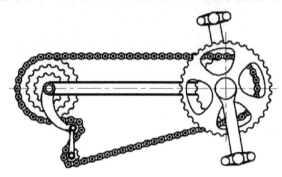

图 7-24　变速自行车链传动

7.3.3　在物流运输装备方面的应用图例

（1）通用悬挂输送机

　　悬挂输送机主要用于长距离的生产线物料运输。一般由驱动装置、张紧装置、输送链条、直轨段、水平弯轨、垂直弯轨、检查轨段、润滑轨段、吊具、吊装装置以及电气控制盒和急停盒等部件组成。图 7-25 所示为车间悬挂输送线。

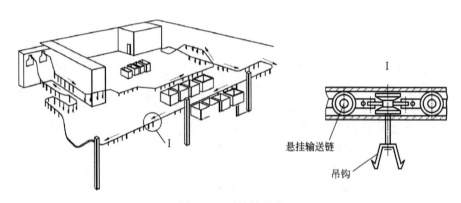

图 7-25　悬挂输送线

　　轨道采用方形钢管、开口朝上和法兰连接的形式。法兰之间采用密封胶密封，从而有效地防止了物品的污染，又保持了轨道油漆的美观，输送链条是采用轴承钢制作的双走轮双导轮万向铰接链条，活动灵活自如，耐磨损，对轨道压强小，从而提高了弯轨的使用寿命。由于驱动装置是采用圆盘式驱动方式，因此链条驱动平稳，驱动力大。在驱动装置上设置安全销，有效地防止了设备在超载情况下受到损害。在有化学腐蚀的清洗车间可以采用不锈钢轨道，保证设备的正常运转。

电机 1 通过带传动 2 驱动减速器 3，使驱动拨轮 4 旋转，再拨动输送链条 5 在轨道中运行，输送链条上的均衡梁式吊具挂着物品完成工序间的输送任务。悬挂输送机驱动常采用链式驱动，如图 7-26 所示。

（2）斗式提升机图例

斗式提升机是链式输送机的一种，以无端链条作为牵引构件，链条绕过若干链轮，由主动链轮带动链条运动，从而达到运输货物的目的。斗式提升机主要用于在垂直或接近垂直方向上连续提升粉粒状物料或块状物料，如水泥、沙石、煤、谷物、木屑等。

斗式提升机结构简单，横截面尺寸小，占地面积小，提升高度较高，而且工作过程在封闭的罩壳内，粉尘对环境污染小，因此应用广泛，主要用于冶金、建材、港口、化工、粮食等部门。但是斗式提升机也有一定的弊端，链条容易磨损，拆装清理比较麻烦，所以限定了运输物料种类的范围。

斗式提升机主要由牵引构件、承载构件、驱动装置、张紧装置、上下链轮（带轮）、机架和罩壳等组成，如图 7-27 所示。

斗式提升机链传动系统由主动轮 1、从动轮 8 和链条 10 组成，在张紧的链条 10 外侧固连一驱动销 3，它通过升降滑板 2 上的长孔 4 带动滑板移动。滑板上装有料斗 5，料斗在最下端接受工件，上升到上端，当料斗边缘碰到制倾轴 7 后，料斗自动倾斜并排出物料。料斗在最下端位置时，由传感器 13 检测得到检测信号，操纵有制动器的电动机 12 停转，使料斗静止等待供料，料斗在邻近到上、下端点时，由于驱动销沿圆弧运动，料斗得以自动实现减速或加速，即使料斗及传送的工件很重，也能平稳启停。图中 6 为提升机外壳，9 为转动支点，11 为支承销。

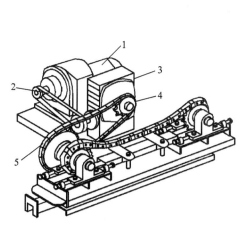

图 7-26　悬挂输送机驱动装置
1—电动机；2—带传动；3—减速器；
4—驱动拨轮；5—输送链条

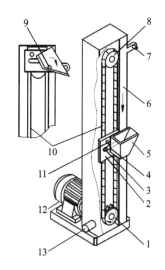

图 7-27　斗式提升机
1—主动轮；2—升降滑板；3—驱动销；4—长孔；5—料斗；
6—提升机外壳；7—倾斜轴；8—从动轮；9—转动支点；
10—链条；11—支承销；12—电动机；13—传感器

（3）双链辊筒输送机图例

双链辊筒输送机依靠链条驱动辊筒来输送物品，具有输送能力强、运送货物量大、输送灵活等特点，可以实现多种货物合流和分流的要求。图 7-28 所示为双链滚筒输送机，减速电动机 5 为原动机，固定于机架 1 上，首先由减速电动机 5 经过链条传动装置 4 将动力传递给辊子，驱动第一个辊子，然后再由第一个辊子通过链传动装置驱动第二个辊子，这样逐次传递，实现全部辊子成为驱动辊子，达到运输货物的目的。

图中2为辊子，货件3置于辊子上。辊筒输送机的双链动力辊筒采用高耐磨工程塑料链轮或钢质链轮及塑钢座，精密轴承，每个辊子上装有两个链轮，辊子排布如图7-29所示，1为辊子，辊子一端装有链轮2，辊子之间由传动链3连接。

辊子直径一般为73~155mm，长度根据被运货物尺寸而定（比货物长50~100mm），在制造时进行动平衡试验。由于每个辊子自成系统，更换维修比较方便，但是费用较高。

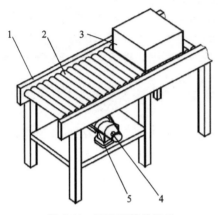

图 7-28 双链滚筒输送机
1—机架；2—辊子；3—货件；4—链条
传动装置；5—减速电动机

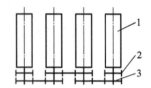

图 7-29 双链滚筒传动原理示意图
1—辊子；2—链轮；3—传动链

(4) 叉车起升机构图例

叉车是各类仓库及生产车间使用广泛的一种装卸机械，兼有起重和搬运的性能，常用于作业现场的短距离搬运、装卸物资及拆码垛作业。叉车的种类繁多，分类方法各异，根据货叉位置不同可分为直叉式和侧叉式，直叉式又分为平衡重式、插腿式及前移式。仓储部门常用的都属于直叉平衡重式。

叉车的工作装置是叉车进行装卸作业的工作部分，它承受全部货重，并完成货物的叉取、升降、堆放和码垛等工序。图7-30所示为平衡重式叉车的工作装置，主要由取物装置（货叉4及叉架5）、门架（外门架2及内门架6）、起升机构、门架倾斜机构和液压传动装置等部分组成。门架倾斜机构就是倾斜液压缸1，倾斜液压缸的伸缩即实现门架前倾和后倾，即货叉的前倾和后倾。起升机构由起升液压缸3、导向轮8及轮架9、起重链7和叉架5等组成。起升液压缸3安装在外门架的下横梁上。而液压缸活塞杆10的上端与轮架9相连，导向轮装在轮架上。在导向轮上绕有起重链7，其一段固定在液压缸盖（或门架横梁）上，另一端绕过导向轮与叉架相连。起升液压缸顶起导向轮，通过链轮带动链条，链条牵引叉架，使叉架升降，从而实现货叉的升降动作，即实现货物的升降动作。

叉车上使用的起重链条有两种：片式起重链和套筒滚子链。片式起重链结构简单，承载能力比套筒滚子链大，承受冲击载荷的能力强，工作更为可靠，如CPD1、CPC3等叉车采用此种链条。如图7-31所示，套筒滚子链由链片、销轴、套筒及滚子等部分组成，比片式起重链传动阻力小，耐磨性好，CPQ1、CPC2、CPCD5等叉车采用此种链条。通常链条1绕在链轮2上，一端固定在叉架6上，另一端固定在起升液压缸外壁的固定板4上。3为调节螺栓，5为固定螺栓，7为调节螺母。链条的松紧可以通过链条两端的调节螺栓来调节，使两根链条的松紧度大致相等。

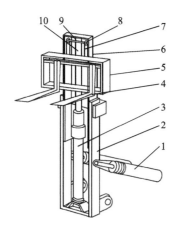

图 7-30 叉车工作装置
1—倾斜液压缸；2—外门架；3—起升液压缸；
4—货叉；5—叉架；6—内门架；7—起重链；
8—导向轮；9—轮架；10—活塞杆

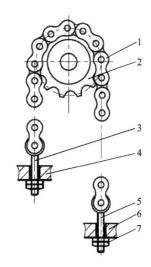

图 7-31 叉车套筒滚子链
1—链条；2—链轮；3—调节螺栓；4—固定板；
5—固定螺栓；6—叉架；7—调节螺母

（5）链板式输送机图例

链式输送机是连续式装卸机械的又一种主要形式。它与绕过若干链轮的无端链条作挠性的牵引构件，由驱动链轮通过轮齿与链节的啮合，将圆周牵引力传递给链条，在链条上或固接着的工作构件上输送货物。

链板式输送机的结构，如图 7-32 所示。电动机及减速装置 4 与主轴相连，1 为链板，2 为机架，滚筒支承在轴承及轴承座 3 上，货物 5 置于链板上。它与带式输送机相似，主要区别是：带式输送机用输送带牵引和承载货物，靠摩擦驱动传递引力；而链板输送机则用链条牵引，用固定在链条上的板片承载货物，靠啮合驱动传递牵引力。

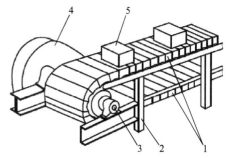

图 7-32 链板式输送机
1—链板；2—机架；3—轴承及轴承座；
4—电动机及减速装置；5—货物

链板式输送机主要用于部分工厂、仓库或内河港口中输送货件。它与带式输送机相比，优点是板片上能承载较重的货件，链条挠性好、强度高，可采用较小直径的链轮，但能传递较大的牵引力。缺点是装备质量、磨损、消耗功率都较带式输送机大，而且，链板输送机和其他啮合驱动的输送机一样，在链条运动中产生动载荷，使工作速度受到限制。

7.3.4 其他应用图例

（1）金属线导向机构图例

图 7-33 所示为金属线导向机构，链传动的主动链轮 6 和从动链轮 1 齿数相同，在链条 4 的某一节上装拨杆 3，柱杆 5 连到拨杆上。铰链 2 中心到链条 4 轴线间的距离等于链轮的节圆半径 R，在有这样的尺寸关系时，支承在导向支架 7 中的柱杆 5 得到匀速往复运动，行程长度等于中心距 a。拨杆 3 绕过链轮时，柱杆 5 不动，将金属线绕在鼓轮上时，机构用作金属线的导向。

（2）链传动配气机构图例

链传动特别适合凸轮轴顶置式配气机构，如图 7-34 所示，为内燃机链传动配气机构总成。内燃机燃气推动活塞往复运动，经连杆转变为曲轴 5 的连续转动，经由链传动 6 将动力传递给凸轮轴 4、挺柱 1 和推杆 2 用来启闭进气阀和排气阀，3 为摇臂轴。

为使工作中链条有一定的张力而不至于脱链，通常装有导链板、张紧装置等。链传动的主要问题是其工作可靠性和耐久性不如齿轮传动和同步带传动，它的传动性能主要取决于链条的制造质量。

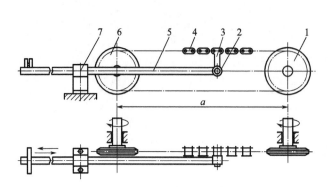

图 7-33 金属线导向机构
1—从动链轮；2—铰链；3—拨杆；4—链条；
5—柱杆；6—主动链轮；7—导向支架

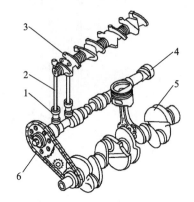

图 7-34 链传动配气机构
1—挺柱；2—推杆；3—摇臂轴；4—凸
轮轴；5—曲轴；6—链传动

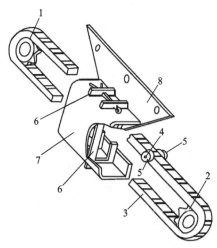

图 7-35 绕着滚链工作的往复传动装置
1,2—链轮；3—滚子链；4—长销；5—滚子；
6—随动板；7—壳体；8—托板

（3）绕着滚链工作的往复传动装置图例

图 7-35 所示的是链轮和滚子链传动装置。两个链轮 1 或 2 都可以当作主动件使用，当其中的任一个当主动件时，另一个链轮就可当作可调整的惰轮使用。滚子链 3 与标准链仅有一点不同，即链节的一个铆钉被一个长销 4 所取代。这个销的两端都有一个由开口销保持轴向位置的滚子 5。

在工作时，滚子 5 置于两个随动板 6 之间，且带动它们。随动板紧密地配合在壳体 7 的槽内，且在上下两面用开口销定位。在随动板的一条框边上加工一个开口，以提供当壳体运动到行程两端时在链轮轮毂上通过的缺口。托板 8 被焊到壳体 7 上，且用螺钉固定到需要往复运动的机器滑板上。

当滚子链带动置于两个随动板 6 之间的两个滚子 5 移动时，直线运动就传给壳体，并通过 8 传给机器滑板。当支持滚子的链节到达一个链轮时，它就传下去，因而也就改变了方向，且在链的下方返回。这样保持在两个随动板 6 之间的滚子 5，就以相反的方向驱动壳体和机器滑板，为机器提供所需的往复运动。

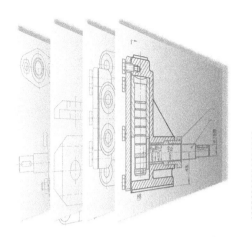

Chapter **08**

第8章
组合机构典型应用图例

为了满足生产中千差万别的要求，人们常常把若干种基本机构用一定方式连接起来，以便得到单个基本机构所不能有的运动性能，创造出性能优良的组合机构。

通常所说的组合机构，指的是用同一种机构去约束和影响另一个多自由度机构所形成的封闭式机构系统，或者是由几种基本机构有机联系、互相协调和配合所组成的机构系统。

组合机构是一些常用的基本机构的组合，如凸轮-连杆机构、齿轮-连杆机构、齿轮-凸轮机构等，这些组合机构，通常是以两个自由度的机构为基础，也就是说可以从外部输入这种机构两种运动，而从动件输出的运动则是这两种输入运动的合成。正是利用这种运动合成的原理，它才获得多种多样的运动特性。

机构的组合是发展新机构的重要途径之一，多用来实现一些特殊的运动轨迹或获得特殊的运动规律，广泛地应用于机械、设备以及总成的机构设计中。

8.1 组合机构组合方式分析

组合机构不仅能够满足多种运动和动力要求，而且还能综合应用和发挥各种基本机构的特点，所以组合机构越来越得到了广泛的应用。在机构组合系统中，单个的基本机构称为组合系统的子机构。常见的机构组合方式有如下几种。

8.1.1 基本机构的串联式组合

在机构组合系统中，若前一级子机构的输出构件即为后一级子机构的输入构件，则这种组合方式成为串联式组合。

图 8-1(a) 所示的机构就是这种组合方式的一个例子。图中构件 1-2-5 组成凸轮机构（子机构Ⅰ），构件 2-3-4-5 组成曲柄滑块机构（子机构Ⅱ），构件 2 是凸轮机构的从动件，同时又是曲柄滑块机构的主动件。主动件为凸轮 1，凸轮机构的滚子摆动从动件 2 为摇杆滑块机构的输入件，输入运动 ω_1 经过两套基本机构的串联组合，由滑块 4 输出运动。图 8-1(b) 所示为串联式机构组合方式分析框图。

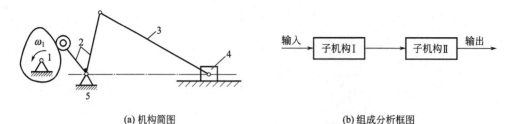

(a) 机构简图   (b) 组成分析框图

图 8-1　串联式机构组合

1—凸轮；2—滚子摆动从动件；3—连杆；4—滑块；5—机架

由上述分析可知，串联式组合所形成的机构系统，其分析和综合的方法均比较简单。其分析的顺序是：按框图由左向右进行，即先分析运动已知的基本机构，再分析与其串联的下一个基本机构。而其设计的次序则刚好反过来，按框图由右向左进行，即先根据工作对输出构件的运动要求设计后一个基本机构，然后再设计前一个基本机构。

8.1.2　基本机构的并联式组合

在机构组合系统中，若几个子系统共用同一个输入构件，而它们的输出运动又同时输入给一个多自由度的子机构，从而形成一个自由度为 1 的机构系统，则这种组合方式称为并联式组合。

图 8-2(a) 所示的双色胶版印刷机中的接纸机构就是这种组合方式的一个实例。图中凸轮 1 和 1′是一个构件，目的是实现不同的运动轨迹，当凸轮转动时，两个不同轮廓的凸轮 1 和凸轮 1′同时带动四杆机构 $ABCD$（子机构Ⅰ）和四杆机构 $GHKM$（子机构Ⅱ）运动，而这两个四杆机构的输出运动又同时传给五杆机构 $DEFNM$（子机构Ⅲ），从而使其连杆 9 上的 P 点描绘出一条工作所需求的运动轨迹。图 8-2(b) 所示为并联式组合方式分析框图。

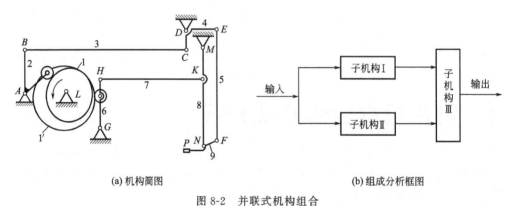

(a) 机构简图   (b) 组成分析框图

图 8-2　并联式机构组合

1,1′—凸轮；2～8—构件；9—连杆

8.1.3　基本机构的反馈式组合

在机构组合系统中，若其多自由度子机构的一个输入运动是通过单自由度子机构从该多自由度子机构的输出构件回授的，则这种组合方式称为反馈式组合。

图 8-3(a) 所示的精密滚齿机中的分度校正机构就是这种组合方式的一个实例。图中蜗杆 1 除了可绕本身的轴线转动外，还可以沿轴向移动，它和蜗轮 2 及机架 4 组成一个自由度为 2 的蜗杆蜗轮机构（子机构Ⅰ）；槽凸轮 2′和推杆 3 及机架 4 组成自由度为 1 的移动滚子

从动件盘形凸轮机构（子机构Ⅱ）。其中蜗杆 1 为主动件，槽凸轮 2′ 和蜗轮 2 为一个构件。蜗杆 1 的一个输入运动（沿轴线方向的移动）就是通过凸轮机构从蜗轮 2 回授的。图 8-3(b) 所示为反馈式组合方式分析框图。

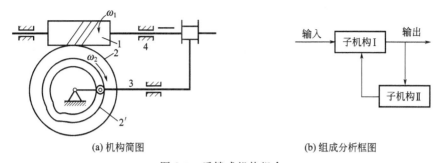

(a) 机构简图   (b) 组成分析框图

图 8-3 反馈式机构组合

1—蜗杆；2—蜗轮；2′—槽凸轮；3—推杆；4—机架

8.1.4 基本机构的复合式组合

在机构组合系统中，若由一个或几个串联的基本机构去封闭一个具有两个或多个自由度的基本机构，则这种组合方式称为复合式组合。

在这种组合方式中，各基本机构有机连接、互相依存，它与串联式组合和并联式组合都既有共同之处，又有不同之处。

图 8-4(a) 所示的凸轮-连杆组合机构，就是复合式组合方式的一个例子。图中构件 1-4-5 组成自由度为 1 的凸轮机构（子机构Ⅰ），构件 1-2-3-4-5 组成自由度为 2 的五杆机构（子机构Ⅱ）。当构件 1 为主动件时，C 点的运动是构件 1 和构件 4 运动的合成。

与串联式组合相比，其相同之处在于子机构Ⅰ和子机构Ⅱ的组成关系也是串联，不同的是，子机构Ⅱ的输入运动并不完全是子机构Ⅰ的输出运动。

与并联式组合相比，其相同之处在于 C 点的输出运动也是两个输入运动的合成，不同的是，这两个输入运动一个来自子机构Ⅰ，而另一个来自主动件。图 8-4(b) 所示为复合式组合方式分析框图。

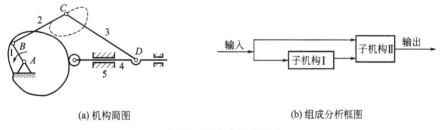

(a) 机构简图   (b) 组成分析框图

图 8-4 复合式机构组合

1～5—构件

组合机构可以是同类基本机构的组合，也可以是不同类型基本机构的组合。通常由不同类型的基本机构所组成的组合机构用得最多，因为它更有利于充分发挥各基本机构的特长和克服各基本机构固有的局限性。在组合机构中，自由度大于 1 的差动机构称为组合机构的基础机构，而自由度为 1 的基本机构称为组合机构的附加机构。

组合机构多用来实现一些特殊的运动轨迹或获得特殊的运动规律，组合机构的类型多种多样，在此本章将着重介绍几种常用组合机构的特点、功能及相关图例说明。

8.2 凸轮-连杆组合机构

凸轮-连杆组合机构多是自由度为 2 的连杆机构（作为基础机构）和自由度为 1 的凸轮机构（作为附加机构）组合而成。利用这类组合机构可以比较容易地准确实现从动件的多种复杂的运动轨迹或运动规律，因此在工程实际中得到了广泛应用。

图 8-5 所示为能实现预定运动规律的两种简单的凸轮-连杆机构。图 8-5(a) 所示的是凸轮-连杆组合机构，实际相当于曲柄 CD 长度可变的四杆机构；而图 8-5(b) 所示则相当于 BD 两点距离长度可变的曲柄滑块机构。这些机构，实质上是利用凸轮机构来封闭具有两个自由度的多杆机构。所以，这种组合机构的设计，关键在于根据输出运动的要求，设计凸轮的廓线。

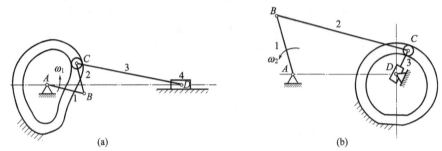

图 8-5 凸轮-连杆组合机构
1～4—构件

8.2.1 在印刷机械方面的应用图例

图 8-6 所示为平板印刷机吸纸机构的运动图，该机构由自由度为 2 的五杆机构与两个自由度为 1 的摆动从动件和凸轮从动件组成，两个盘形凸轮 1 和 1′ 固结在同一转轴上，工作时要求吸纸盘 P 按图示点画线所示轨迹运动。当凸轮转动时，推动从动件 2、3 分别按要求的运动规律运动，并带动五杆机构的两个连架杆，使固结在连杆 5 上的吸纸盘 P 按要求的矩形轨迹运动，以完成吸纸和送进等动作。

8.2.2 在机床方面的应用图例

图 8-7 所示为冲床的自动送料机构，当曲柄 1 做等速转动，从动滑块 6 按预定的规律运动。该机构由曲柄 1、连杆 2、滑块 3 和机架 7 组成的曲柄滑块机构和由移动凸轮 3、摆件 4 和机架 7 组成的摆动-移动凸轮机构及以由摆杆 4、连杆 5、滑块 6 和机架 7 组成的摆杆滑块机构三个串联而成。每一个前置机构的输出件（从动件）都是后继机构的输入件（主动件）。

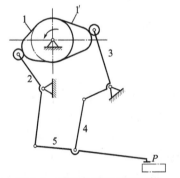

图 8-6 平板印刷机吸纸机构
1,1′—盘形凸轮；2,3—从动件；4,5—连杆

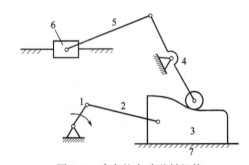

图 8-7 冲床的自动送料机构
1—曲柄；2,5—连杆；3—凸轮；4—摆杆；6—滑块；7—机架

8.2.3　在内燃机中的应用图例

图 8-8 所示为一单缸四冲程内燃机。这些杆块又组成四个相对独立又协同动作的四部分：①将燃气燃烧推动活塞 2 的往复移动通过连杆 5 转换为曲轴 6 的连续转动；②凸轮 7 转动通过进气阀门顶杆 8 启闭进气阀门，以便可燃气进入气缸；③凸轮 7′ 转动通过排气阀门顶杆 8′ 启闭排气阀门，以便燃烧后的废气排出气缸；④三个齿轮 9、9′ 和 10 分别与凸轮 7、凸轮 7′ 和曲轴 6 相连，使安装它们的轴保持一定的速比，保证进、排气阀门和活塞之间有一定节奏的动作。当燃气推动活塞运动时，各部分协调动作，进、排气阀门有规律地启闭，加上气化、点火等装置的配合，就把燃气的热能转换为曲轴转动的机械能。

在图中，活塞 2、连杆 5、曲轴 6 和气缸体（机架）1 是组成一个可将活塞的往复移动转换为曲轴的连续转动的曲柄滑块机构；凸轮 7、进气阀顶杆 8 和机架 1 组成一个可将凸轮的连续转动转化为顶杆的按某一种预期运动规律（如等速运动规律）的往复移动的凸轮机构；凸轮 7′、排气阀门顶杆 8′ 和机架组成另一个凸轮机构；三个齿轮 9、9′、10 和机架 1 组合一个可将转动变快或变慢，甚至改变转向的齿轮系。因此，内燃机是由一个曲柄滑块机构、两个凸轮机构和一个齿轮系组成的复杂组合机构。

8.2.4　在纺织机械方面的应用图例

图 8-9 所示为丝织机的开口机构。该机构由等径凸轮 1、导块机构（2-3-4）和曲柄滑块机构（4′-5-6）组成。当等径凸轮 1 回转时，推动导块机构连杆 3 上的滚子 D，通过摇杆 4、双臂摇杆 4′ 及吊杆 5 与 5′，控制框 6 与 6′ 做上下升降运动，带动经纱完成开口动作。

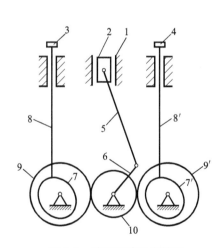

图 8-8　单缸四冲程内燃机

1—气缸体；2—活塞；3—进气阀；4—排气阀；
5—连杆；6—曲轴；7,7′—凸轮；
8,8′—顶杆；9,9′,10—齿轮

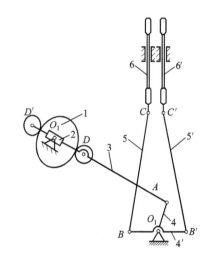

图 8-9　丝织机开口机构

1—等径凸轮；2—导块；3—连杆；4—摇杆；4′—双臂
摇杆；5,5′—吊杆；6,6′—控制杆

8.2.5　在计量设备方面的应用图例

图 8-10 所示为飞机上使用的高度表。飞机因飞行高度不同，大气压力发生变化，使膜盒 1 与连杆 2 的铰链点 C 右移，通过连杆 2 使摆杆 3 绕轴心 A 摆动，与摆杆 3 相固连的扇形齿轮 4 带动齿轮放大装置 5，从而使指针 6 在刻度盘 7 上指出相应的飞机高度。

8.2.6 在自动化运输设备方面的应用图例

图 8-11 所示为用偏心凸轮和连杆驱动的步进送料机构，图中 1 为连杆 E，2 为凸轮，3 为偏心凸轮槽，4 为与凸轮槽相配的轴销，5 为连杆 A，6 为连杆 B，7 为连杆 C，8 为连杆 D，9 为输送杆的运动轨迹，10 为输送杆，11 为导轨，12 为输送爪，13 为被输送的零件。

该步进送料装置是由偏心凸轮、曲柄和若干个连杆构成的。输送杆垂直方向的运动是由偏心凸轮驱动的，而水平往复运动则由曲柄驱动。图中端部画有黑点的轴是与机体固定连接不动的轴，输送杆的运动方式是慢速送进、快速返回。

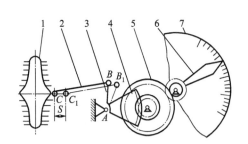

图 8-10 飞机上的高度表
1—膜盒；2—连杆；3—摆杆；4—扇形齿轮；
5—齿轮放大装置；6—指针；7—刻度盘

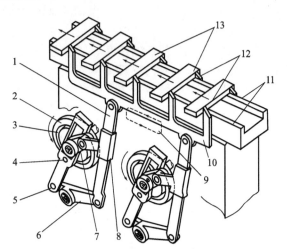

图 8-11 用偏心凸轮和连杆驱动的步进送料机构
1—连杆 E；2—凸轮；3—偏心凸轮机构；4—与凸轮槽相配的轴销；5—连杆 A；6—连杆 B；7—连杆 C；8—连杆 D；
9—输送机的运动轨迹；10—输送杆；11—导轨；
12—输送爪；13—被输送的零件

8.2.7 其他应用图例

(1) 刻字、成形机构图例

图 8-12 所示为刻字、成形机构的运动简图。它是由自由度为 2 的四杆组成的四移动副机构，即由构件 2，3，4 和机架 5 组成的基础机构，称为十字滑块机构。分别由槽凸轮 1 和杆件 2、槽凸轮 $1'$ 和杆件 3 及机架 5 组成的凸轮机构作为附加机构，经并联组合而形成的凸轮-连杆组合机构。

槽凸轮 1 和 $1'$ 固连在同一转轴上，它们是一个构件，当凸轮转动时，由于两凸轮向径的变化将通过滚子推动杆 2 和 3 分别在 x 和 y 方向上移动，从而使与杆 2 和杆 3 组成移动副的十字滑块 4 上的 M 点描绘出一条复杂的轨迹 m-m，即完成刻字、成形的目的。

(2) 实现复杂运动规律的凸轮-连杆机构图例

图 8-13 所示为一种结构简单的能实现复杂运动规律的凸轮-连杆组合机构。其基础机构为自由度为 2 的五杆机构，即由曲柄 1、连杆 2、滑块 3、摇块 5 和机架 6 组成，其附加机构为槽凸轮机构，其中槽凸轮 6 固定不动。只要适当地设计凸轮的轮廓曲线，就能使滑块 3 按照预定的复杂规律运动。

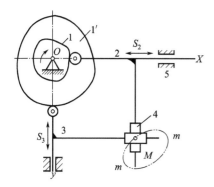

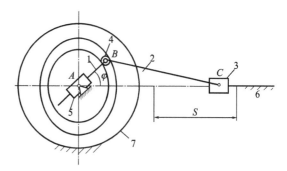

图 8-12 刻字、成形机构运动简图

1,1'—槽凸轮;2,3—杆;

4—十字滑块;5—机架

图 8-13 凸轮-连杆组合机构

1—曲柄;2—连杆;3—滑块;4—滚轮;

5—摇块;6—机架;7—槽凸轮

(3) 摇床机构图例

图 8-14 所示为摇床机构。该机构由连杆机构(1-2-3)、移动凸轮机构(3-4-G-H)及摆杆滑块机构(4-5-6)组成。曲柄为主动件,通过连杆 2 使大滑块 3(移动凸轮)做往复直线移动。滚子 G、H 与凸轮廓线接触,使构件 4 绕固定轴 E 摆动,再通过连杆 5 驱动从动件 6 按预定的运动规律往复移动。该机构适用于低速轻负荷的摇床机构或推移机构。

(4) 齐纸机构图例

图 8-15 所示为齐纸机构。凸轮 1 为主动件,从动件 5 为齐纸块。当递纸吸嘴开始向前递纸时,摆杆 3 上的滚子与凸轮小面接触,在拉簧 2 的作用下,摆杆 3 逆时针摆动,通过连杆 4 带动摆杆 6 和齐纸块 5 绕 O_1 点逆时针摆动让纸。当递纸吸嘴放下纸张、压纸吹嘴离开纸堆、固定吹嘴吹风时,凸轮 1 大面与滚子接触,摆杆 3 顺时针摆动,推动连杆 4 使摆杆 6 和齐纸块 5 顺时针摆动靠向纸堆,把纸张理齐。

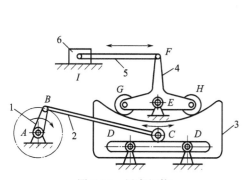

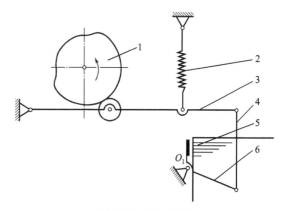

图 8-14 摇床机构

1—曲柄;2,5—连杆;3—大滑块;

4—构件;6—从动件

图 8-15 齐纸机构

1—凸轮;2—拉簧;3,6—摆杆;

4—连杆;5—齐纸块

8.3 齿轮-连杆组合机构

齿轮-连杆组合机构是由定传动比的齿轮机构和变传动比的连杆机构组合而成,由于其运动特性多种多样,组成该机构的齿轮和连杆便于加工、精度易保证及运转可靠等特点,因

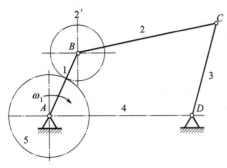

图 8-16　齿轮-连杆组合机构
1—曲柄；2—连杆；2′—行星齿轮；
3—摇杆；4—机架；5—齿轮

此这类组合机构在工程实际中应用日渐广泛。应用齿轮-连杆组合机构可以实现多种运动规律和不同运动轨迹的要求。

图 8-16 所示为一典型的齿轮-连杆组合机构。四杆机构 ABCD 的曲柄 AB 上装有行星齿轮 2′ 和齿轮 5。行星齿轮 2′ 与连杆 2 固连，而中心轮 5 与曲柄 1 共轴线并可分别自由转动。当主动曲柄 1 以 ω_1 等速回转时，从动件 5 做非匀速转动。

8.3.1　在工程机械方面的应用图例

（1）实现复杂运动轨迹的齿轮-连杆组合机构图例
这类组合机构多是由自由度为 2 的连杆机构作为基础机构和自由度为 1 的齿轮机构作为附加机构组合而成。利用这类组合机构的连杆运动曲线，可方便地实现工作所要求的预定轨迹。

图 8-17 所示为工程实际中常用来实现复杂运动轨迹的一种齿轮-连杆组合机构，它是由定轴轮系 1-4-5 和自由度为 2 的五杆机构 1-2-3-4-5 经复合式组合而成。当改变两轮的传动比、相对相位角和各杆长度时，连杆上 M 点即可描绘出不同的运动轨迹。

（2）振摆式轧钢机轧辊驱动装置中所使用的齿轮-连杆组合机构
图 8-18 所示为振摆式轧钢机轧辊驱动装置中所使用的齿轮-连杆组合机构。当主动齿轮 1 转动时，同时带动从动齿轮 2 和 3 转动，通过五杆机构 ABCDE 使连杆上 M 点描绘出如图所示的复杂轨迹，从而使轧辊的运动轨迹符合轧制工艺的要求。调节两曲柄 AB 和 DE 的相位角，可方便地改变 M 点的轨迹，以满足轧制生产中不同的工艺要求。

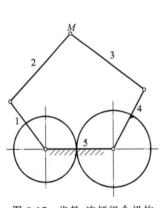

图 8-17　齿轮-连杆组合机构
1~5—构件

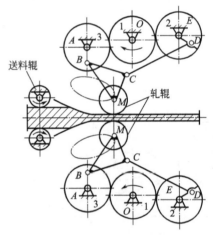

图 8-18　振摆式轧钢机轧辊驱动装置
1—主动齿轮；2，3—从动齿轮

8.3.2　在自动化生产机械方面的应用图例

（1）铁板输送机构图例
图 8-19 所示的铁板输送机构是应用齿轮-连杆组合机构实现复杂运动规律的实例。如图所示，在该组合机构中，中心轮 2、行星轮 3、内齿轮 4 及系杆 H 组成的自由度为 2 的差动轮系，它是该组合机构的基础机构。齿轮 1 和齿轮 2 以及曲柄摇杆机构 ABCD 是该组合机

构的附加机构。其中齿轮 1 和杆 AB 固结在一起，杆 CD 与系杆 H 是一个构件。当主动件 1 运动时，一方面通过齿轮机构传给差动轮系中的中心轮 2，另一方面又通过曲柄摇杆机构传给系杆 H。因此，内齿轮 4 所输出的运动是上述两种运动的合成。通过合理选择机构中各齿轮齿数和各杆件的几何尺寸，可以使内齿轮 4 按下述运动规律运动：当主动曲柄 AB（即齿轮 1）从某瞬时开始转过 $\Delta\varphi_1 = 30°$ 时，内齿轮 4 停歇不动，以等待剪切机构将铁板剪断；在主动曲柄转过 1 周中其余角度时，输出构件齿轮 4 转过 240°，这时刚好将铁板输送到所要求的长度。

（2）由齿轮和连杆构成的步进送料机构图例

图 8-20 所示为由齿轮和连杆构成的步进送料机构。如图所示，将齿数相同的 A、B、C、D 四个齿轮相互啮合，并由原动轴使它们按箭头所示方向回转。齿轮 A、B 以及齿轮 C、D 分别通过齿轮销轴和弯杆孔销轴同各自的弯杆接触，弯杆的前端再分别通过另一个销轴与输送杆相连，这样，便构成了一组连杆机构。

当齿轮转动时，输送杆描绘的运动轨迹成 D 字形，完成零件的送进运动。这种机构的另一应用实例是作为电影胶片的进给装置。

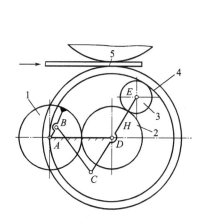

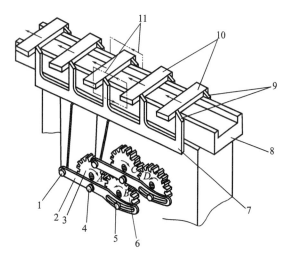

图 8-19　铁板输送机构简图
1—齿轮；2—中心轮；3—行星轮；4—内齿轮；5—铁板

图 8-20　由齿轮和连杆构成的步进送料机构
1—输送杆销轴；2—弯杆；3—齿轮 A；4—齿轮销轴；5—弯杆孔销轴；6—齿轮 B；7—输送杆；8—导轨；9—输送爪；10—被输送的零件；11—输送杆的运动轨迹

8.3.3　其他应用图例

（1）深拉压力机机构图例

图 8-21 所示为深拉压力机机构。其主体机构为一具有两个自由度的七杆机构。两长度不等的曲柄 1 和 2 分别与连杆 3 和 4 铰接于点 A 和 B，两连杆又铰接于点 C；主动齿轮 8 同时与齿轮 1（与曲柄 1 固连）和齿轮 2（与曲柄 2 固连）啮合，因而使两曲柄能同步转动。连杆 5 和 3、4 铰接于点 C，5 又和滑块 6 铰接于点 D，滑块 6 与固定导路 7 组成移动副。则当主动齿轮 8 转动时，从动滑块（冲头）6 在导路中往复移动，且由于铰接点 C 的轨迹 K_c 的形状而使冲头 6 的运动速度能满足工艺要求，即冲头由其上折返位置以中等速度接近工件，然后以较低的且近似于恒定的速度对工件进行深拉加工，最后由下折返位置快速返回至其上折返位置。

（2）活塞机的齿轮连杆机构图例

图 8-22 所示为活塞机的齿轮连杆机构，齿轮 1 绕固定轴线 B 转动，它与绕固定轴线 C 转动的齿轮 4 啮合，齿轮 1 和齿轮 4 分别与构件 6 和 5 组成转动副 D 和 E，构件 6 和 5 与连杆 3 组成转动副 A，连杆 3 与活塞 2 组成转动副 F，活塞 2 在气缸 a 中移动。机构的构件长度满足条件 $r_1 = 2r_4$ 和 $AD = AE$（r_1 和 r_4 分别为齿轮 1 和 4 的分度圆半径）。当齿轮 1 转动时 A 点描绘复杂的连杆曲线 q，而做往复移动的活塞 2 在齿轮 1 转动一周中有两个不同的行程值。

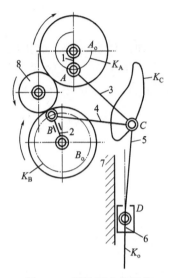

图 8-21 深拉压力机机构
1,2—曲柄；3～5—连杆；6—滑块；
7—固定导路；8—主动齿轮

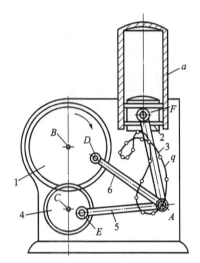

图 8-22 活塞机的齿轮连杆机构简图
1,4—齿轮；2—活塞；3—连杆；5,6—构件

8.4 凸轮-齿轮组合机构

凸轮-齿轮组合机构多是由自由度为 2 的差动轮系和自由度为 1 的凸轮机构组合而成。其中，差动轮系为基础机构，凸轮机构为附加机构，即用凸轮机构将差动轮系的两个自由度约束掉一个，从而形成自由度为 1 的机构系统。

应用凸轮-齿轮组合机构可使其从动件实现多种预定的运动规律的回转运动，例如具有任意停歇时间或任意运动规律的间歇运动，以及机械传动校正装置中所要求的一些特殊规律的补偿运动等。

图 8-23 所示为一种简单差动轮系和凸轮的组合机构。系杆 H 为主动件，中心轮 1 为从动件。凸轮 3 固定不动，转子 4 装在行星齿轮 2 上并嵌在凸轮槽中。当系杆 H 等速回转时，凸轮槽迫使行星轮 2 与系杆 H 之间产生一定的相对运动，如图中所示的 φ_{H2} 角，从而使从动件 1 实现所需的运动规律。

8.4.1 在纺织机械方面的应用图例

图 8-24 所示为纺丝机的卷绕机构。当主动轴 O_1 连续回转时，圆柱凸轮 4 及与其固结的蜗杆 $4'$ 将做转动兼移动的复合运动，从而传动蜗轮 5；蜗杆 $4'$ 的等角速转动使蜗轮 5 以 ω_5' 等角速转动，蜗杆 $4'$ 的变速移动使蜗轮 5 以 ω_5'' 变角速转动，该从动蜗轮的运动为两者的合成而作时快时慢的变角速转动，以满足纺丝卷绕工艺的要求。固结在主动轴 O_1 上的齿轮 1 和 $1'$，分别将运动传

给空套在轴 O_2 上的齿轮 2 和 3；齿轮 2 上的凸销 A 嵌于圆柱凸轮 4 的纵向直槽中，带动圆柱凸轮 4 一起回转并允许其沿轴向有相对位移；齿轮 3 上的滚子 B 装在圆柱凸轮 4 的曲线槽 C 中；由于齿轮 2 和齿轮 3 的转速有差异，所以滚子 B 在槽 C 内将发生相对运动，使凸轮 4 沿轴 O_2 移动。

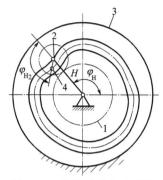

图 8-23　凸轮-齿轮组合机构

1—中心轮；2—行星齿轮；3—凸轮；4—转子

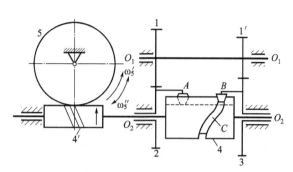

图 8-24　纺丝机的卷绕机构

1,1′,2,3—齿轮；4—圆柱凸轮；4′—蜗杆；5—蜗轮

8.4.2　在机床上的应用图例

（1）滚齿机工作台校正机构图例

图 8-25 所示为某滚齿机工作台校正机构的简图，它是利用凸轮-齿轮组合机构实现运动补偿的一个实例。图中，齿轮 2 为分度挂轮的末轮，运动由它输入；蜗杆 1 为分度蜗杆，运动由它输出；通过与蜗杆相啮合的分度蜗轮（图中未画出）控制工作台转动。采用该组合机构，可以消除分度蜗轮副的传动误差，使工作台获得精确的角位移，从而提高被加工齿轮的精度。其工作原理如下：中心轮 2′、行星轮 3 和系杆 H 组成一简单的差动轮系。凸轮 4 和摆杆 3′组成一摆动从动件凸轮机构。运动由 2 轮输入后，一方面带动中心轮 2′转动，另一方面又通过杆件 2″、齿轮 2‴、5′、5、4 带动凸轮 4 转动，从而通过摆杆 3′使行星轮 3 获得附加转动，系杆 H 与之固连的蜗杆 1 的输出运动，就是上述这两种运动的合成。只要事先测定出机床分度蜗杆副的传动误差，并据此设计凸轮 4 的廓线，就能消除分度误差，使工作台获得精确的角位移。

（2）车床床头箱变速操纵机构图例

图 8-26 所示为车床床头箱变速操纵机构。如图所示，当手柄 1 转动某一角度时，圆柱凸轮 8 带动摆杆 2 和 7 转动，它们通过拨叉 3 和 6，分别带动三联齿轮 4 和双联齿轮 5 在花键轴上滑移，使不同的齿轮进入啮合，改变主轴转速。手柄 1 和圆柱凸轮 8 固连；圆柱凸轮 8 上有两条曲线槽 a 和 b，摆杆 2 和 7 上的销子分别插在曲线槽 a 和 b 内。

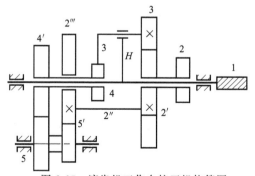

图 8-25　滚齿机工作台校正机构简图

1—蜗杆；2,2′,2‴,4′,5,5′—齿轮；2″—杆件；
3—行星轮；3′—摆杆；4—凸轮

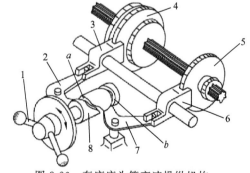

图 8-26　车床床头箱变速操纵机构

1—手柄；2,7—摆杆；3,6—拨叉；4—三联齿轮；
5—双联齿轮；8—圆柱凸轮

8.4.3 在控制装置方面的应用图例

图 8-27 所示为可在运转过程中调节动作时间的凸轮机构。在凸轮轴 2 上空套蜗轮 5，蜗轮上装有固定着微动开关的支架 4。

凸轮 1 转动时，其凸起部分使微动开关接通或断开，如果微动开关相对于凸轮凸起部分的位置改变，那么，微动开关的动作时间也可改变。

现在，如果使与蜗轮相啮合的蜗杆 7 转动，那么，通过蜗杆、微动开关的支架，就可对微动开关相对于凸轮的动作时间进行无级调整予以改变。这种调节，可以在凸轮运转过程中任意进行改变。

应用实例：用于凸轮程序控制装置。

8.4.4 在自动化生产机械方面的应用图例

图 8-28 所示为机械厂加工用的送料机，是模拟人工操作的动作而设计的一种专用机械手，代替人工完成一定的动作。它的动作顺序是：手指夹料；手臂上摆；手臂回转一角度；手臂下摆；手指张开放料；手臂再上摆、反转、下摆、复原。其外形图如图 8-28(a) 所示。图 8-28(b) 为机械传动图，电动机通过减速装置减速后（此部分图中未画出），带动分配轴 2 上的链轮 1 转动。分配轴 2 上的齿轮 17 与齿轮 16 相啮合，把转动传给盘形凸轮 19，使杆 18 绕固定轴 O_2 摆动。杆 18 带动连杆 20，并通过杆 9、10、11、12 和连杆 13，使夹紧工件的手指 14 张开。连杆 20 与杆 9 之间可以相对转动。手指 14 的复位夹紧由弹簧实现。同时，分配轴 2 上的盘形凸轮 5 的转动，通过杆 21 和圆筒 7 可使大臂 15 绕 O_3 轴上下摆动（O_3 轴支承在座 8 上）。此外，圆柱凸轮 3 通过齿条 4 和齿轮传动使座 8 做往复回转。

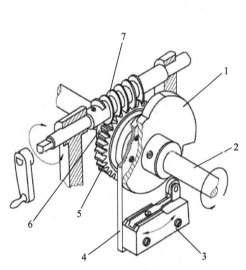

图 8-27　可在运转过程中调节
动作时间的凸轮机构

1—凸轮；2—凸轮轴；3—微动开关；4—支架；
5—动作时间调节蜗轮；6—蜗轮的轴向锁圈；
7—动作时间调节蜗杆

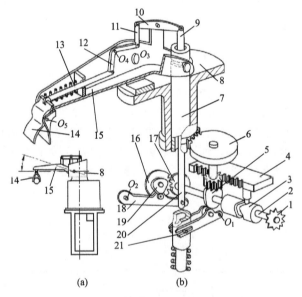

(a)　　　　(b)

图 8-28　机械厂加工用的送料机

1—链轮；2—分配轴；3—圆柱凸轮；4—齿条；5，19—盘形凸轮；6，16，17—齿轮；7—圆筒；8—座；9～12，18，21—杆；13，20—连杆；14—手指；15—大臂

8.4.5 其他应用图例

(1) 凸轮和齿轮组成的行程放大机构图例

图 8-29 所示为凸轮和齿轮组成的行程放大机构。与平板凸轮 1 相关的轴销 5 带动滑杆 2 左右移动，移动距离为凸轮升程 x，滑杆上装有可摆动的扇形齿轮 4，扇形齿轮与齿条 3 相啮合，由于滑杆的移动将使扇形齿轮摆动，因此，凸轮引起的移动将使扇形齿轮另一侧的臂杆摆动，摆动距离将依杆长与齿轮半径之比而放大。

(2) 采用凸轮和齿轮的间歇回转机构图例

图 8-30 所示为采用凸轮和齿轮的间歇回转机构，图中 1 为齿条杆复位弹簧，2 为凸轮轴，3 为偏心端面凸轮，4 为齿条杆，5 为间歇转动齿轮，6 为滑动燕尾槽。如图所示，借助滑动燕尾槽 6 和支承轴的作用，齿条杆 4 既可以滑动，其头部又可以做上下运动。偏心端面凸轮 3 的作用是使齿条杆产生上述滑动及上下运动。

当偏心端面凸轮旋转时，由于凸轮偏心的作用，使齿条杆向上运动，当齿条与齿轮啮合之后，在齿条杆从左向右移动过程中，使齿轮转动。接着，凸轮的偏心方向转到下方，齿条杆也随之落下，使齿条与齿轮脱开啮合。

设计要点：设计时采用不同的凸轮曲线，可使间歇转动的齿轮获得有变化的旋转运动。采用齿条与齿轮脱离啮合的机构时，要注意能满足再次啮合的要求。这种机构不适用于实现高速旋转运动。

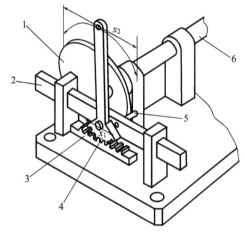

图 8-29　凸轮和齿轮组成的行程放大机构
1—平板凸轮；2—滑杆；3—齿条；4—扇形齿轮；5—轴销；6—凸轮轴

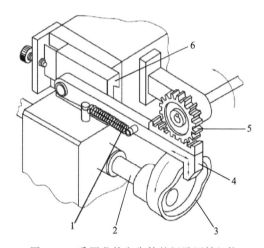

图 8-30　采用凸轮和齿轮的间歇回转机构
1—齿条式复位弹簧；2—凸轮轴；3—偏心端面凸轮；4—齿条杆；5—间歇转动齿轮；6—滑动燕尾槽

8.5　其他组合方式的组合机构图例

8.5.1　在包装机械方面的应用图例

(1) 糖果包装推料机构图例

图 8-31 所示为糖果包装推料机构，它由两个并列布置的曲柄摇杆机构 1-2-3-6 和 1-4-5-6 所组成。当曲柄 1 等速转动时，同时驱动两从动摇杆 3 和 5，使推糖板 3′ 与接糖板 9 将输送带 10 上的糖块 7 以及包糖纸 8 夹紧，并将它们向左送入工序盘内（图中未标出）。

(2) 横包式香烟包装堆烟机构图例

图 8-32 所示为横包式香烟包装机堆烟机构。凸轮 1 为主动件，摆杆 2 上设置扇形圆弧，与齿轮 3 啮合。当凸轮 1 转动时，通过扇形齿弧 2 与齿轮 3 及摆杆 4 等构件的运动使推板 5 按一定的运动规律往复移动。其中齿轮、连杆机构主要是用于放大推板行程，所需的放大比例可根据实际需要确定。

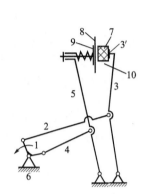

图 8-31　糖果包装推料机构简图

1—曲柄；2，4 连杆；3,5—从动摇杆；3′—推糖板；6—机架；
7—糖块；8—包糖纸；9—接糖板；10—输送带

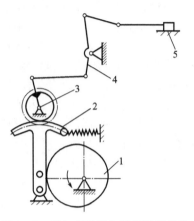

图 8-32　横包式香烟包装机堆烟机构

1—凸轮；2,4—摆杆；3—齿轮；5—推板

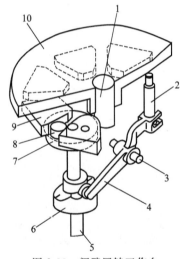

图 8-33　间隙回转工作台

1—输出轴；2—定位销；3—固定销轴；
4—从动件；5—输入轴；6—凸轮；
7—圆轮；8—滚子；9—扇
形板；10—工作台

8.5.2　在转位装置方面的应用图例

图 8-33 所示为间隙回转工作台，该工作台的传动机构由凸轮机构、槽轮机构和连杆机构组合而成。工作台 10 绕输出轴 1 转动，工作台的下方由若干扇形板 9 组成径向槽。输入轴 5 上装有圆轮 7，滚子 8 偏心安装在圆轮 7 上；输入轴 5 上还装有端面凸轮 6，其滚子从动件 4 绕固定销轴 3 摆动；从动件 4 的另一端装有定位销 2。当滚子 8 在扇形板 9 外空转时，工作台停歇不动，定位销 2 在凸轮 6 的作用下插在工作台 10 的定位孔中。当滚子 8 进入由扇形板组成的径向槽时，定位销 2 在凸轮 6 的作用下从定位孔中脱出，滚子 8 便可驱动工作台继续分度转位。

8.5.3　在小型设备方面的应用图例

(1) 小型压力机机构图例

图 8-34 所示为小型压力机。主动件是以 B 为圆心的偏心轮，绕轴心 A 回转。输出构件是压头 7，作上下往复移动。机构中偏心轮 1′ 和齿轮 1 的固连为一体；齿轮 8 和以 G 为圆心的偏心圆槽凸轮 8′ 固连为一体绕 H 轴转动；以 F 为心的圆滚子与杆 4 组成销、孔活动配合的连接，滚子在凸轮槽中运动。

(2) 穿孔机构图例

图 8-35 所示为穿孔机构。构件 1、2 为具有凸轮轮廓曲线并在廓线上制成轮齿的凸轮齿

轮构件。构件 1 与手柄相固接。当操纵手柄时，依靠构件 1 和 2 凸轮廓线上轮齿相啮合的关系驱使连杆 3、4 分别绕 D、A 摆动，使 E、F 移近或移开，实现穿孔的动作。

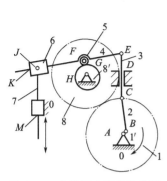

图 8-34　小型压力机机构简图

1,8—齿轮；1′—偏心轮；2,3—连杆；4—杆件；5—圆
滚子；6—滑块；7—压头；8′—偏心圆槽凸轮

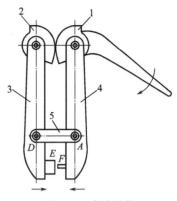

图 8-35　穿孔机构

1,2—构件；3～5—连杆

8.5.4　在自动化生产方面的应用图例

（1）电阻压帽机机构图例

图 8-36 所示为电阻压帽机运动简图。起重送料机构由凸轮机构 5-13-15 和正弦机构 13′-14-15 串联而成。夹紧机构由直动从动件凸轮机构 6 与顶杆组成。压帽机构则由两个完全相对称的凸轮机构 4、9 分别与连杆机构串联而成。这四个执行机构的原动凸轮 4、5、6、9 均固接在同一分配轴 3 上。

其工作过程是：电动机 1 经带式无级变速机构 2 及蜗杆 11 驱动分配轴 3，使凸轮 4、5、6 及 9 一起运动，凸轮 5 将电阻坯件 8 送到作业工位，凸轮 6 将电阻坯件 8 夹紧，凸轮 4 及 9 同时将两端电阻帽 7 快速送到压帽工位，再慢速将它压牢在电阻坯件 8 上。然后各凸轮先后进入返回行程，将压好电阻帽的电阻卸下，并换上新的电阻坯料和电阻帽，再进入下一个

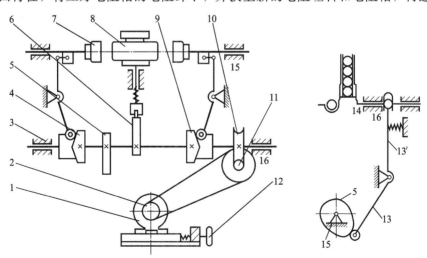

图 8-36　电阻压帽机运动简图

1—电动机；2—带式无级变速机构；3—分配轴；4～6,9—凸轮；7—电阻帽；8—电阻坯件；
10—蜗轮；11—蜗杆；12—手轮；13—连杆；13′,14,15—正弦机构；16—机架

作业循环。调节手轮 12 可使分配轴 3 的转速在一定范围内连续改变，以获得最佳的生产节拍。

（2）自动送料装置图例

在多数情况下，机械不只由某一个简单机构所组成，而是由多种机构组成的系统，这些机构彼此协调配合以实现该机器的特定任务。图 8-37 所示为自动传送装置，包含带传动机构 2、蜗轮蜗杆机构 3、凸轮机构 4 和连杆机构 5 等。当电动机 1 转动通过上述各机构的传动而使滑杆 6 左移时，滑杆的夹持器的动爪 8 和定爪 9 将工件 10 夹住。而当滑杆 6 带着工件向右移动到一定位置时，如图 8-37(b) 所示，夹持器的动爪 8 受挡块 7 的压迫而绕 A 点回转将工件松开，于是工件落于载送器 12 中被送到下道工序。

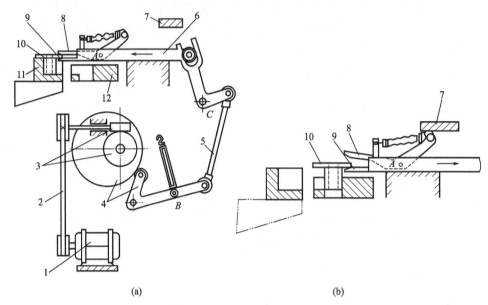

(a)   (b)

图 8-37　自动送料装置

1—电动机；2—带传动机构；3—蜗轮蜗杆机构；4—凸轮机构；5—连杆机构；
6—滑杆；7—挡块；8—动爪；9—定爪；10—工件；11—工件台；12—载送器

（3）铆钉自动冷镦机图例

图 8-38 所示为铆钉自动冷镦机，其任务是生产铆钉。金属丝料经过校直机构（带槽滚轮）、送料机构（滚轮及连杆机构）到达定模座，然后由切料和转送机构（移动凸轮机构）将料切断并送到另一位置，接着由镦锻机构（曲柄滑块机构）的主滑块镦出铆钉头，最后脱模机构（铰链四杆机构）将铆钉从定模座中推出。

图 8-38(b) 所示为铆钉冷镦机的运动简图，电动机通过减速传动装置，带动曲轴 1 回转，再通过曲轴 1 将运动和动力传给各个传动链，带动执行机构运动，如传给连杆 2 的曲柄滑块机构（1-2-3）、连杆 4 的曲柄滑块机构、曲柄 20 的曲柄摇杆机构等。

该铆钉冷镦机由两组曲柄滑块机构、两组移动凸轮机构、两组双摇杆机构、曲柄摇杆机构、齿轮机构、棘轮机构共九个机构组成，其中 23 为机架。该冷镦机的工作原理如下。

① 镦压机构　铆钉冷镦机的主运动机构是由曲柄滑块机构（构件 1-2-3）组成的镦压机构，其执行构件镦头（滑块）3 做往复运动，由装在执行构件 c 上的成形模具实现铆钉镦压成形。由于冷镦成形材料的抗力很大，镦压机构承受很大的载荷，所以采用了曲柄滑块机构，镦头（滑块）3 在接近行程终点时，将能获得较大的机械增益。构件镦头往复一次完成一个工作循环，制出一个成品。

② 进料机构　工艺要求镦头 3 后退时进料机构开始送料，而镦头 3 前进时进料机构停止动作。进料机构将线材 13 经校直后间歇地穿过进料口 a 和切断口 b，并伸出一定的料长。在进料辊之前设置了 5 个校直滚轮 12，将盘料线材校直。

由于进料对传动平稳性要求不高，同时为适应不同规格的铆钉，进料长度应是可调的，故采用棘轮机构。

进料机构的进料时间必须与主运动的镦压机构协调配合。因此，棘轮 15 的运动也来自曲轴 1，通过曲轴摇杆机构（构件 20-19-18）及四杆机构（构件 18-17-16）驱动棘轮 15，棘轮 15 与齿轮 21 固连，经齿轮 14 及与齿轮 14 同轴固连的进料辊 11（进料辊 11 和图中未画出的另一自由回转进料辊夹持着线材 13），靠摩擦力将线材送进。

③ 切料转送机构　当线材进到预定位置后，考虑到切刀的行程不大，且在行程的始末有停歇要求，在切料进刀过程中有等速要求，故采用移动凸轮机构来完成动作。凸轮的运动来自曲轴 1，通过曲柄滑块机构（构件 1-4-5）推动移动凸轮 5 运动，凸轮上的凹槽 d 迫使切刀 6 按预期规律运动，切刀 6 切

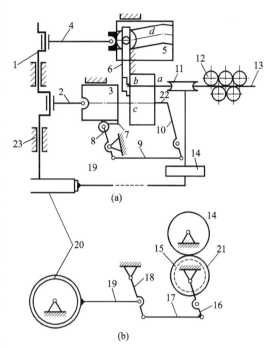

图 8-38　铆钉自动冷镦机

1—曲轴；2,4,9—连杆；3—墩头（滑块）；5,7—移动凸轮；6—切刀；8—从动件；10—摇杆；11—送料辊；12—校直滚轮；13—线材；14,21—齿轮；15—棘轮；16,17—四杆机构；18～20—曲柄摇杆机构；22—顶杆；23—机架

断材料后继续前进，切刀 6 同时作为送料钳将切好的棒料送到模具前的镦锻工位 c 处，此时切刀不能立即退回，应待镦头上的动模把棒料推入定模板的模孔中后才可退回，使棒料稳定在工作位置；但切刀停止时间又不能过久，避免镦头碰到传送夹钳。

④ 起模顶料机构　起模工作在冷镦之后进行，并在镦头后退过程中新料送至冷镦工位前将已镦好的铆钉推出模具，铆钉的起模速度大于镦头的后退速度。

为了协调配合的方便，也为了简化机构，移动凸轮 7 直接固定在滑块 3 上，通过变动从动件 8、连杆 9、摇杆 10 及顶杆 22，在规定的时刻将工位从模具中退出。

该装置各执行机构的运动采用集中驱动方式，完成了成卷的线材通过校直、送料、切料、转送、镦锻、起模等工序，制成铆钉。各执行机构准确协调配合，所以该装置总体设计正确合理。

(4) 卷烟卸盘机机构图例

图 8-39 所示为卷烟卸盘机。带有摆线针轮减速的电动机 1 由行程开关控制，可做正、反向转动；电动机正转时，经滑槽 2、滚子 3 推动摆杆 4 转动，并经一对锥齿轮 5 使卸盘机械手 6 将卷烟盘（图上未表示）反转 180°，把卷烟卸到上方的供料道上；稍后，电动机反转，使卸盘机械手摆回原位，并将烟盘带回。该机构中主要用转动导杆机构（2-3-4）实现卸盘机械手的变速回转，启动时转速较慢，逐渐加速，使烟盘中的卷烟能紧靠在烟盘上，以免在翻转中散落。但是，导杆（滑槽）2 做主动时，有死点位置，所以滑槽的转动范围要受到限制。

8.5.5 其他应用图例

(1) 梳毛机堆毛板传动机构图例

图 8-40 所示为梳毛机堆毛板传动机构。该机构由曲柄摇杆机构（1-2-3-7）与导杆滑块机构（4-5-6-7）组成。导杆 4 与摇杆 3 固接，曲柄 1 为主动件，从动件 6 往复移动。主动件曲柄 1 的回转运动转换为从动件 6 的往复移动。如果采用曲柄滑块机构来实现，则滑块的行程受到曲柄长度的限制。而该机构在同样曲柄长度条件下能实现滑块的大行程。

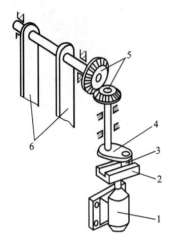

图 8-39　卷烟卸盘机
1—电动机；2—滑槽；3—滚子；4—摆杆；
5—锥齿轮；6—卸盘机械手

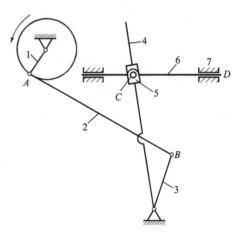

图 8-40　梳毛机堆毛板传动机构
1—曲柄；2—连杆；3—摇杆；4—导杆；
5—滑块；6—从动件；7—机架

(2) 开关炉子加料阀门机构图例

图 8-41 所示为开关炉子的加料阀门机构。该机构由凸轮机构（6-7-8）和两个连杆机构（6-5-11）和（1-4-3）组成，9 为机架。当主动件凸轮 7 转动时，通过 7 上的曲柄销 2 在导杆 1 的导槽中运动，带动导杆 1、连杆 4 使摇杆 3 往复摆动。当凸轮向径不变时，摆杆 6 处于远停程，杆 5、11 和导杆轴 10 均静止不动，杆 3 向右慢速摆动到右极限位置，如图 8-41(a) 所示，当凸轮 7 转动到在最小向径范围内时，摆杆 6 摆动，并通过杆 5、11 带动导杆轴 10，从而使杆 3 又叠加一个运动而向左快速返回，且运动速度比较均匀，如图 8-41(b) 所示。

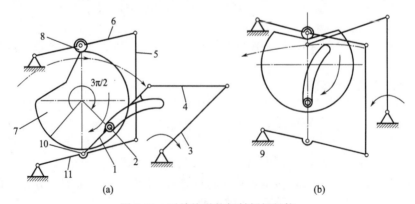

图 8-41　开关炉子的加料阀门机构
1—导杆；2—曲柄销；3—摇杆；4—连杆；5,11—杆；6—摆杆；7—凸轮；8—滚子；9—机架；10—导杆轴

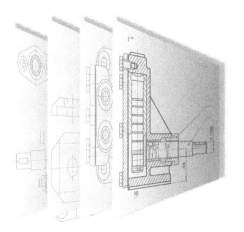

Chapter 09

第9章

特殊机构典型应用图例

9.1 导轨

9.1.1 运动分析

对导轨的定义是：金属或其他材料制成的槽或脊，可承受、固定、引导移动装置或设备并减少其摩擦的一种装置。导轨表面上的纵向槽或脊，用于导引、固定机器部件、专用设备、仪器等。导轨在人们日常生活中的应用也是很普遍的，如滑动门的滑槽、火车的铁轨等都是导轨的具体应用。

在机械制造业繁荣的同时，导轨也成为这个行业的一个重要角色，突出表现在导轨在机床中的应用。为使机床运动部件按规定的轨迹运动，并支承其重力和所受的载荷，导轨承担起这一重任，特别是在数控技术发展的今天，导轨的作用更是无法替代。机床导轨是机床基本结构的要素之一，机床的加工精度和使用寿命很大程度上取决于机床导轨的质量，而对数控机床的导轨则有更高的要求，如高速进给时不振动，低速进给时不爬行；有高的灵敏度，能在重载下长期连续工作；耐磨性要高，精度保持性要好等。这些都与导轨副的摩擦特性有关，要求摩擦因数小，静、动摩擦因数之差小。

导轨按照运动的形式，有直线运动导轨和圆周运动导轨两类，前者如车床和龙门刨床床身导轨等，后者如立式车床和滚齿机的工作台导轨等。机床导轨按照运动面间的摩擦性质分为滑动导轨和滚动导轨两类。前者中属纯流体摩擦者称为液体静压导轨或气体静压导轨。导轨的截面形状主要有三角形、矩形、燕尾形和圆形等，如图 9-1 所示。三角形导轨的导向性好；矩形导轨刚度高；燕尾形导轨结构紧凑；圆形导轨制造方便，但磨损后不易调整。当导轨的防护条件较好，切屑不易堆积其上时，下导轨面常设计成凹形，以便于储油，改善润滑条件；反之则宜设计成凸形。现代数控机床采用的导轨主要有塑料滑动导轨、静压导轨和滚动导轨。

① 滑动导轨　两导轨面间的摩擦性质是滑动摩擦，大多处于边界摩擦或混合摩擦的状态。滑动导轨结构简单，接触刚度高，阻尼大和抗振性好，但启动摩擦力大，低速运动时易

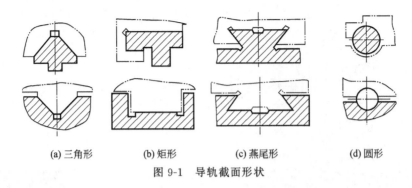

(a) 三角形　　　(b) 矩形　　　(c) 燕尾形　　　(d) 圆形

图 9-1　导轨截面形状

爬行，摩擦表面易磨损。为提高导轨的耐磨性，可采用耐磨铸铁，或把铸铁导轨表层淬硬，或采用镶装的淬硬钢导轨。塑料贴面导轨基本上能克服铸铁滑动导轨的上述缺点，使滑动导轨的应用得到了新的发展。

②　静压导轨　在相配的两导轨面间通入压力油或压缩空气，经过节流器后形成定压的油膜或气膜，将运动部件略为浮起。两导轨面因不直接接触，摩擦因数很小，运动平稳。静压导轨需要一套供油或供气系统，主要用于精密机床、坐标测量机和大型机床上。

静压导轨分为开式和闭式两种，开式静压导轨工作原理如图 9-2(a) 所示，液压泵 2 启动后，油经滤油器 1 吸入，用溢流阀 3 调节供油压力，再经滤油器 4，通过节流器 5 降压至油腔压力，进入导轨的油腔，并通过导轨间隙向外流出，回到油箱 8。油腔压力形成浮力将运动部件 6 浮起，与固定部件 7 形成一定的导轨间隙，并在两导轨面间，即 6、7 之间形成定压油膜。当载荷增大时，运动部件下沉，导轨间隙减小，液阻增加，流量减小，从而使油经过节流器时的压力损失减小，油腔压力增大，直至与载荷平衡。

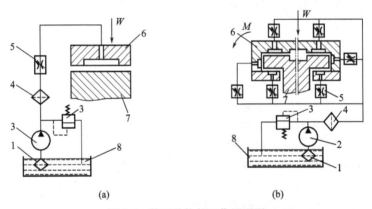

(a)　　　　　　　　　　(b)

图 9-2　静压导轨的工作原理图

1,4—滤油器；2—液压泵；3—溢流阀；5—节流器；6—运动部件；7—固定部件；8—油箱

开式静压导轨只能承受垂直方向的负载，承受颠覆力矩的能力差。而闭式静压导轨能承受较大的颠覆力矩，导轨刚度也较高，其工作原理如图 9-2(b) 所示。当运动部件 6 受到颠覆力矩 M 后，3、4 的油腔间隙增大，阀 1 和运动部件 6 的间隙减小。由于各相应节流器的作用，使 3、4 的油腔压力减小，1 和运动部件 6 的油腔压力增高，从而产生一个与颠覆力矩相反的力矩，使运动部件保持平衡。在承受载荷 W 时，1、4 间隙减小，压力增大；阀 3 和运动部件 6 间隙增大，压力减小，从而产生一个向上的力，以平衡载荷 W。

③　滚动导轨　相配的两导轨面间有滚珠、滚柱、滚针或滚动导轨块的导轨。这种导轨

摩擦因数小，不易出现爬行，而且耐磨性好，缺点是结构较复杂和抗振性差。滚动导轨常用于高精度机床、数控机床和要求实现微量进给的机床中。

现代数控机床常采用的滚动导轨有滚动导轨块和直线滚动导轨两种。

a. 滚动导轨块是一种滚动体做循环运动的滚动导轨，其结构如图 9-3(a) 所示。1 为防护板，端盖 2 与导向片 4 引导滚动体（滚柱 3）返回，5 为保持器，6 为机架。使用时，滚动导轨块安装在运动部件的导轨面上，每一导轨至少用两块，导轨块的数目取决于导轨的长度和负载的大小，与之相配的导轨多用镶钢淬火导轨。当运动部件移动时，滚柱 3 在支承部件的导轨面与机架 6 之间滚动，同时又绕机架 6 循环滚动，滚柱 3 与运动部件的导轨面不接触，因而该导轨面不需淬硬磨光。滚动导轨块的特点是刚度高，承载能力大，便于拆装。滚动导轨块工作时，导轨块固定，导轨运动。

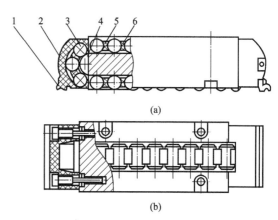

图 9-3　滚动导轨块的结构
1—防护板；2—端盖；3—滚柱；4—导向片；5—保持器；6—机架

b. 直线滚动导轨是近年来新出现的一种滚动导轨，其结构如图 9-4(a) 所示，主要由导轨体 1、滑块 7、滚珠 4、保持器 3、端盖 6 等组成，由侧面密封垫 2 与端部密封垫 5 密封。由于它将支承导轨和运动导轨组合在一起，作为独立的标准导轨副部件，由专门生产厂家制造，故又称单元式直线滚动导轨。使用时，导轨体 1 固定在不运动部件上，滑块 7 固定在运动部件上。当滑块沿导轨体运动时，滚珠 4 在导轨体和滑块之间的圆弧直槽内滚动，并通过端盖 6 内的滚道从工作负载区到非工作负载区，然后再滚动回工作负载区，不断循环，从而把导轨体和滑块之间的移动变成了滚珠的滚动。直线滚动导轨工作时，导轨固定，滑块运动。

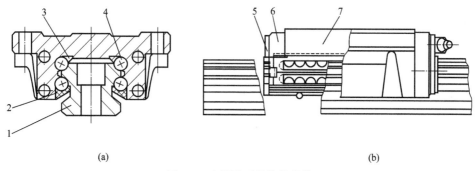

(a)　　　　　　　　　　　　　　　　(b)

图 9-4　直线滚动导轨的结构
1—导轨体；2—侧面密封垫；3—保持器；4—滚珠；5—端部密封垫；6—端盖；7—滑块

9.1.2　在数控机床上的应用图例

(1) 运动平台导轨图例

图 9-5 所示为两轴同步带传动运动平台。当电动机 1 通过法兰 2、联轴器 5 与轴 6 连接，将运动传递给轴 6，轴 6 与同步带轮通过键连接，轴承 10 起支承作用，同步带与滑块 13 相

连，随电动机的正反转拉动平台沿导轨 12 滑动，实现两个方向运动。图中 7 为远点开关，8 为限位开关，控制平带的运动位置。

两轴运动控制系统的执行电动机多采用步进电动机或全数字式伺服电动机，电动机将动力通过同步带传递给工作台，工作台沿导轨运动，实现两个方向进给运动。工作时，两轴独立运动，各轴的运动之间没有联动关系，可以是单轴运动，也可以是两轴同时按各自的速度运动。

将此平台用于机床上，就成为两轴联动机床，如图 9-6 所示，除此之外，若在平台上安装立柱导轨，则演化为三轴联动机床，实现工作台沿 Z 方向的升降运动。

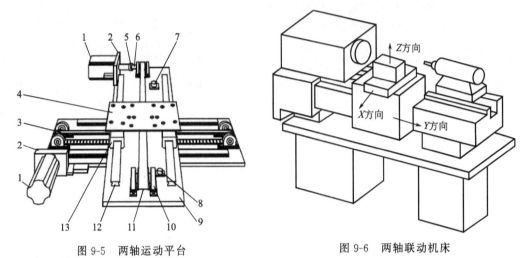

图 9-5 两轴运动平台

1—电动机；2—法兰；3,11—同步带传动；4—工作台；5—联
轴器；6—轴；7—远点开关；8—限位开关；9—平台；
10—轴承及轴承座；12—导轨；13—滑块

图 9-6 两轴联动机床

（2）数控磨槽机导轨图例

数控磨槽机由工作台料斗与砂轮架两部分组成，该磨槽机的工作程序为：上料→夹紧→磨槽→分度→磨槽→下料，均由步进电动机控制完成。工作台料斗的作用是装夹毛坯和实现自动上下料，并使其形成螺旋线运动。

图 9-7 所示为数控磨槽机工作台料斗结构。加工时，主轴进至磨削位置，螺旋槽的根部正处于支架中心，与砂轮对齐。磨削时，应从螺旋槽的根部向麻花钻顶部磨削，使细长毛坯受拉力。砂轮落下，接触毛坯，开始磨削，步进电动机 19、15、5 协调动作，步进电动机

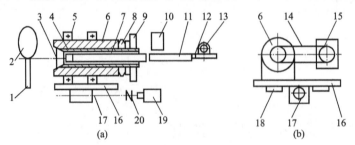

图 9-7 工作台料斗结构

1—砂轮架；2—砂轮；3—弹簧夹头；4—毛坯导管；5—轴承；6—主轴；7—套管；8—碟形弹簧；
9—固定挡块；10—料斗；11,12—齿轮齿条；13,15,19—步进电动机；14—同步齿形带；
16—工作台；17—滚珠丝杠副；18—矩形导轨；20—联轴器

19、15 使毛坯向后做螺旋线运动，步进电动机 5 控制砂轮向下微动。这样，一条螺旋槽磨削完成。完成后，砂轮抬起主轴再次前进至磨削位置，再由步进电动机 15 控制，转动 180°，以便磨削另一条螺旋槽。整个过程装夹与加工交替进行，连续加工。

　　料斗结构图如图 9-7 所示，砂轮 2 固定在砂轮架 1 上。主轴 6 安放在工作台 16 上，工作台安装在矩形贴塑导轨上。由步进电动机 19 通过联轴器 20 连接滚珠丝杠副 17，驱动工作台 16 直线运动；步进电动机 15 通过同步齿形带 14 驱动主轴 6 转动；步进电动机 19 与步进电动机 15 协调运动，可形成任意导程的螺旋线。

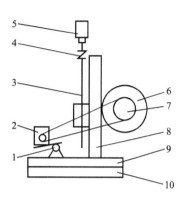

　　步进电动机 19 工作力矩很大，带动主轴 6 后退至固定挡块 9 处，再继续向后，将已处于压缩状态的碟形弹簧 8 继续压缩至适当变形，导致弹簧夹头 3 打开。装夹工件时，料斗 10 中的毛坯在自身重力作用下，落于毛坯导管 4 引导槽中。步进电机 13 通过齿轮齿条驱动顶针推动毛坯至加工位置，然后并不退回图示顶针位置，而是在毛坯位置，进行装夹，进行加工。其后的装夹，顶针先将加工好的工件推出，然后退回图示顶针位置，再推动下一个毛坯。主轴前移，与固定挡块 9 脱离，碟形弹簧 8 的弹力可使弹簧夹头夹紧毛坯，上料、夹紧动作完成。

图 9-8　砂轮架结构图
1—转轴；2—异步电动机；3—滚珠丝杠；
4—联轴器；5—步进电动机；6—砂轮；
7—带传动；8—垂直导轨；
9—砂轮支架；10—平台

　　图 9-8 所示为砂轮架结构。砂轮架结构的作用主要是安装砂轮，实现对麻花钻螺旋槽的磨削，由异步电动机、平台、砂轮支架、滚珠丝杠副等组成。工作时，砂轮 6 由异步电动机 2 通过带传动 7 带动旋转，异步电动机 2 可以绕转轴 1 微动，8 为垂直导轨，9 为砂轮支架，10 为平台。竖直方向，步进电动机 5 通过联轴器 4 带动滚珠丝杠 3 转动，实现砂轮的上下运动。

9.2　手轮

9.2.1　运动分析

　　手轮是机械操作中常见的部件，主要用于机床设备、印刷机械、纺织机械、包装机械、医疗器械、石油石化设备和锅炉锅盖配件等。特别是在机床加工和阀类机械中担当了重要角色。手轮按原料分可分为：天然橡胶手轮、塑料手轮、胶木手轮；按样式分主要有小手轮、波纹手轮、小波纹手轮、背波纹手轮、圆轮缘手轮、双柄手轮、铸铁镀烙手轮、平面手轮、双幅条手轮等。

9.2.2　在计量装置方面的应用图例

　　计量泵主要由电动机、变速传动箱、调量机构和液压缸体等组成，如图 9-9 所示。电动机动力通过蜗杆副变速，带动连杆 7 由转动变十字头往复运动，柱塞安装在十字头 1 顶端，连动柱塞往复，通过单向阀作用完成吸排过程，旋转测量手轮 5 改变偏心块 6 偏距，调节柱塞行程，以控制流量大小。图中 2 为蜗杆，3 为调量柱，4 为蜗轮。

9.2.3　在带安装工具上的应用图例

　　图 9-10 所示为螺旋压紧装置。带传动机构装配的主要技术要求是：带轮装于轴上，圆

跳动不超过允差；两带轮的对称中心平面应重合，其倾斜误差和轴向偏移误差不超过规定要求；传动带的张紧程度适当。工程中常用螺旋压入工具安装带轮，通过手轮 3 转动，螺杆 4 向前运动，将带轮 1 压紧在轴上，支架 2 起到支撑作用。

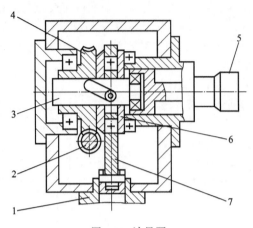
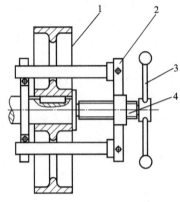

图 9-9　计量泵

1—十字头；2—蜗杆；3—调量柱；4—蜗轮；

5—测量手轮；6—偏心块；7—连杆

图 9-10　螺旋压紧装置

1—带轮；2—支架；3—手轮；4—螺杆

9.2.4　其他应用图例

图 9-11 所示为离合式气动阀门手轮机构。手轮机构与气动装置联合使用，用于开启 90°的蝶阀、球阀等，实现手动或气动驱动。旋转偏心装置 180°，手轮 10 位于气动位置时，只能气动操作，不能手动。拉出限位销 6，逆时针转动手柄，手柄位于手动位置，蜗轮蜗杆啮合，实现手动操作。手柄位于手动位置时，只能手动操作，不能气动，拉出限位销 6，顺时针转动手柄至气动，蜗轮蜗杆脱开，实现气动。气动切换手动过程中会出现顶齿现象，需转动手轮一个角度，确保蜗轮蜗杆正确啮合，然后才能手动，气动与手动不能同时驱动。

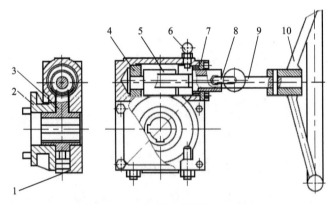

图 9-11　离合式气动阀门手轮机构

1—箱体；2—支架盖；3—蜗轮；4—组合套件；5—蜗杆；6—限位销；7—端盖；8—离合手柄；9—蜗杆轴；10—手轮

蜗轮连接内孔制作了相隔 90° 的两条键槽，以便用户根据需要选择装置同阀体相对的位置。减速器底面与阀门连接，上支架面与气缸连接，阀轴配合穿过蜗轮内孔，阀轴端四方与气缸方孔配合。气动时，气缸带动阀轴、蜗轮同转；手动时，蜗杆与蜗轮啮合，带动阀轴转动，气缸活塞亦随动。

9.3　伸缩机构

9.3.1　运动分析

伸缩机构在生活生产中也比较常见，如电动伸缩门、剪式升降台及起重设备的臂架伸缩机构。伸缩机构中其中一种是利用平行四边形原理，通过连杆铰接，实现伸缩，如图 9-12(a) 所示，对两端施力，或者一端固定而对另一端施力，机构可以拉长也可缩短；另一种是利用截面不同的箱形结构，实现伸缩，如图 9-12(b) 所示的三节伸缩臂，在伸缩液压缸作用下，非工作状态时，三节臂 1 和二节臂 2 缩进基本臂 3 中，工作时，按工作需要伸缩。

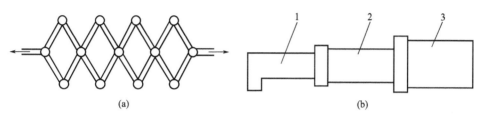

图 9-12　伸缩原理图
1—三节臂；2—二节臂；3—基本臂

9.3.2　在自动控制设备方面的应用图例

电动伸缩门主要由门体、驱动器、控制系统构成，如图 9-13 所示。门体采用优质铝合金及普通方管管材制作，采用平行四边形原理铰接，伸缩灵活，行程大。驱动器采用特种电动机驱动，并设有手动离合器，停电时可手动启闭，控制系统有控制板和按钮开关，另可根据用户需求配备无线遥控装置。门体沿滑轨移动，两端装有行程开关传感器，可以自行控制门的两端极限位置。

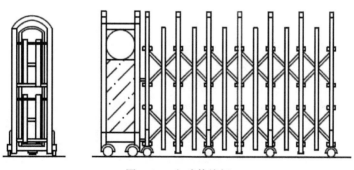

图 9-13　电动伸缩门

9.3.3　在物流起重机械方面的应用图例

(1) 剪刀式升降台图例

剪刀式升降台既可以载人，亦可载物，常用于车站、码头、机场和仓库等地作为辅助设备使用。升降台主要由平台、底座和台架等组成，如图 9-14 所示。台架 3 支撑在底座 1 上，在液压缸 2 的作用下伸缩，平台 4 是操作台。有的平台可以进退，底座可固定于地面或装在专用货车上，专用货车常附设外伸支腿以增加稳定性。有的升降台带有行走装置，长距离移

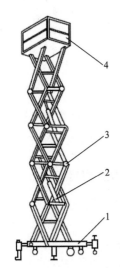

图 9-14 剪刀式升降台
1—底座；2—液压缸；
3—台架；4—平台

动时由其他设备拖曳。

剪刀式升降台台架为单节或多节的活动剪形撑杆，一般由液压缸顶起两组撑杆使平台升起。升降台几乎都采用手动液压泵驱动，其操纵系统一般有两套，一套在地面上操纵，粗调升降高度，一套在工作台上操纵，进行微调。

(2) 起重臂伸缩机构图例

起重臂伸缩机构是以调节起重臂长度来改变起重机的工作幅度和起升高度的工作机构。起重机的起重臂是伸缩式的箱形结构，如图 9-15 所示。在基本臂 6 中装有一个双作用式伸缩液压缸 4，液压缸的根部铰接在基本臂尾端的支座上，而活塞杆的顶端铰接于伸缩臂 2 前端的支座上。当操纵起重臂换向阀将压力油通入液压缸时，可驱动伸缩臂沿着基本臂内滑轨伸出或缩回。图中 1 为滑轮，3 为托辊，5 为伸缩平衡阀。

起重臂伸缩机构的作用是改变起重臂长度，以获得需要的起升高度和幅度，满足作业要求。臂架全部缩回以后，起重机外形尺寸减小，可提高起重机的机动性和通过性。

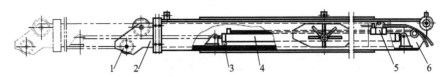

图 9-15 起重臂伸缩机构
1—滑轮；2—伸缩臂；3—托辊；4—双作用式伸缩液压缸；5—伸缩平衡阀；6—基本臂

9.4 变幅机构

9.4.1 运动分析

变幅机构常见于起重设备，主要用来改变起重机幅度，可以扩大起重机的作业范围，当变幅机构和回转机构协同工作时，起重机的作业范围是一个环形空间。

变幅机构按照工作性质可分为非工作性变幅和工作性变幅。非工作性变幅只在空载条件下变幅，调整取物装置的工作位置。工作性变幅是在带载条件下进行变幅，主要用于港口门座起重机、浮游起重机等。变幅机构按臂架驱动方式的不同可分为绳索卷筒传动和液压传动两种形式。

9.4.2 在物流机械方面的应用图例

一般机械传动和电力传动的起重机的变幅机构采用绳索卷筒式变幅机构，它是由驱动机构、变幅卷筒、变幅滑轮组和动臂组成。图 9-16 所示为固定式动臂旋转起重机原理图。回转装置 1 带动转台 3 任意角度转动，2 为动臂变幅卷筒，调节动臂 6 的俯仰幅度，4 为起升卷筒，5 为吊钩及滑轮组。

起升机构使重物升降。变幅机构使铰接在转台上的动臂 6 做俯仰运动，改变起重幅度。回转机构使转台连同动臂和吊重一起环绕回转中心线 O-O 回转。固定式动臂旋转起重机的工作范围为绕回转中心线的环形空间。这种起重机装在塔身、履带底盘、专用底盘或汽车底盘上，就成为塔式、履带式、轮胎式或汽车式动臂旋转起重机。其工作范围就扩大成为具有一定高度的任意空间。

9.4.3　其他应用图例

液压传动起重机用液压缸来改变动臂倾角，达到变幅目的，与绳索套筒式变幅机构相比，变幅液压缸制造精度要求较高。

图 9-17 所示为 QY8 型汽车起重机变幅机构的构造，起重机在工作中变化幅度 R 和起升高度 H 是借助于改变动臂仰角和调整动臂长来实现的。动臂仰角的改变利用活塞杆铰接在基本臂 7 上和伸缩液压缸铰接在转台 2 上的两个双作用式变幅液压缸 4 实现，载重汽车 1 承载整个设备重量，为了增大起重机的支承基底，提高起重能力，载重汽车装有伸缩支腿 3，图中 5 为吊臂伸缩臂，6 为起升机构。

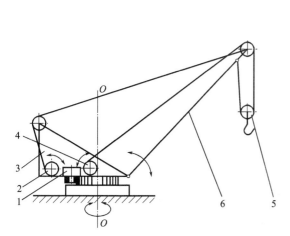

图 9-16　固定式动臂旋转起重机

1—回转装置；2—动臂变幅卷筒；3—转台；
4—起升卷筒；5—吊钩及滑轮组；6—动臂

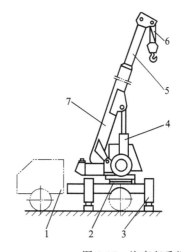

图 9-17　汽车起重机

1—载重汽车；2—转台；3—伸缩支腿；4—双作用式变幅
液压缸；5—吊臂伸缩臂；6—起升机构；7—基本臂

9.5　取物机构

9.5.1　运动分析

取物装置在起重设备和自动生产线上应用广泛，根据搬运物品的不同，可将取物装置分为通用和专用两类，通用的取物装置有吊钩和吊环，专用的取物装置有抓斗、吸盘、专用夹钳等。

9.5.2　在物流起重机械方面的应用图例

吊钩是起重机械中最常见的吊具，吊钩按形状分为单钩和双钩；按制造方法分为锻造吊钩和叠片式吊钩。图 9-18 所示为常用吊钩形式。吊钩通常与滑轮组的动滑轮组合成吊钩组，并与起升机构的钢丝绳连在一起。吊钩与动滑轮组成吊钩挂架，如图 9-19 所示，有长钩短挂架［见图 9-19（a）］和短钩长挂架［见图 9-19（b）］两种。

为了便于系物，吊钩能绕垂直轴线与水平轴线旋转，因此，吊钩用止推轴承支承在吊钩横梁上，吊钩尾部的螺母压在这个止推轴承上，如图 9-20 所示，滑轮组 3 与钢丝绳 4 相连，吊钩横梁 2 安装在滑轮组外壳架上，吊钩横梁上安装着吊钩 1。为了使吊钩能绕水平轴线旋转，短钩长挂架吊钩横梁的轴端与固定轴挡板相配处制成环形槽，允许横梁转动；反之，上方的滑轮轴的轴端则为扁缺口，不允许滑轮轴转动。

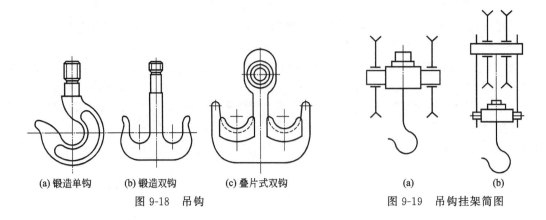

(a) 锻造单钩　　(b) 锻造双钩　　(c) 叠片式双钩
图 9-18　吊钩

(a)　　　　(b)
图 9-19　吊钩挂架简图

9.5.3　在抓取机械方面的应用图例

(1) 杠杆钳爪图例

夹钳也是一种取物装置，多用来搬运成件物品，用它可以缩短装卸工作的辅助时间，提高工作效率。夹钳依靠钳口与物品之间的摩擦力来夹持和提取物品，具体形状及尺寸可以根据产品的形状来设计。

如图 9-21 所示，按给定方向转动杠杆，绕 A 轴旋转，从而抓住块状物。根据块状物的尺寸和数量，夹板间的距离可以调整，夹板上设有调整孔。

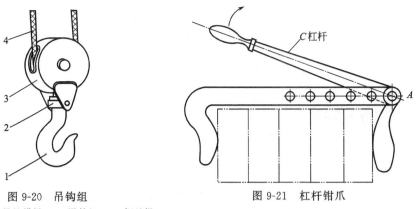

图 9-20　吊钩组

1—吊钩；2—吊钩横梁；3—滑轮组；4—钢丝绳

图 9-21　杠杆钳爪

(2) 伸缩抓取机构图例

如图 9-22 所示，用等长连杆组成的交叉状缩放机构 1，其一端和手爪基体 3 铰接，而另一端用铰销插在手爪基体 3 的滑动槽中滑动。缩放机构的中间有一铰链 6 固定在固定基体 5 上，而对称的另一铰销则可在固定基体 5 的槽中滑动，此铰销是驱动装置。当驱动轴向上运动时，带动缩放机构中所有下部铰链向上运动，而使整个机构张开，爪 7 便获得很大的开口度，如图 9-22(a) 所示。当驱动轴向下运动时，则各连杆收缩，两爪闭合，如图 9-22(b) 所示。

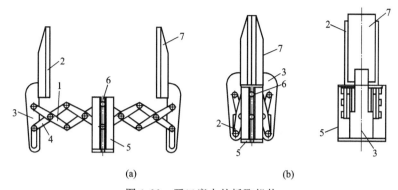

图 9-22　开口度大的抓取机构

1—交叉状缩放机构；2—手爪；3—手爪基体；4—连杆；5—固定基体；6—铰链；7—爪

(3) 气吸式取物机构图例之一

气吸式抓取机构利用吸附作用取物，如图 9-23 所示，利用气压变化原理设计的气吸式取物机构，随着压缩空气的压力变化吸附物件。压缩空气经管道 4 进入喷嘴体 3，随着喷嘴孔道截面积的减小而使气流速度逐渐增大；当气流到达最小截面而又突然增加时，空气扩散的气流速度最大；在喷嘴出口 A 处，由于高速气流喷射而形成低压空间，致使橡胶皮碗 1 内的空气被高速喷射气流不断地卷带走，形成负压，将工件 5 吸住；若停止供气，则吸盘就会放下工件 5。

(4) 气吸式取物机构图例之二

图 9-24 所示取物机构是利用抽气吸附作用完成对工件的夹持和搬运。由气孔 B 抽气使活塞杆 2 下降（动作 I），吸盘 3 接触工件 4，再从气孔 A 抽气，吸住工件后活塞上升（动作 II）。移动该装置（动作 III）到预定位置后，气孔 A 接大气压，工件落下。由于活塞密封环作用，活塞杆不会下降。再移动该装置返回原位（动作 IV）待命，重复上述动作。

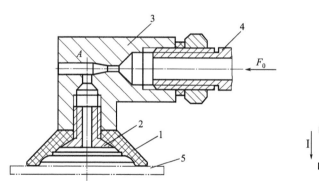

图 9-23　压缩空气气吸式抓取机构

1—橡胶皮碗；2—吸盘；3—喷嘴体；4—管道；5—工件

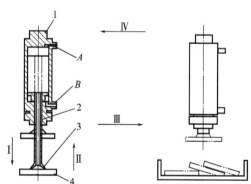

图 9-24　抽气气吸式抓取机构

1—气缸；2—活塞杆；3—吸盘；4—工件

(5) 自锁抓取机构

图 9-25 所示为自锁抓取机构。图 9-25(a) 所示机构，当拉杆 3 处于图示夹紧位置时，若 $\alpha=0°$ 即为自锁位置，这时如撤去驱动力 F，工件也不会自行脱落。若拉杆 3 再向下移，则手爪 1 反而会松开。为了避免上述情况的出现，对于不同尺寸的工件，可以更换手爪，以保证机构处于夹紧位置时，$\alpha=0°$。

图 9-25(b) 所示为另一种自锁抓取机构，图示位置为自锁位置。

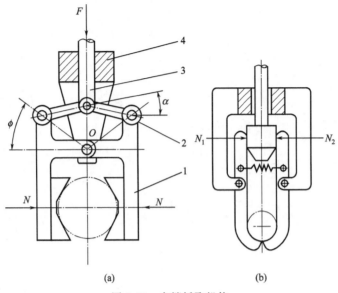

图 9-25　自锁抓取机构

1—手爪；2—连杆；3—拉杆；4—机架

（6）柔软手爪图例

柔软抓取机构用挠性带和开关组成。如图 9-26 所示，挠性带绕在被抓取的物件上，把物件抓住，可以分散物件单位面积上的压力而不易损坏。

图 9-26（a）所示绕性带 2 的一端有接头 1，另一端是夹紧接头 9，它通过固定台 8 的沟槽后固定在驱动接头 4 上。当活塞杆 5 向右将挠性带拉紧的同时，又通过缩放连杆 3 推动夹紧接头 9 向左收紧挠性带，从而把物件夹紧。这是一种用挠性带包在被抓取物表面的柔软手爪。活塞杆向左时，将带松开。图 9-26（b）是用有柔性的杠杆作手爪，当活塞杆向右时，将手爪放开，反之则夹紧。

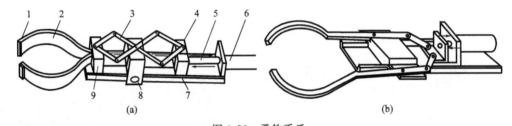

图 9-26　柔软手爪

1—接头；2—挠性带；3—缩放连杆；4—驱动接头；5—活塞杆；6—推杆；7—滑道；8—固定台；9—夹紧接头

（7）机械手抓取机构图例

图 9-27 所示为齿轮连杆机械手抓取机构。机构由曲柄摇块机构 1-2-3-4 与齿轮 5、6 组合而成。齿轮机构的传动比等于 1，活塞杆 2 为主动件，当液压推动活塞时，驱动摇杆 3 绕 B 点摆动，齿轮 5 与摆杆 3 固结，并驱使齿轮 6 同步运动。机械手 7、8 分别与齿轮 5、6 固结，可实现铸工搬运压铁时夹持和松开压铁的动作。

（8）利用螺旋弹簧的弹性抓取机构图例

如图 9-28 所示，两个手爪 1、2 用连杆 3、4 连接在滑块上，气缸活塞杆通过弹簧 5 使滑块运动。手爪夹持工件 6 的夹紧力取决于弹簧的张力，因此可根据工作情况，选取不同张力的弹簧。此外，还要注意，当手爪松开时，不要让弹簧脱落。

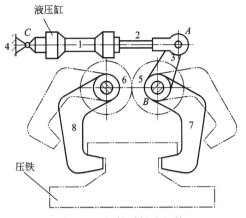

图 9-27 机械手抓取机构
1—液压缸；2—活塞杆；3—摇杆；4—机架；
5,6—齿轮；7,8—机械手

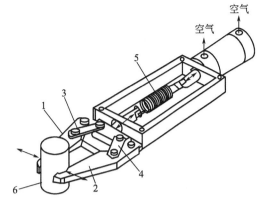

图 9-28 利用螺旋弹簧的弹性抓取机构
1,2—手爪；3,4—连杆；5—弹簧；6—工件

(9) 具有弹性的抓取机构图例

如图 9-29(a) 所示的抓取机构中，在手爪 5 的内侧设有槽口，用螺钉将弹性材料装在槽口中以形成具有弹性的抓取机构；弹性材料的一端用螺钉紧固，另一端可自由运动。当手爪夹紧工件 7 时，弹性材料便发生变形并与工件的外轮廓紧密接触；也可以只在一侧手爪上安装弹性材料，这时工件被抓取时定位精度较好。1 是与活塞杆固连的驱动板，2 是气缸，3 是支架，4 是连杆，6 是弹性爪。图 9-29(b) 所示的是另一种形式的弹性抓取机构。

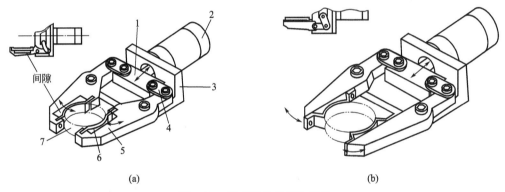

(a)   (b)

图 9-29 具有弹性的抓取机构
1—驱动板；2—气缸；3—支架；4—连杆；5—手爪；6—弹性爪；7—工件

(10) 从三个方向夹住工件的抓取机构图例

图 9-30(a) 所示为从三个方向夹住工件的抓取机构的原理图，爪 1、2 由连杆机构带动，在同一平面中做相对的平行移动；爪 3 的运动平面与爪 1、2 的运动平面相垂直；工件由这三爪夹紧。

图 9-30(b) 所示为爪部的传动机构图。抓取机构的驱动器 6 安装在抓取机构机架的上部，输出轴 7 通过联轴器 8 与工作轴相连，工作轴上装有离合器 4，通过离合器 4 与蜗杆 9 相连。蜗杆带动齿轮 10、11，齿轮带动连杆机构，使爪 1、2 作启闭动作。输出轴 7 又通过齿轮 5 带动与爪 3 相连的离合器 4，使爪 3 做启闭动作。当爪与工件接触后，离合器进入"OFF"状态，三爪均停止运动，由于蜗杆蜗轮传动具有反行程自锁的特性，故抓取机构不会自行松开被夹住的工件。

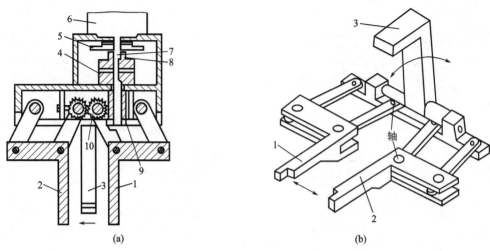

图 9-30　从三个方向夹住工件的抓取机构

1~3—爪；4—离合器；5,10,11—齿轮；6—驱动器；7—输出轴；8—联轴器；9—蜗杆

9.5.4　在擒纵机械方面的应用图例

(1) 球类工件供料的擒纵机构图例

图 9-31 所示为球类工件供料的擒纵机构。止动爪 8、9 均由枢轴装在公用侧板 2 上，用两个连杆 7 与摇杆 5 的两个杆臂连接，摇杆 5 也用枢轴装在侧板 2 上。两个销子 6 紧固在连杆 7 顶端，并插入摇杆 5 的两个长槽内，弹簧 4 对销子 6 产生一个向下推力，从而使止动爪 8、9 作用在工件上的力仅有弹簧力。当气缸 1 伸出时，使摇杆 5 摆动，在弹簧 4 作用下止动爪 8 下降，挡在工件送进通道上，同时也将止动爪 9 提起，使工件可以向前运动，直至被止动爪 8 挡住，如图 9-31(b) 所示。当气缸缩回时，拉动摇杆 5 回摆，从而拉动止动爪 8 提起，将两个前导工件释放，同时，止动爪 9 在弹簧 4 作用下下降，挡住后续工件，如图 9-31(a) 所示。

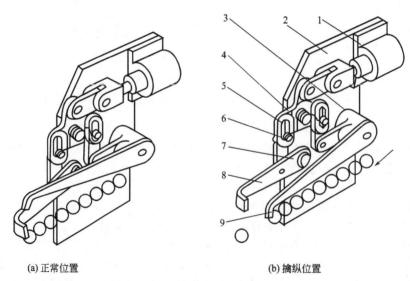

(a) 正常位置　　　　　　　　　(b) 擒纵位置

图 9-31　球类工件供料的擒纵机构

1—气缸；2—公用侧板；3—构件；4—弹簧；5—摇杆；6—销子；7—连杆；8,9—止动爪

（2）扁平圆盘类工件供料的擒纵机构图例

如图 9-32 所示，工件由进给导轨 1 送进到摆动爪 4 上，挡块 3 是用来限位的。气缸 6 伸出，带动隔料爪 2 将后续的工件挡住，由挡销 5 推动摆动爪 4，使之张开，释放其上的工件，垂直下落到工作区。气缸 6 缩回时，摆动爪 4 复位，隔料爪 2 退回，下一个工件进入摆动爪上。设计时应尽可能减小每个工件下落的距离，以免工件下落时摇摆翻转。

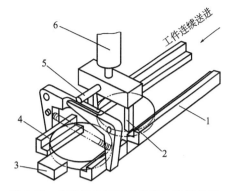

图 9-32　扁平圆盘类工件供料的擒纵机构
1—进料导轨；2—隔料爪；3—挡块；
4—摆动爪；5—挡销；6—气缸

9.6　夹紧机构

9.6.1　运动分析

夹紧机构及装置在机械加工中占有很重要的地位，夹紧机构可以保持工件确定的工作位置，避免刀具及机床的损坏，或者人身事故。一般夹紧装置由力源装置、递力机构和夹紧元件三部分组成。力源装置是产生夹紧作用的装置，如气动、液动、电动等动力装置。递力机构是传力装置，它把力源装置的夹紧作用力传递给夹紧元件，从而完成对工件的夹紧。夹紧元件是夹紧装置的执行元件，通过它和工件受压面的直接接触而完成夹紧作用。

9.6.2　在机床上的应用图例

（1）钻床回转式钻模图例

图 9-33 所示为钻床回转式钻模。工件 12 在钻模上以内孔和端面在定位支承环 3 上定位，定位支承环 3 和环形钻模板 1 均固定在绕轴回转的分度盘 8 上，分度盘 8 套压在轴 4 上。在轴 4 的孔内装有拉杆 10，其左端的螺纹与手柄 5 相连，右端套有开口垫圈 9，在装卸工件 12 时，定位销 6 插入分度盘 8 的定位孔内，使分度盘 8 不会转动。转动手柄 5 可使拉杆 10 左右移动，通过开口垫圈 9 和弹簧 11 压紧和松开工件，钻套 2 固定在环形钻模板 1 上。拔出定位销 6，转动手柄 5，便可使轴 4 带动分度盘 8 转动进行分度。

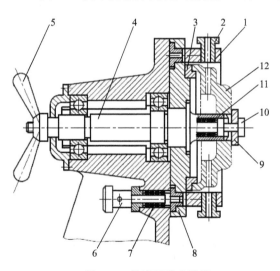

图 9-33　钻床回转式钻模
1—环形钻模板；2—钻套；3—定位支承环；4—轴；
5—手柄；6—定位销；7—弹簧；8—分度盘；9—开
口垫圈；10—拉杆；11—弹簧；12—工件

（2）不停车车床卡头图例

图 9-34 所示为不停车车床卡头的原理图。在车床上加工棒料和套类工件时，采用不停车卡头，可以缩短开车及停车的辅助时间。

车床卡头如图 9-34 所示，其中拨叉 11 与齿条 12、导柱 10 相连接。当转动支座 1 上的转动轴 2 时，齿轮 13 带动齿条 12，使拨叉 11 做前后运动，拨叉通过镶块 9 拨动外滑套 3，滑套内的锥孔迫使钢珠 4 运动，带动内滑套 5，使弹性卡头 7 压紧或松开，从而夹紧或松开工件 8。调整环 6 用来调整夹紧行程。α 角一般取 $10°\sim15°$，以保证自锁性。

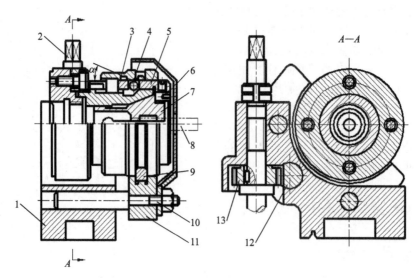

图 9-34 车床卡头

1—支座；2—转动轴；3—外滑套；4—钢珠；5—内滑套；6—调整环；7—弹性卡头；

8—工件；9—镶块；10—导柱；11—拨叉；12—齿条；13—齿轮

9.6.3 在手动设备上的应用图例

手动滑柱式钻模的锁紧机构常见的有锥面锁紧机构、滚柱锁紧机构和偏心锁紧机构。

图 9-35 所示为锥面锁紧机构。轴 1 的两端锥面与夹具体的锥孔相配合，轴 1 中间的斜齿轮与滑柱 2 上的斜齿条相啮合。当逆时针转动手柄 3 时，通过齿轮及齿条的作用，使滑柱 2 向下移动并夹紧工件，由于斜齿轮的轴向力作用，当锥角 $\alpha \leqslant 5°$ 时，机构产生自锁。这种机构简单，自锁可靠，能承受较大的切削力。

图 9-36 所示为滚柱锁紧机构。当手柄 1 逆时针方向转动时，由于键相连而使带槽的转套 4 随着转动，迫使滚柱 5 推动凸轮 2 转动，并带动齿轮轴 3 随着转动，使钻模板向下压住工件，此时若继续转动手柄 1，则使滚柱 5 挤进固定套 6 和凸轮 2 之间的楔角，达到自锁状态。

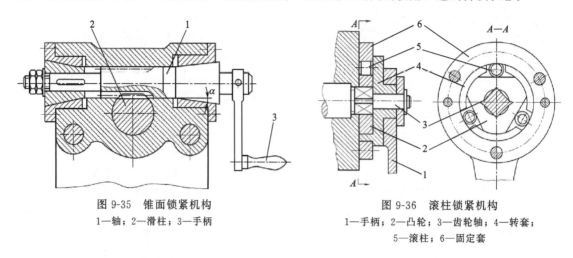

图 9-35 锥面锁紧机构

1—轴；2—滑柱；3—手柄

图 9-36 滚柱锁紧机构

1—手柄；2—凸轮；3—齿轮轴；4—转套；

5—滚柱；6—固定套

图 9-37 所示为偏心锁紧机构。在齿轮轴 1 的一端装有偏心环 2 和偏心套筒 3。当逆时针转动手柄 4 时，由于方榫的连接，使偏心套筒 3 带动偏心环 2 及齿轮轴 1 一起转动。当钻模

板压到工件后，若继续转动手柄 4，则会使偏心套筒 3 楔入夹具体 7 及偏心环 2 之间，将偏心环 2 锁紧。反转手柄时，在销钉 6 和弹簧 5 的作用下松开。

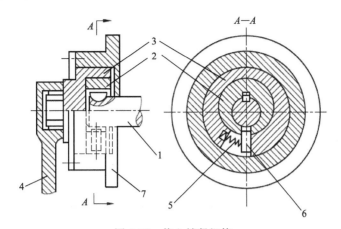

图 9-37　偏心锁紧机构

1—齿轮轴；2—偏心环；3—偏心套筒；4—手柄；5—弹簧；6—销钉；7—夹具体

9.6.4　在气动设备上的应用图例

(1) 气动虎钳图例

图 9-38 所示为气动虎钳的原理图。气动虎钳的下部是圆形底座 1，夹具体 2 用四个螺栓与底座 1 紧固在一起。在夹具体 2 上装有活动钳口 4 和导向板 6，在导向板 6 上装有可以由差级螺杆 7 调节位置的钳口 5。气缸位于虎钳的下方，所占空间很小。当压缩空气从进气嘴 12 进入气室上部后，薄膜 11 及圆盘 10 便向下运动，使杠杆 9 摆动而通过杆 8 推动活动钳口 4，使它向钳口 5 移动，因此可将工件夹紧。当转动手柄 13 使压缩空气通入大气后，在弹簧 3 的作用下，使活动钳口 4 回到原始位置，从而松开工件。

钳口的张开距离可以用螺杆 7 进行调节。也可以通过螺杆 7 直接进行手动夹紧。夹具体 2 以上的部分可以对圆形底座 1 发生相对转动，转动的角度可以由圆形底座上的刻度读出。

(2) 肘杆自动夹紧机构图例

图 9-39 所示为肘杆自动夹紧机构的原理图。气缸 1 用于夹紧机构的驱动源是简便易行的，但是气源中断时夹紧力会减小，图示肘杆机构可以克服上述缺点。4 为连杆 A 的限位块；B 是连杆，3 是被夹紧的工件，2 为空气入口。

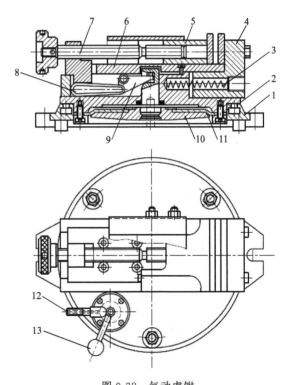

图 9-38　气动虎钳

1—圆形底座；2—夹具体；3—弹簧；4—活动钳口；5—钳口；
6—导向板；7—差级螺杆；8—杆；9—杠杆；10—圆盘；
11—薄膜；12—进气嘴；13—手柄

9.6.5 其他应用图例

(1) 联动夹紧机构图例

联动夹紧机构是由一个原始作用力来完成若干个夹紧动作的机构。用一个原始作用力，通过浮动夹紧机构将力分散到数点上对工件进行夹紧的机构称为多点联动夹紧机构。对于手动夹紧装置来说，采用联动夹紧机构可以简化操作，减轻劳动强度。对于机动夹紧装置来说，采用联动夹紧机构可以减少动力装置，简化结构，降低成本。

图 9-40 所示为两力同向多点联动夹紧机构。拧紧螺母 1，通过杠杆 2 同时使一对钩形压板 3 实现联动而夹紧工件 4。

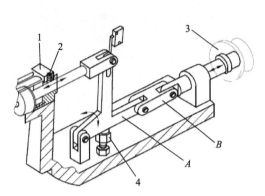

图 9-39 肘杆自动夹紧机构

1—气缸；2—空气入口；3—工件；4—限位块；A，B—连杆

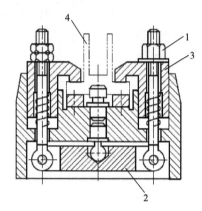

图 9-40 两力同向多点联动夹紧机构

1—螺母；2—杠杆；3—钩形压板；4—工件

图 9-41 所示为两力对向多点联动夹紧机构。拧动螺钉 1，可同时使一对压板 2 实现联动而夹紧工件 3。

图 9-42 所示为两力垂直多点联动夹紧机构。拧紧螺母 1，通过摆动杠杆 3 使浮动压板 2 上的浮动压头 4 同时夹紧工件 5。

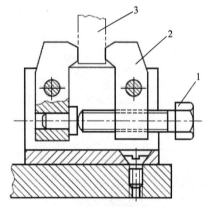

图 9-41 两力对向多点联动夹紧机构

1—螺钉；2—压板；3—工件

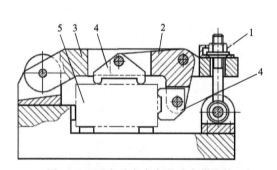

图 9-42 两力垂直多点联动夹紧机构

1—螺母；2—浮动压板；3—摆动杠杆；4—浮动压头；5—工件

图 9-43 所示为四力交叉多点联动夹紧机构。转动手柄使偏心轮 1 推动柱塞 2，由液性塑料 3 把压力传到四个滑柱 5 上，迫使滑柱 5 向外推动两对压板 4，同时夹紧工件 6。当松开偏心轮 1 时，弹簧 7 将压板 4 松开并压向四个滑柱 5。

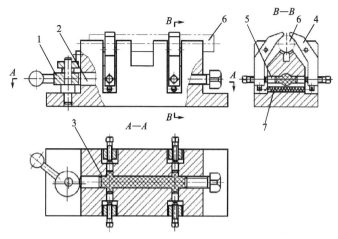

图 9-43 四力交叉多点联动夹紧机构

1—偏心轮；2—柱塞；3—液性塑料；4—压板；5—滑柱；6—工件；7—弹簧

（2）定心夹紧机构图例

在机械加工中，对于几何形状对称的工件，为保证定位精度，工件的定心和定位常常是与夹紧结合在一起的，这种机构称为定心夹紧机构。定心夹紧机构中与工件定位基准相接触的元件既是定位元件，又是夹紧元件。

定心夹紧机构的工作原理是利用定位、夹紧元件的等速移动或均匀弹性变形的方式，来消除定位副不准确或定位尺寸偏差对定心或对中性的影响，使这些误差和偏差相对于所定中心的位置，能均匀而对称地分配在工件的定位基准面上。

图 9-44 所示为内孔定心的弹簧夹头式夹紧机构。在夹具体 1 中装有锥套 2 及弹簧夹头 3。当旋动螺母 4，锥套 2 迫使弹簧夹头 3 收缩变形，从而实现工件 5 以外圆定心的夹紧。

图 9-45 所示为外圆定心的弹簧夹头式夹紧机构。弹簧夹头 2 装在夹具体 1 及锥套 3 的外面。当旋动螺母 4 时，锥套 3 及夹具体 1 上的锥面迫使弹簧夹头 2 向外扩张，从而实现工件 5 以内孔定心的夹紧。

图 9-46 所示为正锥弹簧夹头式夹紧机构。装在夹具体 1 上的操纵筒 2 可以将原始作用力 F 传递给弹

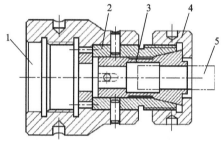

图 9-44 内孔定心的弹簧夹头式夹紧机构

1—夹具体；2—锥套；3—弹簧
夹头；4—螺母；5—工件

簧夹头 4，使其向右运动，通过锥套 3 和弹簧夹头锥面的作用，迫使弹簧夹头收缩变形，从而实现工件 5 以外圆定心的夹紧。

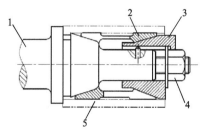

图 9-45 外圆定心的弹簧夹头式夹紧机构

1—夹具体；2—弹簧夹头；3—锥套；
4—螺母；5—工件

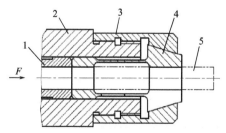

图 9-46 正锥弹簧夹头式夹紧机构

1—夹具体；2—操纵筒；3—锥套；
4—弹簧夹头；5—工件

(3) 空间端面凸轮压紧机构图例

如图 9-47(a) 所示机构中，在按给定方向转动凸轮 1 时，构件 2 上的凸出部分 *b* 压紧工件 3。绕固定轴 *A* 旋转并具有歪斜垫圈形状的凸轮 1，用自己的廓线沿构件 2 上的凸出部分 *a* 滑动，构件 2 绕固定轴 *B* 旋转，凸轮 1 的位置可以用螺钉 4 调节。

如图 9-47(b) 所示为另一种形式，其主要不同之处是把图 9-47(a) 的中间构件 2 的转动运动改成移动运动，凸轮 1 的廓线改成升距较大的螺旋线，使中间构件 2 有较大的行程。

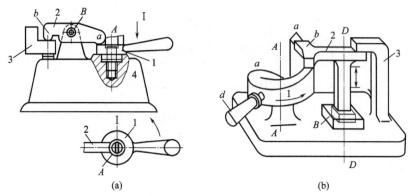

(a)　　　　　　　　　　　　　(b)

图 9-47　空间端面凸轮压紧机构

1—凸轮；2—构件；3—工件；4—螺钉

(4) 四角形零件夹紧机构图例

图 9-48 所示机构是机器人操作现场的四角形工件夹紧装置，工件的装入、取出工作可由机器人操作；工件夹紧后可由机器人进行去毛刺、修光、装配等操作。夹紧杆 3 上的转块 2 能转动一定角度，以适应不同尺寸工件的需要；若夹紧杆为三个时也可夹紧圆柱形工件；图中 4 为肘杆，1 为气缸。图 9-48(a) 为工件未装入时的状态；图 9-48(b) 是装入工件后的状态。

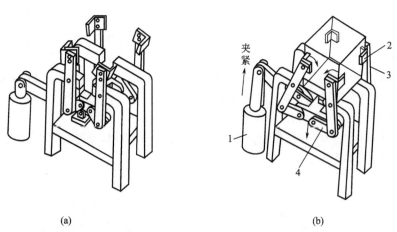

(a)　　　　　　　　　　　　　(b)

图 9-48　四角形零件夹紧机构

1—气缸；2—转块；3—夹紧杆；4—肘杆

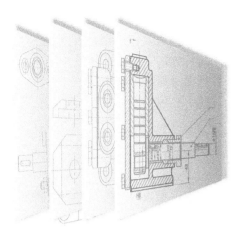

Chapter **10**

第10章

创新机构典型应用图例

机构设计是机械创新设计的关键，在科学技术飞速发展的今天，机构的门类变得越来越多，机构的种类和形式已经从传统机构基础上迅速地拓展和延伸。现代机构除了纯机械式的传统机构，还有液动机构、气动机构、光电机构、电磁机构、微动机构、信息机构等广义机构，将各种机构有机组合、灵活运用，是机构创新设计中富有挑战性的环节。

机构创新主要按两个方向进行：一是对已知机构进行改造创新，称为机构变异设计；另一是构造全新的机构，称为机构的构型设计。两者比较而言，创造一种以前人们从未见过的新机构是一件非常困难的事，但是从现有的机构中发现一些尚未被人察觉的某些性能，并巧妙地加以利用，就可能创造出一种新机构。现代机构创新者们主要从原有机构基础上进行改进组合，发挥原有机构更大的优势，创造出新的运动特性或者新的动力特性。

机构创新要求机构尽可能简单，在满足工作要求的同时，机构尺寸尽可能小，从而减小机构自身的重量。同时，运动副尽可能减少磨损，这样可以提高机构的使用寿命，除此之外，合理选择原动机以减少运动转换机构的数量，选择具备良好的传力条件和动力特性的机构，可以达到提高机构效率的目的。

机构创新的方法主要有以下几种。

① 组合法　基本机构的组合包括串联式、并联式、复合式和叠加式四种常用的组合方式。

② 机构变异设计法　通过对构成机构的结构元素进行变化改造，使机构产生出新的运动特性和使用功能。对结构元素进行改造包括以下几方面。

a. 改变构件，如改变构件的形状、尺寸、原动件的位置及性质和机架位置等。

b. 改变运动副，如改变运动副元素形状、运动副约束、运动副数量和相互之间顺序。

c. 运动副替代，如低副之间的替代、高副之间的替代及高副低副之间替代。

③ 移植法　把已知机构的原理、方法、结构、用途甚至材料运用到另一机构中，使所研究的机构产生新的性质和新的使用功能，称为移植法。如将齿轮行星轮系的原理应用到带传动和链传动中；将胶带材料改为金属，如带式制动器、金属带无极变速器、带锯机等。

④ 还原法　从产品创造的原点出发，即在保证实现既定功能的前提下，运用其他原理实现运动特性和动力特性。如合理引入机、电、磁、光、热、生、化等各种物理效应和化学

效应并综合运用。例如无叶片的风扇、无链传动的自行车、电磁控制器、液压设备等。

机构创新不是简单的模仿，创新可以通过研究现有的成果获得启发，并在此基础上进行改进，有所创新发展。创新需要创新者丰富的理论知识、积极探索的兴趣、严谨科学的态度及敢于怀疑、突破、锲而不舍的精神，只有这样才能在实践创新中有所成就。

10.1　机构的组合创新

10.1.1　运动分析

将基本机构进行组合，是机构创新的重要方法。实际生产中，单独的机构有时不能满足生产需要，连杆机构难以实现一些特殊的运动规律；凸轮机构虽然可以实现任意运动规律，但行程不可调；齿轮机构虽然具有良好的运动和动力特性，但运动形式简单；棘轮机构、槽轮机构等间歇运动机构的运动和动力特性均不理想，具有不可避免的速度、加速度波动以及冲击和振动。为了解决这些问题，可以将两种以上的基本机构进行组合，充分利用各自的良好性能，改善其不良特性，创造出能够满足原理方案要求的并具有良好运动和动力特性的新型机构。

组合机构的类型很多，每种组合机构具有各自特有的类型组合、尺寸综合及分析设计方法。

10.1.2　在纺织机械方面的应用图例

本实例以上海协昌公司电脑多头绣花机为例，介绍机构的组合创新。该机是引进日本的刺绣机技术研制的 GY4-1 型电脑多头绣花机，要在竞争激烈的国际市场中取胜，就要求应用创新设计方法，设计出新型的、具有特色的挑线刺布机构。

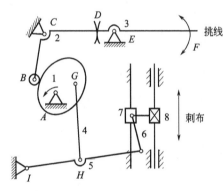

图 10-1　绣花机挑线刺布机构简图
1—驱动凸轮；2—挑线驱动杆；3—挑线杆；
4～6—连杆；7—滑块；8—针杆

图 10-1 所示为绣花机挑线刺布机构简图，该机构使用一个单自由度凸轮-齿轮-连杆机构，属于机构组合，它可以分解成挑线机构和刺布机构。

挑线机构主要由驱动凸轮 1、挑线驱动杆 2、挑线杆 3 组成，其中挑线杆 3 是执行件，F 是挑线孔，杆 2 和杆 3 通过一对扇形齿轮相连，这对扇形齿轮主要是起换线作用。刺布机构为曲柄摇杆滑块机构，主要由驱动凸轮 1、连杆 4、连杆 5、连杆 6 和滑块 7 组成，其中滑块 7 上装有针杆传动块，在手控或直动电磁控制下能离合针杆 8，为简便起见，将滑块 7 看成是执行件针杆。

由此机构可以归纳创新设计思路，原始机构申请专利是建立在挑线机构使用凸轮机构的基础上，因此在设计中尽量避免使用凸轮机构。凸轮-齿轮-连杆机构实现挑线功能，凸轮-曲柄-摇杆-滑块机构实现刺布功能，可以将家用缝纫机的原理与此机构结合，得到两类机构的本体知识。挑线机构可以设计为四连杆机构，或者六杆齿轮机构，也可用空间凸轮实现，如图 10-2 所示，考虑到高速和耐磨性方便考虑，挑线机构六杆齿轮机构和四杆齿轮机构稍逊于原始机构，但连杆机构比凸轮机构节省成本，也可选用。

刺布机构可以用曲柄摇杆滑块机构，或者曲柄摇杆齿轮齿槽机构，或者正弦机构实现，如图 10-3 所示。刺布机构凸轮和机构六杆滑块机构较优。

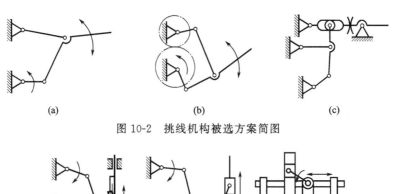

图 10-2　挑线机构被选方案简图

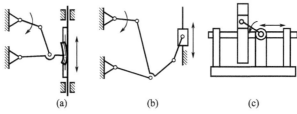

图 10-3　刺布机构被选方案简图

对原始机构进行分析，还可得知机架是一个具有最多副数的杆；齿轮副起到换线作用，在一般运动链中用一对串联的二副杆来表示，组成齿轮副的一对齿轮必须与机架相邻，并且由于主动齿轮做非匀速转动，它不能作为整个机构的原动件。原动件应该是个三杆副，并且与机架相邻。创新设计过程中要根据这些约束对原始机构进行改进设计，在设计过程中尽量减少改动量，甚至保持原始安装孔的位置，保证机构的运动性能。

将挑线机构与刺布机构组合，得到新的挑线刺布机构，如图 10-4 所示。

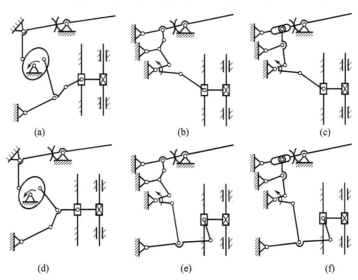

图 10-4　新型刺布挑线机构方案简图

从图 10-4 中可以看出，几种机构方案组合并不是都可行，挑线刺布机构要求占用空间较小，并且机架上 A、C、E、I 位置不能变，如图 10-1 所示，滑块 7 的导杆位置也不可变，因此图 10-4(b)、图 10-4(c) 所示创新机构中的刺布机构使偏心曲柄滑块机构，并且偏心距较大，会使刺布机构的运动和动力性能较差；图 10-4(a)、图 10-4(d) 机构仍含有凸轮，并且比原始机构复杂，实现起来比较困难；图 10-4(e)、图 10-4(f) 所示的刺布机构中结构和参数不变，在挑线机构中用连杆机构代替凸轮机构，降低了制造成本，另外图 10-4(f) 所示机构比图 10-4(e) 所示机构节省空间，也容易实现，所以方案选定图 10-4(e)。

10.1.3 在通信机械方面的应用图例

天线测试转台是用来对天线的指向、增益、波瓣宽度、副瓣电平等性能参数进行测试的主要设备之一。可以为天线提供几种运动，并通过测角元件给出天线的位置信号。

图 10-5 所示为天线测试转台传动系统简图。该转台系统主要由三套传动装置组成：第一套是由极化驱动电动机 1，同步齿形带轮 2、3，内齿轮传动齿轮 6、7，摆线针轮行星齿轮传动摆线轮 4，针轮 5，极化旋转变压器 8 组成，使安装在转盘上的被测天线绕极化轴转动；第二套是由俯仰驱动电动机 9，同步齿形带轮 10、11，摆线轮 12，针轮 13，齿轮 14、15，扇形齿轮传动齿轮 16，齿扇 17，俯仰旋转变压器 18 组成，俯仰轴通过联轴器使俯仰旋转变压器转动，使天线做俯仰运动；第三套是由方位驱动电动机 19，同步齿形带轮 20、21，摆线轮 22，针轮 23，齿轮 24、25，方位旋转变压器 26 组成，使天线做方位运动，方位轴通过联轴器使方位旋转变压器转动。另外，转动螺套 28，通过螺旋传动，可使天线绕垂直轴转动。

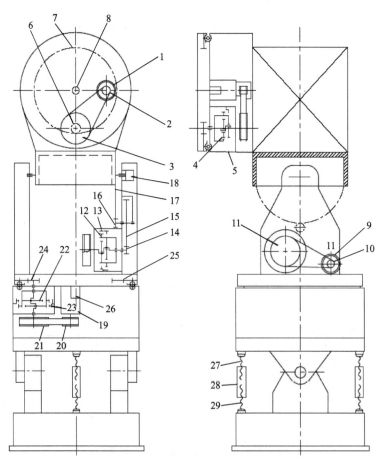

图 10-5　天线测试转台传动系统简图

1—极化驱动电动机；2,3,10,11,20,21—同步齿形带轮；4,12,22—摆动轮；5,13,23—针轮；6,7—内齿轮传动齿轮；
8—极化旋转变压器；9—俯仰驱动电动机；14,15,24,25—齿轮；16—扇形齿轮传动齿轮；17—齿扇；
18—俯仰旋转变压器；19—方位驱动电动机；26—方位旋转变压器；27,29—螺杆；28—螺套

三套传动装置组合一起完成极化转台、俯仰转台、方位转台和基座倾角调整等多自由度运动任务。天线测试转台架设在调平基座上，工作在野外露天环境中。工作时，被测天线安装（或通过支架安装）在极化转台的转盘上。在伺服系统的控制下，天线以所需的转速绕

极化轴、俯仰轴和方位轴转动。倾角可调基座可用来调整被测天线的倾斜角，使它与设置在远处高塔上的发射天线对准。

10.2 机构的演化变异

10.2.1 运动分析

机构的演化变异，可以是改变构件的形状、尺寸、原动件的位置及性质和机架位置，也可以是改变运动副元素形状、运动副约束、运动副数量和相互之间顺序，还可以是运动副之间的替代。

如图 10-6(a) 所示铰链四杆机构，若想使铰链 D 变为移动副，则从转动副和移动副同具一个自由度的原则出发，直接可得单移动副机构，如图 10-6(d) 所示。如按运动副尺寸、位置演变过程来看：先使运动副 D 的销轴直径尺寸变大，如图 10-6(b) 所示，变到直径圆达到 C 点附近时，构件 3 形成圆环如图 10-6(c) 双点画线所示，若将构件 4 制成槽，环 3 放在槽 4 中，则环只取一段仍能保持 3、4 做相对转动，继而使 CD 尺寸变长，即槽 3 的内半径尺寸变至无限大时，圆槽就趋近于直槽，从而转动副 D 变为移动副如图 10-6(d) 所示。

若将图 10-6(c) 的圆弧状滑块改成滚子形状，则转动副 D 变成滚滑副，如图 10-6(e) 所示，构件 3 成了局部自由度构件，而槽的另一边成为保证滚滑副接触而设的虚约束运动副元素，此机构虽然机构运动副类型变了，但机构中构件 2 的运动性质仍未变；只有槽成了变曲率槽的时候，如图 10-6(f) 所示，相当于图 10-6(a) 机构中的构件 3 和 4 成了变长度的构件，此时图 10-6(f) 所示的机构中构件 2 的运动特性比图 10-6(a)、图 10-6(e) 有了变化。

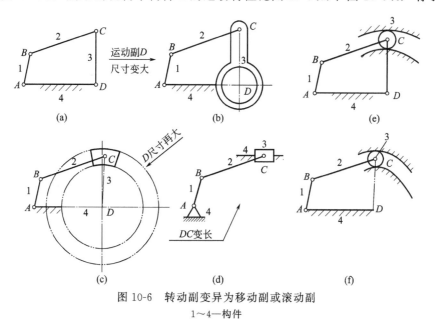

图 10-6 转动副变异为移动副或滚动副

1~4—构件

按照上述思路，由滚滑副变异成转动副或移动副的反变换，也是可行的。

运动副变异也可以实现机构的变异，如运动副的合成、运动副的分解。几个简单运动副元素组成一个有复杂功能的运动副或一个运动副只取一段而重复设置以达到接力传递或时分时合传递运动的运动副群称为运动副的合成；而相反，一个运动副分为几个简单运动副的过程称为运动副的分解。

图 10-7（a）所示为典型的凸轮机构，它的从动件根据凸轮廓线可做任意规律的往复运动，凸轮廓线可认为是有几种或无数种不同曲率的运动副元素连接起来形成的合成运动副元素。当要求主动构件做顺时针方向连续转动，而与主动构件组成滚滑副的从动构件做逆时针方向的连续转动（整圈转动）时，图 10-7（a）所示仅有一对廓线组成的凸轮机构是实现不了上述运动要求的。要实现上述要求，只能取多条相同的廓线段，按"接力"的条件等距安排才行。"接力"的条件即是前一对廓线将要脱离前，后一对廓线已经开始接触。

图 10-7（b）所示机构即是满足上述要求的齿轮机构，其轮齿的廓线是由正向齿廓、圆弧顶线和反向齿廓组合而成，反向齿廓是与正向齿廓相同但对称于径向线安排。两齿轮的圆弧顶线是不参加工作的，正向转动时，一对正向齿廓接触组成滚滑副传递运动；转动方向相反时，一对反向齿廓接触组成滚滑副传递运动。

当要求主动件只能自由地向某一方向转动而不能向其相反方向转动时，实现这一运动要求的机构是不少的，这里还是顺着上边思路，如果将图 10-7（b）所示齿轮机构的从动轮只保留一个齿，而将主动轮轮齿的反向齿廓按图 10-8 所示机构中轮 3 的方式安排，其反向齿廓的齿形及安置的方位只要在轮 3 做顺时针方向转动时推动从动件 2 的齿廓（滚子）向轮 3 的齿槽中楔紧，这时的轮 3 就成为棘轮。图示棘轮机构能实现的上述运动要求又称为"反向止动"。

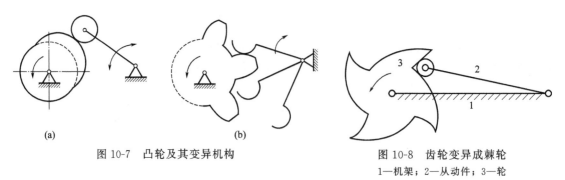

图 10-7　凸轮及其变异机构

图 10-8　齿轮变异成棘轮
1—机架；2—从动件；3—轮

齿轮还可变异其形状，即成为非圆齿轮，如椭圆齿轮等。圆齿轮作为实现定传动比的传动副对于有些机构，特别是一些有自动化要求的机构，难以满足变传动比传动。而非圆齿轮，可以看成是一种带有轮齿的凸轮机构，综合了圆形齿轮和凸轮机构的优点，可以传动两轴间的非匀速运动，能准确地以变传动比传递较大的动力。非圆齿轮是圆齿轮的一种变形，其滚动节圆已变为非圆形，称为节曲线，非圆齿轮的节曲线通常是按照要求的传动比函数关系精确设计的，如图 10-9 所示。

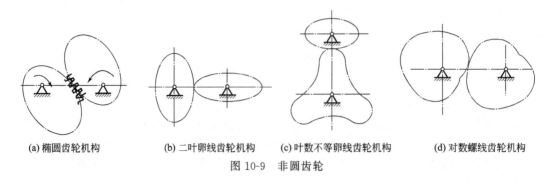

(a) 椭圆齿轮机构　　(b) 二叶卵线齿轮机构　　(c) 叶数不等卵线齿轮机构　　(d) 对数螺线齿轮机构

图 10-9　非圆齿轮

非圆齿轮技术的设想最初是在 20 世纪 30 年代由德国一位机械专家提出，但由于制造条件限制，未能得到广泛应用。随着计算机技术、数控技术的发展，使非圆齿轮的设计、制造水平有了很大发展，非圆齿轮开始在各种轻、重机械中得到应用。

10.2.2 在印刷机械方面的应用图例

图 10-10 所示为在滚筒式平板印刷机的自动输纸机构中采用的非圆齿轮机构。椭圆齿轮副 4 将动力传递给带传动机构 3，再通过齿轮副 2 传递给输纸滚筒 1。

该输纸机构用椭圆齿轮进行调节纸张送入速度，可使纸张送到印筒的前面时，送进速度最小，以便对纸张的位置进行校准、对位和避免将纸张压皱。而当纸张送进滚筒后，纸张的送进速度则近似等于印刷滚筒的圆周速度。

10.2.3 在机床上的应用图例

图 10-11 所示为自动机床上的转位机构。椭圆齿轮副由齿轮 1 和齿轮 2 组成，利用椭圆齿轮机构的从动轮 2 带动转位槽轮机构，使槽轮 4 在拨杆 3 速度较高的时候运动，以缩短运动时间，增加停歇时间，亦即缩短机床加工的辅助时间、而增加机床的工作时间。

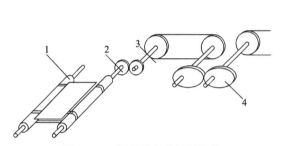

图 10-10 印刷机自动输纸机构

1—输纸滚筒；2—齿轮副；3—带传动机构；4—椭圆齿轮副

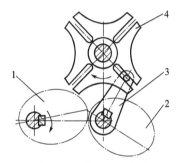

图 10-11 机床转位机构

1,2—齿轮；3—拨杆；4—槽轮

10.2.4 在包装机械方面的应用图例

（1）包装盒自动封盖机构图例

如图 10-12 所示的包装盒，1、2 是固定模板，3、4、5 是包装盒翻盖，6 是滚轮。如果包装盒不动，要设计一台能将盒端翻盖 3、4、5 翻向盒体，并自动将盒封好的机构不是一件容易的事。但如果让包装盒运动起来，则只需将封装机构设计成图 10-12 所示的两对固定在机器上的靠模板就行了。当包装盒运动时，第一对模板将纸盒上翻盖 3 折向盒体，第二对模板依次将纸盒上翻盖 4、5 折向盒体。在翻盖 5 经过滚轮 6 时为其涂上胶水，则整个纸盒就包装好了。

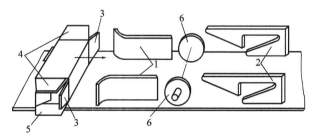

图 10-12 包装盒自动封盖机构

1,2—固定模板；3～5—包装盒翻盖；6—滚轮

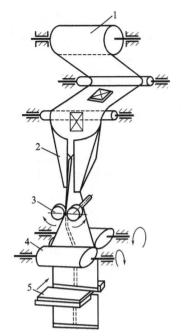

图 10-13 自动包装机
1—薄膜卷；2—漏斗状靠模；3—热压辊；
4—间歇运动封底热压辊；5—剪切机构

（2）自动包装机图例

让工件相对于机架运动，通过对机架形状的巧妙设计来实现一些复杂的工艺动作，这在自动流水生产线上广泛地被采用。如图 10-13 所示的自动包装机，1 是薄膜卷，2 是漏斗状靠模，3 是热压辊，4 是间歇运动封底热压辊，5 是剪切机构。当机器工作时，包装薄膜从卷筒 1 上被连续拉出，薄膜在移动过程中，固定的漏斗形靠模板将平整的薄膜挤压对折成筒状，在通过热压辊 3 后，对折的两薄膜边被压合形成薄膜筒。薄膜筒继续向下运动，间歇运动的热压辊 4 定时对薄膜筒横压一次形成包装袋底，与此同时，一定量的被包装物经漏斗被送入包装袋中。装有物料的薄膜筒继续下移，热压辊 4 在压制另一个包装袋底的同时，将装有包装物的袋口封好，包装完成的产品在后续运动中由剪切机构 5 将其剪下，从而完成了从制袋、填料到封口的自动化生产流程。

10.2.5　其他应用图例

（1）调速器非圆齿轮机构图例

纯机械的调速器，一类是直接调节原动机来实现调速的目的，另一类机械式调速器，是通过调节执行机构的运动输入来设计速度输出的。如图 10-14 所示的马达非圆齿轮驱动系统，马达 1 与马达轴 3 相连，输出动力，在马达轴 3 上装有椭圆齿轮 2，为主动轮，从动轮 5 也是椭圆齿轮，装在凸轮轴 4 上，椭圆齿轮 2 和 5 啮合，调节输出速度。

如果没有加设一对非圆齿轮，马达提供给凸轮轴的是一个理论上恒定的速度，加了非圆齿轮后，通过非圆齿轮节线的设计，为凸轮轴传递一个可变的速度输入函数，从而产生所要求的速度输出函数。

（2）增程凸轮机构图例

图 10-15(a) 所示为空间圆柱凸轮机构一改从动杆的规律由凸轮一条廓线确定的常规，在圆柱凸轮两端制出两个轮廓曲面，圆柱凸轮用圆柱副与机架相连，圆柱凸轮的下端面的轮廓曲面与固定在机架上的滚子接触，上端面的轮廓曲面推动滚子从动杆。这样，在凸轮转动的同时，还将按下端面的曲面廓线做上、下往复运动，于是从动杆的移动量将是凸轮上端曲面引起的移动量与凸轮移动量之和。

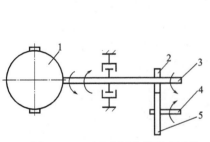

图 10-14　马达非圆齿轮驱动系统
1—马达；2,5—椭圆齿轮；3—马达轴；4—凸轮轴

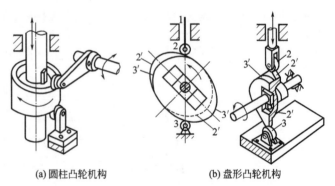

(a) 圆柱凸轮机构　　(b) 盘形凸轮机构

图 10-15　增程凸轮机构
1—从动件；2,3—滚子；2′,3′—廓线

图 10-15(b) 所示的是另一种增程凸轮机构。盘形凸轮上有两条廓线，滚子 2 沿 2′廓线运动，滚子 3 沿 3′廓线运动，滚子 3 固定在机架上。凸轮转动时，从动杆 1 的位移量将是 2′廓线引起的位移与 3′廓线引起的凸轮位移之和。这种创意设计可以在不增大凸轮机构压力角和体积的前提下，增大从动杆的行程。

(3) 浮动盘式等速输出机构图例

图 10-16 所示浮动盘式等速输出机构可以看成是将十字滑块联轴器 1 中的带转动副的移动副用销槽副替代而得到的。销子可以在槽中滑动且转动，但单销却不能像滑块那样传递运动和转矩。因此，设计者在行星轮上安装了 4 只销子来驱动十字槽浮动盘转动并输出转矩。十字槽浮动盘联轴器是十字滑块联轴器的同性异形机构，是一种适用于低速的新颖的等速输出机构。

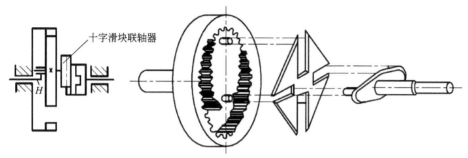

图 10-16　浮动盘式等速输出机构

(4) 钢球直槽式等速输出机构图例

按照相同的构思，将图 10-16 所示销槽式等速输出机构中的销-槽高副用球-圆柱曲面高副替代就得到了图 10-17 所示钢球直槽式等速输出机构。图中，1 是行星轮盘，2 是中间圆盘，3 是输出圆盘。在行星轮盘的右端面与输出圆盘的左端面上，分别对应地加工四条平行的安置钢球的直凹槽，其中一个端面上的槽全部水平，另一个端面上的槽全部竖直。此外，再制作一个中间圆盘，该中间圆盘的两面各有四条直凹槽与两端面的直凹槽对应，将三圆盘叠合，并在对应的凹槽中分别置入 8 个钢球，就构成了钢球直槽等速输出机构。该机构的工作原理与十字滑块联轴器的工作原理完全一样，只是这里用滚动副代替了原来的移动副，因此，机构运动副的摩擦小，传动效率较高。由于中间圆盘是浮动的，减少了机构中的多余约束，机构的自适应能力增强，传动更加平稳。由于机构中各运动副元素的间隙可以轴向调节，因此，机构运动回差小，传动精度高。

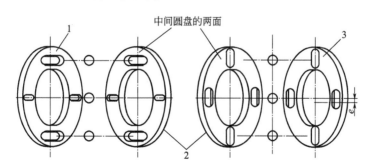

图 10-17　钢球直槽式等速输出机构
1—行星轮盘；2—中间圆盘；3—输出圆盘

10.3 机构的移植创新

10.3.1 运动分析

移植创新也是机构创新中常用到的方法,通过将已知的方法、结构、原理、材料应用到新的领域。随着地球资源的消耗,人们对环保要求的提高,机构设计也要考虑到环保特性,产品中常见到以纸代木,以塑代钢的例子,还有很多仿生学的例子,突出体现了移植创新法的优越性。

10.3.2 在工业机械方面的应用图例

带锯机在木材工业中应用广泛,机型繁多。按工艺用途可分为大带锯、再剖带锯机和细木工带锯机;按锯轮安置方位分有立式的、卧式的和倾斜式的,立式的又分右式和左式的;按带锯机安装方式分有固定式的和移动式的;按组合台数分有普通带锯机和多联带锯机等。

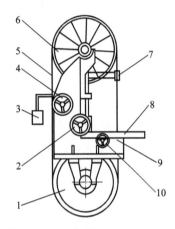

图 10-18 立式带锯机工作原理图
1,6—锯轮;2—纵向调节装置;3—带锯条
张紧装置;4—上锯轮升降和俯仰装置;
5—锯条;7—锯条导向装置;8—工作
台;9—床身;10—横向调节装置

图 10-18 所示为立式带锯机原理图。带锯机移植了带传动原理,可以实现锯条的连续运动。带锯机以环状无端的带锯条为锯具,绕在两个锯轮上做单向连续的直线运动来锯切木材。带锯机主要由锯轮 1、锯轮 6、带锯条张紧装置 3、上锯轮升降和仰俯装置 4、锯条导向装置 7、工作台 8 和床身 9 等组成。

锯轮分为辐条式的上锯轮和幅板式的下锯轮;下锯轮为主动轮,上锯轮为从动轮。带锯条的切削速度通常为 30～60m/s。上锯轮升降装置用于装卸和调整带锯条的松紧;上锯轮仰俯装置用于防止带锯条在锯切时从锯轮上脱落。带锯条张紧装置则能赋予上锯轮以弹性,保证带锯条在运行中张紧度的稳定;旧式的采用弹簧或杠杆重锤机构,新式的则采用气压、液压张紧装置。锯条导向装置 7 俗称锯卡,用以防止锯切时带锯条的扭曲或摆动;下锯卡固定在床身下端,上锯卡则可沿垂直滑轨上下调节;锯卡结构有滚轮式和滑块式,滑块式用硬木或耐磨塑料制成。工作台可以在纵向调节装置 2 和横向调节装置 10 的调节下移动。

10.3.3 在仿生机械方面的应用图例

(1) 行星带传动机械手臂图例

图 10-19 所示为行星带传动旋转机械手传动原理图,由圆锥齿轮机构、两套行星齿形带传动机构 (Ⅰ、Ⅱ) 和凸轮机构串联组合而成。平动是由行星齿形带传动机构来实现的,而提升平台 16 在水平面内的摆动,则是由凸轮机构来实现的。

以右半部分行星机构为例说明,右半部分是由行星机构Ⅰ和行星机构Ⅱ(如图中虚线所示)串联组合而成的。在行星机构Ⅰ中,齿形带轮 5 是中心轮,齿形带轮 6 是行星轮,转臂 4 是系杆。在行星机构Ⅱ中,由于齿形带轮 7 与圆盘 14 是固定连接,故齿形带轮 7 相对圆盘 14 不能转动,齿形带轮 8 是行星轮,转臂 11 是系杆。

这表明在整个系统回转过程中，同步带轮 8 相对本系统而言的合成转速为 0，这就满足了提升平台 16 的平动工作要求。

由于该旋转二爪机械手工作时，要求两个提升平台在铅垂面内做平动，以防圆盘倾倒，所以支承两个提升平台的轴相对于本系统不能转动。将旋转二爪机械手水平放置，以回转中心为原点 O，建立图示直角坐标系，得到行星带轮 8 的椭圆曲线轨迹方程，如图 10-20 所示。

将图 10-19 所示的行星齿形带传动机构 I 和 II（如图 10-19 中虚线所示）由串联组合改为并联组合，也就是将图 10-19 所示的同步带轮 8 的中心与同步带轮 5 的中心同轴线，同步带轮 8 的轴线位置原地不动，但与圆盘 14 的固定连接改为可动连接，从而衍生出一种新的结构上仍然左右对称的行星传动机构。图 10-21 所示为并联行星传动机构的传动原理图。

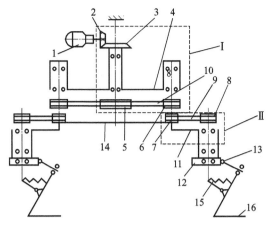

图 10-19　行星带传动旋转机械手传动原理图
1—电动机；2,3—锥齿轮；4,11—转臂；5～8—同步带轮；9,10—带；12—齿轮；13—辊子；14—圆盘；15—拉伸弹簧；16—提升平台

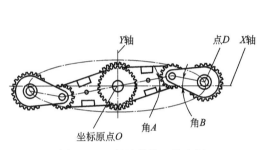

图 10-20　行星带轮 8 轨迹图

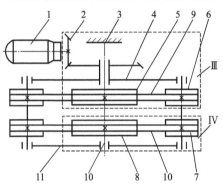

图 10-21　并联行星传动机构传动原理图
1—电动机；2,3—锥齿轮；4,11—转臂；5～8—同步带轮；9,10—带

如果将此传动装置设计成其他种类的行星带传动或链传动，选定合适的带轮尺寸或链轮齿数，从理论上也可实现工作要求，从而为该机构的维修或改造找到一条新的思路。

(2) 气动管道爬行器图例

图 10-22 所示是仿效爬行动物运动而设计的管道爬行器。爬行器由三段柔性微致动体组成，1 是支腿，2 是连杆，3 是铝片，4 是铰链。每段柔性微致动体的结构如图 10-22(a) 所示。柔性微致动体两端是两个圆形薄铝片，中间用橡胶管连接成为一个气囊。两铝片外缘用四个四连杆机构连接，每个四连杆机构的连杆中部有一只径向外伸的支腿。将爬行器植入管道中如图 10-22(b) 所示，这时将第 I、III 节气囊充气，第 II 节气囊排气，这样 I、III 节的八条腿就支撑在管道中。然后将第 II 节气囊充气的同时，对第 I 节气囊排气，于是爬行器头部开始向前移。此后将第 I 节气囊充气，让第 III 节气囊排气，爬行器尾部开始向前移。随着三节气囊交替地充、排气，使爬行器身体的三部分交替地伸缩和交替地更换支腿，爬行器就像小虫一样在管道中爬行。实验中，一个长 85mm、直径为 25mm 的这种爬行器，爬行速度可达 2.2mm/s。

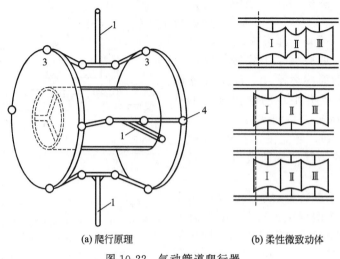

(a) 爬行原理　　　　　　　　(b) 柔性微致动体

图 10-22　气动管道爬行器

1—支腿；2—连杆；3—铝片；4—铰链

10.4　机构的还原创新

10.4.1　运动分析

一切机械产品的基本功能都是通过机械的运动来实现的，这是机械产品与其他类型产品最显著的区别。在机械设计中，设计者必须根据设计任务要求拟定出相应的机械运动方案，综合各方面的因素选择动力、机构和控制方式，使之构成一个机械传动系统，最终通过动力使机械系统运动来实现产品的功能。机械传动系统设计中，机构设计是一项极富创造性的工作。因为机构种类繁多，性能相同的机构数量也不少，能够实现相同运动的机构并不是唯一的。这就为设计者提出了一个问题：当机构所要求的运动及功能确定了以后，怎样去寻找和创造能实现这些运动和功能尽可能多的同性异形机构，为提高机构的性能创造条件，为创造新机构提供可能。

还原创造原理认为：产品创造的原点是实现产品的功能，在保证实现功能的前提下，可以采用各种原理、方法和结构。既然机构最基本的功能是实现机械运动，设计者在针对某一设计目标创造机构时，应当努力排开已有机械的工作原理和结构形式对设计思维的束缚，突破传统，开阔思路，围绕既定的设计目标，综合运用机、光、电、磁、热、生、化等各种物理效应，搜寻实现机械运动的各种可能的工作原理。设计者在构思运动方案时，应当追根溯源，从运动产生的最基本原理入手去探索标新立异的新机构和新结构。

还原创新将机构的创造起点作为创新原点，很多机构都可以实现同一结果的运动。随着光电技术的发展，声、光、热、电、磁也成为还原创新中很好的素材。如洗衣机的发明，是模仿人手搓衣服的动作，虽然机械不能实现同样的动作，但是可以利用洗涤剂和搅拌功能实现同样效果，还可以利用电磁振动、超声波等技术创造出性能更优的洗衣机。自行车的发展历程也印证了还原创新法的作用。

10.4.2　在交通工具方面的应用图例

本实例主要以自行车的发展过程学习创新理论的应用。自行车主要工作部分是前后车轮、两轮的转动带动车架及车上的人前进，因此自行车的发展过程也是围绕这一功用开始的。

　　能称为自行车的第一辆自行车，是由曲柄连杆机构驱动后轮，是苏格兰的麦克米伦发明制作的。该自行车在后轮上安装曲柄，曲柄与脚踏板之间用两根连杆连接，只要反复蹬踏安装在前支架上的踏板，驾驶者就可以驱动车子前进了，这一发明使自行车使用者双脚离开地面，用脚蹬踏板驱动自行车行驶，是自行车发展的一次飞跃，如图 10-23（a）所示。后来法国的米肖父子发明了前轮大后轮小，在前轮上装有曲柄和能转动的踏板的自行车，后来又经历了材料的改进，这样提高了车速并减小自行车重量，但是这种自行车车轮较大，驾驶高度不方便，也不安全，如图 10-23（b）所示。1874 年，英国的劳森开始在自行车上采用链传动机构，并将驱动方式改为后轮驱动，从而使自行车车轮小，重量轻，速度快，骑车者也可以在合适的高度驾驶，称为安全型自行车，如图 10-23（c）所示。自行车又向前迈进了一大步，但是，此时的自行车还是前轮大后轮小。1886 年，英国的斯塔利在自行车上装上车闸，并使用滚动轴承，提高传动效率，同时又将前轮缩小，并将钢管组成菱形车架，提高了自行车强度，同时进一步减小自行车的重量，这样今天的自行车雏形就形成了，如图 10-23（d）所示。两年后，英国的邓洛普将充气轮胎应用在自行车上，显著提高了自行车的骑行性能和舒适性。

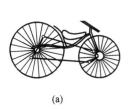 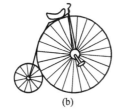 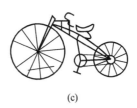 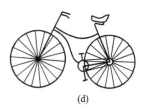

(a)　　　　　　　　(b)　　　　　　　　(c)　　　　　　　　(d)

图 10-23　自行车的发展过程

　　在自行车的传动系统上，人们一直努力改进，使自行车样式更加丰富。图 10-24 所示为双人自行车示意图，由两人驱动，分别设有单向离合器，两副链传动，使驱动力可以同时驱动车轮互相不干涉。图中 1 为座椅，2 为车把，3 为车轮，4 为脚蹬，5 为链传动，一个人操作时，其基本原理同单车一样，双人骑乘时，有所不同的是，后面座椅上的人可以通过脚蹬，带动后轮转动，给前面的骑车人以辅助力。

　　另外还有齿轮传动自行车，如图 10-25 所示。该车在结构上将链传动改为齿轮传动，将链条开式传动改为全封闭式传动，不仅润滑条件有所改善，而且使传动部件受到保护。将棘爪飞轮改为超越式飞轮，保证齿轮高精度的传动。齿轮传动自行车采用两对锥齿轮实现脚蹬对车轮驱动力的传递，如图所示 1、2 为两对锥齿轮，封闭在传动箱内（未画出），脚蹬 3 与锥齿轮 2 固连，作为动力输入端，4 为自行车车架及车轮。

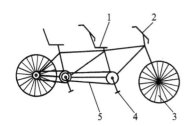 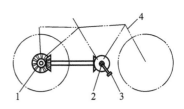

图 10-24　双人自行车　　　　　　　　图 10-25　齿轮传动自行车
1—座椅；2—车把；3—车轮；4—脚蹬；5—链传动　　1,2—锥齿轮；3—脚蹬；4—自行车车架及车轮

以上都是人们对自行车的大胆创新，随着汽车对环境污染的日益加重，人们对环境的保护意识不断增强，因此自行车作为一种低能耗、低污染的交通工具越来越受人们青睐。同时，为了提高自行车的使用性能，人们一直在研究，从动力、材料、功能上进行改进，如电动自行车、非金属材料车架自行车等。

10.4.3 在包装机械方面的应用图例

图 10-26 所示为送纸包装联动光电控制自动停车机构，由螺旋机构、曲柄滑块机构、齿轮齿条机构及双摇杆机构组合而成，其工作原理如下：构件 2 上有线圈，当线圈中通电时，构件 2 和衔铁 3 吸合，组成不变长度的连杆；断电时，构件 2、衔铁 3 可相对伸缩，可调长度的曲柄 1 虽继续转动，但连接包装系统的齿条 4 和齿轮 5 仍保持不动。如果包装纸 7 或被包装物 10 中有一个没有被送到包装位置，则水银开关 12 或光电开关 6 中就有一个没有闭合，线圈中则无电，包装系统停止工作。

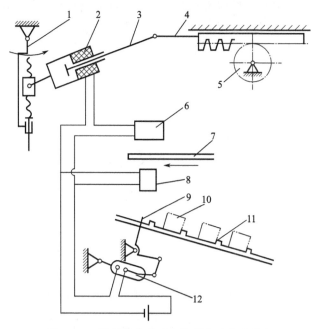

图 10-26　送纸包装联动光控制自动停车装置
1—曲柄；2—构件；3—衔铁；4—齿条；5—齿轮；6—光电开关；7—包装纸；
8—光源；9—摇杆；10—被包装物；11—输送杆；12—水银开关

10.4.4 在自动化生产机械方面的应用图例

自动流水生产线中批量生产的小零件广泛地采用整列机构来对零件进行整列。图 10-27(a) 所示为螺栓整列机构，该机构利用螺栓的重心和外形特点，设计了一个做上下往复运动、带槽的斜滑块，让滑块穿过盛放螺栓的料盘不断运动，使螺栓有机会嵌入槽中，并在自重和惯性力的作用下向下滑移排列整齐，最后滑入固定嵌槽中以备进一步加工。图 10-27(b) 所示为弹头形圆柱零件的整列机构。因为该零件的重心在圆柱体部分，因此，不论待整列零件是弹头朝上还是朝下，从上送料槽落下时，零件均能在被推入下送料槽的过程中，利用零件重心位置变化自行整列，使零件全部呈弹头向上地被推入下送料槽中。上述整列动作的实现并未用复杂的机构，仅仅利用了被整列物体的外形和重心特点，是一个很巧妙的构思。

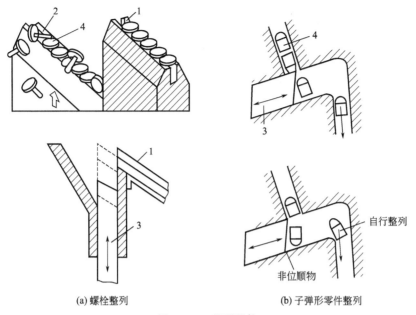

(a) 螺栓整列   (b) 子弹形零件整列

图 10-27　整列机构

1—固定嵌入槽；2—上下运动槽；3—滑块；4—待整列物

10.4.5　其他应用图例

图 10-28 所示为利用重力设计的自动分流机构。图 10-28(a) 可对流体或微粒物粒进行定量分流；图 10-28(b) 则对固态工件进行分流；图 10-28(c) 可根据工件的重力进行分流；图 10-28(d) 则可根据钢球的直径自动进行分选。在图 10-28(d) 所示的分选机构中，钢球是机构的运动构件，又是机构的工作对象，重力是机构的原动力，这些机构结构简单，分选效率高，分选精度好，是具有极高创造性的机构设计例子。

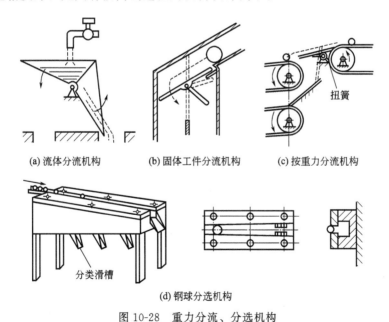

(a) 流体分流机构   (b) 固体工件分流机构   (c) 按重力分流机构

(d) 钢球分选机构

图 10-28　重力分流、分选机构

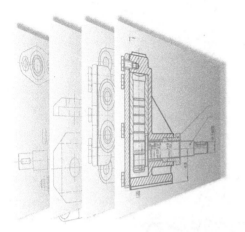

第11章
螺纹连接的典型应用及图例

螺纹连接是由螺纹零件（螺钉和螺母等）构成的可拆卸连接，它可以把两个或两个以上的零件连接成一个整体。由于螺纹零件是标准件，价格低廉且随处可购，因此构成的连接具有成本低、结构简单、装拆方便和工作可靠等优点，是机械中应用最广泛的一种连接件。

11.1 螺纹的种类、特点及应用

11.1.1 三角形螺纹

三角形螺纹主要有普通螺纹［见图 11-1(a)］和管螺纹［见图 11-1(b)～(d)］。前者多用于紧固连接，后者多用于各种管道的紧密连接。梯形螺纹和锯齿形螺纹用于传动，为了减少摩擦和提高效率，这两种螺纹的牙侧角都比三角形螺纹的小得多，而且有较大的间隙以便储存润滑油。

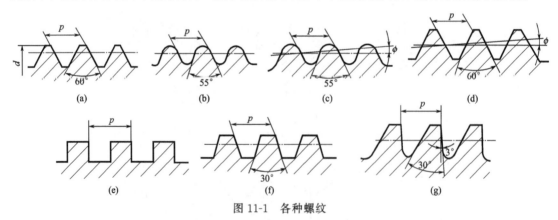

图 11-1 各种螺纹

(1) 普通螺纹

我国国家标准中，把牙型角 $\alpha = 60°$ 的三角形米制螺纹称为普通螺纹，以大径 d 为公称直径，如图 11-2 所示。同一公称直径可以有多种螺距的螺纹，其中螺距最大的称为粗牙螺纹，其余都称为细牙螺纹。公称直径相同时，细牙螺纹的升角小、小径大，因而自锁性能好、强度高，但不耐磨、易滑扣。

普通螺纹应用最广。一般连接多用粗牙，细牙用于薄壁或用粗牙对强度有较大影响的零件，也常用于受冲击、振动或变载荷的连接，还可用于微调机构的调整。

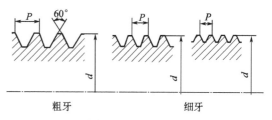

图 11-2　普通螺纹

(2) 管螺纹

管连接螺纹一般有下述五种。

① 管连接用细牙普通螺纹　与细牙螺纹相同，如图 11-2 所示，不需要专用刃具，制造经济；靠零件端面和密封圈密封。主要用于液压系统的管路连接。

② 55°圆柱管螺纹　如图 11-1(b) 所示，牙型角 $\alpha=55°$，公称直径近似为管子内径，内外螺纹公称牙型间没有间隙，密封简单。广泛应用于压力为 1.568MPa（16kgf/cm²）水、煤气、润滑和电线管路系统中。

③ 55°圆锥管螺纹　如图 11-1(c) 所示，牙型角 $\alpha=55°$，公称直径近似为管子内径，螺纹分布在 1:16 的圆锥管壁上，内、外螺纹公称牙型间没有间隙，不用填料而依靠螺纹牙的变形就可以保证连接的紧密性。当与 55°圆柱管螺纹配用（内螺纹为圆柱管螺纹）时，在 1MPa（10kgf/cm²）压力下足够密封。主要用于不需填料即能保证紧密性而且旋合迅速，适用密封要求较高的高温、高压系统各润滑系统的管路连接中。

④ 60°圆锥管螺纹　如图 11-1(d) 所示，与 55°圆锥管螺纹相似，但牙型角 $\alpha=60°$，主要用于汽车、拖拉机、航空机械、机床的燃料、油、水、气输送系统的管连接。

⑤ 米制锥螺纹　如图 11-1(d) 所示，牙型角 $\alpha=60°$ 的米制圆锥管螺纹，主要用于气体、液体管路系统，依靠螺纹密封的连接。

11.1.2　矩形螺纹

如图 11-1(e) 所示，矩形螺纹的牙型为正方形，牙厚为螺距的一半，传动效率较其他螺纹高。但精度制造困难（为便于加工，可给出 10°牙型角），螺纹副磨损后的间隙难以补偿或修复，对中精度低、牙根强度弱，主要用于力的传递或传导螺旋。

11.1.3　梯形螺纹

如图 11-1(f) 所示，牙型角 $\alpha=30°$，螺纹副的内径和外径处有相同的间隙。与矩形螺纹相比，效率略低，但梯形螺纹的牙侧角 $\beta=15°$，比矩形螺纹容易切削，工艺性好，牙根强度高，螺纹副对中性好，用剖分螺母时，还可以消除因磨损而产生的间隙。也主要用于力的传递或传导螺旋。

11.1.4　锯齿形螺纹

如图 11-1(g) 所示，工作面的牙型角为 3°，非工作面的牙型角为 30°，综合了矩形螺纹效率高和梯形螺纹牙根强度高的特点。外螺纹的牙根有相当大的圆角，以减小应力集中。螺纹副的外径处无间隙，便于对中。效率比梯形螺纹高，主要用于单向受力的传力螺旋。

11.2　螺纹连接的类型及选用

11.2.1　螺纹连接的类型

螺纹连接主要有螺栓连接、双头螺柱连接、螺钉连接和紧定螺钉连接四种基本类型，除此还有两种特殊类型：地脚螺栓、吊环螺栓连接和 T 形槽螺栓连接。

(1) 螺栓连接

螺栓连接主要用于被连接件不太厚并且能够穿透的情况。螺栓连接分为普通螺栓连接（也称受拉螺栓连接）和铰制孔光制螺栓连接。

① 普通螺栓连接　如图 11-3 所示。在被连接件上开有通孔的钻孔，插入螺栓后在螺栓的另一端拧上螺母。这种连接的结构特点是被连接件上的通孔和螺栓杆留有间隙，通孔的加工精度要求低，螺杆穿过通孔与螺母配合使用。装配后孔与杆间有间隙，并在工作中保持不变。结构简单，装拆方便，使用时不受被连接件材料的限制，可多次装拆，因此应用极广。

② 铰制孔用螺栓连接　如图 11-4 所示，其螺杆外径与螺栓孔（由高精度铰刀加工而成）的内径具有同一基本尺寸，并常采用基孔制过渡配合（H7/m6，H7/6），能精确固定被连接件的相对位置，并能承受垂直于螺栓轴线的横向载荷，但是孔的加工精度要求高，需要钻孔后铰孔。主要用于精密螺栓连接，也可作定位用。

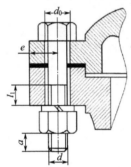 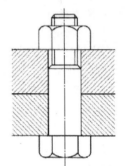

图 11-3　普通螺栓连接　　　　　　　图 11-4　铰制孔用螺栓连接

(2) 双头螺柱连接

双头螺柱连接，如图 11-5 所示，螺杆两端无钉头，但均有螺纹，装配时一端旋入被连接件，另一端配以螺母。装拆时只需拆螺母，而不将双头螺栓从被连接件中拧出，因此可以保护被连接件的内螺纹，可用于经常拆卸的场合。主要多用于较厚的被连接件或为了结构紧凑而采用盲孔的连接，允许多次装拆而不损坏被连接零件。

(3) 螺钉连接

螺钉直接旋入被连接件的螺纹孔中，省去了螺母（见图 11-6），因此结构上比较简单。但这种连接不宜经常装拆，以免被连接件的螺纹被磨损而使连接失效。所以用于不需经常装拆的地方或受载较小的情况。

(4) 紧定螺钉连接

紧定螺钉连接如图 11-7 所示，螺钉拧入后，利用螺钉末端顶住另一零件表面，或旋入零件相应的锪窝中以固定零件的相对位置。可传递不大的轴向力或转矩，多用于轴上零件的固定。螺钉除连接和紧定作用外，还可用于调整零件位置。

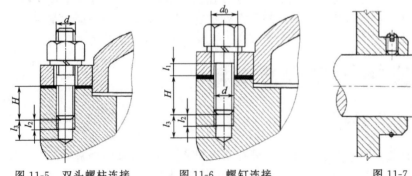

图 11-5　双头螺柱连接　　　图 11-6　螺钉连接　　　　　图 11-7　紧定螺钉连接

(5) 地脚螺钉连接

如图 11-8 所示，当机座或机架固定在地基上时，需要特殊螺钉连接，即地脚螺栓连接。

(6) 吊环螺栓连接

如图 11-9 所示，机器的大型顶盖或外壳，例如减速器的上箱体，为了吊装方便，可用吊环螺钉连接。

(7) T 形槽螺栓连接

图 11-10 所示为 T 形槽螺栓连接，主要用于工装设备。

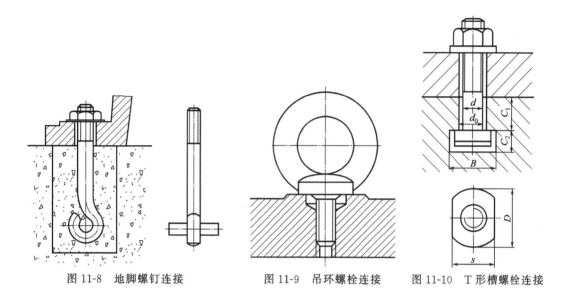

图 11-8　地脚螺钉连接　　　　图 11-9　吊环螺栓连接　　　　图 11-10　T 形槽螺栓连接

11.2.2　螺纹连接类型选用原则

当被连接件比较薄、能用螺栓穿透且能装拆时，尽量采用螺栓连接，不要采用螺钉连接；当被连接件有一个很厚、钻不透时，可以采用螺钉连接或双头螺柱连接。两者的区别在于：经常拆卸时采用双头螺柱连接，不经常拆卸时采用螺钉连接；固定零件位置时经常采用紧定螺钉连接。

11.3　螺纹连接的预紧和防松

11.3.1　螺纹连接的预紧

除个别情况外，螺纹连接在装配时都必须拧紧，这时螺纹连接受到预紧力的作用。对于重要的螺纹连接，应控制其预紧力，因为预紧力的大小对螺纹连接的可靠性、强度和密封性均有很大的影响。

螺纹连接的拧紧力矩 T 等于克服螺纹副相对转动的阻力矩 T_1 和螺母支承面上的摩擦阻力矩 T_2（见图 11-11）之和，为了充分发挥螺栓的工作能力和保证预紧可靠，螺栓的预紧应力一般可达材料屈服极限的 50%～70%。

小直径的螺栓装配时应施加小的拧紧力矩，否则就容易将螺栓杆拉断。对重要的有强度要求的螺栓连接，如无控制拧紧力矩的措施，不宜采用小于 M12 的螺栓。

通常螺纹连接拧紧的程度是凭工人经验来决定的。为了能保证质量，重要的螺纹连接应按计算值控制拧紧力矩，用测力矩扳手［见图 11-12(a)］或定力矩扳手［见图 11-12(b)］来获得所要求的拧紧力矩。对于一些更为重要的或大型的螺栓连接，可用控制螺栓在拧紧前后发生的伸长变形量来达到更精确的预紧力控制。

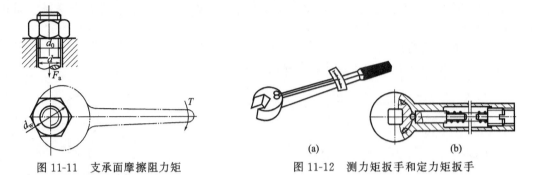

图 11-11　支承面摩擦阻力矩　　　　　图 11-12　测力矩扳手和定力矩扳手

11.3.2　螺纹连接的防松

螺纹连接用的三角形螺纹一般都具有自锁性，与拧紧以后螺母和螺栓头部等支承面上的摩擦力一起，起到防松作用，故在静载荷和工作温度变化不大时不会自动松脱。但是在冲击、振动和变载荷的作用下，螺旋副间的摩擦力可能减小或瞬时消失。这种现象多次重复后，就会使连接松脱，在高温或温度变化较大的情况下，由于材料发生蠕变和应力松弛，也会使连接中的预紧力和摩擦力逐渐减小，最终将导致连接失败。轻者会影响机器的正常运转，重者会造成严重事故。因此，设计时必须采取有效的防松措施。

螺纹连接防松的根本问题在于防止螺纹副在受载时发生相对转动。防松的方法很多，按其工作原理可分为以下几种。

① 摩擦防松　依靠增大摩擦力的防松装置。

② 机械防松　利用防松元件防松。

③ 铆冲防松（不可拆卸防松）　在拧紧连接后，用冲点、焊接或黏合等方法将螺栓和螺母固连起来。

一般来说，摩擦防松简单、方便，但没有机械防松可靠。对于重要的连接，特别是在机器内部不易检查的连接，应采用机械防松，常用的放松方法见表 11-1。

表 11-1　螺纹连接常用的防松方法

序号	图例	说明
1	螺栓　上螺母　下螺母	两螺母对顶拧紧后，使旋合螺纹间始终受到附加的压力和摩擦力的作用。工作载荷有变动时，该摩擦力仍然存在。旋合螺纹间的接触情况如左图所示，下螺母螺纹牙受力较小，其高度可小些，但为了防止装错，两螺母的高度取成相等为宜 结构简单，适用于平稳、低速和重载的固定装置上的连接
2		用薄钢板压制成的对顶螺母也属于上述类型的锁紧装置，这种螺母比普通的对顶螺母具有更大的弹性

序号	图例	说明
3	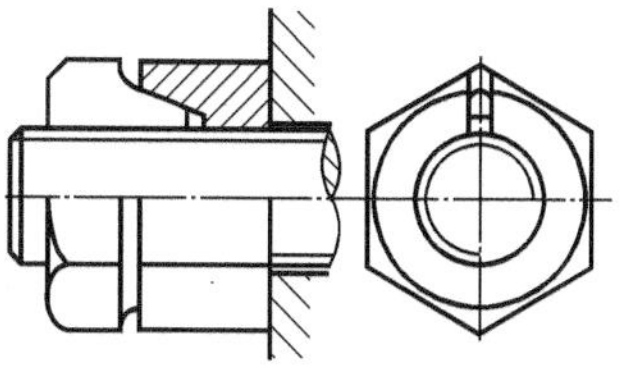	一端具有外锥且破口(增加弹性)的上螺母与具有内锥的下螺母旋入螺杆。当拧紧上螺母时,锥部使上螺母收紧从而锁紧
4	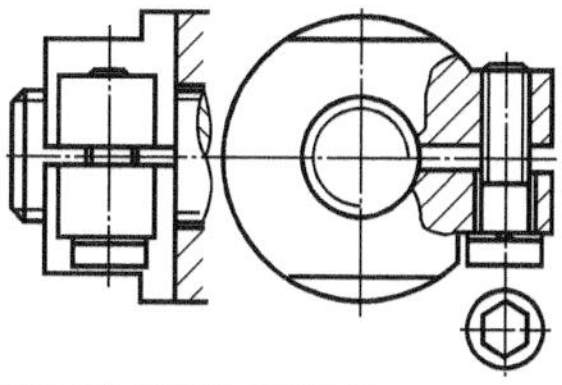	破口螺母一边装有紧定用螺钉,拧紧该螺钉即可把螺母锁紧
5	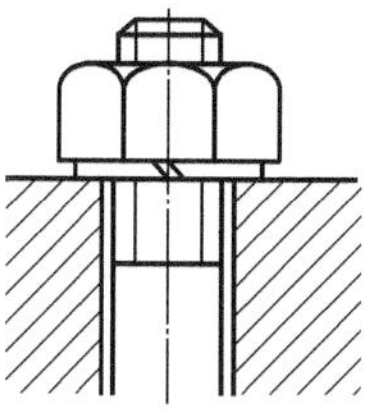	螺母拧紧后,靠弹簧垫圈压平而产生的弹性反力使旋合螺纹间压紧。同时垫圈斜口的尖端抵住螺母与被连接件的支承面也有防松作用 结构简单、使用方便。但由于垫圈的弹力不均,在冲击、振动的工作条件下,其防松效果较差,一般用于不甚重要的连接
6	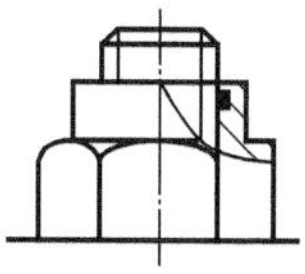	尼龙圈锁紧螺母中嵌有尼龙圈,拧上后尼龙圈内孔被胀大,箍紧螺栓
7	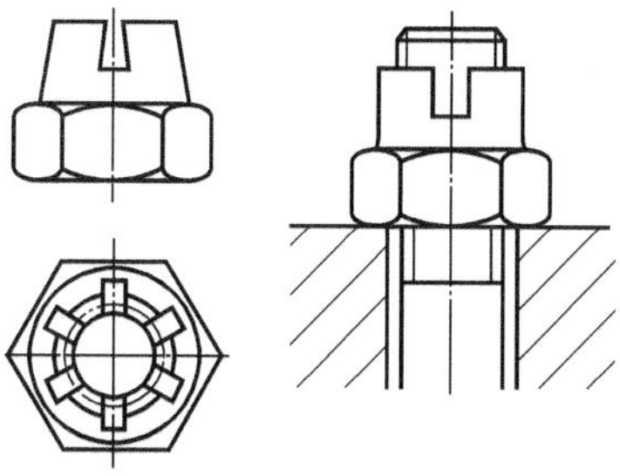	螺母一端制成非圆形收口或开缝后径向收口。当螺母拧紧后,收口胀开,利用收口的弹力使旋合螺纹间压紧 结构简单,防松可靠,可多次装拆而不降低防松性能
8	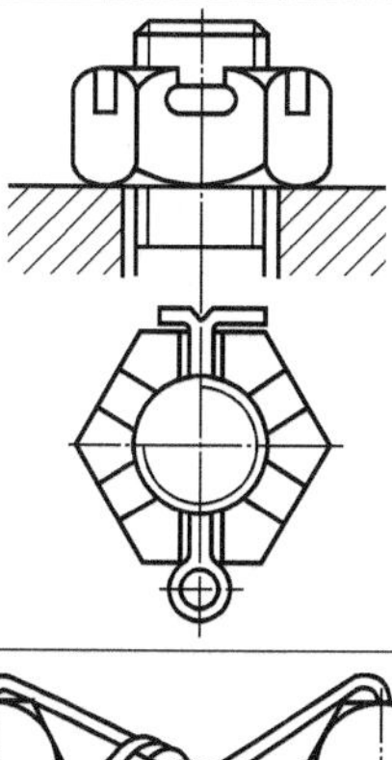	六角开槽螺母拧紧后,将开口销穿入螺栓尾部小孔和螺母的槽内,并将开口销尾部掰开与螺母侧面贴紧。也可用普通螺母代替六角开槽螺母,但需拧紧螺母后再配钻孔 适用于较大冲击、振动的高速机械中运动部件的连接
9		两种螺钉用钢丝锁紧。用低碳钢丝穿入螺钉头部的孔内,扭紧打结

序号	图例	说明
10	(a) 正确 (b) 不正确	三只以上螺钉用钢丝锁紧 用低碳钢丝穿入各螺钉头部的孔内,将各螺钉串连起来,使其相互制动。使用时必须注意钢丝的穿入方向 适用于螺钉组连接,防松可靠,但装拆不便
11		圆螺母拧紧后,将止动垫圈向螺母的侧面折弯贴紧并卡入螺母槽,由于垫圈同时卡入在轴端键槽内,故可将螺母锁住
12	A| A(件3) (件4) 2 1	与上述不同的是止动垫圈 1 的凸键嵌入轴 2 大端的槽内。这使轴 2 的小端不再铣长键槽
13		垫圈右边有切口,拧紧螺母翘起飞边挡住螺母不回松
14		螺母拧紧后,将单耳或双耳止动垫圈分别向螺母和被连接件的侧面折弯贴紧,即可将螺母锁住 若两个螺栓需要双联锁紧时,可采用双联止动垫圈,使两个螺母相互制动 结构简单,使用方便,防松可靠
15		螺母摩擦力的增大是由于在槽以上段内的螺纹和螺母上其他部分的螺纹的相互移动,这样就产生了附加的(内部的)轴向力。螺母槽以上部分的弹性保证了摩擦力的稳定

序号	图例	说明
16	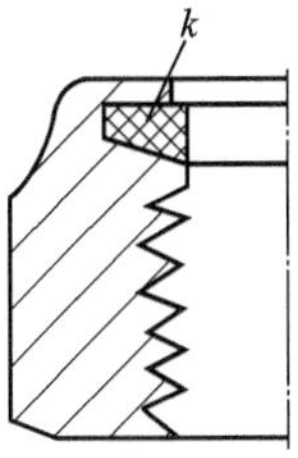	在螺母上部的内槽中配置一纤维制的圆环 k，当装配时把螺栓（或螺柱）的螺纹旋入环内，同样也可增大螺纹中的摩擦力；这种装置可以重复拆装 $20\sim25$ 次或更多而其摩擦力矩尚不致显著降低
17	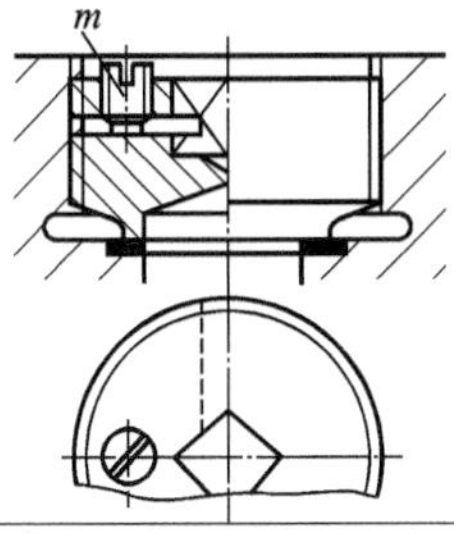	利用在螺钉塞上的锯槽和压紧螺钉 m 的作用而受到锁紧的效果
18	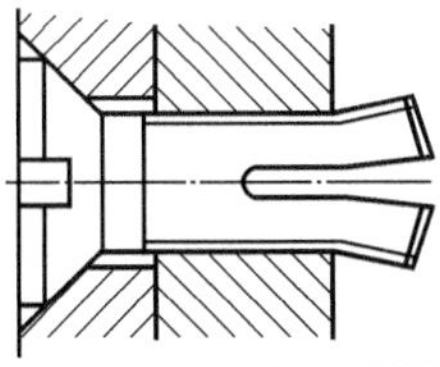	在螺钉尾端锯槽并稍加张开以收到锁紧的效果
19	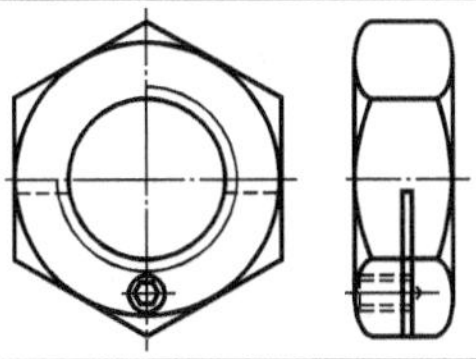	螺母一旁锯口，压紧锁紧螺钉，螺母两半张开锁紧于螺杆
20	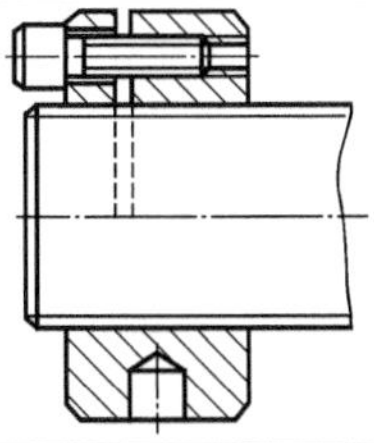	与上不同的是拉紧两半螺母
21	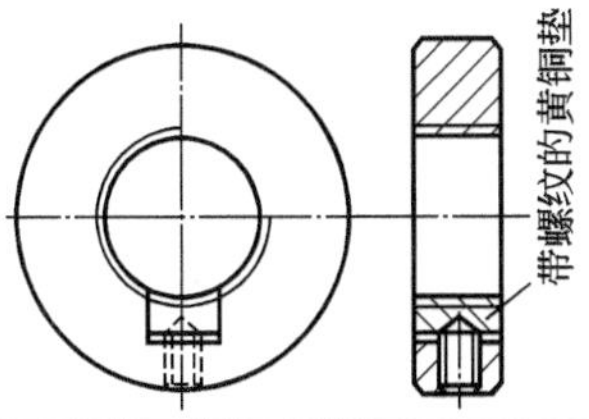	第一种方法是嵌入黄铜垫，不管它上面有没有螺纹，均可使它自身顺应于螺钉螺纹产生变形而无损于螺纹 第二种方法是先把黄铜垫压配入槽内。再车螺纹，最后使黄铜垫与槽滑配
22	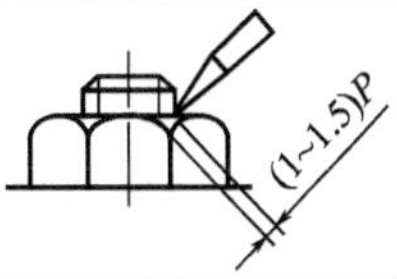	旋紧螺母后用冲头在旋合处冲冲 $2\sim3$ 点或点焊也可锁紧，不过仅用于不拆卸的场合
23	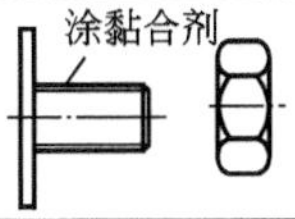	用黏合剂涂于螺纹旋合表面，拧紧螺母后黏合剂能自行固化，防松效果良好

11.4 提高螺栓连接强度的措施

螺栓连接承受轴向变载荷时，其损坏形式多为螺栓杆部分的疲劳断裂，通常都发生在应力集中较严重之处，即螺栓头部、螺纹收尾部和螺母支承平面所在处的螺纹（见图 11-13）。以下简要说明影响螺栓强度的因素和提高强度的措施。

11.4.1 降低螺栓总拉伸载荷的变化范围

螺栓所受的轴向工作载荷变化时，螺栓所受的总拉伸载荷 F_a 也作相应的变化。减小螺栓刚度 k_b 或增大被连接件刚度 k_c 都可以减小 F_a 的变化幅度。这对防止螺栓的疲劳损坏是十分有利的。

为了减小螺栓刚度，可减小螺栓光杆部分直径或采用空心螺杆，如图 11-14（a）和（b）所示，有时也可增加螺栓的长度。

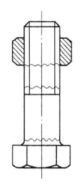

图 11-13 螺栓疲劳断裂的部位

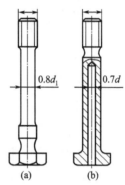

图 11-14 减小螺栓刚度的结构

被连接件本身的刚度是较大的，但被连接件的接合面因需要密封而采用软垫片时（见图 11-15）将降低其刚度。若采用金属薄垫片或采用 O 形密封圈作为密封元件（见图 11-16），则仍可保持被连接件原来的刚度值。

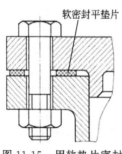

图 11-15 用软垫片密封

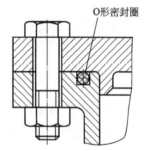

图 11-16 用 O 形密封圈密封

11.4.2 改善螺纹牙间的载荷分布

采用普通螺母时，轴向载荷在旋合螺纹各圈间的分布是不均匀的，如图 11-17（a）所示，从螺母支承面算起，第一圈受载最大，以后各圈递减。理论分析和实验证明，旋合圈数越多，载荷分布不均程度也越显著，到第 8～10 圈以后，螺纹几乎不受载荷。所以，采用圈数多的厚螺母，并不能提高连接强度。若采用图 11-17（b）所示的悬置

（受拉）螺母，则螺母锥形悬置段与螺栓杆均为拉伸变形，有助于减小螺母与螺栓杆的螺距变化差，从而使载荷分布比较均匀。图 11-17（c）为环槽螺母，其作用和悬置螺母相似。

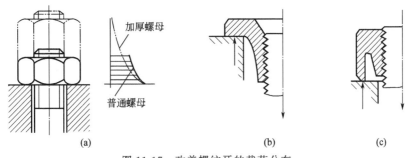

图 11-17　改善螺纹牙的载荷分布

11.4.3　减小应力集中

如图 11-18 所示，增大过渡处圆角［见图 11-18(a)］、切制卸载槽［见图 11-18(b)、(c)］都是使螺栓截面变化均匀、减小应力集中的有效方法。

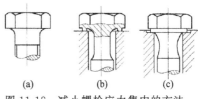

图 11-18　减小螺栓应力集中的方法

11.4.4　避免或减小附加应力

还应注意，由于设计、制造或安装上的疏忽，有可能使螺栓受到附加弯曲应力（见图 11-19），这对螺栓疲劳强度的影响很大，应设法避免。例如，在铸件或锻件等未加工表面上安装螺栓时，常采用凸台或沉头座等结构，经切削加工后可获得平整的支承面（见图 11-20）。

除上述方法外，在制造工艺上采取冷镦头部和辗压螺纹的螺栓，其疲劳强度比车制螺栓约高 30%，氰化、氮化等表面硬化处理也能提高疲劳强度。

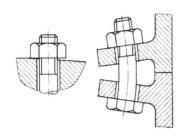

(a) 支承面不平　(b) 被连接件变形太大
图 11-19　引起附加应力的原因

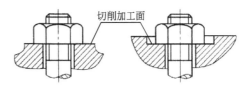

切削加工面
图 11-20　避免附加应力的方法

11.5　螺纹连接的典型应用图例

11.5.1　活塞与塞底的连接应用图例

如图 11-21 所示，活塞与塞底的螺纹连接，活塞 1 上的通孔和塞底 2 的盲孔通过双头螺柱连接，螺母 3 可多次拆卸，开口弹簧垫圈 4 可防松。

11.5.2　双头螺柱连接应用图例

如图 11-22 所示，被连接件 1 和 2 通过双头螺柱 3 和螺母 4 连接，止动垫片 5 用于连接防松。

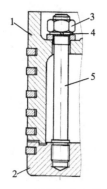

图 11-21　活塞与塞底的连接
1—活塞；2—塞底；3—螺母；4—开口
弹簧垫圈；5—双头螺柱

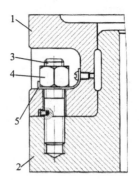

图 11-22　双头螺柱连接
1,2—被连接件；3—双头螺柱；
4—螺母；5—止动垫片

11.5.3　钢丝绳末端的连接应用图例

图 11-23 所示的是钢丝绳末端连接应用图例。钢丝绳 1 和 2 在末端的链接是通过两套折弯的单头螺柱 4 和螺母 3 来实现连接的。单头螺柱 4 的另一端有一个通孔且是光孔，穿过另一套单头螺柱的螺纹端，通过拧紧螺母 3，使钢丝绳 1 和 2 被夹紧实现连接。

11.5.4　在中心架上的连接应用图例

图 11-24 所示的是中心架上的螺纹连接应用图例。中心架卡爪 1 调整到位之后，通过锁紧螺钉 2 将卡爪 1 的位置锁紧固定。螺钉 3 用于连接中心架与架座的。

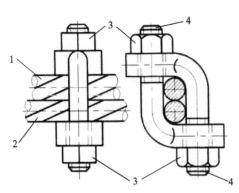

图 11-23　钢丝绳末端的连接
1,2—钢丝绳；3—螺母；4—折弯的单头螺柱

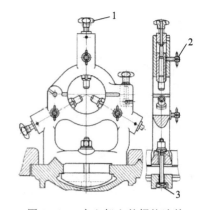

图 11-24　中心架上的螺纹连接
1—中心架卡爪；2—锁紧螺钉；3—螺钉

11.5.5　钢轨和工字梁的连接应用图例

图 11-25 所示的是钢轨与工字梁的连接应用图例。钢轨 1 与工字梁 2 通过螺栓 3 连接，4 是螺母，5 是开口弹簧垫片，起防松作用。

11.5.6 在连杆上的连接应用图例

图 11-26 所示的是连杆上的螺纹连接应用图例。连杆盖 1 与连杆体 2 通过两组螺栓连接。4 是螺栓，3 是六角开槽螺母，将六角开槽螺母拧紧后，将开口销穿入螺栓尾部小孔和螺母的槽内，并将开口销尾部掰开与螺母侧面贴紧。

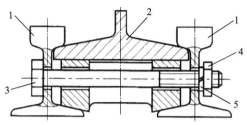

图 11-25　钢轨与工字梁的连接
1—钢轨；2—工字梁；3—螺栓；
4—螺母；5—开口弹簧垫片

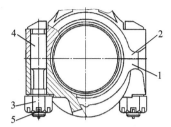

图 11-26　连杆上的螺纹连接
1—连杆盖；2—连杆体；3—六角
开槽螺母；4—螺栓；5—销

11.5.7 工字梁和立柱的连接应用图例

图 11-27 所示的是工字梁与立柱的连接应用图例。工字梁 1 与立柱 2 通过两组螺栓连接，3 是螺母，4 是螺栓，开口弹簧垫片 5 起防松作用。

11.5.8 在钻床夹具上的连接应用图例

图 11-28 所示的是钻床夹具上的连接应用图例。通过螺钉 1 调整夹紧工件。

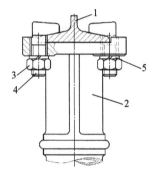

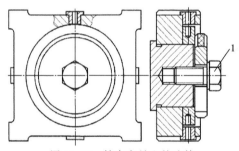

图 11-27　工字梁与立柱的连接
1—工字梁；2—立柱；3—螺母；4—螺栓；5—开口弹簧垫片

图 11-28　钻床夹具上的连接
1—螺钉

11.5.9 地脚螺钉的几种应用及图例

图 11-29～图 11-31 所示的是地脚螺钉的应用。

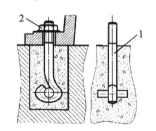

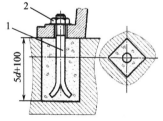

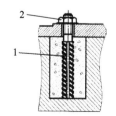

图 11-29　地脚螺栓的应用（一）
1—地脚螺钉；2—螺母

图 11-30　地脚螺栓的应用（二）
1—地脚螺钉；2—螺母

图 11-31　地脚螺栓的应用（三）
1—地脚螺钉；2—螺母

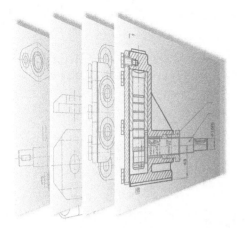

Chapter 12

第12章

键、花键及销连接典型
应用图例

12.1 键连接的类型

齿轮、蜗轮、带轮、联轴器等传动零件与支承它们的轴之间的常用键连接。键主要用来实现轴和轴上零件之间的周向固定以传递转矩。有些类型的键还可实现轴上零件的轴向固定或轴向移动。

键是一种标准件,分为平键、半圆键、楔键和切向键等。设计时应根据各类键的结构和应用特点进行选择。

12.1.1 平键连接

平键的两侧面是工作面,如图12-1(a)所示。工作时,靠键与键槽侧面的挤压来传递转矩,键的上表面和轮毂的键槽底面间则留有间隙。这种键具有结构简单、定心性较好、装拆方便等优点,因而应用广泛。但这种键连接不能承受轴向力,因而对轴上的零件不能起到轴向固定作用。常用的平键有普通平键、薄型平键、导向平键和滑键四种,其中普通平键和薄型平键用于静连接,导向平键和滑键用于动连接。

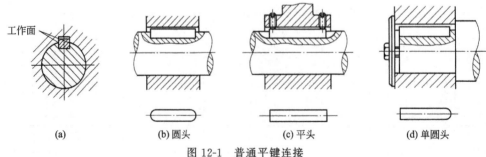

图 12-1　普通平键连接

① 普通平键　其端部形状可制成圆头（A 型）、方头或平头（B 型）或单圆头（C 型），如图 12-1 所示。圆头平键宜放在轴上用键槽铣刀铣出的键槽中，键在键槽中轴向固定良好。缺点是键的头部侧面与轮毂上的键槽并不接触，因而键的圆头部分不能充分利用，而且轴上键槽端部的应力集中较大。方头（平头）平键是放在用盘形铣刀铣出的键槽中，因而避免了上述缺点，但对于尺寸大的键，宜用紧定螺钉固定在轴上的键槽中，以防松动，轴的应力集中也比较小。单圆头平键常用于轴端与毂类零件的连接。普通平键应用最广。

② 薄型平键　与普通平键的区别是键的高度为普通平键的 60%～70%，也分圆头、平头和单圆头三种形式，但传递转矩的能力较低，常用于薄壁结构、空心轴及一些径向尺寸受限制的场合。

③ 导向平键　如图 12-2(a) 所示，当被连接的毂类零件在工作过程中必须在轴上做轴向移动时（如变速箱中的滑移齿轮），则需采用导向平键或滑键。导向平键是一种较长的平键，需用螺钉固定在轴上的键槽中，为了便于装拆，键上制有起键螺纹孔，以便拧入螺钉使键退出键槽。轴上的传动零件则可沿键做轴向滑移。当零件需滑移的距离较大时，因所需导向平键的长度过大，制造困难，故宜采用滑键，如图 12-2(b) 所示。滑键固定在轮毂上，轮毂带动滑键在轴上的键槽中做轴向滑移。这样，只需在轴上铣出较长的键槽，而键可做得较短。

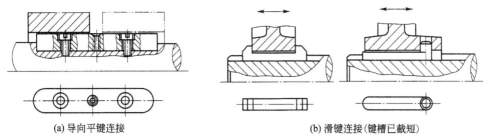

(a) 导向平键连接　　　　　　　　　(b) 滑键连接（键槽已截短）

图 12-2　平键连接

12.1.2　半圆键连接

如图 12-3 所示，半圆键也是以两侧面为工作面，它在轴槽中能绕其几何中心摆动，以适应毂上键槽的斜度，这种键连接的优点是工艺性较好，装配方便，且对中性好、定心性好。它的缺点是轴上键槽较深，对轴的削弱较大，故一般只适用于轻载或轴端的连接，尤其适用于锥形轴端，在工艺上较为方便。

端面键当孔壁较薄无法插键槽，同时又要传递较大扭矩时，可以采用如图 12-4 所示的端面键。

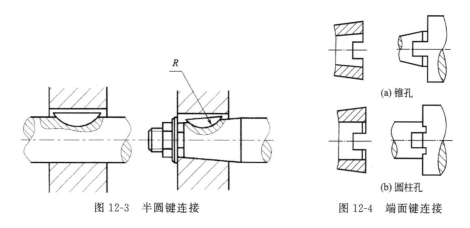

图 12-3　半圆键连接　　　　　　图 12-4　端面键连接

(a) 锥孔

(b) 圆柱孔

12.1.3　楔键连接

楔键连接如图 12-5 所示，键的上、下两面是工作面，键的上表面和与它相配合的轮毂键槽底面均有 1：100 的斜度，装配后，键即楔紧在轴和轮毂的键槽里。工作时，靠键的楔紧作用来传递转矩，同时还可以承受单向的轴向载荷，对轮毂起到单向的轴向固定作用。楔键的侧面与键槽侧面间有很小的间隙，当转矩过载而导致轴与轮毂发生相对转动时，键的侧面能像平键那样起作用。因此，楔键连接在传递有冲击和振动的较大转矩时，仍能保证连接的可靠性。楔键连接的缺点是键楔紧后，轴与轮毂的配合产生偏心和偏斜。因此主要用于毂类零件的定心精度要求不高和低转速的场合。

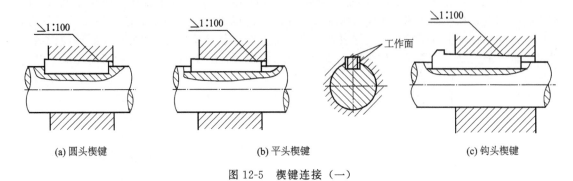

(a) 圆头楔键　　　　　　　　(b) 平头楔键　　　　　　　　(c) 钩头楔键

图 12-5　楔键连接（一）

楔键分为普通楔键和钩头楔键两种，如图 12-5 所示。普通楔键有圆头、平头和单圆头三种形式。装配时，圆头楔键要先放入轴上键槽中，然后打紧轮毂。平头、单圆头和钩头楔键则在轮毂装好后才将键放入键槽并打紧。钩头楔键的钩头供拆卸用，安装在轴端时，应注意加装防护罩。

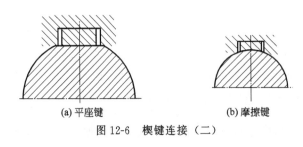

(a) 平座键　　　　　(b) 摩擦键

图 12-6　楔键连接（二）

楔键的另外两种形式：平座键和摩擦键，如图 12-6 所示，平座键是轴上制出平面（削平），平面起着槽的作用；摩擦键的工作面和轴相接触，横断面上的弧度半径等于轴的半径；工作面的对面是平面。安装键时轴上不需要切槽。当传递的转矩不大且轴和轮毂间偶然发生的转动变位没有影响时采用。

12.1.4　切向键连接

此外，在重型机械中常采用切向键连接。切向键是由一对斜度为 1：100 的楔键组成，如图 12-7 所示，其工作面是由一对楔键沿斜面拼合后相互平行的两个窄面，被连接的轴和轮毂上都制有相应的键槽。

装配时，把一对楔键分别从轮毂一端或两端打入，拼合而成的切向键就沿轴的切线方向楔紧在轴与轮毂之间。工作时，靠工作面上的挤压力和轴与轮毂间的摩擦力来传递转矩，能传递很大的转矩。用一个切向键时，只能传递单向转矩；当要传递双向转矩时，必须用两个切向键，两者间的夹角为 120°～130°。由于切向键的键槽对轴的削弱较大，因此常用于直径大于 100mm 的轴上。例如用于大型带轮、大型飞轮、矿山用大型绞车的卷筒及齿轮等与轴的连接。

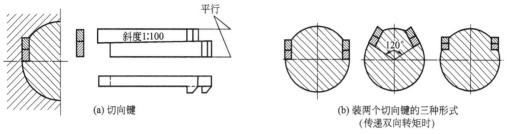

(a) 切向键

(b) 装两个切向键的三种形式
(传递双向转矩时)

图 12-7　切向键连接

12.2　花键连接

　　轴和轮毂孔周向均布的多个键齿构成的连接称为花键连接。齿的侧面是工作面。由于是多齿传递载荷，所以花键连接比平键连接具有承载能力高、对轴削弱程度小（齿浅、应力集中小）、定心好和导向性能好等优点。它适用于定心精度要求高、载荷大或经常滑移的连接。花键连接按其齿形不同，可分为一般常用的矩形花键、强度高的渐开线花键和三角形花键。

　　花键连接可以做成静连接，也可以做成动连接，花键连接的零件多用强度极限不低于600MPa的钢料制造，多数需热处理，特别是在载荷下频繁移动的花键齿，应通过热处理获得足够的硬度以抗磨损。

12.2.1　矩形花键

　　如图 12-8 所示，矩形花键因易于制造，成本较低，应用最为广泛，其中图 12-8(a) 所示为外径 D 定心，以往应用最广。图 12-8(b) 所示为内径 d 定心，逐渐推广使用。图 12-8(c) 所示为侧面 b 定心，主要用于重载的花键连接。

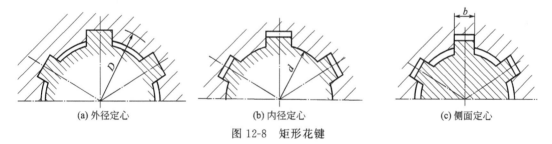

(a) 外径定心　　　　　　　　(b) 内径定心　　　　　　　　(c) 侧面定心

图 12-8　矩形花键

12.2.2　渐开线花键

　　如图 12-9 所示，花键的齿廓为渐开线，分度圆压力角有 $\alpha = 30°$ 和 $\alpha = 45°$ 两种，后者也称细齿渐开线花键或三角形花键，齿顶高分别为 $0.5m$ 和 $0.4m$（m 为模数），可用齿轮机床进行加工，工艺性较好，制造精度高，齿根圆角大，应力集中小，易于对心。

　　但加工花键孔用的渐开线拉刀制造复杂，成本高。因此适宜传递大转矩、大直径的轴。由于齿形定心，故当齿受力时，齿上的径向力能起到自动定心的作用。

12.2.3　三角形花键

　　如图 12-10 所示，三角形花键的齿形小、齿数多，主要用于传递转矩不大的固定连接，以代替压配合，也用于薄壁套筒与轴的连接。

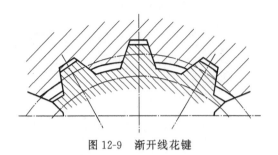

图 12-9　渐开线花键

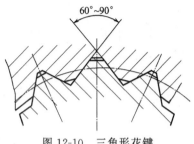

图 12-10　三角形花键

12.3　销连接

　　销主要用作固定零件之间的相互位置装配定位，也可用来连接或销定零件，并可传递不大的载荷，还可作为安全装置中的过载剪断元件。销的类型、尺寸、材料和热处理以及技术要求都有标准规定。

　　按用途，销可分为定位销、连接销和安全销三类。如图 12-11 所示，定位销主要用于固定零件间的位置，它是组合加工和装配时的重要辅助零件，不受载荷或受很小载荷，其直径可按结构确定，数目不得少于两个。如图 12-12 所示，连接销用于连接，可传递不大的载荷，其直径可根据连接的结构特点按经验确定，必要时再验算强度。如图 12-13 所示，安全销可作安全保护装置中的过载剪断元件。

　　按形状，销的基本形式可分为圆柱销和圆锥销，如图 12-11 所示。

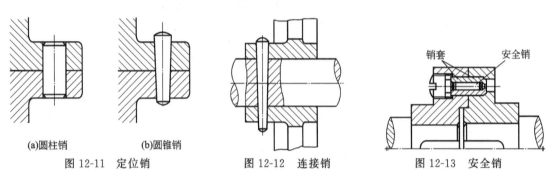

(a)圆柱销	(b)圆锥销		

图 12-11　定位销　　　　　图 12-12　连接销　　　　　图 12-13　安全销

12.3.1　圆柱销

　　如图 12-14(a) 所示，安装圆柱销的销孔需铰制，经过多次装拆后，会降低其定位精度和连接的紧固。只能传递不大的载荷。

　　不能多次装拆，否则定位精度下降。也可作为安全装置中的过载剪断元件。

　　如图 12-14(b) 所示为内螺纹圆柱销，其销孔也需要铰制，多次装卸后也会降低定位的

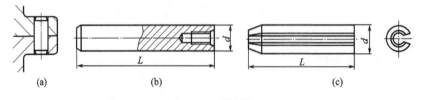

图 12-14　圆柱销

精度和连接的紧固。只能传递不大的转矩。主要用于盲孔的定位及机件连接。

如图 12-14(c) 所示为弹性圆柱销，具有弹性，装入销孔后与孔壁压紧，不易松动。销孔精度要求较低，互换性好，可多次拆卸。刚性较差，不适高精度定位。主要用于冲击、振动的场合。

12.3.2　圆锥销

如图 12-11(b) 所示为圆锥销有 1∶50 的锥度，在受横向载荷时可以自锁，安装比圆柱销方便，多次装拆对定位精度的影响也较小，使用最为广泛。

圆锥销还有许多特殊形式。图 12-15(a) 和 (b) 所示的是大端具有螺纹的圆锥销，便于拆卸，可用于盲孔；图 12-15(c) 所示的是小端带外螺纹的圆锥销，可用螺母锁紧，适用于有冲击的场合。图 12-16 所示为开尾圆锥销，适用于有冲击和振动的场合。注意：用于盲孔时，销孔应有泄气销孔或在锥销上开小槽泄气。图 12-17 所示的是带槽的圆锥销和圆柱销，销上有三条压制的纵向沟槽，图 12-18(b) 所示的是槽销的放大俯视图，其细线表示打入销孔前的形状，实线表示打入后变形的结果。将槽销打入销孔后，由于材料的弹性使销挤进在销孔中，使销与孔壁压紧，不易松脱，因而能承受振动和变载荷。使用这种销连接时，销孔不需要铰制，加工方便且可多次装拆。

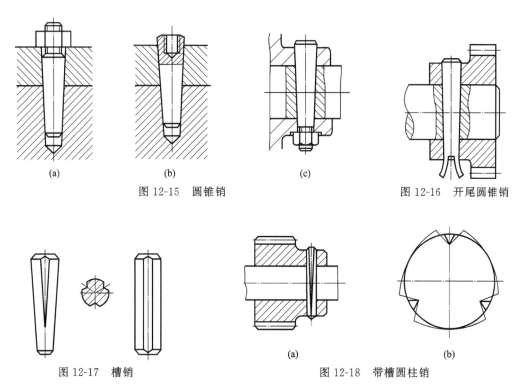

图 12-15　圆锥销　　　　　　　　　　图 12-16　开尾圆锥销

图 12-17　槽销　　　　　　　　图 12-18　带槽圆柱销

12.3.3　销轴

销轴用于两个零件的铰接处，构成铰链连接，如图 12-19 所示。销轴通常用开口销锁定，工作可靠，拆卸方便。

开口销如图 12-20 所示。装配时将尾部分开，以防脱出。开口消除与销轴配用外，还常用于螺纹连接的防松装置中。

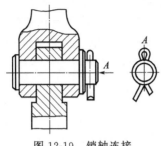

图 12-19　销轴连接

图 12-20　开口销

12.4　无键连接

凡是轴与毂的连接不用键或花键时，统称为无键连接。

12.4.1　形面连接

形面连接如图 12-21 所示，把安装轮毂的那一段轴制成表面光滑的非圆形截面的柱体［见图 12-21(a)］或非圆形截面的锥体［见图 12-21(b)］，并在轮毂上制成相应的孔。这种轴与毂孔相配合而构成的连接，称为形面连接。

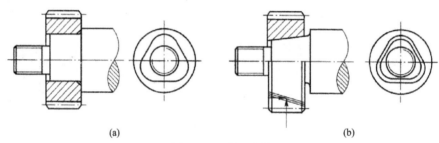

(a)　　　　　　　　　　　　　　　　(b)

图 12-21　形面连接

形面连接装拆方便，能保证良好的对中性；连接面上没有键槽及尖角，从而减少了应力集中，故可传递较大的转矩。但加工比较复杂，特别是为了保证配合精度，最后工序多要在专用机床上进行磨削加工，故目前应用还不广泛。

此外，形面连接也采用方形、正六边形及带切口的圆形等截面形状的。

12.4.2　胀紧连接

如图 12-22 所示，胀紧连接是在毂孔与轴之间装入胀紧连接套（简称胀套），可装一个（指一组）或几个，在轴向力作用下，同时胀紧轴与毂而构成的一种静连接。根据胀套结构形式的不同，JB/T 7934—1999 规定了 20 种型号（$Z_1 \sim Z_{20}$），下面简要介绍采用 Z_1 和 Z_2 型胀套的胀紧连接。

采用 Z_1 型胀套的胀紧连接如图 12-22 所示，在毂孔和轴的对应光滑圆柱面间，加装一个胀套［见图 12-22(a)］或两个胀套［见图 12-22(b)］。当拧紧螺母或螺钉时，在轴向力的作用下，内、外套筒互相楔紧。内套筒缩小而箍紧轴，外套筒胀大而撑紧毂，使接触面间产生压紧力。工作时，利用此压紧力所引起的摩擦力来传递转矩或（和）轴向力。

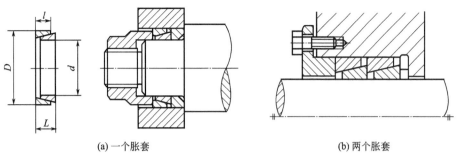

(a) 一个胀套   (b) 两个胀套

图 12-22　采用 Z_1 型胀套的胀紧连接

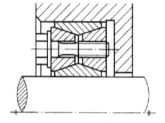

采用一个 Z_2 型胀套的胀紧连接如图 12-23 所示。Z_2 型胀套中，与轴或毂孔贴合的套筒均开有纵向缝隙（图中未示出），以利变形和胀紧。根据传递载荷的大小，可在轴与毂孔间加装一个或几个胀套。拧紧连接螺钉，便可将轴、毂胀紧，以传递载荷。

胀紧连接的定心性好，装拆方便，引起的应力集中较小，承载能力强，并且有安全保护作用。但由于要在轴和毂孔间安装胀套，应用有时受到结构尺寸的限制。

图 12-23　采用 Z_2 型胀套的胀紧连接

12.5　键、花键及销连接的典型应用图例

12.5.1　将蜗轮固定在轴上的应用图例

图 12-24 所示的是将蜗轮固定在轴上的应用。蜗轮 1 与轴的周向固定是通过半圆键 2 实现的，能传递运动和转矩，蜗轮的轴向固定是通过右端的轴肩和左端的圆螺母 4 实现的，止动垫片 5 用于圆螺母 4 的防松。

12.5.2　将圆盘固定在轴上的应用图例

图 12-25 所示的是将圆盘固定在轴上的应用。圆盘 1 与轴 3 是通过平键 2 连接的，实现圆盘 1 的周向的固定，能传递运动和转矩，圆盘 1 的轴向固定是通过紧定螺钉 4 实现的。

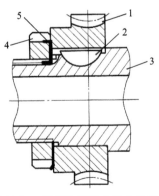

图 12-24　将蜗轮固定在轴上的应用

1—蜗轮；2—半圆键；3—轴；4—圆螺母；5—止动垫片

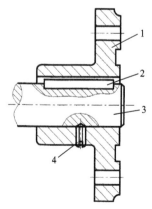

图 12-25　将圆盘固定在轴上的应用

1—圆盘；2—平键；3—轴；4—紧定螺钉

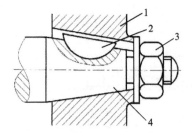

图 12-26　用半圆键将锥形盘
固定在轴上的应用
1—锥形盘；2—半圆键；
3—螺母；4—轴

12.5.3　用半圆键固定锥形盘的应用图例

　　图 12-26 所示的是用半圆键将锥形盘固定在轴上，锥形盘 1 与锥形轴端是通过半圆键 2 实现周向固定的，能传递运动和转矩。锥形盘 1 的轴向固定是通过轴孔与轴的锥度实现左端轴向固定的，其右端是轴端挡圈和螺母 3 实现的。

12.5.4　用半圆键固定链轮及滚筒的应用图例

　　图 12-27 所示的是链轮及滚筒固定在轴上的应用。链轮 1 和滚筒组件 3 都是通过半圆键 2 实现与轴 4 的周向固定的，能传递运动和转矩，滚筒组件 3 的轴向固定是通过轴肩和弹性卡圈实现的，链轮 1 的轴向固定是通过套筒和轴端挡圈及六角开槽螺母 5 实现的。

12.5.5　用钩头楔键连接轴和齿轮的应用图例

　　图 12-28 所示的是用钩头楔键连接轴和齿轮的应用。齿轮 1 与轴 2 的周向固定是通过钩头楔键 3 实现的，能传递运动和转矩，齿轮 1 的轴向固定是通过钩头楔键的锥度与右端的轴肩实现的。

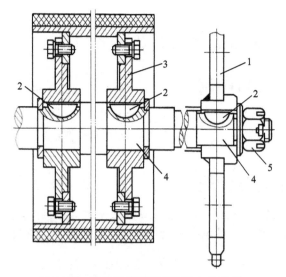

图 12-27　链轮及滚筒固定在轴上的应用
1—链轮；2—半圆键；3—滚筒组件；4—轴；5—六角开槽螺母

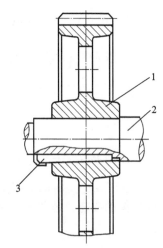

图 12-28　用钩头楔键连接轴和齿轮的应用
1—齿轮；2—轴；3—钩头楔键

12.5.6　用钩头楔键连接支承轮和心轴的应用图例

　　图 12-29 所示的是支承轮与心轴连接的应用图例。支承轮 2 与心轴 3 的周向固定是通过钩头楔键 1 实现的，能传递运动和转矩。支承轮 2 的轴向固定通过钩头楔键的锥度和中间的套筒实现的。

12.5.7　将链轮固定在轴上的应用图例

　　图 12-30 所示的链轮固定在轴上的应用。链轮 1 和滚筒 5 与轴 2 的周向固定是通过平键 3 连接实现的，能传递运动和转矩，链轮 1 和滚筒 5 的轴向固定是通过紧钉螺钉 4 实现的。

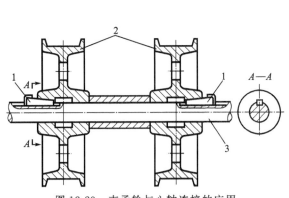

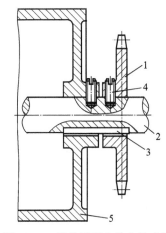

图 12-29　支承轮与心轴连接的应用
1—钩头楔键；2—支承轮；3—轴

图 12-30　链轮固定在轴上的应用
1—链轮；2—轴；3—平键；4—紧定螺钉；5—链轮

12.5.8　平键及半圆键的综合应用图例

图 12-31 所示的是平键及半圆键的综合应用。带轮 1 与轴套 8 是通过半圆键 4 实现周向连接固定的，带轮 1 的轴向固定是通过轴套 8 的外圆锥面的锥度和轴端挡圈 3 及螺母 2 实现的。轴套 8 与轴 5 是通过平键 6 实现周向固定的，能传递运动和转矩，轴套 8 的轴向固定是通过紧定螺钉 7 实现的。

12.5.9　滑键在变速箱上的应用图例

图 12-32 所示的是滑键在变速箱上的应用。齿轮 2、3、4 与轴的周向固定是通过滑键 1 实现动态固定的，其轴向固定是通过轴环和定位套筒 6 实现的。紧定螺钉 5 是将套筒 6 固定在轴上，滑键的轴向滑移是通过滑移环实现的。

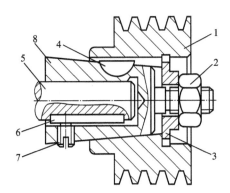

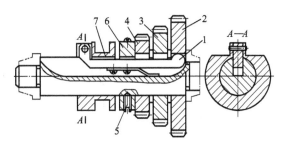

图 12-31　平键及半圆键的综合应用
1—带轮；2—螺母；3—挡圈；4—半圆键；5—轴；
6—平键；7—紧定螺钉；8—轴套

图 12-32　滑键在变速箱上的应用
1—滑键；2~4—齿轮；5—紧定螺钉；
6—定位套筒；7—滑移环

12.5.10　用切向键固定齿轮的应用图例

图 12-33 所示的是用切向键固定齿轮的应用图例。齿轮 1 和轴 2 的周向固定是通过两组切向键 3 实现的，能传递运动和转矩，轴向固定是通过切向键 3 的锥度和右端轴环实现的。

12.5.11　矩形花键在铣床进刀变速箱中的应用图例

图 12-34 所示的是矩形花键在铣床进刀变速箱中的应用图例。齿轮1、2、4与轴3的周向固定是通过花键3（花键轴）实现的，能传递运动和转矩。齿轮1、2、4的轴向是通过两端的圆锥滚子轴承5来实现双向固定的。

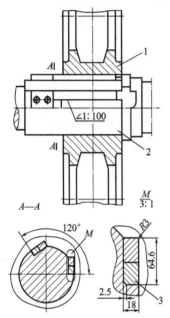

图 12-33　用切向键固定齿轮的应用
1—齿轮；2—轴；3—切向键

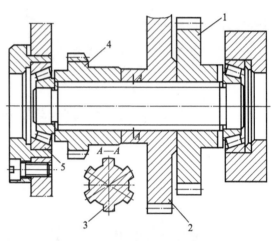

图 12-34　矩形花键在铣床进刀变速箱中的应用
1,2,4—齿轮；3—矩形滑键轴；5—圆锥锥子轴承

12.5.12　矩形花键在汽车变速箱中的应用图例

图 12-35 所示的是矩形花键在汽车变速箱中的应用图例。矩形花键轴1与蜗轮2的周向连接是通过轴1上的矩形花键实现的，能传递运动和转矩，蜗轮2与蜗杆3啮合传递运动和力。

12.5.13　矩形花键在变速箱主动轴中的应用图例

图 12-36 所示的是矩形花键在变速箱主动轴中的应用图例。齿轮3与轴1的周向固定是通过轴1上的矩形花键实现的，能传递运动和力。齿轮3和锥齿轮5与轴2的周向固定也是通过轴2上的矩形花键实现的，能传递运动和力。

12.5.14　三角形花键连接凸轮和杠杆的应用图例

图 12-37 所示的是三角形花键连接凸轮和杠杆

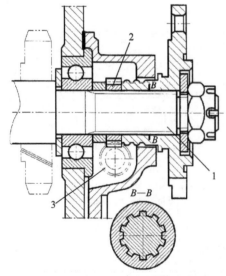

图 12-35　矩形花键在汽车变速箱中的应用
1—矩形花键轴；2—蜗轮；3—蜗杆

的应用图例。杠杆 2 与轴的周向固定是通过锥形轴段上的三角形花键来实现的，能传递运动和力。杠杆 2 的轴向固定右端靠锥形轴端的锥度实现，左端靠轴端挡圈和螺母实现。

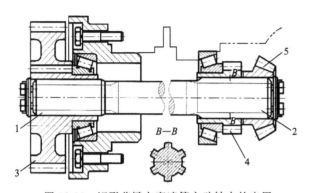

图 12-36　矩形花键在变速箱主动轴中的应用
1,2—矩形花键轴；3—齿轮；4—齿轮；5—锥齿轮

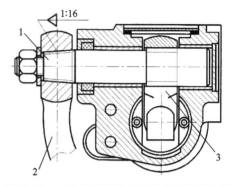

图 12-37　三角形花键连接凸轮和杠杆的应用
1—三角形花键轴；2—杠杆；3—凸轮

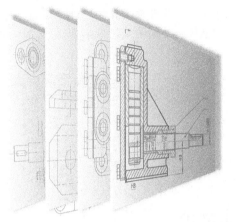

第13章

铆接、焊接、胶接和过盈
连接的典型应用图例

13.1 铆接

铆接是一种使用较早的简单机械连接，是将铆钉穿过被连接件上的预制钉孔，用外力压缩铆钉杆端，使钉杆墩粗充满钉孔，同时在杆端形成铆头，从而使被连接件处于两端铆钉头的压紧之中，组成铆钉连接，如图13-1所示。

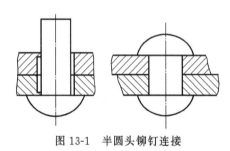

图13-1 半圆头铆钉连接

铆接的优点是工艺设备简单、牢固可靠，耐冲击能力强等。在桥梁、飞机制造等工业部门中常采用铆接。铆接结构一般较为笨重，由于被连接件上制有铆钉孔，使强度受到较大影响，铆接时噪声很大，影响操作者的身体健康。因此，目前除在桥梁、建筑、重型机械及飞机制造等工业部门中采用外，应用逐渐减少，并为焊接、胶接所代替。

目前，铆接的实际应用领域只限于下列场合。

① 连接中因焊接需要加热，有可能使零件受到局部回火处理，或使已经过精加工的零件发生挠曲。

② 不可焊接材料的连接。

③ 直接承受强烈的重复性冲击和振动的连接。

13.1.1 常用铆接的类型及特性

根据工作要求，铆钉连接分为：强固铆接，主要用在机器和建筑的钢结构上；强密铆接，用在工作中承受压力的锅炉和管道上；紧密铆接，用在液体箱、排液管、低压气体管道等。在结构上铆钉连接分为搭接和对接，如图13-2所示。按铆钉排数分，有单排、双排和多排。

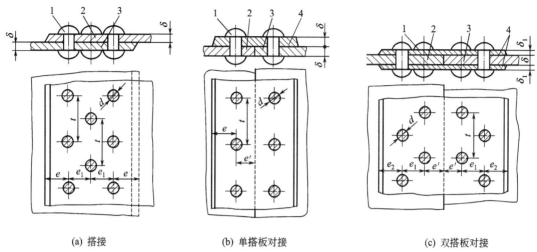

(a) 搭接   (b) 单搭板对接   (c) 双搭板对接

图 13-2　铆钉连接的结构形式

1—铆钉；2,3—被连接板；4—辅助连接盖板

13.1.2　铆钉的主要类型和标准

铆钉的类型是多种多样的，而且已经标准化。一般按钉头形状不同有多种形式，如半圆头、小半圆头、平锥头、平头、扁平头、沉头和半沉头铆钉等。图 13-3 所示为机械中常用的铆钉在铆接后的形式。为适应不同的工作要求，铆钉又有实心、空心和半空心之分。其中实心铆钉多用于受力大的金属零件的连接，空心铆钉一般用于受力较小的薄板或非金属零件的连接。除此之外，还有一些特殊结构的铆钉，如抽芯铆钉，如图 13-4 所示。它由芯杆和钉套组成，是一种新型的铆钉结构，可以在单面进行铆接作业，装配方便、高效、牢固、抗振，能铆接有较强振动部位的密闭结构以及强度要求高、有良好密封性的复杂件及管件，应用广泛。图 13-4(a) 所示为封闭型平圆头抽芯铆钉结构（GB/T 12615—2004），图 13-4(b) 为开口型平圆头抽芯铆钉（GB/T 12618—2006）的铆接过程。

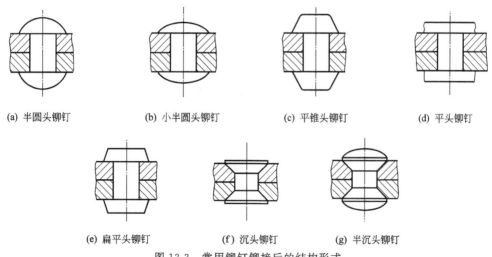

(a) 半圆头铆钉   (b) 小半圆头铆钉   (c) 平锥头铆钉   (d) 平头铆钉

(e) 扁平头铆钉   (f) 沉头铆钉   (g) 半沉头铆钉

图 13-3　常用铆钉铆接后的结构形式

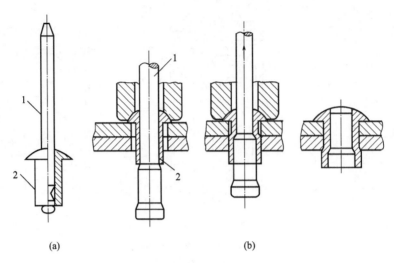

图 13-4　抽芯铆钉铆接的过程
1—芯杆；2—钉套

13.1.3　铆钉连接的典型应用及图例

（1）齿轮、蜗轮的铆接

图 13-5 所示为齿轮和蜗轮的齿圈与轮毂的铆接。通常为节省材料、降低成本，大齿轮的轮毂和轮齿采用不同材料制造，采用合金钢制成的淬火轮齿和用普通碳素钢制成的轮毂用铆钉连接。蜗轮的青铜齿圈和铸铁轮毂同样可以采用铆接结构。

（2）工程构架的铆接

图 13-6 所示为应用于建筑物的工程构架的铆接。

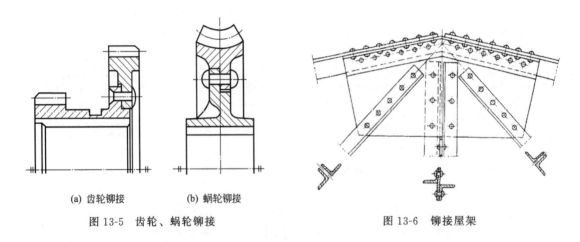

(a) 齿轮铆接　　(b) 蜗轮铆接

图 13-5　齿轮、蜗轮铆接　　　　　　图 13-6　铆接屋架

（3）曲轴的铆接

图 13-7 所示的是将组合式曲轴的平衡重固定在曲轴上的铆钉连接结构。

（4）铆接梁

图 13-8 所示为工程构架梁的铆接。

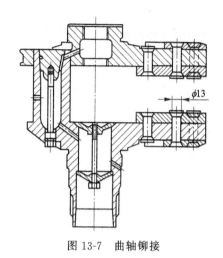

图 13-7　曲轴铆接

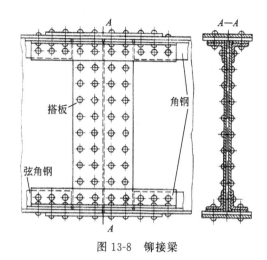

图 13-8　铆接梁

13.2　焊接

焊接是利用局部加热的方法使被连接件连成一体。在焊接过程中，被连接件接缝处达到熔融状态，熔化的焊条金属填充接缝处的空隙而形成焊缝。

焊接结构件可以全部用轧制的板材、型材、管材焊成，也可以用轧材、铸件、锻件拼焊而成，同一组件又可以用不同材质或按工作需要在不同部位选用不同强度和不同性能的材料拼组而成。因此，采用焊接法，对结构件的设计提供了很大的灵活性。

为了缩短生产准备周期、减轻质量和降低成本，对于机座、机身、壳体及各种箱形、框形、筒形和环形构件，特别是单件小批量生产或形式有较大变化的，或要经常更新设计的成批生产零部件，通常采用焊接件。特大零、部件采用焊接结构可以以小拼大，大幅度降低所需铸锻件的质量并减少运输困难。

焊接主要用于下列场合。

① 金属构架、容器和壳体结构的制造。

② 在机械零件制造中，用焊接代替铸造。

③ 制造巨型或形状复杂的零件时，用分开制造再焊接的方法。

13.2.1　电弧焊缝的基本形式、特性

（1）焊接的种类

根据实现金属原子或分子间结合的方式不同，焊接可分为熔焊、压焊、钎焊。

熔焊的特点是：利用局部加热的方法，将焊接件的接合部位加热到熔化状态，冷凝后形成焊缝，使两块材料焊接在一起。常见的熔焊工艺有电弧焊、气焊、电渣焊等，其中，电弧焊操作灵活，适用范围广，连接强度高，是目前最重要、用得最多的一种焊接方法。埋弧自动焊、氩弧焊等方法发明后，电弧焊的生产率大大提高，质量也得到进一步改善。熔焊用于机械制造业中所有同种金属、部分异种金属及某些非金属材料的焊接，是最基本的焊接方法，在焊接生产中占重要地位。

压焊的特点是：在焊接时对焊件加热或不加热，都施加一定的压力，使焊件的两个结合面紧密接触，从而将两个材料焊接起来，如电阻焊、摩擦焊等。电阻焊在压焊中占主导地位，主要用于汽车等薄板构件的装配、焊接；摩擦焊更适合圆形、管形截面的工件焊接。

钎焊是对于焊件和填充用的钎料进行适当加热。由于钎料的熔点低于焊件母材的熔点，待钎料熔化后，借助毛细现象填入焊件连接处的间隙中，当钎料冷凝后，使工件焊合。在钎焊过程中，工件母料始终不熔化，钎焊工艺可分为烙铁钎焊、火焰钎焊等。钎焊适用于金属、非金属、异种材料之间的焊接，可焊接复杂黏合面的工件，焊接变形小。

(2) 电弧焊缝的基本形式、特性

焊件经焊接后形成的结合部分叫做焊缝。电弧焊缝常用的形式如图 13-9 所示。由图可见，除了受力较小和避免增大质量时采用如图 13-9(e) 所示的塞焊缝外，其他焊缝大体上可分为对接焊缝与角焊缝两类。前者用于连接位于同一平面内的被焊件，如图 13-9(c) 所示；后者用于连接不同平面内的被焊件，如图 13-9(a)、(b)、(d) 所示。

(a) 正接角焊缝   (b) 搭接角焊缝   (c) 对接焊缝   (d) 卷边焊缝   (e) 塞焊缝

图 13-9 电弧焊缝常用的形式

13.2.2 焊接件的工艺及设计要点

① 为了保证焊接的质量，避免未焊透或缺焊现象，如图 13-10 所示，焊缝应按被焊件的厚度制成如图 13-11 所示的相应的坡口形式，或进行一般的倒棱修边工艺。在焊接前，应对坡口进行清洗整理。

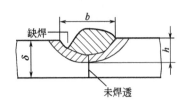

图 13-10 未焊透与缺焊现象

② 在设计焊接件时应注意恰当选择母体材料和焊条。

③ 在设计中应注意焊接接头和焊缝的设计。尽量使接头形式简单、结构连续，减少力流线的转折，不宜选择过大的焊缝焊脚尺寸，减小焊缝截面尺寸，还应考虑结构制造的可行性与方便性等。

④ 焊接会使焊接结构中产生焊接残余应力和变形，也会出现某些缺陷。结构设计要尽量减少焊缝数量，选择合理的焊缝尺寸和形状，合理选择结构形式和安排焊缝位置等。

⑤ 选择合理的焊接方法和规范，焊接过程中或焊后热处理以消除或降低应力，改善焊缝及热影响区组织，选择合理的装配焊接顺序等。

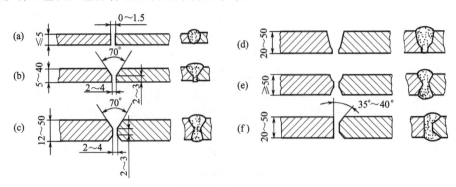

图 13-11 坡口形式

13.2.3　焊接的典型应用及图例

与铆接相比,焊接具有强度高、工艺简单、由于连接而增加的质量小、工人劳动条件好等优点。所以应用极为广泛,新的焊接方法发展也很迅速。另外,以焊代铸可以大量节约金属,也便于制成不同材料的组合件而节约贵重或稀有金属。在技术革新、单件生产、新产品试制等情况下,采用焊接制造箱体、机架等,一般比较经济。

① 焊接减速器箱体　如图 13-12所示。减速器箱体通常为铸造件,对于小批量生产或试制品则采用焊接更为经济。

② 焊接齿轮　对于大尺寸的圆柱齿轮,为了节约贵重金属,常采用镶圈结构,即齿圈采用贵重金属制造,齿芯用铸铁或铸钢。如图 13-13 所示,

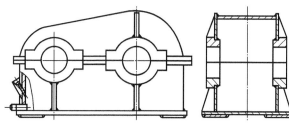

图 13-12　焊接减速器箱体

当齿顶圆直径 $d_a \geqslant 1000$mm 时,齿轮可以制成剖分式结构,然后焊接组装。

③ 对焊的曲轴和排气阀　图 13-14 所示为对焊的曲轴和排气阀。

④ 点焊的 V 带轮　图 13-15 所示为点焊的 V 带轮。

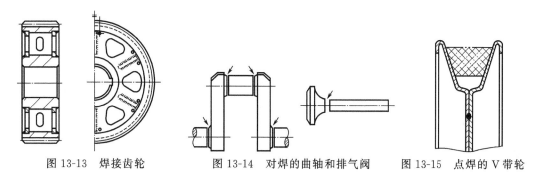

图 13-13　焊接齿轮　　　图 13-14　对焊的曲轴和排气阀　　　图 13-15　点焊的 V 带轮

⑤ 焊接的电动机外壳　电动机外壳通常是铸造的,但是如果生产批量很小,在总成本中制模费将占很大的比重,这时往往采用焊接毛坯,如图 13-16 所示。

⑥ 铆钉机机架　铆钉机机架和电动机外壳一样,同属铸造类零件,小批量生产时采用焊接毛坯。同时,铸件的最小壁厚受铸造工艺的限制,常大于强度和刚度的需要,用焊接毛坯,就可以采用较小的壁厚,重量可平均降低 30%。图 13-17 所示为焊接的铆钉机机架。

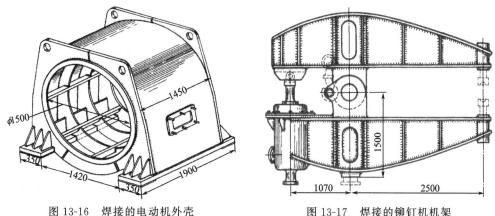

图 13-16　焊接的电动机外壳　　　　　图 13-17　焊接的铆钉机机架

13.3 胶接

胶接是用胶黏剂来胶接被连接件。黏合剂有酚醛乙烯、聚氨酯和环氧树脂。胶接的优点是重量轻、耐蚀、密封性好以及适用于不同材料。

13.3.1 胶接的特点及应用

胶接与其他连接方法相比具有以下特点：

① 不受连接材料的限制，可连接金属和非金属，包括某些脆性材料。

② 接头的应力分布均匀，对于薄板结构，避免了铆、焊、螺纹连接引起的应力集中和局部翘曲。

③ 一般不需要机械紧固件，不用加工连接孔，大大减少了机械加工量和降低了整个结构的质量。

④ 胶接的密封性能好，此外还有绝缘、耐蚀等特点。

⑤ 工艺过程易实现机械化和自动化。

胶接的缺点是：工作温度过高时，胶接强度随温度的增高而显著下降，此外，耐老化、耐酸、碱性能较差，且不稳定。

目前，胶接在机床、汽车、拖拉机、造船、化工、仪表、航空、航天等工业部门中的应用日益广泛。

13.3.2 常用胶黏剂及其主要性能与选择原则

合成胶黏剂可分为化学反应型及物理凝固型两类。或根据其在不同温度下的状态分为热固性和热塑性两类。按使用目的可分为结构胶黏剂、非结构胶黏剂和特殊用途胶黏剂。胶黏剂的选择原则，主要针对胶接件的使用要求及环境条件，从胶接强度、工作温度、固化条件等方面选取胶黏剂的品种，并兼顾产品的特殊要求（如防锈、导电、超高温、超低温、透明、耐酸碱等）及工艺上的方便。此外，对受一般冲击、振动的胶接件，宜选用弹性模量小的胶黏剂；在变应力条件下工作的胶接件，应选择膨胀系数与零件材料的膨胀系数相近的胶黏剂等。适用不同结构材料的胶黏剂如表 13-1 所示。

表 13-1　适用于不同结构材料的胶黏剂

被粘材料	环氧胶	酚醛胶	聚氨酯胶	丙烯酸酯（厌氧胶）	双马来酰亚胺胶	聚酰亚胺胶	氨基丙烯酸酯胶	不饱和聚酯胶	有机硅胶
结构钢	√	√	√	√	√	√		√	
铬镍钢	√	√	√	√	√	√			√
铝及铝合金	√	√	√	√	√	√	√	√	
铜及铜合金	√		√	√	√	√			
钛及钛合金	√	√	√	√	√	√			√
玻璃钢	√		√		√	√		√	

13.3.3 胶接的基本工艺过程

① 胶接件胶接表面的制备　胶接表面一般需经过除油处理、机械处理及化学处理，以便清除表面油污及氧化层，改造表面粗糙度，使其达到最佳胶接表面状态。表面粗糙度 Ra 一般应为 $3.2 \sim 1.6 \mu m$，过高或过低都会降低胶接的强度。

② 胶黏剂配制　因大多数胶黏剂是"多组分"的，在使用前应按规定的程序及正确的

配方比例妥善配制。

③ 涂胶　采取适当的方法涂布胶黏剂，如喷涂、刷涂、滚涂、浸渍、贴膜等，以保证厚薄合适，均匀无缺、无气泡等。

④ 清理　在涂胶装配后，清除胶接件上多余的胶黏剂（若产品允许在固化后进行机械加工或喷丸时，这一步可在固化后进行）。

⑤ 固化　根据胶接件的使用要求、接头形式、接头面积等，恰当选定固化条件（温度、压力及保持时间），使胶接区固化。

⑥ 质量检验　对胶接产品主要是进行 X 射线、超声波探伤、放射性同位素或激光全息摄影等无损检验，以防止胶接接头存在严重缺陷。

13.3.4　胶接接头的结构形式、受力状况及设计要点

(1) 胶接接头的结构形式及受力状况

胶接接头的典型结构如图 13-18 所示。胶接接头的受力状况有拉伸、剪切、剥离和扯离等，如图 13-19 所示。实践证明，胶缝的抗剪切及抗拉伸能力强，而抗扯离及抗剥离能力弱。

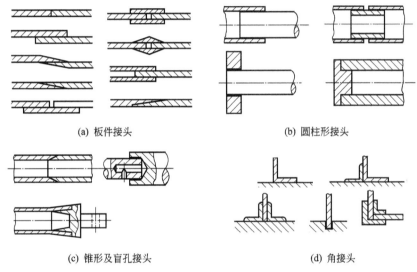

(a) 板件接头　　　　　　　　　　　　　　(b) 圆柱形接头

(c) 锥形及盲孔接头　　　　　　　　　　　(d) 角接头

图 13-18　胶接接头典型结构形式

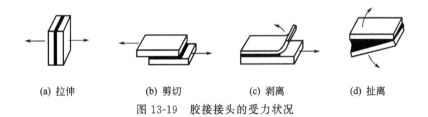

(a) 拉伸　　　　(b) 剪切　　　　(c) 剥离　　　　(d) 扯离

图 13-19　胶接接头的受力状况

(2) 胶接接头的设计要点

① 针对胶接件的工作要求正确选择胶黏剂。

② 合理选定接头形式。

③ 尽量使胶接层应力分布均匀，减小胶缝处的应力集中，如将胶缝处的板材端部切成斜角，或把胶黏剂和胶接件材料的膨胀系数选得很接近等。

④ 恰当选取工艺参数，胶接层厚度在 0.1～0.2mm 时，胶接层强度最高。轴与毂的连接则只需 0.03mm。

⑤ 充分利用胶缝的承载特性，尽可能使胶缝承受剪切或拉伸载荷，而避免承受扯离，特别是对剥离载荷，不宜采用胶接接头，必要时应采取保护措施，如图 13-20 所示。

⑥ 因胶接层强度一般都低于被胶接金属的强度，故胶接面积宜取大些以利于金属强度的充分利用。

⑦ 当有较大冲击、振动时，应在胶接面间增加玻璃布层等缓冲减振材料。

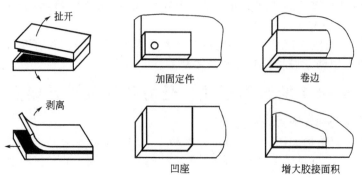

图 13-20　胶层避免的受力和保护措施

13.3.5　胶接的典型应用及图例

（1）胶接组合蜗轮

图 13-21 所示为胶接组合的蜗轮。

（2）螺纹套管与管件胶接

胶接在连接管件时应用较为广泛，图 13-22 所示为螺纹套管与管件胶接。

（3）蒙皮与型材胶接

蒙皮与型材的连接常常选择胶接，如图 13-23 所示。

（4）管件与法兰胶接

管件与法兰的连接多采用焊接，有时也会选择胶接，如图 13-24 所示。

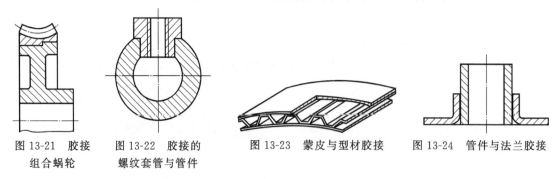

图 13-21　胶接　　图 13-22　胶接的　　图 13-23　蒙皮与型材胶接　　图 13-24　管件与法兰胶接
组合蜗轮　　　螺纹套管与管件

13.4　过盈连接

过盈连接是利用零件间的配合过盈来达到连接的目的。这种连接也叫干涉配合连接或紧配合连接。

13.4.1　过盈连接的特点及应用

过盈连接的零件一个是包容件，另一个是被包容件，如图 13-25 所示，其配合面通常为圆柱面，也有为圆锥面的。

过盈连接结构简单、定向性好，承载能力较大并能承受振动和冲击，又可以避免键槽对被连接件的削弱。但由于连接的承受能力直接取决于过盈量的大小，故对配合面加工精度要求较高，装拆也较困难。

13.4.2 过盈连接的工作原理及装配方法

过盈连接能传递载荷的原因在于零件具有弹性和连接具有装配过盈。因此，装配后包容件和被包容件的径向变形使配合面间产生了很大的压力，工作时载荷就靠着相伴而生的摩擦力来传递转矩，如图 13-26 所示。载荷可以是轴向力、转矩或两者的组合，有时也可以是弯矩（例如曲柄和轴连接）。连接的摩擦力或力矩也称为固持力。

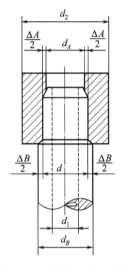

图 13-25 圆柱面过盈连接

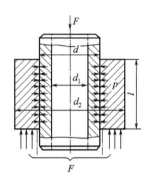

图 13-26 受轴向力的过盈连接

当配合面为圆柱面时，可采用压入法或温差法（加热包容件或冷却被包容件）装配。当其他条件相同时，温差法能获得较高的固持力，因为它不像压入法那样会擦伤配合表面。采用哪一种装配法由环境条件、过盈量大小、零件结构和尺寸等决定。一般情况下，拆开过盈连接要用很大的力，常常会使零件配合表面损坏，有时还会使整个零件损坏。因此，这种连接属于不可拆连接。但是，若过盈量不大，或者过盈虽大而采用适当的装拆方法，则连接也能是可拆连接，如圆锥面过盈连接和弹性环连接等。

13.4.3 过盈连接的典型应用及图例

(1) 曲轴过盈连接

图 13-27 所示为曲轴的过盈连接。

(2) 轴与轴承、齿轮的过盈连接

由于过盈连接经过多次拆装后，配合面会受到严重损伤，当装配过盈量很大时，装好后再拆开就更加困难。因此，为了保证多次拆装后的配合仍能具有良好的紧固性，可采用液压拆卸，即在配合面间注入高压油，以胀大包容件的内径，缩小被包容件的外径，从而使连接便于拆开，并减小配合面的擦伤。但采用这种办法时，需在包容件和被包容件上制出油孔和油沟，如图 13-28 所示。

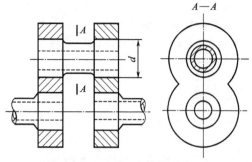

图 13-27 曲轴过盈连接组装件

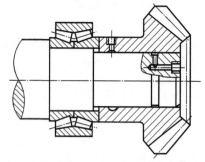

图 13-28 轴与轴承、齿轮的过盈连接

（3）弹性环连接

弹性环连接是利用以锥面贴合并挤紧在轴毂之间的内、外钢环构成的连接，如图 13-29（a）所示。在由拧紧螺纹连接而产生的轴向压紧力作用下，两环抵紧，内环缩小而箍紧轴，外环胀大而撑紧毂，于是在接触面产生径向压力，载荷就靠相伴而生的摩擦力来传递。胀紧套也是一种弹性环连接，如图 13-29（b）所示，所不同的是内、外弹性环都有一轴向缺口，其特点是有利于增加弹性。

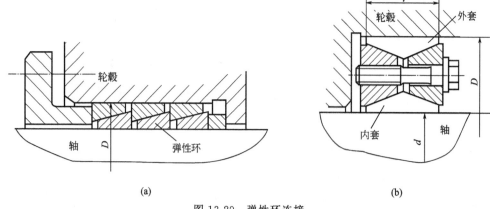

(a)   (b)

图 13-29 弹性环连接

（4）轴与联轴器过盈连接

联轴器轮毂与轴的配合大多为过盈配合，连接分为有键连接和无键连接，轮毂的轴孔又分为圆柱形轴孔与锥形轴孔两种形式。图 13-30 所示为联轴器结构图。

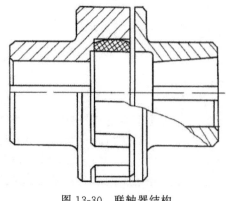

图 13-30 联轴器结构

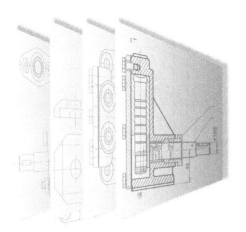

Chapter **14**

第14章

蜗杆传动设计典型应用图例

14.1　圆柱蜗杆传动的类型

蜗杆传动是在空间交错的两轴间传递运动和动力的一种传动机构，如图 14-1 所示。蜗杆机构由蜗杆和蜗轮组成，两轴线交错的夹角可为任意值，通常为 $90°$。传动中一般蜗杆是主动件，蜗轮是从动件。蜗杆机构结构紧凑，传动比大，传动平稳，噪声低，且具有自锁功能，故广泛应用于各种机器和仪器中。

按蜗杆螺旋线方向不同，可分为右旋蜗杆和左旋蜗杆。除特殊需要外，一般都采用右旋蜗杆。

按蜗杆头数不同，可分为单头蜗杆与多头蜗杆。单头蜗杆主要用于大传动比的场合，要求自锁的蜗杆传动必须采用单头蜗杆。多头蜗杆主要用于传动比不大和要求效率较高的场合。

常用蜗杆传动按形状可分为圆柱蜗杆传动、环面蜗杆传动和锥面蜗杆传动，如图 14-2 所示。

按其齿廓形状和形成原理还可细分如下。

圆柱蜗杆传动分为普通圆柱蜗杆传动和圆弧蜗杆传动。

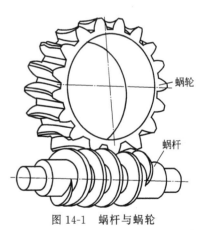

图 14-1　蜗杆与蜗轮

(1) 普通圆柱蜗杆传动

根据齿廓曲线的形状，普通圆柱蜗杆可分为：阿基米德蜗杆（ZA 蜗杆）、渐开线蜗杆（ZI 蜗杆）、法向直廓蜗杆（ZN 蜗杆）和锥面包络蜗杆（ZK 蜗杆）。

ZA 蜗杆难以磨削，故精度低，不宜采用硬齿面。用于中小载荷、中小速度及间歇工作场合。

ZI 蜗杆制造精度高，适于批量生产及大功率、高速和要求精密的多头蜗杆传动。但需用专用机床磨削，应用范围不如 ZA 蜗杆传动广。

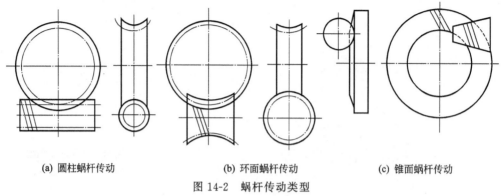

| (a) 圆柱蜗杆传动 | (b) 环面蜗杆传动 | (c) 锥面蜗杆传动 |

图 14-2 蜗杆传动类型

ZN 蜗杆加工简单，可用直母线砂轮磨齿，常用于机床的多头精密蜗杆传动。

ZK 蜗杆便于磨削，加工精度高，但齿形复杂，设计和测量困难。一般用于中速与中载的动力蜗杆传动，其应用范围在逐步扩大。

（2）圆弧圆柱蜗杆传动

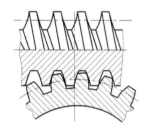

图 14-3 圆弧圆柱蜗杆传动

如图 14-3 所示，在中间平面内，蜗杆的齿形为凹弧形，而蜗轮的齿形为凸弧形，工作时有利于油膜的形成，因此在基本条件相同时，圆弧圆柱蜗杆传动的承载能力比普通圆柱蜗杆传动高 $50\% \sim 150\%$ 以上。当蜗杆主动时，效率可达 95% 以上。传递相同功率时，这种蜗杆传动体积小，结构紧凑。它的缺点是传动的中心距难于调整，对中心距的误差较敏感。这种传动广泛用于冶金、矿业、化工、建筑和起重等机械设备的减速机构中。

14.2　圆柱蜗杆和蜗轮的结构

如图 14-4 所示，通过蜗杆轴线并垂直于蜗轮轴线的平面，称为中间平面（主平面）。由于蜗轮是用于蜗杆形状相仿的滚刀（为了保证轮齿啮合时的径向间隙，滚刀外径稍大于蜗杆顶圆直径），按展成原理切制轮齿，所以在中间平面内蜗轮与蜗杆的啮合就相当于渐开线齿轮与齿条的啮合。故在设计蜗杆传动时，均取中间平面上的参数（如模数、压力角等）和尺寸（如齿顶圆、分度圆等）为基准，并沿用齿轮传动的计算关系。

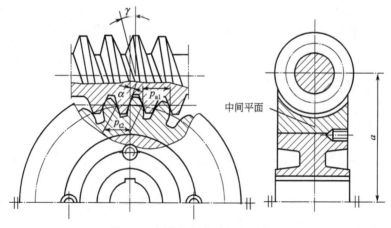

图 14-4 圆柱蜗杆传动的主要参数

（1）蜗杆的结构

蜗杆螺旋部分的直径不大，所以绝大多数和轴制成一体，称为蜗杆轴，结构形式如图 14-5所示，其中图 14-5（a）所示的结构无退刀槽，加工螺旋部分时只能用铣制的办法；图 14-5（b）所示的结构则有退刀槽，螺旋部分可以车制，也可以铣制，但这种结构的刚度比前一种差。当蜗杆螺旋部分的直径较大，即 $d_{f1}/d > 1.7$ 时，可以将蜗杆与轴分开制作。

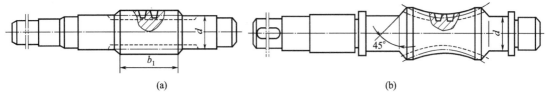

(a)　　　　　　　　　　　　　　(b)

图 14-5　蜗杆的结构形式

（2）蜗轮的结构

① 齿圈式　如图 14-6（a）所示，这种结构由青铜齿圈及铸铁轮芯组成。齿圈与轮芯多用 H7/r6 配合，并加装 4～6 个紧定螺钉（或用螺钉拧紧后将头部锯掉），以增强连接的可靠性。螺钉直径取作 $(1.2～1.5)\ m$（m 为蜗轮的模数）。螺钉拧入深度为 $(0.3～0.4)\ B$（B 为蜗轮宽度）。为了便于钻孔，应将螺孔中心线由配合缝向材料较硬的轮芯部分偏移 $2～3mm$。这种结构多用于尺寸不太大或工作温度变化较小的地方，以免热胀冷缩影响配合的质量。

② 螺栓连接式　如图 14-6（b）所示，可用普通螺栓或铰制孔用螺栓连接齿圈和轮芯。螺栓的尺寸和数目可参考蜗轮的结构尺寸取定，然后做适当的校核。这种结构装拆比较方便，多用于尺寸较大或容易磨损的蜗轮。

③ 整体浇铸式　如图 14-6（c）所示，主要用于铸铁蜗轮或尺寸很小的青铜蜗轮。

④ 拼铸式　如图 14-6（d）所示，这是在铸铁轮芯上加铸青铜齿圈，然后切齿。这种结构适用于中等尺寸、批量生产的蜗轮。

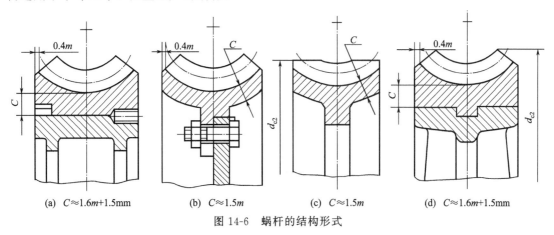

(a) $C≈1.6m+1.5mm$　　(b) $C≈1.5m$　　(c) $C≈1.5m$　　(d) $C≈1.6m+1.5mm$

图 14-6　蜗杆的结构形式

14.3　蜗杆和蜗轮的布置

蜗杆与蜗轮的布置方式常见的有三种：蜗杆上置、蜗杆下置和蜗杆侧置。蜗杆在蜗轮上方称为蜗杆上置，如图 14-7（a）所示，蜗杆的圆周速度可高些，但蜗杆轴承润滑不太方便。蜗杆在蜗轮下方称为蜗杆下置，如图 14-7（b）所示，在啮合处的冷却和润滑都较好，蜗杆轴承润滑也方便，但当蜗杆圆周速度高时，搅油损失大，一般用于蜗杆圆周速度 $v<10\text{m/s}$ 的场合。蜗杆在蜗轮侧面称为蜗杆侧置，如图 14-7(c) 所示，蜗轮轴线垂直布置，一般用于水平旋转机构的传动。

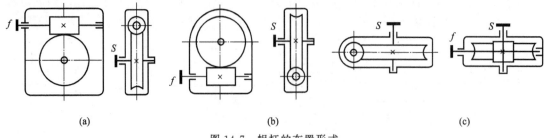

图 14-7　蜗杆的布置形式

蜗杆发热和磨损比较严重，因而尽可能把蜗杆安排在蜗轮下面，至少一个齿高浸入油中，以保证润滑和冷却。

14.4　蜗杆传动装配结构

14.4.1　蜗杆装配要求

蜗杆装配时应符合以下技术要求。

① 蜗杆轴心线应与蜗轮轴心线垂直，蜗杆轴心线应在蜗轮轮齿的中间平面内。

② 蜗杆与蜗轮间的中心距要准确，以保证有适当的齿侧间隙和正确的接触斑点。

③ 转动灵活。蜗轮在任意位置旋转蜗杆手感相同，无卡住现象。

装配蜗杆副必须保证蜗轮齿的圆弧中心与蜗杆的轴线在一个垂直于蜗轮轴线的平面内，加上有正确的啮合中心距和适当的齿侧间隙，才能有正确的啮合接触面。其调整方法是在蜗杆上均匀涂一层显示剂，转动蜗杆，按蜗轮上的接触斑点来判断啮合质量并做相应的调整，如图 14-8 所示。

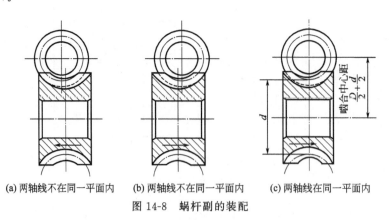

(a) 两轴线不在同一平面内　(b) 两轴线不在同一平面内　(c) 两轴线在同一平面内

图 14-8　蜗杆副的装配

蜗杆传动机构箱体装配前需检验。为了确保传动机构的装配要求，通常是先对蜗杆箱体上蜗杆轴孔中心线与蜗轮轴孔中心线间的中心距和垂直度进行检验，然后进行装配。一般情况下，装配工作是从装配蜗轮开始，其步骤如下。

① 组合式蜗轮应先将齿圈压装在毂上，方法与过盈配合装配相同，并用螺钉加以紧固。

② 将蜗轮装在轴上，其安装及检验方法与圆柱齿轮相同。

③ 把蜗轮轴组件装入箱体，然后再装入蜗杆，一般蜗杆轴的位置由箱体孔确定，要使蜗杆轴线位于蜗轮的中间平面内，可通过改变调整垫片厚度的方法，调整蜗轮的轴向位置。

蜗杆轴与整体式机座结构应能顺利装拆，蜗杆轴支承在整体机座上时，要注意设计时应使蜗杆外径尺寸小于套杯座孔内径尺寸，否则蜗杆轴将无法装拆，图 14-9(a) 为错误结构，图 14-9(b) 为正确结构。

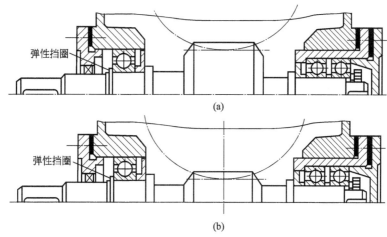

图 14-9　蜗杆轴的装配

蜗杆传动中传动系统各部件宜安装在同一底座上。传动系统中的电动机、减速器等部件应尽量安装在同一底座上，因为当底座分别设置时，如图 14-10(a) 所示，减速器 1 和电动机 2 或其他传动部件之间不易对中，运转中若有一底座松动，会造成运转不平稳且阻力增加，影响传动质量。将底座设计为一体后，如图 14-10(b) 所示，可以更好保证传动质量。

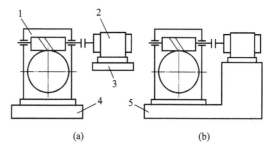

图 14-10　蜗杆传动系统各部件的安装
1—蜗杆减速器；2—电动机；3～5—底座

14.4.2　蜗杆装配实例

圆柱蜗杆传动部件的装配介绍如下。

① 圆柱蜗杆传动部件除一般应用外，常常用于精密传动，图 14-11 所示为一典型的可调精密蜗杆传动部件，其装配要点如下。

首先配刮壳体与工作台结合锥面 A；再刮削工作台 B 面，使 B 面对工作台回转轴线偏差不大于 0.005mm。然后以 B 面为基准（蜗轮已与工作台连接）对蜗轮进行精加工，加工中心偏距应控制在 ±0.01mm 之内。再刮削蜗杆座基面 D，使之与蜗杆座轴承孔轴线平行，偏差控制在 ±0.015mm 之内。最后装配蜗杆，并检查蜗杆副侧隙和齿面接触斑点。

② 双导程蜗杆副侧隙的调整，如图 14-12 所示。双导程蜗杆齿的两侧面导程不等，齿厚从一端向另一端递减。精调双导程蜗杆副侧隙时，可将蜗杆沿轴线向前推移至无间隙，然后倒退蜗杆至所需侧隙，届时修正垫片 3 并定位。

③ 环面蜗杆副装配。环面蜗杆副装配时，可先按图 14-13(a) 所示方法，通过修正调整垫片 1 和蜗杆垫圈 2，调整环面蜗杆的径向和轴向位置；并按图 14-13(b) 所示比较法调整环面的上下位置，使蜗杆轴线在蜗轮中间平面内，然后定位并固紧轴承座。

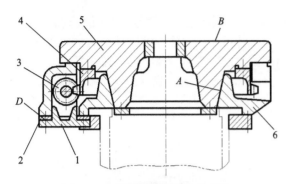

图 14-11 可调精密蜗杆传动部件
1—蜗杆座；2—调整垫片；3—蜗杆；
4—蜗轮；5—工作台；6—壳体

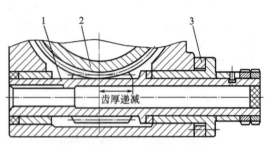

图 14-12 双导程蜗杆传动部件
1—双导程蜗杆；2—蜗轮；3—垫片

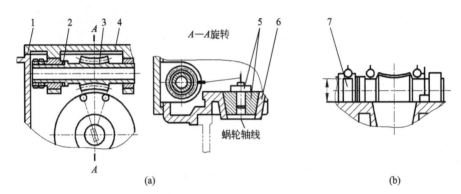

(a)   (b)

图 14-13 环面蜗杆轴向、径向和高度方向的位置调整
1—调整垫片；2—蜗杆垫圈；3—环面蜗杆；4—蜗杆座；5—专用测量轴；6—壳体；7—高度规

14.5 蜗杆传动的润滑与冷却方式

14.5.1 蜗杆传动的润滑

蜗杆传动的润滑是个值得注意的问题。如果润滑不良，传动效率将显著降低，并且会使轮齿早期发生胶合或磨损。所以往往采用黏度大的矿物油进行良好的润滑，在润滑油中还常加入添加剂，使其提高抗胶合能力。

蜗杆传动所采用的润滑油、润滑方法及润滑装置与齿轮传动基本相同。

(1) 润滑油

润滑油的种类很多，需根据蜗杆、蜗轮配对材料和运转条件合理选用。在钢蜗杆配青铜蜗轮时，常用的润滑油见表 14-1。

表 14-1 蜗杆传动常用的润滑油

CKE 轻负荷蜗轮蜗杆油	220	320	460	680
运动黏度 ν_{40}/cSt	198～242	288～352	414～506	612～748
黏度指数	≥90			
闪点(开口)/℃	≥180			
倾点/℃	≤−6			

注：$1cSt = 1mm^2/s$，下同。

（2）润滑油黏度及给油方法

润滑油黏度及给油方法，一般根据相对滑动速度及载荷类型进行选择。对于闭式传动，常用的润滑油黏度及给油方法见表 14-2；对于开式传动，则采用黏度较高的齿轮油或润滑脂。

表 14-2　蜗杆传动的润滑油黏度荐用值及给油方法

蜗杆传动的相对滑动速度 $v_s/\text{m} \cdot \text{s}^{-1}$	0～1	0～2.5	0～5	＞5～10	＞10～15	＞15～25	＞25
载荷类型	重	重	中	（不限）	（不限）	（不限）	（不限）
运动黏度 ν_{40}/cSt	900	500	350	220	150	100	80
给油方法	油池润滑			喷油润滑或油池润滑	喷油润滑时的喷油压力/MPa		
					0.7	2	3

用油池润滑，常采用蜗杆下置形式，由蜗杆带油润滑，如图 14-14（a）所示。但当蜗杆线速度 $v>5\text{m/s}$ 时，为减小搅油损失常将蜗杆置于蜗轮之上，形成上置式传动，由蜗轮带油润滑，如图 14-14（b）所示。当 $v>10\text{m/s}$ 时，则必须采用压力喷油润滑，如图 14-14（c）所示。如果采用喷油润滑，喷油嘴要对准蜗轮啮入端。蜗杆正反转时，两边都要装有喷油嘴，而且要控制一定的油压。

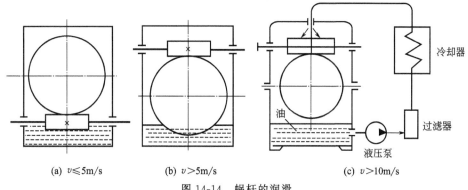

(a) $v \leqslant 5\text{m/s}$　　(b) $v>5\text{m/s}$　　(c) $v>10\text{m/s}$

图 14-14　蜗杆的润滑

（3）润滑油量

对闭式蜗杆传动采用油池润滑时，在搅油损耗不致过大的情况下，应有适当的油量。这样不仅有利于动压油膜的形成，而且有助于散热。对于蜗杆下置式或蜗杆侧置式的传动，浸油深度应为蜗杆的一个齿高；对于蜗杆上置式的传动，浸油深度约为蜗轮外径的 $1/3$。

14.5.2　蜗杆传动的冷却方式

由于蜗杆传动效率低、发热量大，若不及时散热，会引起箱体内油温升高、润滑失效，导致轮齿磨损加剧，甚至出现胶合。如果超过温差允许值或散热面积不足时，则必须采取措施，以提高散热能力。通常采取下述措施。

① 加散热片以增大散热面积。合理设计箱体结构，铸出或焊上散热片，如图 14-15 所示。

② 在蜗杆轴端加装风扇，如图 14-15 和图 14-16（a）所示，以加速空气的流通。

③ 在传动箱内或在箱体油池内装设蛇形冷却水管［见图 14-16（b）］，或用循环油冷却［见图 14-16（c）］。

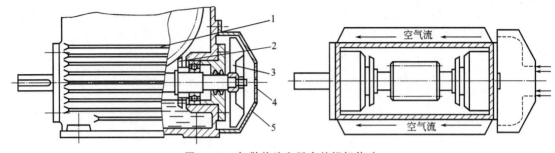

图 14-15　加散热片和风扇的蜗杆传动

1—散热片；2—溅油轮；3—风扇；4—过滤网；5—集气罩

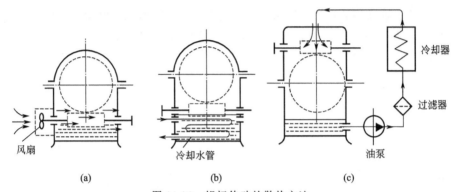

图 14-16　蜗杆传动的散热方法

14.6　蜗杆传动的典型应用及图例

(1) 精密滚齿机中的误差补偿机构

如图 14-17 所示，为滚齿机工作台的运动误差补偿机构。工作台 2、蜗轮 3、凸轮 4 固连在轴 II 上；加工时，工作台 2 和滚刀（图中未画出）间应保持严格的运动关系。但由于蜗轮 3 的制造安装误差，而使工作台与滚刀间有运动误差，图中通过用凸轮 4 的轮廓线给蜗轮 3 以附加运动来进行误差补偿；凸轮 4 的廓线是根据蜗轮 3 的实测误差设计的。图中主运动由轴 I 输入，然后分成两路：一路经锥齿轮 10 带动滚刀转动；一路经锥齿轮 10、12、13、9、转臂 H、锥齿轮 8、7 传至蜗轮 3。附加运动则由凸轮 4、齿条 5、齿轮 6 传至锥齿轮 14；再经锥齿轮 13、9、14 及转臂 H 组成的差动轮系，加到轴 II 上。

(2) 纺丝机的卷绕机构

图 14-18 所示为纺丝机的卷绕机构。当主动轴 O_1 连续回转时，圆柱凸轮 4 及与其固连的蜗杆 $4'$ 将做转动兼移动的复合运动，从而传动蜗轮 5；蜗杆 $4'$ 的等角速转动使蜗轮 5 以 ω_5' 等角速转动，蜗杆 $4'$ 的变速移动使蜗轮 5 以 ω_5'' 变角速转动，该从动蜗轮的运动为两者的合成而做时快时慢的变角速转动，以满足纺丝卷绕工艺的要求。固连在主动轴 O_1 上的齿轮 1 和 $1'$，分别将运动传给空套在轴 O_2 上的齿轮 2 和 3；齿轮 2 上的凸销 A 嵌于圆柱凸轮 4 的纵向直槽中，带动圆柱凸轮 4 一起回转并允许其沿轴向有相对位移；齿轮 3 上的滚子 B 装在圆柱凸轮 4 的曲线槽 C 中；由于齿轮 2 和齿轮 3 的转速有差异，所以滚子 B 在槽 C 内将发生相对运动，使凸轮 4 沿轴 O_2 移动。

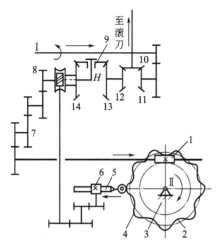

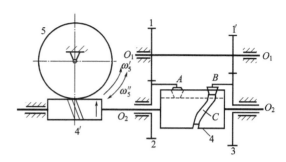

图 14-17　精密滚齿机的分度校正机构
1—蜗杆；2—工作台；3—蜗轮；4—凸轮；
5—齿条；6~14—锥齿轮

图 14-18　纺丝机的卷绕机构
1,1′,2,3—齿轮；4—圆柱凸轮；
4′—蜗杆；5—蜗轮

（3）可在运转过程中调节动作时间的机构

图 14-19 所示为可在运转过程中调节动作时间的机构，在凸轮轴 2 上空套蜗轮 5，蜗轮上装有固定着微动开关的支架 4。

凸轮 1 转动时，微动开关被有规律地接通或断开，如果微动开关相对于凸轮凸起部分的位置改变，那么，微动开关的动作时间也可改变。

现在，如果使与蜗轮相啮合的蜗杆 7 转动，那么，通过蜗杆、微动开关支架，就可对微动开关相对于凸轮的动作时间进行无级调节。这种调节，可以在凸轮运转过程中任意进行。

（4）电阻压帽机机构

图 14-20 所示为电阻压帽机运动简图。起重送料机构由凸轮机构 5、13、15 和正弦机构 13′、14、15 串联而成。夹紧机构由直动从动件凸轮机构 6 与顶杆组成。压帽机构则由两个完全对称的凸轮机构 4、9 分别与连杆机构串联而成。这四个执行机构的原动凸轮 4、5、6、9 均固连在同一分配轴 3 上。

其工作过程是：电动机 1 经带式无级变速机构 2 及蜗杆 11 驱动分配轴 3，使凸轮机构 4、5、6 及 9 一起运动，起重凸轮 5 将电阻坯件 8 送到作业工位，凸轮 6 将电阻坯件 8 夹紧，凸轮 4 及 9 同时将两端电

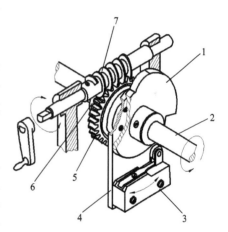

图 14-19　可在运转过程中调节
动作时间的凸轮机构
1—凸轮；2—凸轮轴；3—微动开关；
4—微动开关支架；5—蜗轮；6—蜗
轮的轴向锁圈；7—蜗杆

阻帽 7 快速送到压帽工位，再慢速将它压牢在电阻坯件 8 上。然后各凸轮机构先后进入返回行程，将压好电阻帽的电阻卸下，并换上新的电阻坯料和电阻帽，再进入下一个作业循环。调节手轮 12 可使分配轴 3 的转速在一定范围内连续改变，以获得最佳的生产节拍。

（5）自动送料装置

图 14-21 所示为自动传送装置，包含带传动 2、蜗轮蜗杆机构 3、凸轮机构 4 和连杆机构 5 等。当电动机 1 转动通过上述各机构的传动而使滑杆 6 左移时，滑杆夹持器的动爪 8 和

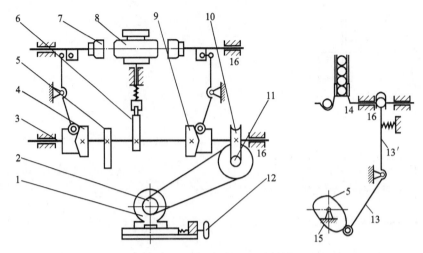

图 14-20　电阻压帽机运动简图

1—电动机；2—带式无级变速机构；3—分配轴；4～6,9—凸轮机构；7—电阻帽；8—电阻坯件；
10—蜗轮；11—蜗杆；12—手轮；13—连杆；13′,14,15—正弦机构；16—机架

定爪 9 将工件 10 夹住。而当滑杆 6 带着工件向右移动到一定位置时，如图 14-21(b) 所示，夹持器的动爪 8 受挡块 7 的压迫而绕 A 点回转将工件松开，于是工件落于载送器 11 中被送到下道工序。

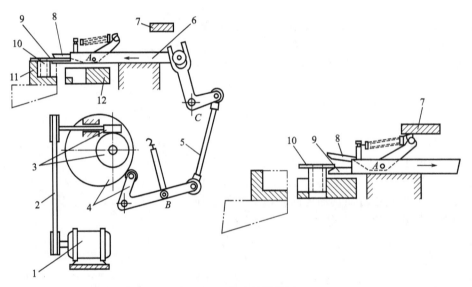

图 14-21　自动送料装置

1—电动机；2—带传动；3—蜗轮蜗杆机构；4—凸轮机构；5—连杆机构；6—滑杆；
7—挡块；8—动爪；9—定爪；10—工件；11—载送器

(6) 离合式气动阀门手轮机构

图 14-22 所示为离合式气动阀门手轮机构。手轮机构与气动装置联合使用，用于开启 90°的蝶阀、球阀等，实现手动或气动驱动。旋转偏心装置 180°，手轮 10 位于气动位置，气动操作，不能手动。拉出限位销 6，逆时针转动手柄，手柄位于手动位置，蜗轮蜗杆啮合，实现手动操作。手柄位于手动位置时，手动操作，不能气动，拉出限位销 6，顺时针转动手柄至气动，蜗轮蜗杆脱开，实现气动。气动切换手动过程中会出现顶齿现象，需转动手轮一

个角度，确保蜗轮蜗杆正确啮合，才能手动，气动手动不能同时驱动。

蜗轮连接内孔制作了相隔 90° 的两条键槽，以便用户根据需要选择装置同阀体相对的位置。减速器底面与阀门连接，上支架面与气缸连接，阀轴配合穿过蜗轮内孔，阀轴端四方与气缸方孔配合。工作气动时，气缸带动阀轴、蜗轮同转。手动时，蜗杆与蜗轮啮合，带动阀轴转动，气缸活塞亦随动。

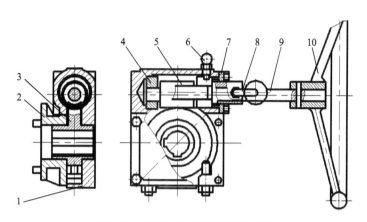

图 14-22　离合式气动阀门手轮机构

1—箱体；2—支架盖；3—蜗轮；4—组合套件；5—蜗杆；6—限位销；7—端盖；8—离合手柄；9—蜗杆轴；10—手轮

（7）计量泵

计量泵主要由电动机、变速传动箱、调量机构和液压缸体等组成，如图 14-23 所示。电动机动力通过蜗轮副变速，带动连杆 7 由转动十字头往复运动，柱塞安装在十字头 1 顶端，连动柱塞往复，通过单向阀作用完成吸排过程，旋转调量手轮 5 改变偏心块 6 偏距，调节柱塞行程，以控制流量大小。图中 2 为蜗杆，3 为调量柱，4 为蜗轮。

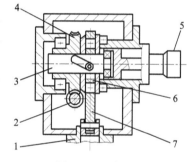

图 14-23　计量泵

1—十字头；2—蜗杆；3—调量柱；4—蜗轮；5—调量手轮；6—偏心块；7—连杆

（8）行星蜗杆差速器

图 14-24 所示的是行星蜗杆差速器机构，转臂 1 制成箱体 a 的形式，并可绕汽车后驱动轴 A、B 回转〔在图 14-24（b）上为垂直于图面〕；四个相同的蜗杆 2 与箱体 a 之间用转动副相连。

如图 14-24（a）所示，四个相同的蜗杆行星轮 2，一方面跟两个相同的蜗轮 3（可绕箱体 a 上的轴线 C 回转）啮合，另一方面又跟两个相同的蜗轮 4、5（分别固定在后轴 A、B 上）啮合。箱体 a 的转速 n_1 与蜗轮 4、5 的转速 n_4、n_5 之间的关系为 $n_1 = \dfrac{n_4 + n_5}{2}$。

如图 14-24（b）所示，四个相同的蜗杆行星轮 2 除彼此之间相互啮合外，并跟固定在后轴 A、B 上的蜗轮 3、4 啮合。箱体 a 转速 n_1 与蜗轮 3、4 的转速 n_3、n_4 之间的关系为 $n_1 = \dfrac{n_3 + n_4}{2}$。

（9）无侧隙蜗杆蜗轮机构

如图 14-25 所示，蜗轮 2 的轴支承在偏心轴套 3 内，装配时先通过偏心轴套 3 调整蜗轮蜗杆的中心距，消除齿侧间隙，然后与其他部分组装。该机构用于计算机械等小型装置。

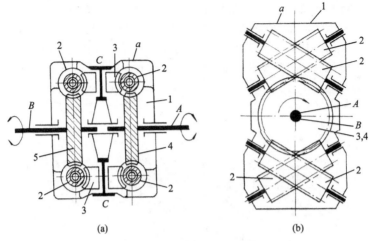

图 14-24　行星蜗杆差速器

1—箱体；2—蜗杆；3～5—蜗轮

(10) 具有蜗杆啮合的行星锥齿轮差速器机构

如图 14-26 所示，当两个输入杆 A、B 以相同转速、相同方向旋转时，锥齿轮中心轮 5、6 将以箱体 3 的转速旋转；若两个输入转速不同，则锥齿中心轮 5、6 旋转时带动锥齿行星轮 4 绕自身轴线回转。蜗杆 1 的转速 n_1 与轮 5、轮 6 的转速 n_5、n_6 之间的关系为

$$n_1 = \frac{z_2}{z_1} \times \frac{n_5 + n_6}{2}$$

式中　z_1——蜗杆 1 的螺纹头数；

　　　z_2——蜗轮 2 的齿数。

蜗杆 1（可绕不动轴线 C 回转）跟蜗轮 2 相啮合，蜗轮 2 与转臂固结在一起，转臂制成箱体 3 的形式。相同的锥齿行星轮 4 可在箱体 3 内自由回转，并跟锥齿中心轮 5、6 相接，锥齿轮 5、6 固定在汽车后驱动轴 A、B 上。

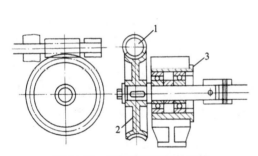

图 14-25　无侧隙蜗杆蜗轮机构

1—蜗杆；2—蜗轮；3—偏心轴套

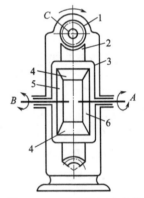

图 14-26　具有蜗杆啮合的行星锥齿轮差速器

1—蜗杆；2—蜗轮；3—箱体；4—行星轮；5,6—锥齿轮

(11) 输出轮有停歇的蜗杆机构

如图 14-27 所示，蜗轮 1 和 2 分别与轴 4 和 5 刚性连接，并可各自绕轴线 E 和 F 转动，蜗杆 3 与轴 B 刚性连接，并可绕固定轴线 D 转动。在蜗杆上有螺旋齿 b，它约占蜗杆节圆柱的 1/4；在蜗杆 3 其余 3/4 的节圆柱上切出两条具有零螺旋升角的圆形齿。当主动蜗杆 3 连续转动时，蜗轮 1 和 2 做间歇转动；若齿 b 同蜗轮 1 或 2 的齿相啮合，则蜗轮 1 或 2 转动，若齿 a

同蜗轮 1 或 2 的齿相啮合，则蜗轮 1 或 2 静止不动；轴 4 和 5 做依次转动和停歇。同时，当齿 a 同蜗轮 1 或 2 的齿啮合时，还可以防止输出轴（轮）在其静止周期内的随意转动。

（12）从动轮周期性被制动而做间歇运动的蜗杆传动

如图 14-28 所示，蜗杆 1 与轴 8 用导键连接，由该主动蜗杆传动蜗轮 2 按图示方向绕轴线 B 转动。当蜗轮 2 上销 a 转至与角形杆 3 接触，蜗轮 2 及轴 9 被停住；此时轴 8 继续转动，蜗杆 1 在随其转动的同时，与滑块 4 和螺杆 5 一起，克服弹簧 6 阻力沿轴线 C 向左移动；当滑块 4 至左极限位置，螺杆 5 上的螺母 b 推动角形杆 3，蜗轮 2 被释放并加速转动，直至摇杆 7 与定销 d 接触；此后，蜗轮 2 及轴 9 等角速转动。待轮 2 上销 a 又与角形杆 3 接触，重复上述运动过程。

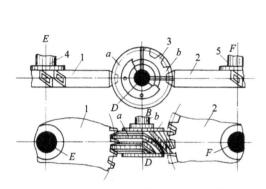

图 14-27 输出轮有停歇的蜗杆机构

1,2—蜗轮；3—蜗杆；4,5—轴

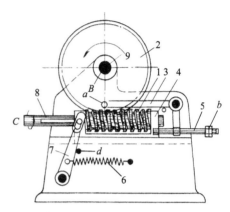

图 14-28 间歇运动的蜗杆传动

1—蜗杆；2—蜗轮；3—角形杆；4—滑块；
5—螺杆；6—弹簧；7—摇杆；8,9—轴

（13）调速机构

如图 14-29 所示，通过改变中间件导轨方位调节从动件的行程、速度和角速度。导轨方位是由蜗杆蜗轮 2 实现调节的。

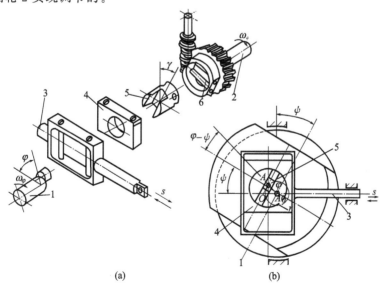

(a)　　　　(b)

图 14-29 蜗杆调速机构

1—偏心轴；2—蜗杆蜗轮；3—导杆；4—滑块；5—中间轴；6—导向销

如图 14-29 所示，主动件分别为偏心轴 1 和蜗轮 2，该机构为两自由度五杆机构。偏心轴 1 的偏心轴颈部分置于中间轴 5 的槽中，中间轴 5 又可在主动蜗轮 2 的两导向销 6 上滑动，并同滑块 4 组成转动副，滑块 4 又可在从动导杆 3 中的两导向销 7 上滑动。当蜗杆转动时，与它相啮合的蜗轮 2 连同构件 5 可转过不同的 γ 角，从而改变与主动偏心轴用转动副相连的滑块［图 14-29(b) 为用低副代替高副后的运动简图］的导路方向。当两主动件的角位移分别为 φ 和 ψ 时，从动杆 3 的位移方程可表达为

$$s=r\{1-0.5[\cos\varphi+\cos(2\psi-\varphi)]\}$$

该机构可以在运转中无级调节从动件的传动函数，即改变从动件的位移、速度和加速度，且机构结构简单、紧凑。一般主动轴 2 仅作调整用，在机构运转时固定不动；当主动轴 1 以角速度转动时，从动件 3 在固定导路中做往复移动。

(14) 工件取出放入机构

图 14-30 所示为工件取出放入机构。轴 1 上的两个蜗杆 2 使销轮 3 摆动，销轮 3 上另设拨销，推动带直槽的滑块，组成输出件 5 能在 x、y 方向轮流运动的两组滑动机构 4，件 5 按⊓形轨迹来回运动。

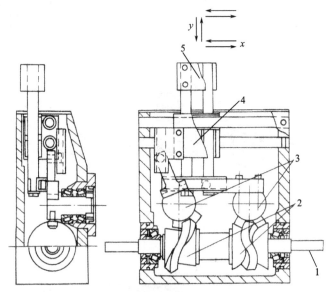

图 14-30 工件取出放入机构

1—轴；2—蜗杆；3—销轮；4—滑动机构；5—输出件

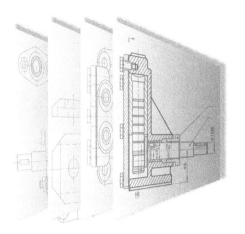

Chapter **15**

第15章

轴承的典型应用图例

15.1 滚动轴承的典型应用图例

15.1.1 滚动轴承的基本类型

按轴承承受的外载荷不同，滚动轴承可以概括地分为向心轴承、推力轴承和向心推力轴承三大类。如图 15-1 所示，主要承受径向载荷的轴承称为向心轴承，其中也有几种类型还可以承受不大的轴向载荷；只能承受轴向载荷的轴承称为推力轴承；能同时承受径向载荷和轴向载荷的轴承称为向心推力轴承。

各型滚动轴承已成为市售的标准化元件，其具体结构、尺寸等在设计时应参照有关标准或样本。

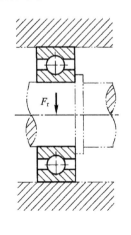

(a) 向心轴承

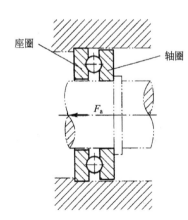

(b) 推力轴承

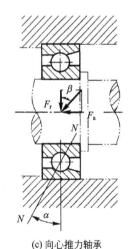

(c) 向心推力轴承

图 15-1 不同类型轴承的承载情况

第 15 章 轴承的典型应用图例 229

15.1.2　滚动轴承类型的选择

选用滚动轴承类型时，必须了解轴承的工作载荷（性质、大小、方向）、转速及其他使用要求，正确选择轴承类型，选择时应考虑以下主要因素。

(1) 轴承载荷及转速

轴承转速及所受载荷的大小、方向和性质是选择轴承类型的主要依据。

① 相同外形尺寸下，滚子轴承一般较球轴承承载能力大，应优先考虑。

② 轴承承受纯的径向载荷，且速度高时一般可选用向心类轴承。

③ 轴承承受纯的轴向载荷，一般可选用推力类轴承。当转速高且轴向载荷不十分大时可采用向心推力球轴承。

④ 承受径向载荷的同时，还有不大的轴向载荷时，可选用深沟球轴承（向心球轴承）、接触角不大的角接触球轴承（向心推力球轴承）或圆锥滚子轴承。

⑤ 承受轴向力较径向力大时，可选用接触角较大的角接触球轴承或圆锥滚子轴承，或者选用向心轴承和推力轴承组合在一起的结构，以分别承担径向载荷和轴向载荷。

⑥ 载荷有冲击振动时，优先考虑滚子轴承。

(2) 轴承的刚性与调心性能

① 滚子轴承的刚性比球轴承高，故对轴承刚性要求高的场合宜优先选用滚子轴承。

② 支点跨距大、轴的弯曲变形大或多支点轴，宜选用调心型轴承。

③ 圆柱滚子轴承用于刚性大，且能严格保证同心度的场合，一般只用来承受径向载荷。当需要承受一定轴向载荷时，可选择内外圈都有挡边的类型。

(3) 轴承的安装与拆卸

① 在轴承座不剖分而且必须沿轴向安装和拆卸轴承时，应优先选用内外圈可分离轴承。如圆锥滚子轴承和圆柱滚子轴承等。

② 在光轴上安装轴承时，为便于定位和拆卸，可选用内圈孔为圆锥孔（用以安装在锥形的紧定套上）的轴承。

(4) 经济性

① 与滚子轴承相比，球轴承因制造容易、价格较低，条件相同时可考虑优先选用。

② 同型号尺寸公差等级为 P0、P6、P5、P4、P2 的滚动轴承价格比为 1 : 1.8 : 2.3 : 7 : 10。在满足使用要求情况下，应优先选用 0 级（普通级）公差轴承。

15.1.3　滚动轴承内外圈的固定图例

滚动轴承内外圈的固定方法分别见表 15-1 和表 15-2。

表 15-1　滚动轴承内圈固定方法

序号	图　例	说　明
1		外壳孔内有挡肩时,用轴肩支承轴承的另一边用于承受单向轴向负荷的单列向心球轴承、向心推力球轴承或圆锥滚子轴承,这时另一端的轴承必须按相反方向紧固

序号	图　例	说　明
2	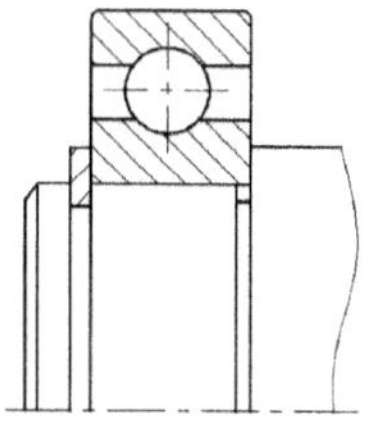	有轴用弹性挡圈嵌在同轴沟槽内,主要用于轴向力不大及转速不高时
3	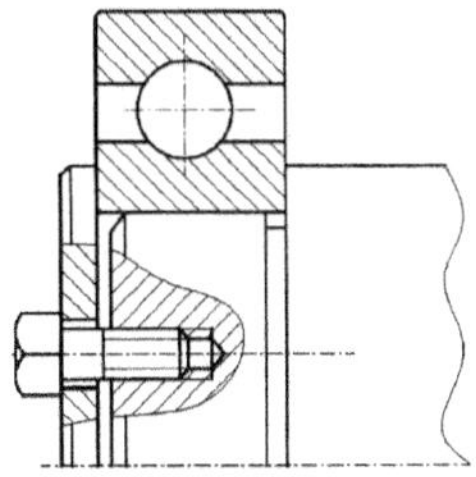	用螺钉固定的轴端挡圈和轴肩紧固轴承内圈,可用于在高转速下承受大的轴向力
4	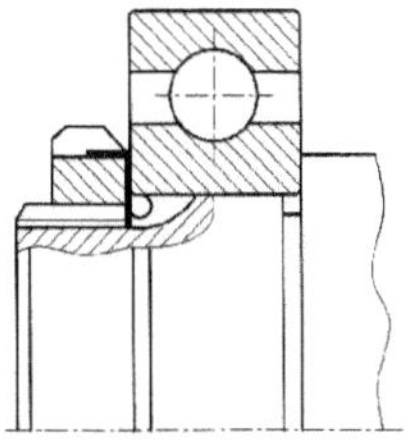	用圆螺母和止动垫圈紧固,主要用于轴承转速高、承受较大的轴向力的情况
5	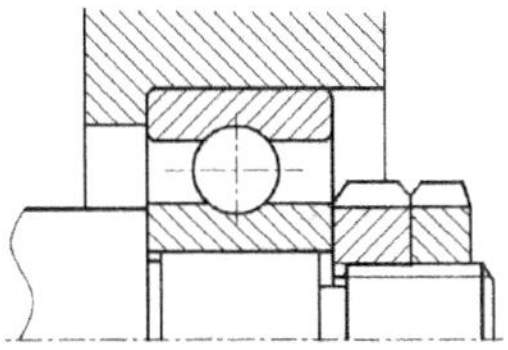	用双螺母紧固 用于承受较大的双轴向负荷、高转速下的向心轴承或向心推力轴承
6	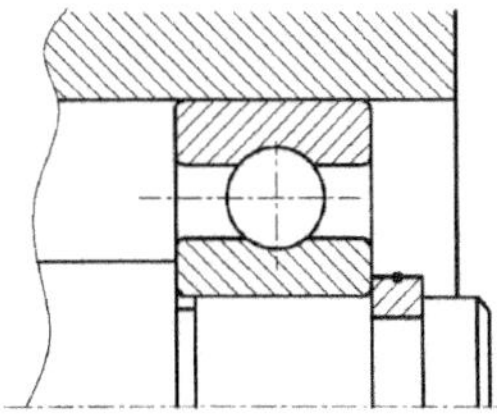	用两半并合的可拆式挡圈和弹簧钢丝紧固 用于轴向负荷不大、轴承转速不高且变化不大的单列向心轴承
7	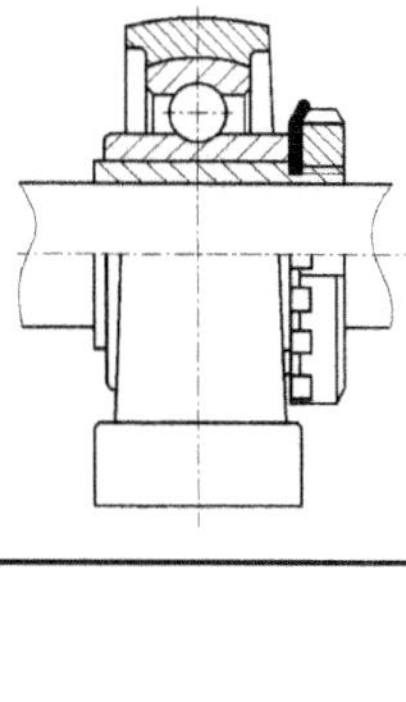	用紧定衬套、止动垫圈和圆螺母紧固。用于光轴上轴向力和转速都不大且内圈为圆锥孔的轴承。内圈的另一端常以轴肩作为定位面。为了便于轴承拆卸,轴肩的高度应低于轴承内圈的厚度

序号	图　例	说　明
8	轴套压紧	用轴套压紧。除轴套外也可使用其他零件压紧轴承,可承受较大的轴向载荷
9	开口螺母	开口螺母可承受作用于两个方向上较大的轴向载荷以及较高的轴承转速

表 15-2　滚动轴承的外圈固定方法

序号	图　例	说　明
1		用嵌入外壳沟槽内的一个孔用弹性挡圈和壳体孔内端面固定外圈,用紧定螺钉使垫圈压住内圈。用于轴向力不大且需减小轴承装置的尺寸时
2		用嵌入外壳沟槽内的两孔用弹性挡圈固定外圈,用一个轴用弹性挡圈和轴肩固定内圈。此种结构最为简单,但壳体孔内切槽要用专用工具 用于轴向载荷不大的单列向心轴承
3		用壳体孔内端面和轴承盖端面固定外圈,用轴端圆螺母和轴肩固定内圈。用于高转速及很大轴向力时的各类向心、推力和向心推力轴承

序号	图　例	说　明
4	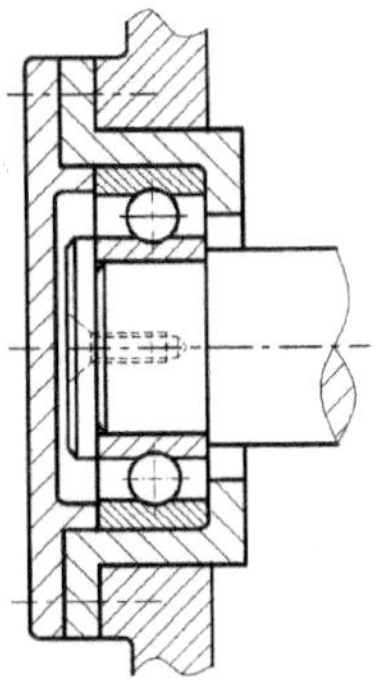	用一个过渡套装入壳体孔内,用其内端和端盖端面固定外圈,用紧定螺钉使垫圈和轴肩压住内圈
5	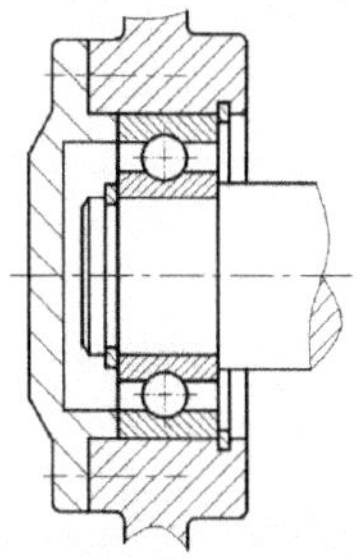	用嵌入外壳沟槽内的一个孔用弹性挡圈和端盖紧固外圈,用一个轴用弹性挡圈和轴肩固定内圈
6	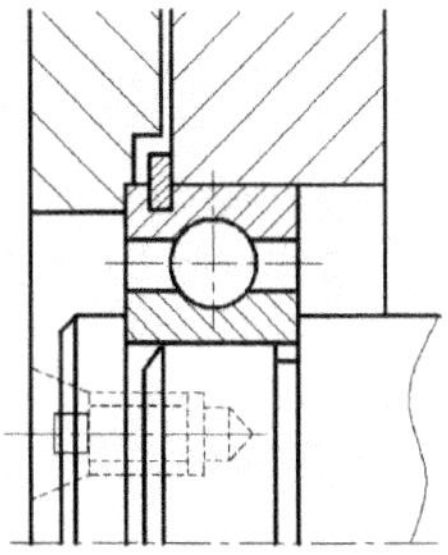	用轴用弹性挡圈嵌入轴承外圈的止动槽内紧固,用于带有止动槽的深沟球轴承,当外壳不便设凸肩且外壳为剖分式结构时
7	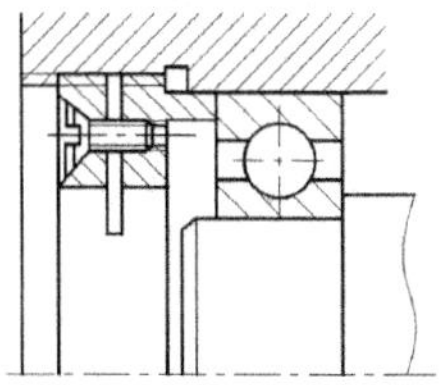	用螺纹环紧固,用于轴承转速高、轴向载荷大,而不适于使用轴承盖紧固的情况
8	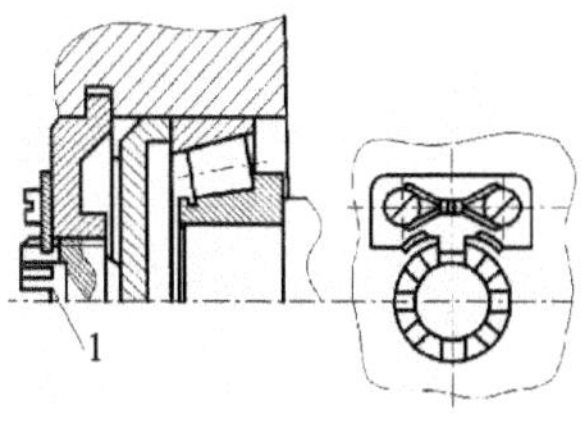	用轴承盖上的调节螺钉1和压盖压轴承外圈。螺钉用卡板卡住以免回松 用于转速和轴向力较大的场合 注:图示外壳为剖分两半的场合,故轴承盖可嵌入(重型)。如外壳不剖分(轻型),则轴承盖可用止口装入壳体孔定位,外圆用螺钉固于壳体。调节螺钉可改为一般螺钉加螺母

　　表15-2中除了介绍各种外圈固定方法外,每个图例还同时介绍了一种内圈的固定方法。需要指出,表15-1中介绍的任何一种内圈固定方法均可与其组合使用。

15.1.4　滚动轴承的游隙调整

在设计轴系轴承结构时，除了上述调整间隙的方法外，表 15-3 所列的方法也常采用。

表 15-3　滚动轴承游隙的调整方法

序号	图　例	说　明
1		可通过修磨端面 2 或 1 来获得满意的间隙
2		可通过修磨调整垫圈 1 的端面来获得满意的间隙
3		拧动调整螺钉 1 推压压盖 2 压轴承外圈，调整完毕后用螺母 3 锁紧
4		安装有一对圆锥滚子轴承的轴系，用螺钉调整

15.1.5　滚动轴承的预紧方法图例

在成对使用的角接触轴承中，常利用预紧的方法来提高轴承的支承刚度。轴承的预紧是指在安装时采取一定措施使轴承中的滚动体和内、外圈之间产生一定量的预变形，以保持内、外圈处于压紧状态。通过预紧可以增加轴承的刚性及精度，减小工作时的噪声和振动。常用的轴承预紧方法见表 15-4。

表 15-4 轴承预紧方法

序号	图 例	说 明
1	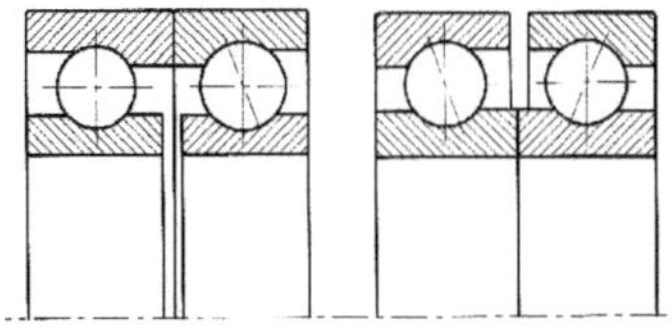	将成对双联向心推力球轴承相接触的两个外圈或内圈端面磨去一定的量,在安装时使它们靠紧 由生产厂选配组合成套,使用方便,不需补充其他装置就可得到所要求的预加负值,但维修较麻烦
2	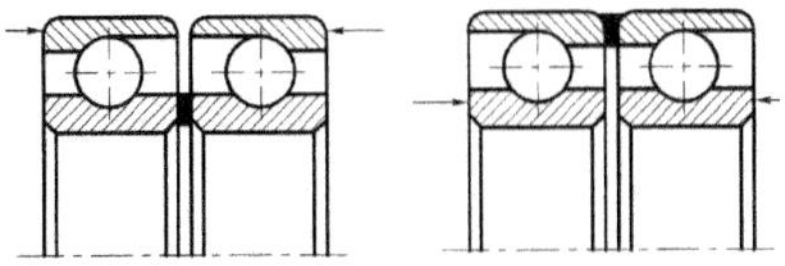	在成对组合的向心推力轴承的内圈之间或外圈之间加入垫片,再加紧外圈或内圈 借助不同厚度的垫片,可得到不同的预紧力
3	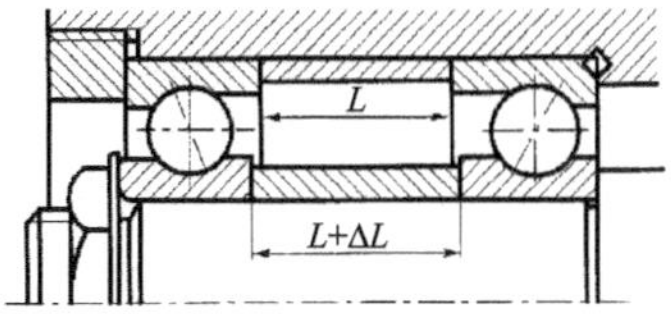 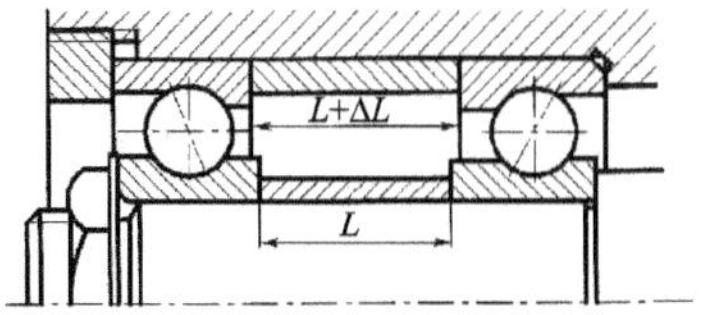	在成对组合的向心推力轴承的内圈之间和外圈之间,置以不同长度的隔套或垫圈,借助其长度的不同差值,可以得到不同的预加负荷
4	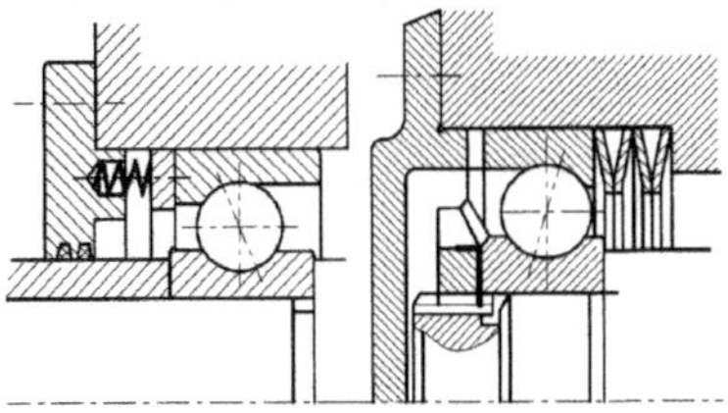	使向心推力轴承的外圈始终处于弹簧(螺旋弹簧或蝶形弹簧)压力之下,靠弹力大小得到不同的预加负荷值。使用过程中轴承的磨损不影响轴承的预加负荷值 采用弹簧数宜多而弹簧力不宜过大
5	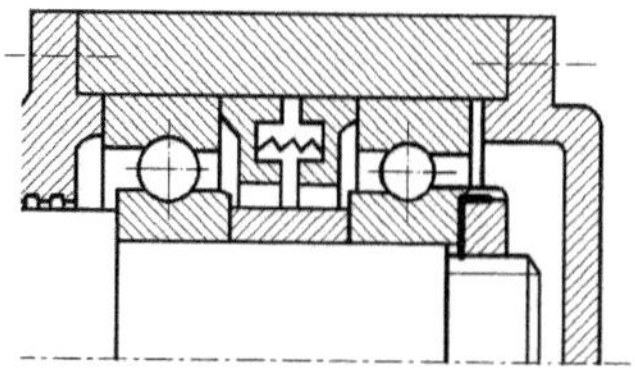	用带弹簧的隔套顶开轴承外圈以得到预紧负荷
6	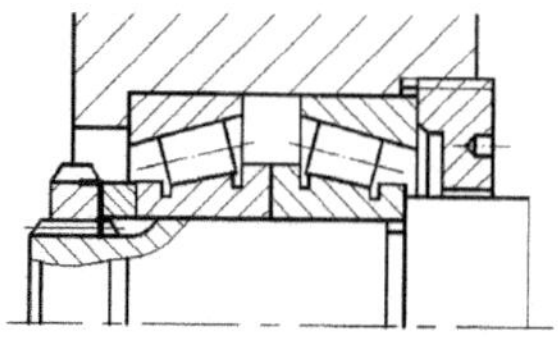	两圆锥滚子轴承内圈用螺母并紧于轴颈,用带螺纹的端盖压紧外圈以得到预紧负荷

15.1.6 滚动轴承的润滑与密封图例

(1) 滚动轴承的润滑

① 润滑方式选择　常用的润滑方法有脂润滑和油润滑两种。滚动轴承的润滑方式可根据速度因素 d、n 值选择,见表 15-5。d 为滚动轴承的内径,mm;n 为轴承转速,r/min。

表 15-5　滚动轴承润滑方式的选择

轴承类型	$dn/\text{mm} \cdot \text{r} \cdot \text{min}^{-1}$				
	脂润滑	浸油、飞溅润滑	滴油润滑	喷油润滑	油雾润滑
深沟球轴承 角接触球轴承 圆柱滚子轴承	$\leqslant (2\sim3)\times10^5$	$\leqslant 2.5\times10^5$	$\leqslant 4\times10^5$	$\leqslant 6\times10^5$	$> 6\times10^5$
圆锥滚子轴承		$\leqslant 1.6\times10^5$	$\leqslant 2.3\times10^5$	$\leqslant 3\times10^5$	—
推力球轴承		$\leqslant 0.6\times10^5$	$\leqslant 1.2\times10^5$	$\leqslant 1.5\times10^5$	—

　　脂润滑与油润滑相比有很多优点，如润滑脂很容易保持在轴承内，不易泄漏；维护简单可防止灰尘、冷却液和其他有害杂质的侵入；油膜强度较高，可以使用较长时间而不需更换；支承结构简单，不需要特殊的润滑装置等。对于垂直轴，如防泄漏问题不易解决时，采用脂润滑尤为适宜。但是在转速较高时，脂润滑的摩擦损失较大，会使轴承温度增高。

　　轴承中充填润滑脂的量不宜过多，根据经验，以填满轴承和轴承壳体空间的 1/3～1/2 为宜，高速时应仅填充至 1/3。转速很低且对密封要求较严格的情况下可充满壳体空间。

　　② 油润滑方式　在高速条件下，脂润滑不能满足要求时，应采用油润滑。主轴轴承的润滑油不应与其他润滑油相混，以免脏物进入主轴轴承。在变速箱中，由于齿轮和其他零部件需用油润滑，滚动轴承往往也随之采用油润滑。油润滑的润滑作用很好，但需要较复杂的密封装置和供油设备。油润滑的润滑方式见表 15-6。

表 15-6　油润滑的润滑方式

类型	图　　例	说　　明
油浴润滑		轴承的一部分浸在油池中,润滑油由旋转的轴承零件带起,再流回油槽中。油面不应超过最低滚动体的中心位置 用于低、中速轴承
滴油润滑		注油器精确地控制每小时所供给的油滴数 用于需要定量供油的轴承部件,过多的油量将引起轴承温度增高
飞溅润滑		用浸入油池内的齿轮或甩油环的旋转将油飞溅进行润滑。当轴承处于不易溅油部位时,可在箱体内部制成导油沟或设导油槽进行润滑。润滑装置简单,但启动时润滑状况不太好(速度不高) 用于封闭箱体内部易于溅油处的轴承

类型	图例	说明
循环润滑	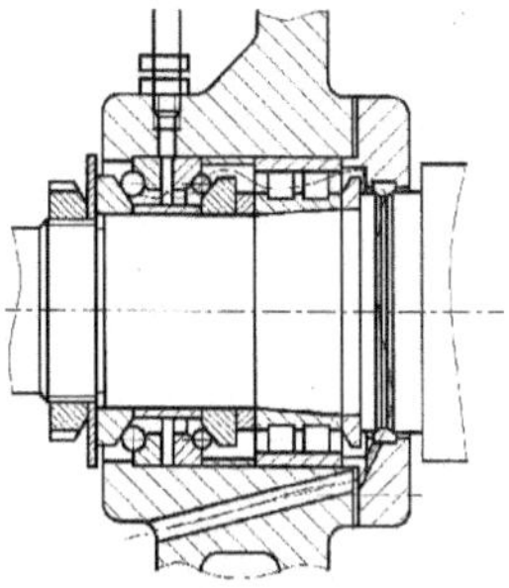	用油泵将经过过滤的油输送到轴承部件中,通过轴承后的润滑油,再经过滤、冷却后循环使用。因循环油可带走一定热量,可使轴承温度降低 用于转速较高的轴承部件中
喷射润滑	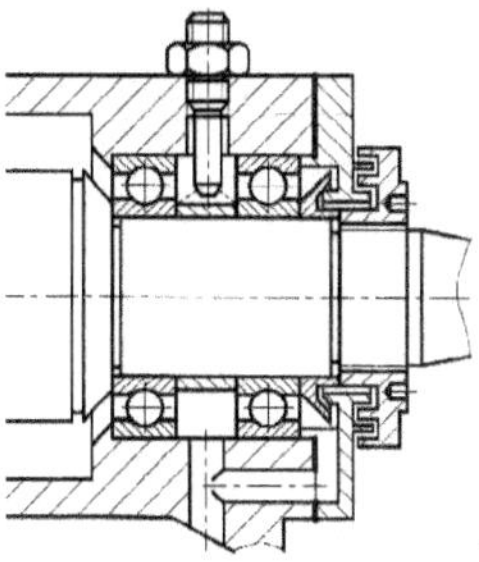	用油泵将高压油经喷嘴喷射到轴承中,射入轴承中的油经轴承另一端流入油槽。喷嘴的位置应在内圈和保持架中心之间 轴承高速旋转时,滚动体、保持架也以相当高的速度旋转,使其周围空气形成气流,用一般润滑方法很难将润滑油输送到轴承中,这时必须用高压喷射的方法
离心润滑	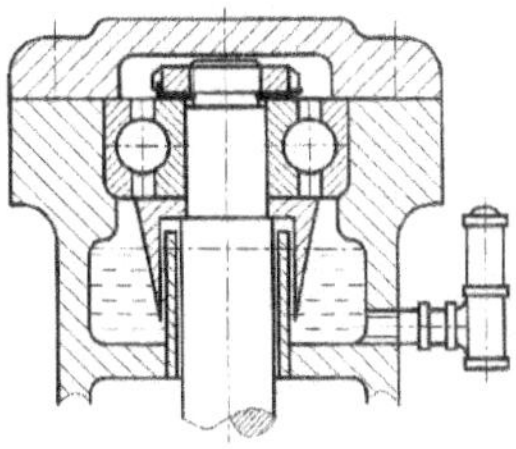	在轴承下部安装与轴承一起旋转的圆锥盖套,靠摩擦力和离心力作用,将油沿锥面甩到轴承中进行润滑 用于垂直轴
油雾润滑	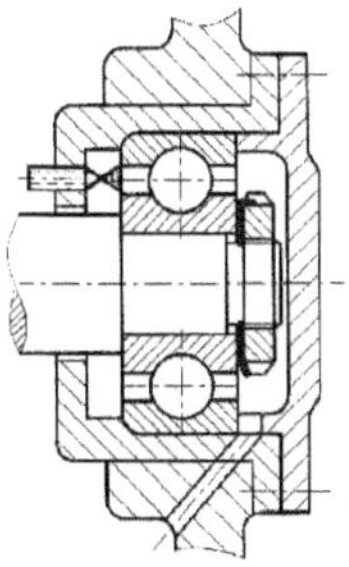	干燥的压缩空气经喷雾器与润滑油混合形成油雾,通入轴承中。气流可有效地使轴承降温,并能防止杂质进入轴承。这种润滑方式效果较好,但需特殊设备 用于高速轴承
油绳润滑	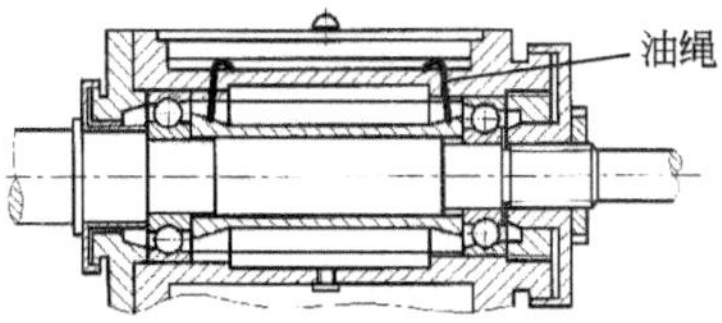	利用油杯中的油绳毛细管产生的虹吸作用向轴承供油。油绳润滑适用于低速、轻负荷的轴套和一般机器设备

(2) 滚动轴承的密封

如表 15-7 所示,滚动轴承的密封分为接触式密封和非接触式密封两大类。非接触式密封不受速度的限制。接触式密封只能用于线速度较低的场合,为保证密封的寿命及减少轴的磨损,轴接触部分的硬度应在 40HRC 以上,表面粗糙度 Ra 宜小于 $1.60 \sim 0.80\mu m$。

表 15-7　滚动轴承的密封

类型	图　例	说　明
毡圈密封	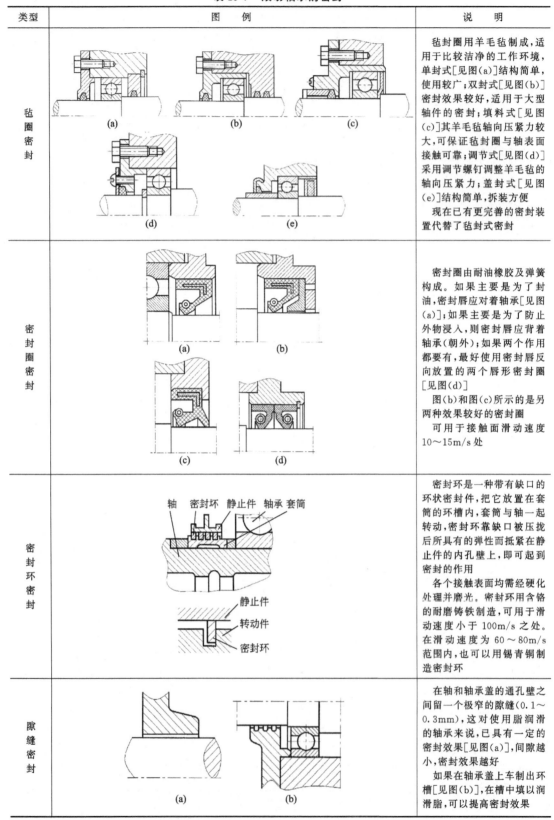 (a)　　(b)　　(c)　　(d)　　(e)	毡封圈用羊毛毡制成,适用于比较洁净的工作环境,单封式[见图(a)]结构简单,使用较广;双封式[见图(b)]密封效果较好,适用于大型轴件的密封;填料式[见图(c)]其羊毛毡轴向压紧力较大,可保证毡封圈与轴表面接触可靠;调节式[见图(d)]采用调节螺钉调整羊毛毡的轴向压紧力;盖封式[见图(e)]结构简单,拆装方便 现在已有更完善的密封装置代替了毡封式密封
密封圈密封	(a)　　(b)　　(c)　　(d)	密封圈由耐油橡胶及弹簧构成。如果主要是为了封油,密封唇应对着轴承[见图(a)];如果主要是为了防止外物浸入,则密封唇应背着轴承(朝外);如果两个作用都要有,最好使用密封唇反向放置的两个唇形密封圈[见图(d)] 图(b)和图(c)所示的是另两种效果较好的密封圈 可用于接触面滑动速度10～15m/s处
密封环密封	轴　密封坏　静止件　轴承　套筒 静止件 转动件 密封环	密封环是一种带有缺口的环状密封件,把它放在套筒的环槽内,套筒与轴一起转动,密封环靠缺口被压拢后所具有的弹性而抵紧在静止件的内孔壁上,即可起到密封的作用 各个接触表面均需经硬化处理并磨光。密封环用含铬的耐磨铸铁制造,可用于滑动速度小于100m/s之处。在滑动速度为60～80m/s范围内,也可以用锡青铜制造密封环
隙缝密封	(a)　　(b)	在轴和轴承盖的通孔壁之间留一个极窄的隙缝(0.1～0.3mm),这对使用脂润滑的轴承来说,已具有一定的密封效果[见图(a)],间隙越小,密封效果越好 如果在轴承盖上车制出环槽[见图(b)],在槽中填以润滑脂,可以提高密封效果

类型	图 例	说 明
油密封	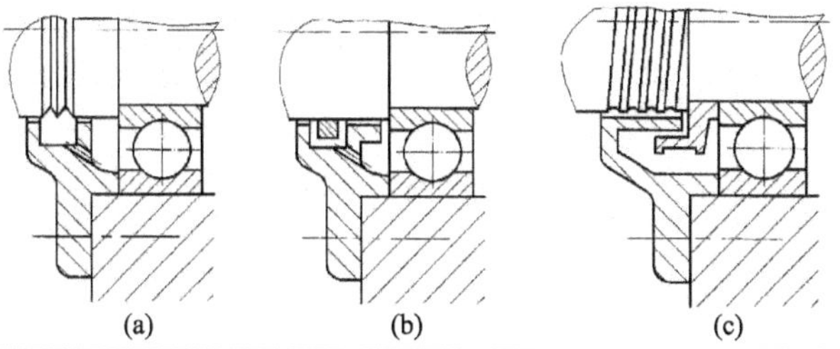 (a)　　(b)　　(c)	油润滑时，在轴上开出沟槽[见图(a)]，或装入一个环[见图(b)]，都可以把欲向外流失的油沿径向甩开，再经过轴承盖的集油腔及与轴承腔相通的油孔流回。或者在紧贴轴承处装一甩油环，在轴上车制有螺旋式输油槽[见图(c)]，可有效地防止油外流
曲路密封	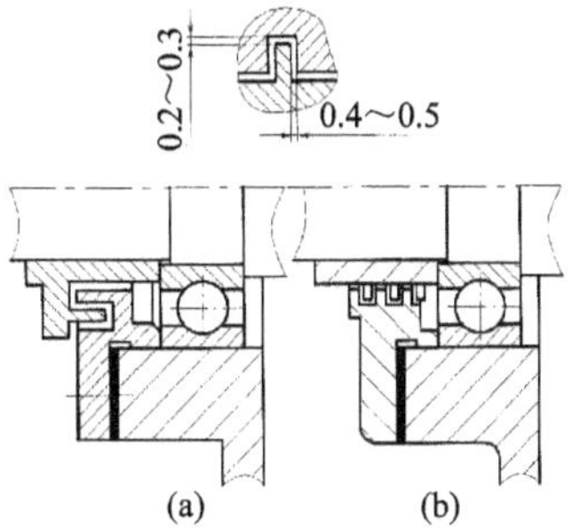 0.2～0.3　0.4～0.5 (a)　　(b)	密封是由旋转的和固定的密封零件之间拼合成的曲折隙缝形成的。隙缝中填入润滑脂，可增加密封效果。曲路的布置可以是径向的[见图(a)]或轴向的[见图(b)] 采用轴向曲路时，端盖应为剖分式。当轴因温度变化而伸缩或采用调心轴承作支承时，旋转片与固定片有相接触的可能，设计时应加考虑
挡圈密封	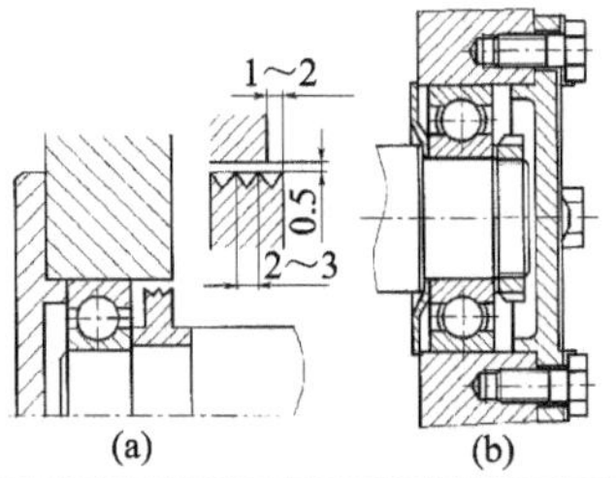 1～2　0.5　2～3 (a)　　(b)	如图(a)所示，靠甩油挡圈将油甩出进行密封 如图(b)所示，用于脂润滑，防止润滑油流入轴承将润滑脂带走

15.1.7　机床主轴的润滑与密封应用图例

机床主轴的润滑与密封应用图例如图 15-2 所示。

① 如图 15-2(a) 所示，这种非接触式的曲路密封能应用于较高转速。其上的密封圈应精细加工和找正。

其润滑方式适用于脂润滑和油润滑。

② 如图 15-2(b) 所示，增加了回油孔，为防止外在污染，增加了一个保护圈。其润滑方式适用于油系统润滑。

③ 如图 15-2(c) 所示，当主轴以较低和中等速度旋转时，除曲路密封外，还增加一个碗罩，防止轴承的润滑脂外溢。

④ 如图 15-2(d) 所示，这种缝隙式密封，能使用脂润滑和油雾润滑的主轴部件，在无污染的情况下顺利工作。

⑤ 如图 15-2(e) 所示，这种带有挡油盖的缝隙式密封，适用于充分循环润滑的场合。

⑥ 如图 15-2(f) 所示，这种接触式密封，适用于脂润滑和油润滑的场合。在大多数情况下取决于密封的耐磨性。

⑦ 如图 15-2(g) 所示，装在主轴端部的两个端部有相互嵌合凹槽的圆盘，形成了曲路密封。适用于重载下的脂润滑。

⑧ 如图 15-2(h) 所示，采用润滑油系统时，装有挡油盘的结构。

⑨ 如图 15-2(i) 所示，使用润滑脂的普通结构，可采用图示的缝隙密封。

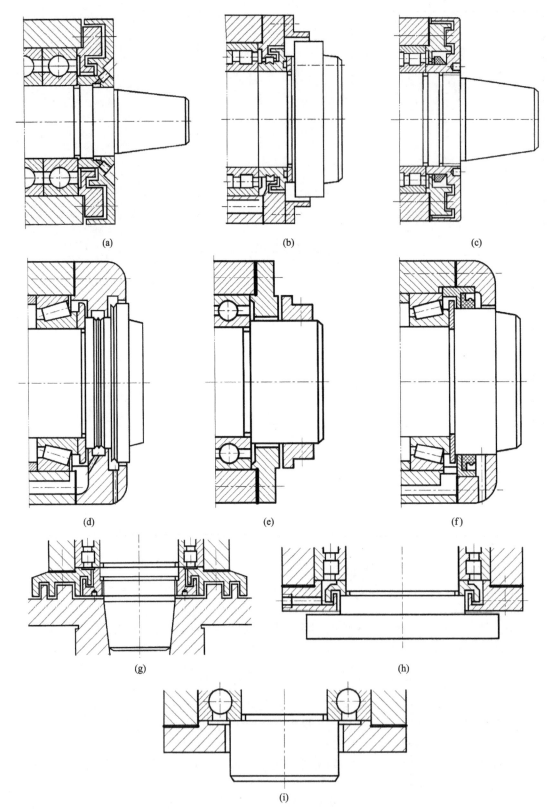

(a) (b) (c)

(d) (e) (f)

(g) (h)

(i)

图 15-2 机床主轴的润滑与密封应用图例

　机械设计典型应用图例

15.1.8　滚动轴承配置组合应用图例

① 如图 15-3～图 15-6 为双支点各单轴向固定（两端固定）的滚动轴承配置图例。悬臂支承的小锥齿轮，压力中心间的距离 l 短，悬臂 l_1 较长。在受热变形时会减小预调的间隙，可能会导致卡死。图 15-3 为两个角接触球轴承正装的双支点各单轴向固定；图 15-4 为两个角接触球轴承反装的双支点各单轴向固定；图 15-5 为两个圆锥滚子轴承正装的双支点各单轴向固定；图 15-6 为两个圆锥滚子轴承反装的双支点各单轴向固定。

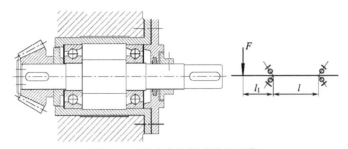

图 15-3　两个角接触球轴承正装

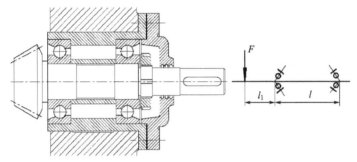

图 15-4　两个角接触轴承反装

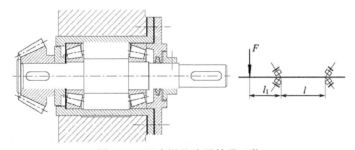

图 15-5　两个圆锥滚子轴承正装

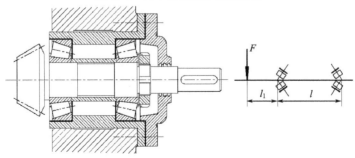

图 15-6　两个圆锥滚子轴承反装

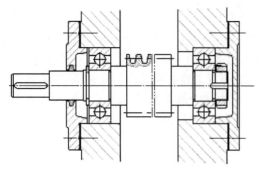

图 15-7 一端固定、一端游动方案一

② 图 15-7～图 15-14 所示的是一端固定一端游动的滚动轴承配置组合应用图例。

图 15-7 所示为左端轴承为深沟球轴承游动端和右端轴承为深沟球轴承固定端的配置使用图例；径向载荷由两端承载，轴向载荷由固定端实现双向承载。

图 15-8 所示为左端轴承为深沟球轴承游动端和右端轴承为角接触球轴承组合固定端的配置使用图例；径向载荷由两端承载，轴向载荷由组合固定端实现双向承载。

图 15-9 所示为左端轴承为深沟球轴承游动端和右端轴承为深沟球轴承与推力轴承组合固定端的配置使用图例；径向载荷由两端承载，轴向载荷由组合固定端实现双向承载。

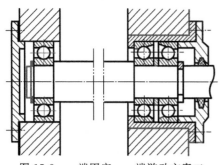

图 15-8 一端固定、一端游动方案二

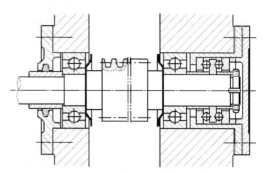

图 15-9 一端固定、一端游动方案三

图 15-10 所示为左端轴承为深沟球轴承游动端和右端轴承为角接触球轴承组合固定端的配置使用图例；径向载荷由两端承载，轴向载荷由组合固定端实现双向承载。

图 15-11 所示为左端轴承为圆柱滚子轴承游动端和右端轴承为深沟球轴承固定端的配置使用图例；径向载荷由两端承载，轴向载荷由固定端实现双向承载。

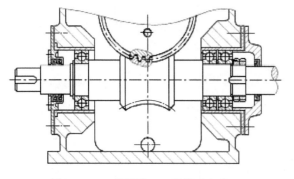

图 15-10 一端固定、一端游动方案四

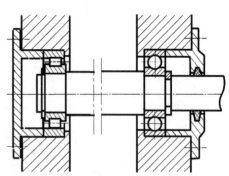

图 15-11 一端固定、一端游动方案五

图 15-12 所示为左端轴承为圆柱滚子轴承游动端和右端轴承为角接触球轴承组合固定端的配置使用图例；径向载荷由两端承载，轴向载荷由组合固定端实现双向承载。

图 15-13 所示为左端轴承为圆柱滚子轴承游动端和右端轴承为圆锥滚子轴承组合固定端的配置使用图例；径向载荷由两端承载，轴向载荷由组合固定端实现双向承载。

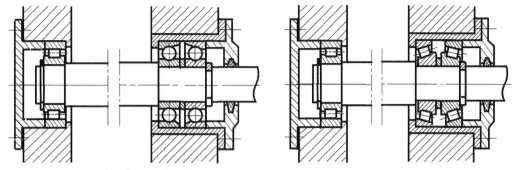

图 15-12　一端固定、一端游动方案六　　　　　　图 15-13　一端固定、一端游动方案七

图 15-14 所示为左端轴承为圆柱滚子轴承游动端和右端轴承为推力球轴承组合固定端的配置使用图例；径向载荷由两端承载，轴向载荷由组合固定端实现双向承载。

③ 图 15-15 所示是两端都采用的圆柱滚子轴承作为游动的配置图例。对于支承人字齿轮的轴系部件，其位置可通过人字齿轮的几何形状确定，这时必须将两个支点设计为游动支承，但与其啮合的人字齿轮所在轴系部件必须是两端固定的，以便两轴得到轴向定位。

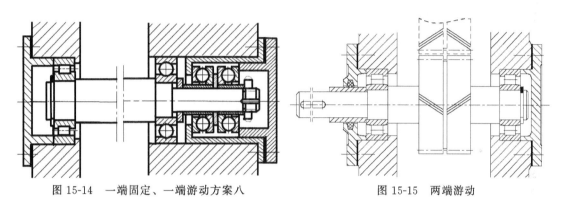

图 15-14　一端固定、一端游动方案八　　　　　　图 15-15　两端游动

15.2　滑动轴承的典型应用图例

滑动轴承其轴承表面与轴颈表面被润滑层隔开，并做相对滑动，在某些不能、不便或使用滚动轴承没有优势时，可使用滑动轴承。

滑动轴承具有下述特点。

① 在保证液体摩擦的前提下，可长期高速运转；在承受重载荷时，滑动轴承的动摩擦因数反而小于滚动摩擦；滑动轴承的油膜具有较好的吸振能力。

② 尺寸可做得很小，甚至小于 1mm，而滚动轴承却不能做得这样小。

③ 结构简单，比滚动轴承易于制造，一般机械厂就可以制造。可做成对开式的结构，安装方便。

滑动轴承的应用非常广泛，特别适用于下述工况和机械中。

① 高速转动的轴承，如汽轮机、燃气轮机和内圆磨床主轴轴承等。

② 大型重载的轴承，如重型轧钢机和大型发电机中的轴承。

③ 承受冲击载荷的轴承，如内燃机、压气机、锻压机械的轴承。

④ 高精度的轴承，如精密机床的主轴轴承。

⑤ 转速低、受力不大或尺寸要求紧凑的地方（如机床的进给箱）。

⑥ 装配上要求必须是对开剖分结构的轴承，如曲轴的轴承。

⑦ 工作在水和侵蚀性介质中等特殊工作条件下的轴承。

⑧ 在不太重要的场合和低速条件下使用滑动轴承，成本较低。

15.2.1　常用滑动轴承结构图例

滑动轴承类型很多，有的还涉及原理及特性比较复杂的动静压轴承，此类轴承有专门文献述及，故本书只介绍一般并着重用于机床的滑动轴承，见表 15-8。

表 15-8　常用滑动轴承结构

类型	图　例	说　明
内外均为圆柱形的轴	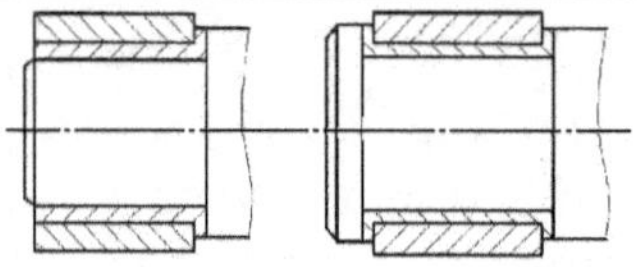 　(a) 单台肩　　(b) 双台肩	用在转速很低(在进给机构中)或者不常工作的轴上。一般长度直径比为 1～2。轴套外径与轴承座应紧配合,且用螺钉或销固定在轴承座上。如图(b)所示轴承座或轴瓦应制成剖分式
	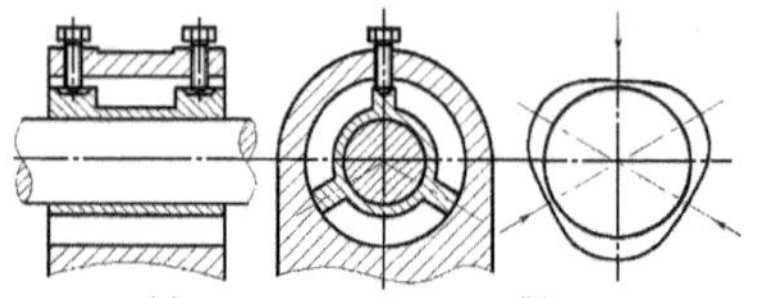 　(a)　　　　(b)	轴套的两个脚在轴座内壁上,如图(a)所示,第三个脚在一个透过轴座的螺栓末端上。当螺栓旋紧时轴套产生弹性变形,放大以后如图(b)所示 这类轴承的轴套外部都用锥形,用方牙螺母调节
	部分式向心滑动轴承(螺栓2可布4个) 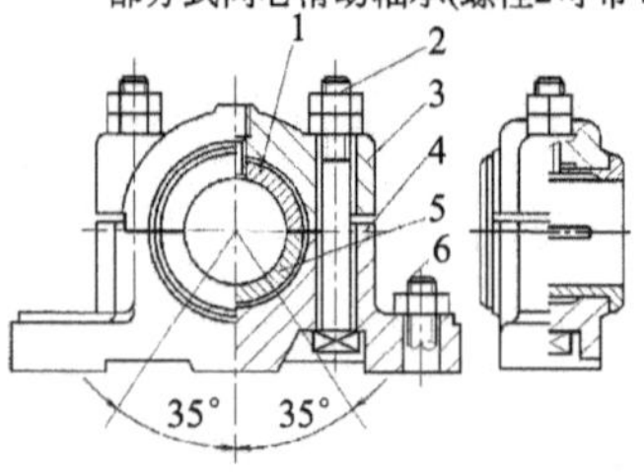 　35°　35°　负荷位置	由轴承盖 3、轴承座 4、剖分轴瓦(上轴瓦 1、下轴瓦 5)和连接螺栓(盖螺栓 2、座螺栓 6)等组成。轴承中直接支承轴颈的零件是轴瓦。为了安装时容易对心,在轴承盖与轴承座的中分面上做出阶梯形的榫口。轴承盖应当适度压紧轴瓦,使轴瓦不能在轴承孔中转动。轴承座上制有螺孔,以便安装油杯或油管
	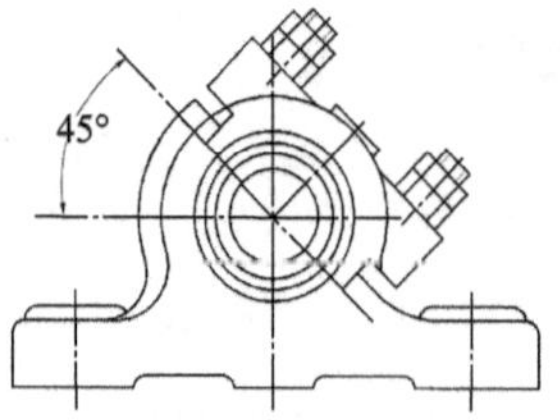 　45°	若载荷方向有较大偏斜时,则轴承的中分面也斜着布置,使中分平面垂直于或接近垂直于载荷 轴承座的负荷方向应处在垂直于分合面的轴承中心线左右 35°的范围内
	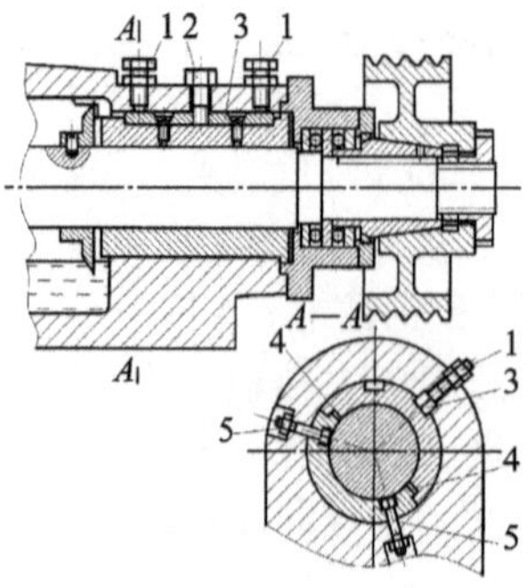 　A 1 2 3 1　A—A	轴套的下半边用螺栓 5 拉到轴座上,轴套的上半边由键 3 准确地控制其方向并用两个螺栓把键与轴套固定,而在上下两半个轴套的接合处采用的阶梯形的接头 4 轴套的调整直接由螺栓 1 和 2 进行。先放松螺栓 2,然后将螺栓 1 旋紧直到主轴还能用手转动为止。然后将螺栓 1 用螺母固定,再转螺栓 2,把键 3 和上半个轴套一起拉紧到螺栓 1 上。在轴套接合处之间加入填料,以防漏油

类型	图 例	说 明
内外均为圆柱形的轴	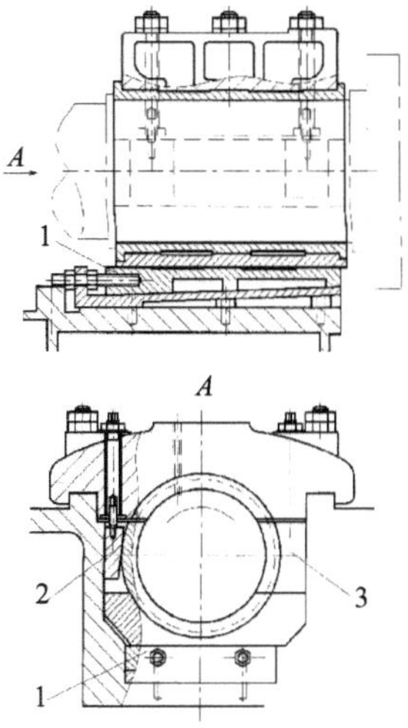	重型传动 轴承由四个部分组成,轴的位置用三个楔形片1、2、3来调节 为了承受轴上的轴向推力,必须另外安装滚动(一般采用)的或滑动的止推轴承。止推轴承的安排方式 (1)放在两个轴承的外面,则当轴在工作中发热伸长时,使它有轴向移动 (2)放在两个轴承的内面,则将使受热的轴产生弯曲,并使轴承的负载过重。此时,应具有一个轴向的间隙,其数值可以确定如下:当轴承热到工作温度以后除去轴之伸长部分 ΔL($\Delta L \approx 12 \times 10^{-6} L \Delta t$,式中 L 为止推轴承间的距离 mm;Δt 为在工作情况下,轴的温度和轴承架圈温度的差值)以后的轴向移动,不能超过技术条件所允许的规定 通常是把两个止推轴承放在轴承的一边(双面止推轴承)或两边
内为圆柱形、外为锥形的轴套	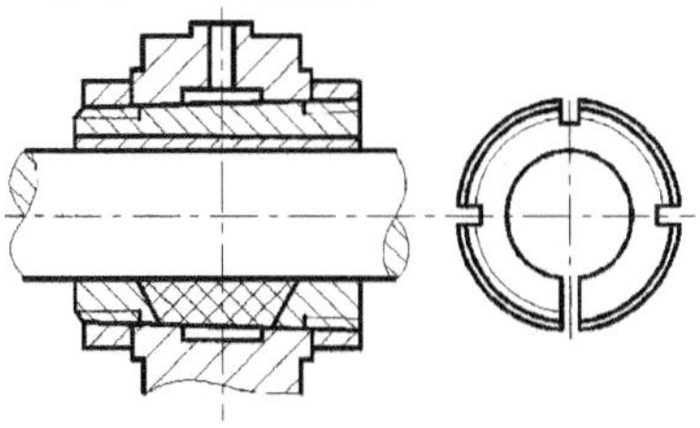	轴套上切了四条槽(或三条),其中一条切断,没切断的槽和切断的槽对称地分布于轴套上 当轴套由一个或两个螺母拉入轴座的锥形内孔时,使轴套被压缩发生变形调隙。在刚调整以后的一段时期中,磨损相当快
	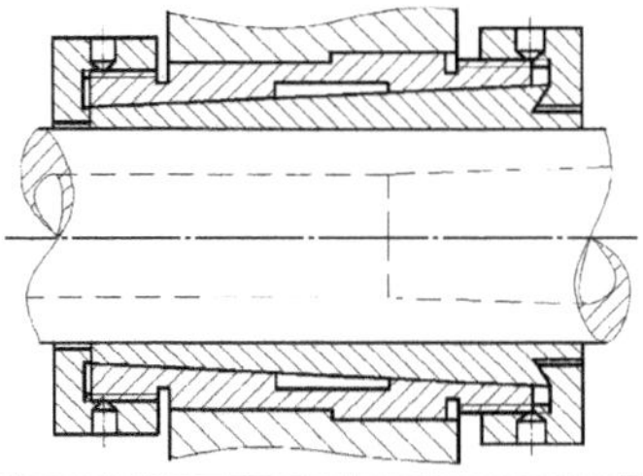	将螺纹不切在轴套上而切在钢套上,由于螺纹连接有间隙,可使调节螺母与轴套锥形端面很好接触
	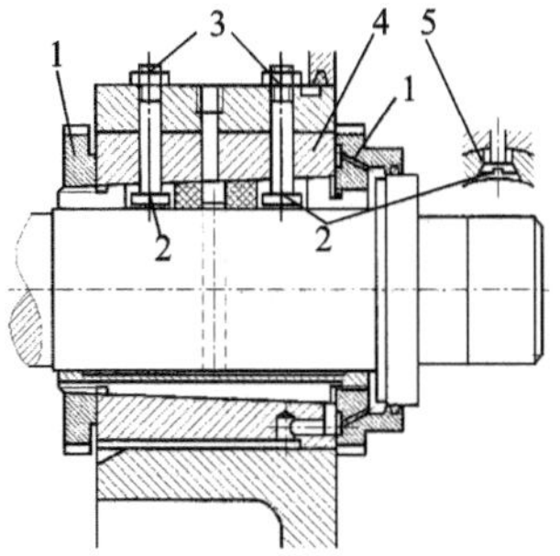	5是轴套的断槽,放在上部,槽侧面制成斜面,在断槽中放两个有楔形头的螺栓2,由螺母1调节轴套的轴向位置,用螺母3收紧原来松开的螺栓,经过螺栓2把轴套压紧在套筒4的锥形表面上。因此,轴套的内部表面得到一个近于圆柱形的表面
	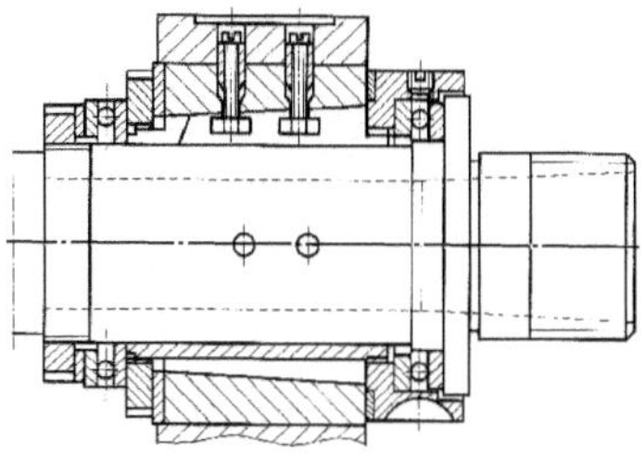	为承受轴向力,一个滑动轴承的两边增加止推轴承

类型	图 例	说 明
内为圆柱形、外为锥形的轴套	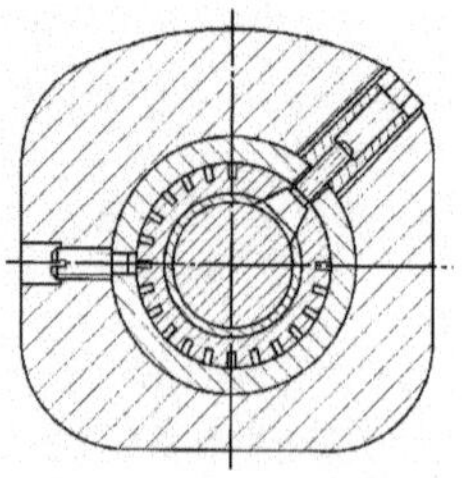	轴套孔非圆变形的影响可以用增加槽的数目来减轻 图为砂轮主轴前轴承横剖面,在双层金属的套筒上每隔15°开槽
内为锥形、外为圆柱形的轴套	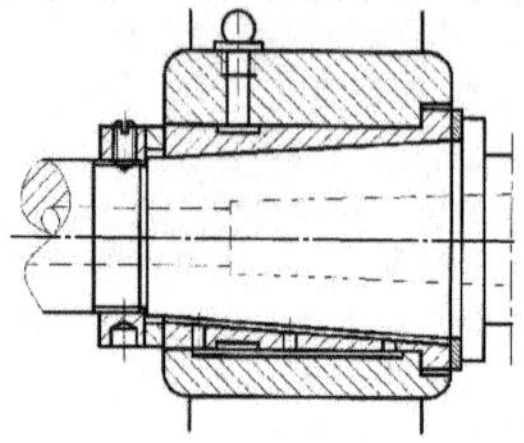	轴套外部为圆柱形,不开槽,因此其刚度比开槽的构造要大一些 径向间隙的调节是由主轴(或轴)和轴套的相对移动而得到。本图轴套不动,调节时移动主轴的位置 机床(包括精密机床)在主轴的前轴颈常采用此结构
	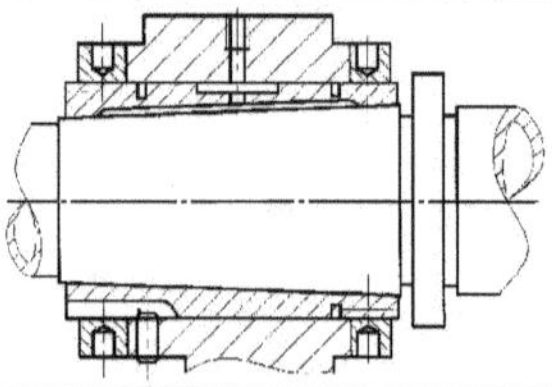	主轴的轴向位置不改变,用改变两个旋在轴套端部的螺母的位置来调节轴承中的间隙 由于沿锥形轴颈的圆周速度不等,所以摩擦部分的磨耗是不均匀的
止推滑动轴承	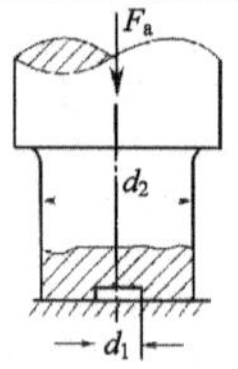	d_2 由轴的结构设计拟定 $$d_1=(0.4\sim0.6)d_2$$ 若结构上无限制,取 $d_1=0.5d_2$
	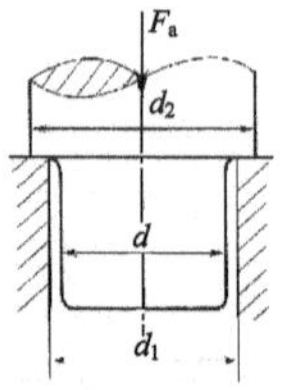	d_1、d_2 由轴的结构设计拟定
	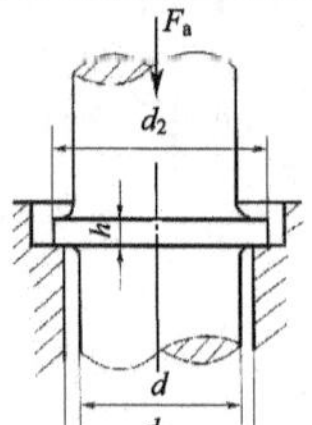	d 由轴的结构设计拟定 $d_2=(1.2\sim1.6)d$ $d_1=1.1d_2$ $h=(0.12\sim0.15)d$
	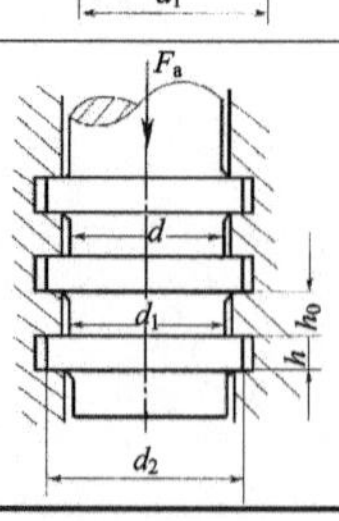	$h_0=(2\sim3)h$ 其余同上

类型	图 例	说 明
固定瓦多油楔轴承	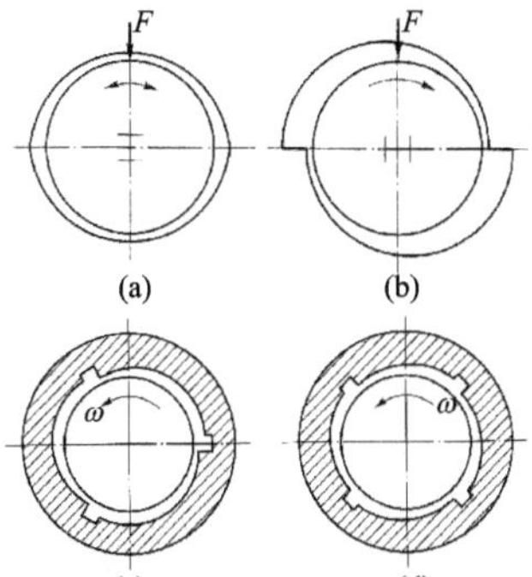	如图(a)、(b)所示,为双油楔椭圆轴承及双油楔错位轴承示意图。显然,前者可以用于双向旋转的轴,后者只能用于单向旋转的轴。图(c)、(d)分别为 3 油楔和 4 油楔轴承示意图。它们都是固定瓦多油楔轴承。工作时,各油楔中同时产生油膜压力,以助于提高轴的旋转精度及轴承的稳定性。但是与同样条件下的单油楔轴承相比,承载能力有所降低,功耗有所增大
可倾瓦多油楔轴承	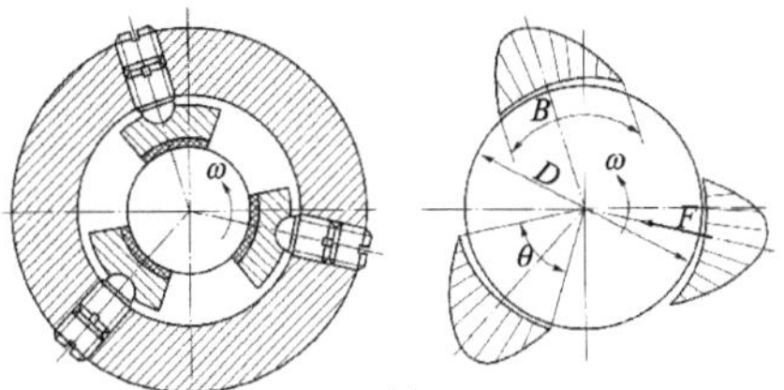 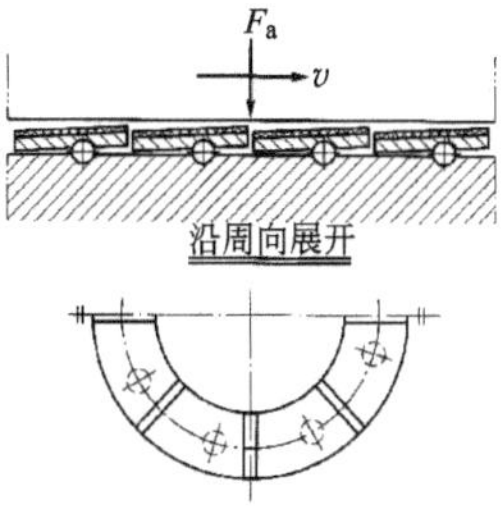	图(a)所示,为可倾瓦多油楔径向轴承,轴瓦由三块或三块以上(通常为奇数)的扇形块组成。扇形块以其背面得球窝支承在调整螺钉尾部的球面上。球窝的中心不在扇形块中部,而是沿圆周偏向轴颈旋转方向的一边。由于扇形块是支承在球面上,所以它的倾斜度可以随轴颈位置的不同而自动调整,以适应不同的载荷、转速和轴的弹性变形偏斜等情况,保持轴颈与轴瓦间的适当间隙,因而能够建立起可靠的液体摩擦的润滑油膜。间隙的大小可用球端螺钉进行调整 这类轴承的共同特点是,即使在空载运转时,轴与各个轴瓦也相对处于某个偏心位置上,即形成几个有承载能力的油楔,而这些油楔中产生的油膜压力有助于轴的稳定运转 图(b)所示为可倾瓦止推轴承的示意结构。轴颈端面仍为一平面,轴承是由数个(3～20)支承在圆柱面或球面上的扇形块组成。扇形块用钢板制成,其滑动表面敷有轴承衬材料。轴承工作时,扇形块可以自动调位,以适应不同的工作条件
磁悬浮轴承	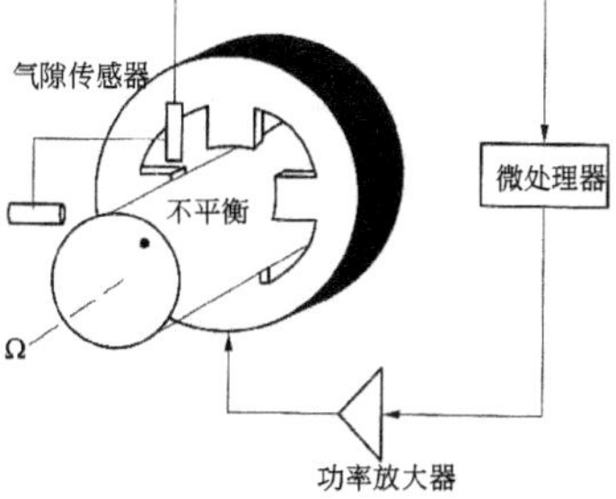	具有主动控制功能的磁悬浮轴承(电磁轴承)如左图所示,是其基本工作原理,传感器在线地拾取转子的位移信号,控制器对位移信号进行相应处理并生成控制信号,功率放大器按控制信号产生所需要的控制电流并送往电磁铁线圈,从而在执行电磁铁中产生磁力,以使得转子稳定地悬浮在平衡位置附近 磁悬浮轴承具有许多传统轴承所不具有的优点 1)可以达到较高的转速,比滚动轴承大约高 5 倍,比流体动压滑动轴承大约高 2.5 倍 2)摩擦功耗较小,其功耗只有流体动压滑动轴承的 10%～20% 3)由于磁悬浮轴承依靠磁场力悬浮转子,因此在相对运动表面之间不接触,没有由磨损和接触疲劳所带来的寿命问题 4)不需润滑 5)对极端高温、极端低温运行环境都具有很好的适应性 6)可控性。磁悬浮轴承的静态及动态性能都是在线可控的 7)可测试、可诊断、可在线工况检测

轴套及油沟(油槽)结构见表 15-9。

表 15-9　滑动轴承轴套结构

序号	图　例	说　明
1	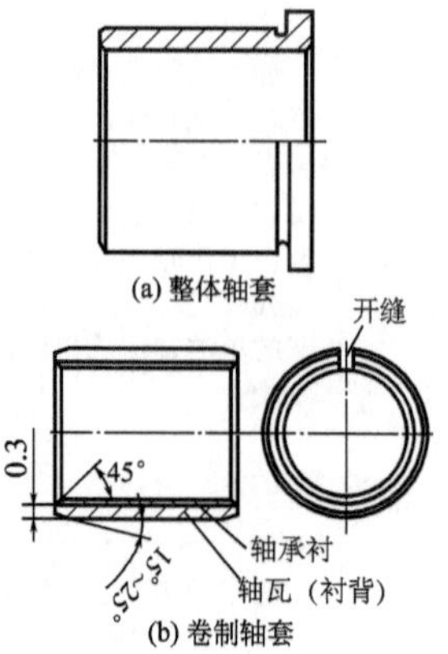 (a) 整体轴套 开缝 0.3 45° 15~25° 轴承衬 轴瓦（衬背） (b) 卷制轴套	整体式轴瓦按材料及制法不同，分为整体轴套[见图(a)]和单层、双层或多层材料的卷制轴套，如图(b)所示。非金属整体式轴瓦既可以是整体非金属轴套，也可以在钢套上镶衬非金属材料制成 　多层复合材料卷制轴套是以低碳钢为基体外表面镀以铜或锡等金属保护层，烧结青铜网为中间层，再以塑料为表面层的自润滑料制成。由于具有良好的润滑性、散热性和摩擦性，因而得到重视（在国外称为DU、DX轴承），属国家重点推广科技产品 　卷制轴套的形式如图(b)所示。开缝允许有直缝、斜缝或搭扣形式
2	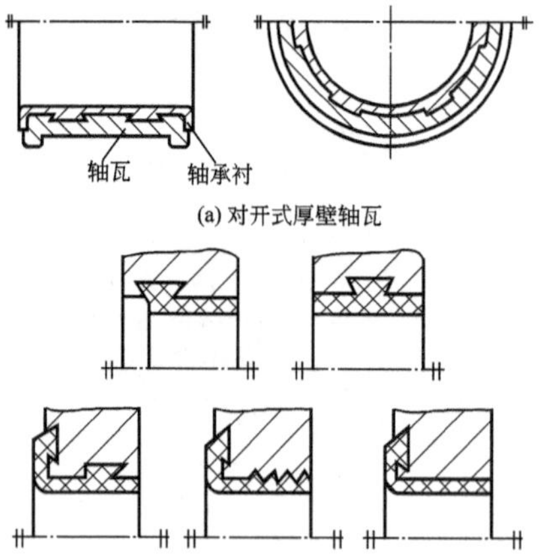 轴瓦　轴承衬 (a) 对开式厚壁轴瓦 (b) 对开式厚壁轴瓦形式	如图(a)所示，为了提高轴承的减摩、耐磨和跑合性能，常用轴承合金、青铜或其他减摩材料采用离心铸造法覆盖在铸铁、钢或青铜轴瓦的内表面上以制成双金属轴承 　为了使两种金属贴附牢靠，必须在轴底瓦内表面制出各种形式的榫头或沟槽，以增加贴附性，沟槽的深度以不过削弱轴瓦的强度为原则，图(b)所示为对开式铸造厚壁轴瓦
3	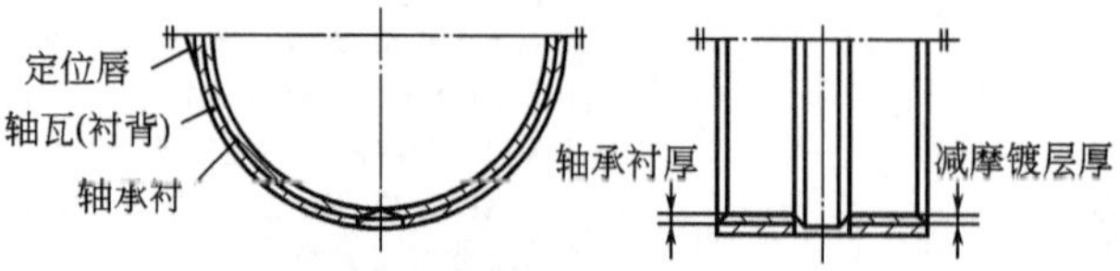 定位唇 轴瓦（衬背） 轴承衬 轴承衬厚 减摩镀层厚 对开式薄壁轴瓦（GB/T 3162—1991）	左图所示的是薄壁轴瓦，由于能用双金属板连续轧制等新工艺进行大量生产，因此质量稳定，成本低，但轴瓦刚性小，装配时不再修刮轴瓦内圆表面，轴瓦受力后，其形状完全取决于轴承座的形状，因此轴瓦和轴承座均需精密加工。薄壁轴瓦在汽车发动机、柴油机上得到广泛应用
4	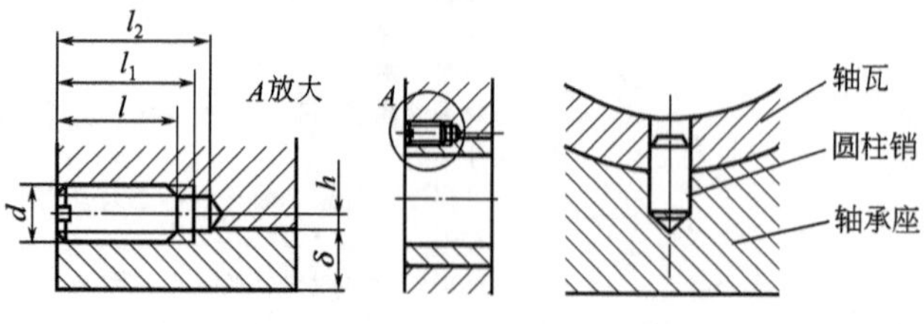 l_2 l_1 l A放大 d h $δ$ (a) A (b) 轴瓦 圆柱销 轴承座	轴瓦和轴承座不允许有相对移动。为了防止轴瓦沿轴向和周向移动，可将其两端制出凸缘来轴向定位，也可用紧定螺钉[见图(a)]或销钉[见图(b)]将其固定在轴承座上，或在轴瓦剖分面上冲出定位唇（凸耳）以供定位用

序号	图　例	说　明
5	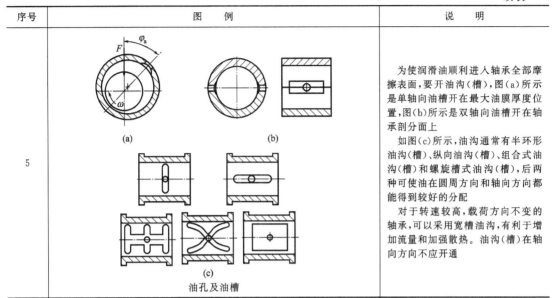 (a)　　　　(b) (c) 油孔及油槽	为使润滑油顺利进入轴承全部摩擦表面，要开油沟（槽），图（a）所示是单轴向油槽开在最大油膜厚度位置，图（b）所示是双轴向油槽开在轴承剖分面上 　如图（c）所示，油沟通常有半环形油沟（槽）、纵向油沟（槽）、组合式油沟（槽）和螺旋槽式油沟（槽），后两种可使油在圆周方向和轴向方向都能得到较好的分配 　对于转速较高，载荷方向不变的轴承，可以采用宽槽油沟，有利于增加流量和加强散热。油沟（槽）在轴向方向不应开通

15.2.2　滑动轴承润滑剂的选用

(1) 润滑脂及其选择

使用润滑脂可以形成将滑动表面完全分开的一层薄膜。由于润滑脂属于半固体润滑剂，流动性极差，故无冷却效果。常用在那些要求不高、难以经常供油，或者低速重载以及做摆动运动之处的轴承中。选择润滑脂品种的一般原则如下。

① 当压力高和滑动速度低时，选择针入度小一些的品种；反之，选择针入度大一些的品种。

② 所用润滑脂的滴点，一般应较轴承的工作温度高 20～30℃，以免工作时润滑脂过多地流失。

③ 在有水淋或潮湿的环境下，应选择防水性强的钙基或铝基润滑脂。在温度较高处应选用钠基或复合钙基润滑脂。

选择润滑脂牌号时可参考表 15-10。

表 15-10　滑动轴承润滑脂的选择

压力 p/MPa	轴颈圆周速度 v/m·s^{-1}	最高工作温度/℃	选用的牌号
≤1.0	≤1	75	3 号钙基脂
1.0～6.5	0.5～5	55	2 号钙基脂
≥6.5	≤0.5	75	3 号钙基脂
≤6.5	0.5～5	120	2 号钠基脂
>6.5	≤0.5	110	2 号钙钠基脂
1.0～6.5	≤1	−50～100	锂基脂
>6.5	0.5	60	2 号压延基脂

注：1. "压力" 或 "压强"，本书统用 "压力"。

2. 在潮湿环境，工作温度在 75～120℃的条件下，应考虑用钙钠基润滑脂。

3. 在潮湿环境，工作温度在 75℃以下，没有 3 号钙基脂时也可以用铝基脂。

4. 工作温度在 110～120℃时，可用锂基脂或钡基脂。

5. 集中润滑时，稠度要小些。

（2）润滑油及其选择

油是滑动轴承中应用最广的润滑剂。液体动压轴承通常采用润滑油作润滑剂。原则上说，当转速高、压力小时，应选黏度较低的油；反之，当转速低、压力大时，应选黏度较高的油。

油黏度随温度的升高而降低，故在较高温度下工作的轴承（例如 $t > 60℃$），所用油黏度应比通常的高一些。

不完全液体润滑轴承润滑油的选择参考表 15-11。

表 15-11　滑动轴承润滑油选择（不完全液体润滑、工作温度＜60℃）

轴颈圆周速度 $v/m \cdot s^{-1}$	平均压力 $p < 3MPa$	轴颈圆周速度 $v/m \cdot s^{-1}$	平均压力 $p = 3 \sim 7.5MPa$
＜0.1	L-AN68、100、150	＜0.1	L-AN150
0.1～0.3	L-AN68、100	0.1～0.3	L-AN100、150
0.3～2.5	L-AN46、68	0.3～0.6	L-AN100
2.5～5.0	L-AN32、46	0.6～1.2	L-AN68、100
5.0～9.0	L-AN15、22、32	1.2～2.0	L-AN68
＞9.0	L-AN7、10、15		

注：表中润滑油是以 40℃时运动黏度为基础的牌号。

（3）固体润滑剂

固体润滑剂可以在摩擦表面上形成固体膜以减小摩擦阻力，通常只用于一些有特殊要求的场合。

二硫化钼用黏结剂调配涂在轴承摩擦表面上可以大大提高摩擦副的磨损寿命。在金属表面上涂镀一层钼，然后放在含硫的气氛中加热，可生成 MoS_2 膜。这种膜黏附最为牢固，承载能力极高。在用塑料或多孔质金属制造的轴承材料中掺入 MoS_2 粉末，会在摩擦过程中，或经过烧结制成轴瓦可获得较高的黏附能力。聚四氟乙烯片材可冲压成轴瓦，也可以用烧结法或黏结法形成聚四氟乙烯膜黏附在轴瓦内表面上。软金属薄膜（如铅、金、银等薄膜）主要用于真空及高温的场合。

15.2.3　滑动轴承的润滑装置图例

为了获得良好的润滑效果，需要正确选择润滑方法和相应的润滑装置。利用油泵供应压力油进行强制润滑是重要机械的主要润滑方式。同时亦大量采用表 15-12 所示的润滑方式。

表 15-12　润滑装置

类型	图　例	说　明
油孔		用手工向轴承的油孔注入润滑油 适用于小型、低速或间歇运动的机器部件
压配式压注油杯	 钢球 弹簧 外壳	是最简单的间歇式注油装置。平时钢球在弹簧作用下将注油孔堵住，防止污物进入轴承。注油时采用油壶，也可用油枪进行润滑脂润滑 主要用于低速、轻载及不太重要的轴承

类型	图 例	说 明
旋套式油杯	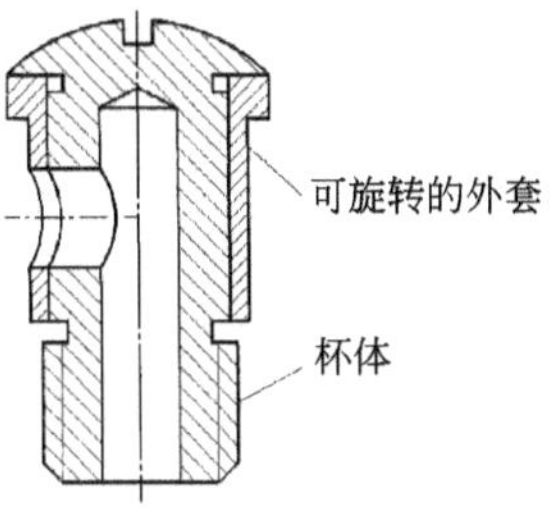 可旋转的外套 杯体	注油时将外套上的孔和油杯上的注油孔对正便可把油注入轴承。注油完成后旋转外套关闭注油孔,防止污物进入轴承 主要用于低速、轻载及不太重要的轴承
润滑脂用的旋盖式油杯	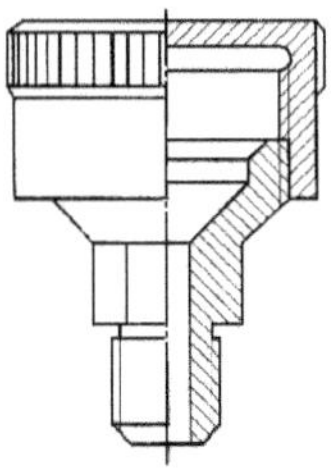	油杯中填满润滑脂,定期旋转杯盖,使空腔体积减小而将润滑脂注入轴承内。它只能间歇润滑 通常在 $\sqrt{pv^3}<2$ 时,采用润滑脂润滑
油芯式油杯	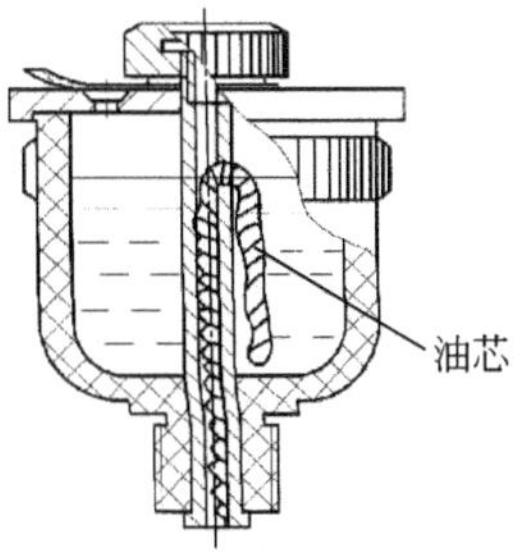 油芯	它依靠毛线或棉纱的毛细管作用,将油杯中的润滑油滴入轴承。给油是自动且连续的,但不能调节给油量。油杯中油面高时给油多,油面低时给油少,停车时仍在继续给油,直到流完为止 在 $\sqrt{pv^3}=2\sim16$ 时,可采用此润滑方式
针阀式油杯	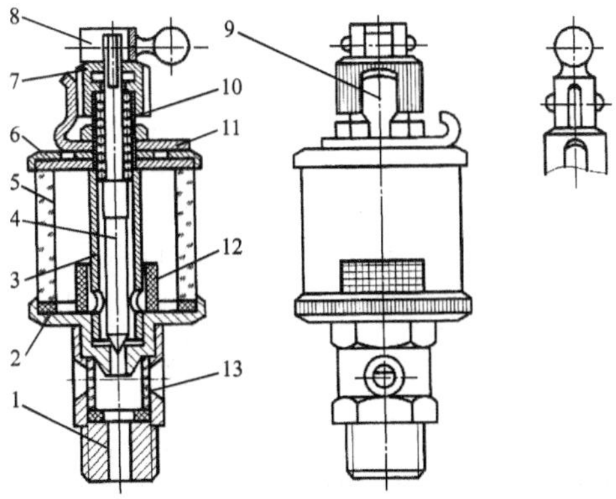	油杯接头 1 与轴承进油孔相连。手柄 8 平放时,阻塞针杆 4 因弹簧 10 的推压而堵住底部油孔。直立手柄时(右上图),针杆被提起,油孔敞开,于是润滑油自动滴到轴颈上。在针阀油杯的上端面开有小孔,供补充润滑油用,平时由片弹簧 11 遮盖。观察孔 13 可以查看供油状况。调节螺母 7 用来调节针杆下端油口大小以控制供油量 左图中:2—杯底;3—管;5—玻璃杯;6—盖;9—压片;10—弹簧;11—遮盖;12—滤油网;13—观察孔
飞溅润滑	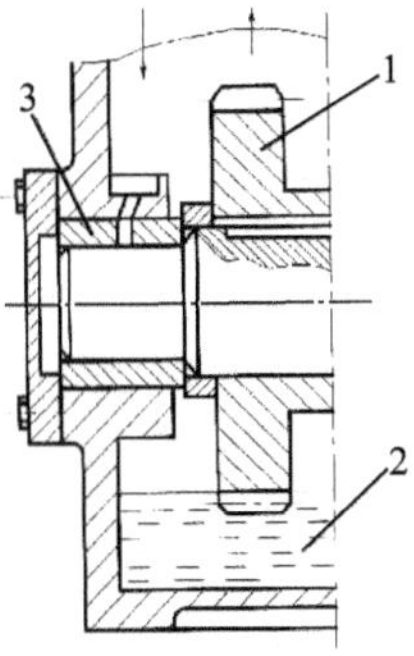	飞溅润滑是利用齿轮 1、曲轴等转动零件,将润滑油由油池 2 飞溅到轴承 3 中进行润滑 采用飞溅润滑时,转动零件的圆周速度应在 5~13m/s 范围内。常用于减速器和内燃机曲轴箱中的轴承润滑

类型	图　例	说　明
油环润滑	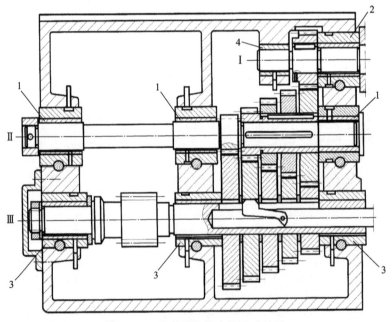	在轴颈上套一个油环,油环下部浸入油池中,当轴颈旋转时,摩擦力带动油环旋转,把油引入轴承 在 $\sqrt{pv^3}=16\sim32$ 时,可采用此润滑方式
压力润滑		利用液压泵对润滑油提供一定压力,可同时对多个轴承提供充足油量进行润滑 在 $\sqrt{pv^3}=16\sim32$ 时,可采用此润滑方式 主要用于高速重载场合。供油设施较复杂,使设备体积增大,费用增高

15.2.4　滑动轴承在机床进给箱中的应用图例

　　图 15-16 所示的是机床进给箱的结构图,Ⅰ轴配置采用了两种型号的滑动轴承 2 和 4 组合使用,Ⅱ轴配置采用了三个同型号的滑动轴承 1 组合使用,Ⅲ轴配置采用了三个同型号的滑动轴承 3 组合使用,实现机床进给箱的各种转速传递。

图 15-16　机床进给箱中的滑动轴承
1～4—滑动轴承

15.2.5 滑动轴承在机床主轴部件中的应用图例

图 15-17 所示的是另一个机床进给箱中的结构图，Ⅰ 轴配置采用了滑动轴承 1 和 2 组合使用，Ⅱ 轴配置采用了滑动轴承 3、4 和 5 组合使用，Ⅲ 轴配置采用了滑动轴承 6 和 7 组合使用，实现机床进给箱的各种转速传递。

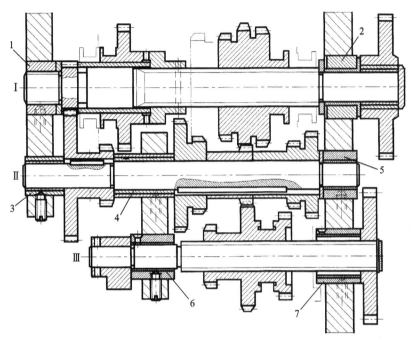

图 15-17 机床进给箱中的滑动轴承
1～7—滑动轴承

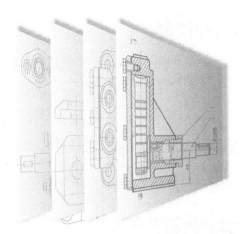

第16章

轴及轴系的典型应用图例

轴是机器中的重要零件，其主要功能是支承旋转的机械零件，并传递运动和力。

16.1 轴的种类及应用特点

16.1.1 轴的种类及应用特点

轴的种类及应用特点见表 16-1。

表 16-1 轴的种类及应用特点

分类		图 例	特 点
直轴	转轴	齿轮 轴 联轴器 轴承 轴承	用于支承转动零件及传递动力。同时承受弯矩和转矩
	心轴	转动心轴 固定心轴	用于支承转动零件,只受弯矩不传递动力
	传动轴	传动轴	只传递动力,即只受转矩,而不承受或只承受很小的弯矩
曲轴			可将旋转运动变为直线运动或做相反运动转换

分类	图　例	特　点
软轴	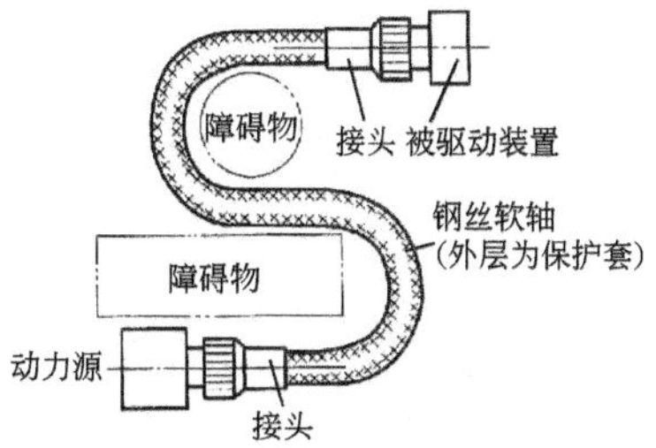	可以弯曲绕过各种障碍的机件，远距离传递回转运动，且工作时其两端机件轴线位置可以相对移动。常用于手持动力机械的传动

16.1.2　轴的结构设计的一般要求

在一般情况下，轴的工作能力取决于它的强度和刚度，而对于高速转轴还决定于它的振动稳定性。轴的结构设计的基本要求如下。

① 轴与装在轴上的零件要有准确的工作位置，并便于装拆、调整。

② 制造工艺性要好，轴的加工、热处理、装配、检验和维修等都应有良好的工艺性。

③ 应具有足够的刚度。

结构设计中，可通过下列措施来提高轴的刚度。

① 增大轴的直径，缩短轴的长度，选择合适的支承跨距。如轴上有多个齿轮时，齿轮应设计得较薄，以缩短轴长。对于不能再短的轴，才采取增大直径的办法。

② 为减小弯矩，应将轴上受力较大的零件尽可能设置在靠近支承处。

③ 为避免轴和轴承受过大的弯矩，对某些传动轴，如装带轮的轴，可采取卸荷结构。

④ 尽可能不采用悬臂轴，因为它的刚度小。

⑤ 对过长的轴考虑增加中间支承。

此外，当轴与其他零件（如滑移齿轮等）间有相对滑动时，表面应有耐磨性要求。对重型轴还必须考虑毛坯制造、探伤和起重等问题。

16.1.3　轴上零件的固定图例

轴上零件的轴向和周向固定方式见表 16-2 和表 16-3。

表 16-2　轴上零件的固定方式（轴向）

方式	图　例	说　明
轴肩固定	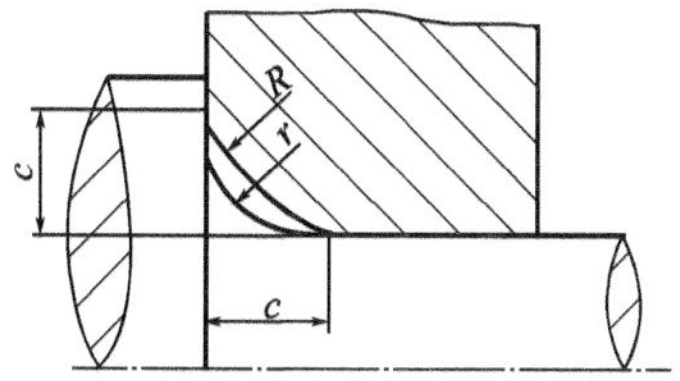	简单可靠。为保证零件能紧靠定位面，应使 $r < c$ 或 $r < R$。常用于齿轮、轴承等的轴向固定
轴环固定	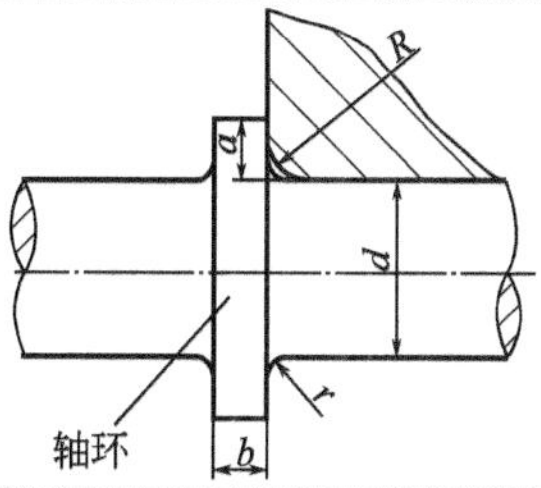	

方式	图 例	说 明
套筒固定	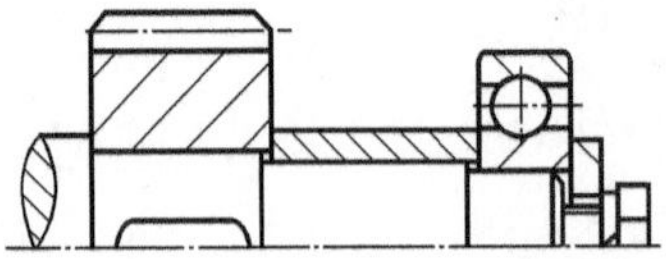	定位可靠,结构简单,不削弱轴的刚度和强度(因无槽及横孔);但重量及件数增加。常用于零件距离不大的轴段
螺母固定	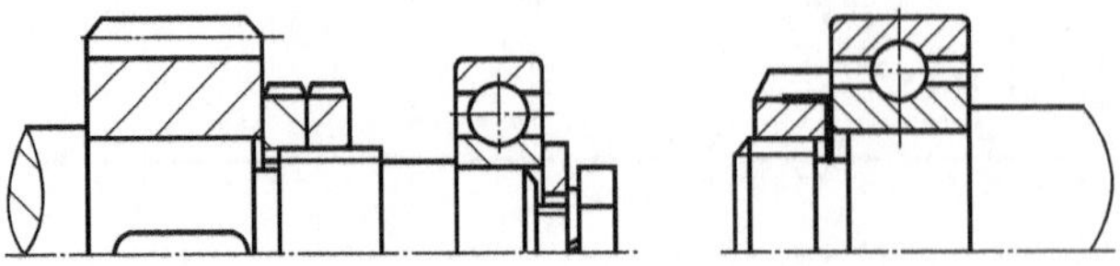 (a)　　　　(b)	如图(a)、(b)所示,采用双螺母和圆螺母定位,定位可靠,但重量及件数增加。采用细牙螺纹,常用双螺母或单螺母与止退垫圈。用于零件与轴承间距离较大,轴上允许车制螺纹的轴段
弹性挡圈固定	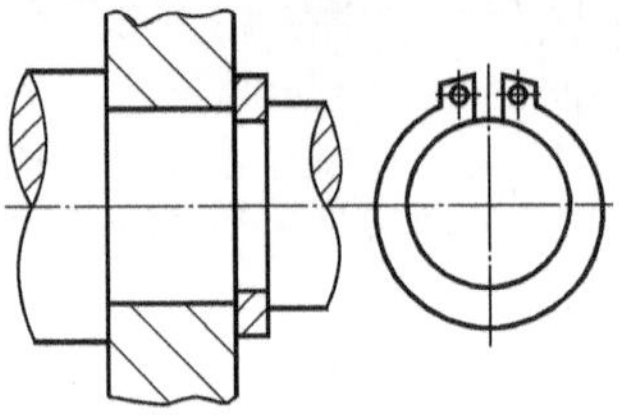	结构工艺性较好,但应力集中较大,削弱了轴的疲劳强度。用于轴向力小或仅防止轴向移动的场合。常用于固定滚动轴承和滑移齿轮的退位
轴端挡圈固定	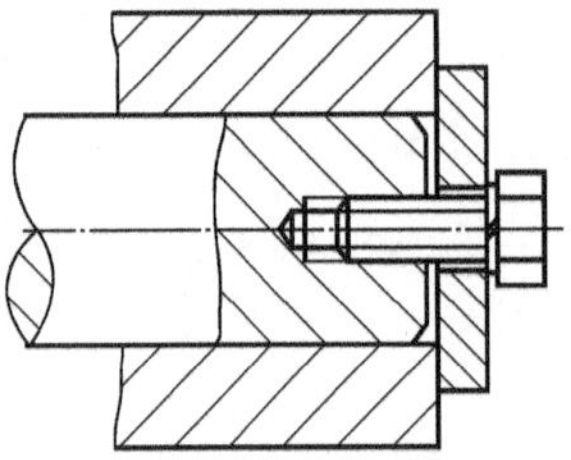	定位可靠,装拆方便,能比弹性挡圈承受更大的轴向力,仅用于轴端固定
轴端挡板固定	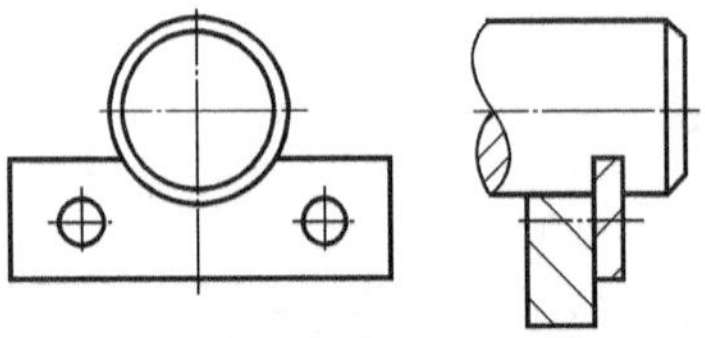	适用于心轴的轴端固定
圆锥面固定	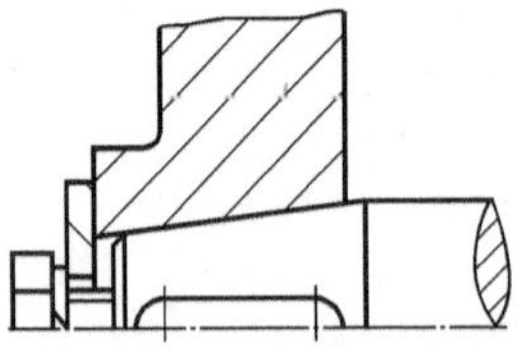	定位精度高,装拆方便,但加工较困难。常与挡圈、螺母或螺钉一起使用。根据受力大小,可用键或不用键,用于轴端
紧固螺钉固定	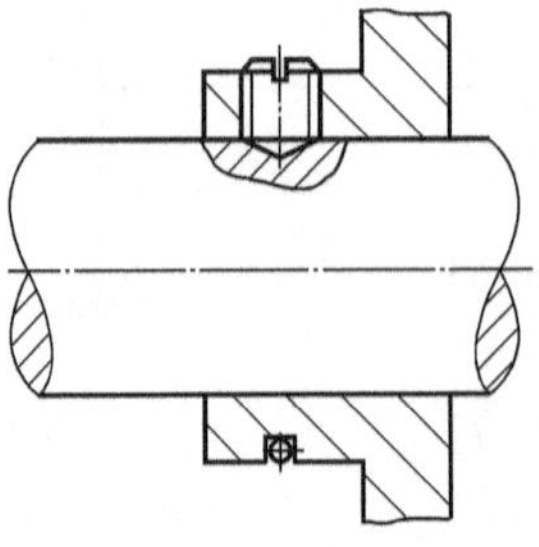	结构简单,可兼作周向固定。用于作用力小的零件,可用钢丝圈防松

方式	图 例	说 明
锁紧挡圈固定		轴的加工简单,但不宜受大的轴向力。因挡圈对轴可能有偏心,不宜用于高速
圆锥销固定		轴向结构简单,可兼作周向固定。但销孔削弱轴的强度,不宜用于受大的轴向力和转矩的情况。装配时必须钻、铰,常用于直径不大的零件
两个半圆环固定	半圆环	结构简单,定位可靠,装配方便。利用两个半圆环做轴向固定,可减少相邻轴径差
用弹簧和滚珠固定(定位)		结构简单。常用于滑移齿轮的轴向定位

表 16-3 轴上零件的固定方式(周向)

方式	图 例	说 明
花键		广泛用于机床的传动轴,其优点如下 (1)键与轴一体,花键槽较浅,槽根应力集中较小,提高了传递转矩的能力 (2)花键齿与槽的总接触面积较大,提高了抗挤压、耐磨损能力 (3)齿与槽布置均匀,使轴与轮毂受力均匀,对中性好 (4)需要时零件可在轴上滑移 (5)一般情况下,轴与孔的配合比平键松,装拆比平键方便 其缺点:制造较复杂,成本略显得高一些

方式	图　　例	说　　明
平键		制造容易,适用于中、小载荷
半圆键	 (a)　　　　　(b)	装拆较方便,但轴上键槽较深,影响轴的强度,常与圆锥体连接配合使用[见图(b)] 适用于小载荷
径向楔键		当平键连接时,在频繁正反转的情况下,键侧受压变形会产生周向间隙。这种周向固定方法可避免上述现象 缺点是紧固时会使零件对轴产生偏心,曾在加工中心机床上采用
轴向楔键		楔键在传递转矩的同时,还可承受单向轴向力 对中性较差,不适用于转速高、对中性要求严格及有冲击载荷的场合
切向键		传动两个方向的转矩时,需要两个互成120°的切向键 可传递较大转矩,但对中性较差,常用于重型机械

方式	图 例	说 明
过盈配合固定	$\frac{H7}{s6}\text{或}\frac{H7}{r6}$	结构简单,对中性较好。工作时依靠正压力的摩擦力传递工作载荷,承载能力大。用于承受重载但不需经常装卸的场合,如滚动轴承与轴的连接、机车车轮等
非圆截面	(a) (b)	如图(a)所示,可承受较大载荷,但制造困难 如图(b)所示,多用于轴端和手动机械中

应当指出,在组合使用各种固定方法时,如能巧妙选用,可以大大简化结构,减少制造费用。图 16-1(a) 所示的是一轴系的设计图。当分析该轴上的齿轮不承受轴向载荷,且轴径又足够粗壮时,将其结构稍作了改进,如图 16-1(b) 所示,与图 16-1(a) 相比结构大大简化,采用 5 个弹性挡圈取代了 11 个零件。

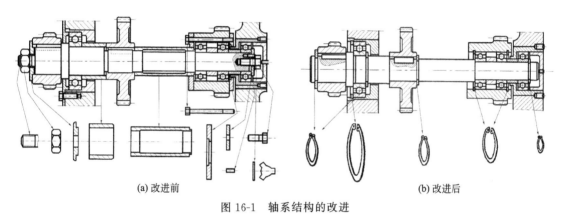

(a) 改进前   (b) 改进后

图 16-1　轴系结构的改进

16.1.4　软轴的图例

软轴和普通转轴一样是用于传递转矩和运动的,有时作为扭力减振器使用,如表 16-4 所示。由于它的弯曲刚度远小于其扭转刚度,因此可弯曲地绕过各种零部件,实现远距离传动。常用于手持动力机械、机床的某些特殊传动以及里程表和遥控装置的传动中。

表 16-4　软轴及软轴接头

软轴	图 例	说 明
软轴的组成		软轴一般由钢丝软轴 1、软管 2、软轴接头 3、软管接头 4 和软轴组件 5 构成

软轴	图　例	说　明
钢丝软轴	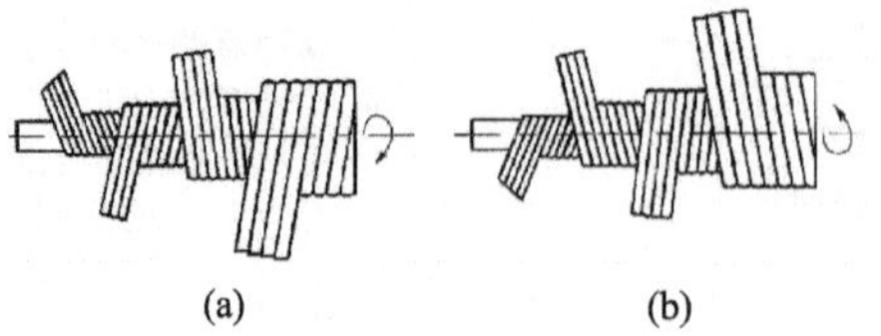 (a)　　　(b)	钢丝软轴由多层(可多达 8 层)合金钢弹簧钢丝绕制而成。相邻两层的钢丝旋向相反。最外层向左卷绕的为右旋软轴,如图(a)所示。最外层向右卷绕的为左旋软轴,如图(b)所示。工作转向应与最外层旋向相反,否则软轴的承载能力将降低 30%～35%
固定式软轴	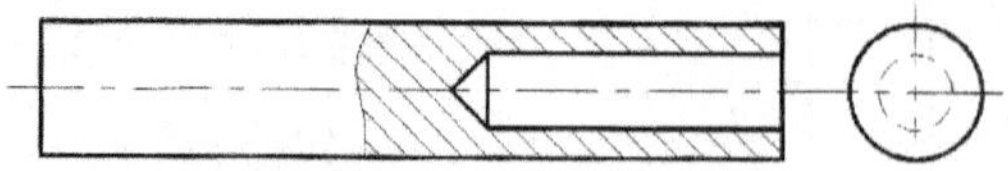	具有光滑圆柱端
	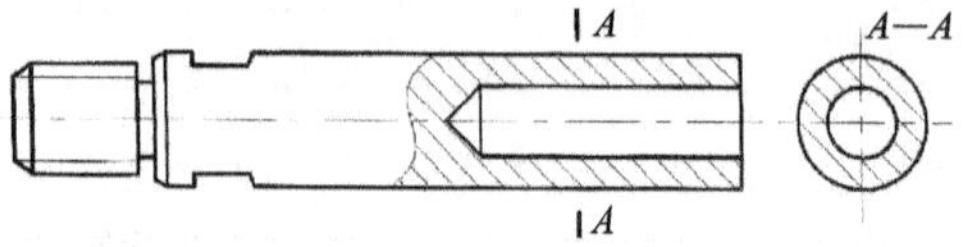	端部采用外螺纹连接
	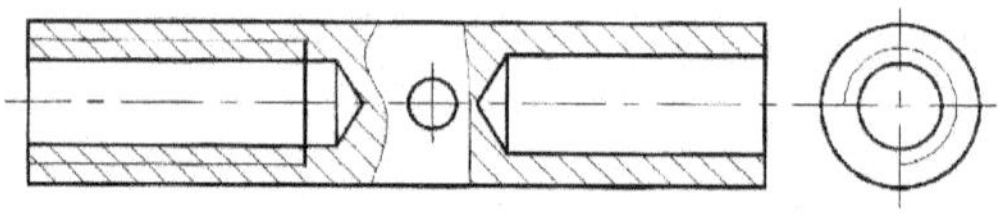	采用内螺纹连接
	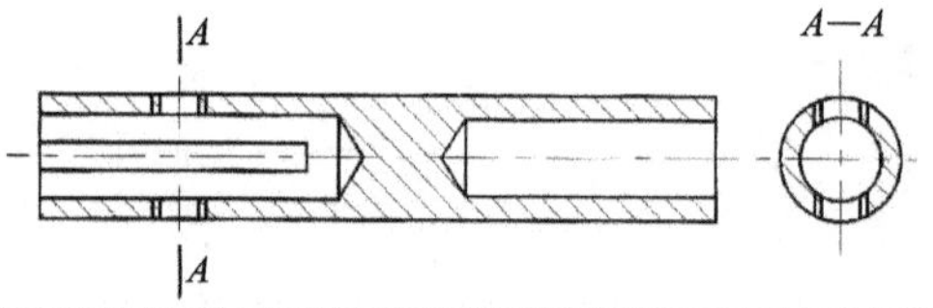	端部开有键槽和止动螺钉孔
滑动式软轴	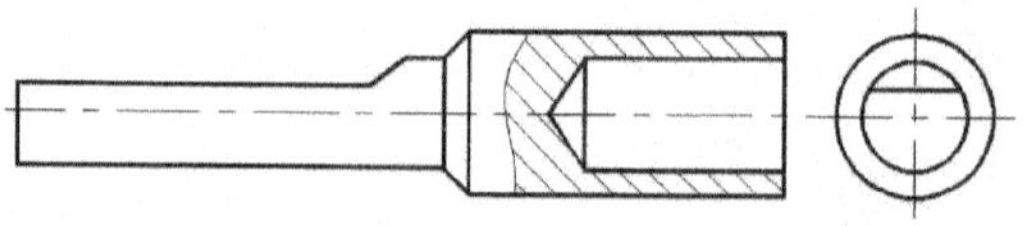	端部制成平面
	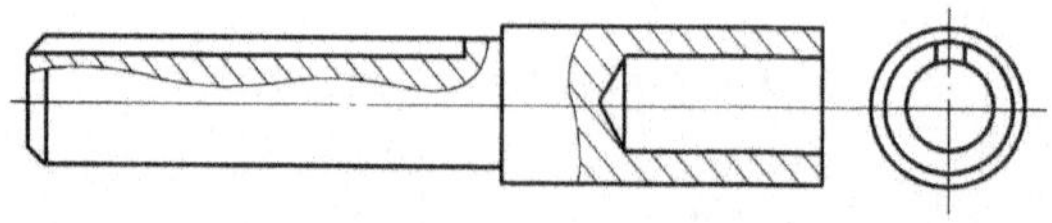	端部采用滑键连接
	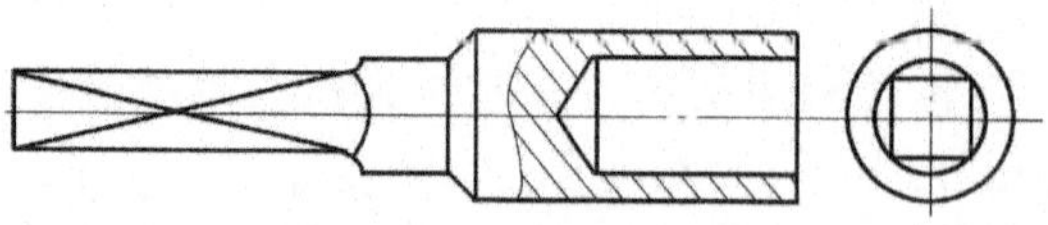	方形端部
	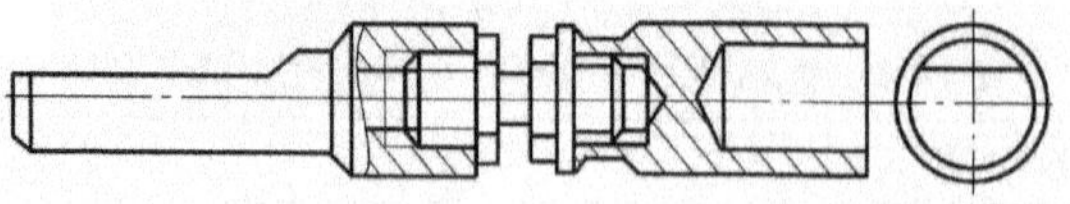	端部制成平面并带有过载保护螺杆

16.2　装有滚动轴承的轴系支承固定方式图例

在机械中,两端装有轴承而中间装有若干零部件(如轴套、齿轮等)的轴系部件用得最多。其中,尤以两端装有滚动轴承的轴系部件应用更为广泛。

设计装有滚动轴承的轴系部件时，除了正确选择轴承类型和确定尺寸外，还需要合理设计轴承的组合结构，要考虑轴承的配置和装卸、轴承的定位和固定、轴承与相关零件的配合、轴承的润滑与密封和提高轴承系统的刚度等。正确的类型选择和尺寸确定以及合理的支承结构设计，都将对轴承的受力、运转精度、提高轴承寿命、可靠性和保证轴系性能等起着重要的作用。

机械中的每一个轴系与其他零部件一样，相对于机座均有一固定位置。由于轴系是装在箱（壳）体中，而箱体又与机座固连，故轴系在箱体中的位置就是相对于机座的位置。

常见的轴系支承固定方式有三种：一端双向固定、一端游动；两端单向固定；两端游动。以前两种应用为多。

16.2.1 一端双向固定、一端游动的图例

这种方法是指装在轴上的一端轴承的内外圈均固定，而另一端的轴承（必须是内外圈不可分离的）除内外圈固定在轴上外，外圈不固定。

对于跨距较大（$f \geqslant 350\text{mm}$）且工作温度较高的轴系，轴的热膨胀伸缩量大，采用这种方法既能保证轴系无轴向移动，又可避免因制造安装等误差和热变形等因素引起的附加轴向力。

轴的固定端可采用表 15-1 和表 15-2 所示的内、外圈固定方法安装轴承，游动端则可采用表 15-3 所示的方法把轴承固定在轴上。当轴向载荷不大时，固定端可采用深沟球轴承（单列向心球轴承），如图 16-2 所示；轴向载荷较大时，可采用两个角接触球轴承（向心推力球轴承）"面对面"或"背对背"组合在一起的结构，如图 16-3 所示（右端两轴承"面对面"安装）。

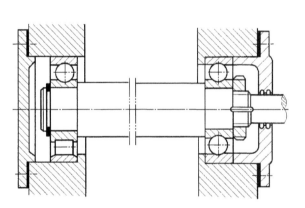

图 16-2 右端双向固定、左端游动
（左端上半图为球轴承结构，下半图为圆柱滚子轴承结构）

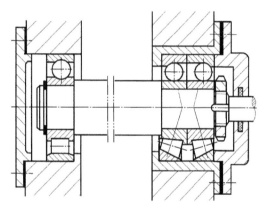

图 16-3 右端双向固定、左端游动
（右端上半图为角接触球轴承结构，下半图为圆锥滚子轴承结构）

图 16-4 所示的是一台机床主变速箱的结构图。其上除主轴 V 外的四根轴系支承均采用一端双向固定、一端游动的固定方式。其特点如下。

① II、III、IV 三根花键轴的左端的球轴承外圈均用两个孔用弹性挡圈固定，内圈均用轴用弹性挡圈固定在花键轴左、右端（包括主电动机传动轴）轴颈上。花键轴右端轴承则在箱体孔内自由游动。

② 主电动机传动轴 I 左端的轴承则用孔用弹性挡圈挡住外圈，电动机端面通过联轴器（可当成是隔套）抵住轴承内圈，构成固定端。

③ 所有箱壁上的孔（包括工艺孔）均用圆盖（堵头）堵上，大大简化了结构。

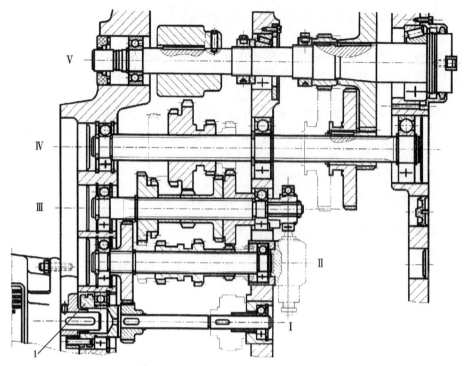

图 16-4　某机床主变速箱内轴系结构
(一端双向固定、一端游动)
1—联轴器；Ⅰ—电动机传动轴；Ⅱ～Ⅳ—花键轴；Ⅴ—主轴

16.2.2　两端单向固定（双支点各单轴向固定）的图例

普通工作温度下的短轴（跨距 $f < 350\text{mm}$），支承常采用两端单向固定形式，每个轴承分别承受一个方向的轴向力，为允许轴工作时有少量热膨胀，轴承安装时，应留有 $0.25 \sim 0.4\text{mm}$ 的轴向间隙，间隙量常用垫片［见图 16-5（a）中件 1］或调整螺钉调节［见图 16-5（b）中件 2］。轴向力不太大时可采用一对单列向心球轴承（深沟球轴承）；无轴向力可用一对圆柱滚子轴承，如图 16-5（a）所示。若轴向力较大时，可选用一对向心推力球轴承（角接触球轴承）或一对圆锥滚子轴承，如图 16-5（b）所示。

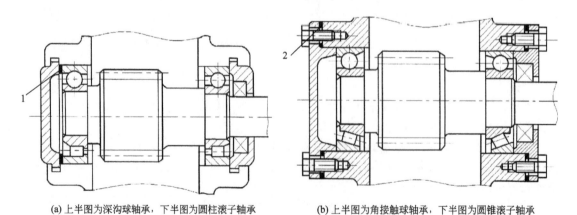

(a) 上半图为深沟球轴承，下半图为圆柱滚子轴承　　　(b) 上半图为角接触球轴承，下半图为圆锥滚子轴承

图 16-5　两端单向固定（双支点各单轴向固定）
1—调整垫片；2—螺钉

图 16-6 所示的是某机床变速箱轴系结构。其上四根轴上装的圆锥滚子轴承,都是用螺钉顶压盖的方式来调整其间隙的。

由图 16-6 可得,即在一台机器中,轴承间隙调整方式一般只选取一种(或两种)。

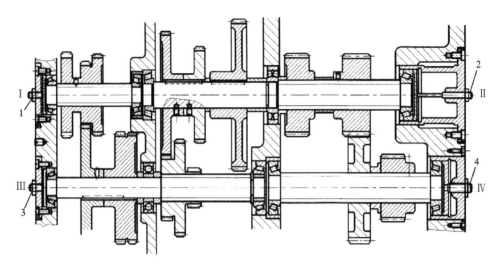

图 16-6　某机床变速箱轴系结构(用螺钉调整间隙)
1～4—螺钉;Ⅰ～Ⅳ—轴

变速箱中的齿轮,在大多数情况下,是压到轴上相应的凸肩或止推环上来实现轴向定位的。在这种情况下从轴的轴向支承到齿轮端面的距离就确定了。如图 16-7(a) 中的齿轮 1 和齿轮 2 分别装在轴Ⅰ和轴Ⅱ右端,要求啮合时不错位。由于轴Ⅰ是左端固定右端游动,而轴Ⅱ是右端固定,因此,啮合的齿轮会因为箱体、轴和其他零件的制造误差的影响而发生偏移。当箱体尺寸很大时,这个偏移会超过技术条件所容许的数值,而需要对零件进行附加的拆卸和修整。

如将轴Ⅰ也改成右端固定,如图 16-7(b) 所示,则可消除上述误差。

由图 16-7 可得:相互有联系的轴系部件,必须按同一基面来定位。

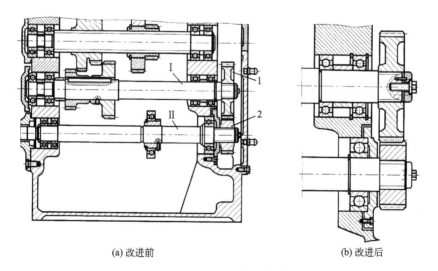

(a) 改进前　　　　　　　　　　　　　(b) 改进后

图 16-7　相互有联系的轴系定位改进
1,2—齿轮;Ⅰ,Ⅱ—轴

16.2.3 两端游动的图例

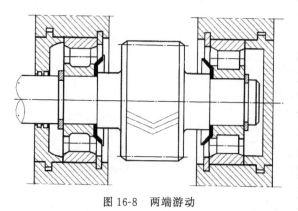

图 16-8 两端游动

要求能左右双向游动的轴，可采用两端游动的轴系结构。例如人字齿轮由于在加工中很难做到齿轮的左右螺旋角绝对相等，为了自动补偿两侧螺旋角的这一制造误差，使人字齿轮在工作中不产生干涉和冲击作用，齿轮受力均匀，应将人字齿轮的高速主动轴的支承制成两端游动，而与其相啮合的低速从动轴系则必须两端固定，以便两轴都得到轴向定位。采用圆柱滚子轴承作为两游动端，具体结构如图 16-8 所示。

图 16-9 所示的是某减速器轴系轴承结构示意图，轴Ⅰ上旋向相反的两个斜齿轮 1、2（可看成为一个人字齿轮）分别与轴Ⅱ上的相应斜齿轮 3、4 啮合。由于轴Ⅱ两端装有圆锥滚子轴承 5、6（两端单向固定），故轴Ⅰ两端则配置两个圆柱滚子轴承 7、8，作为两个游动端。

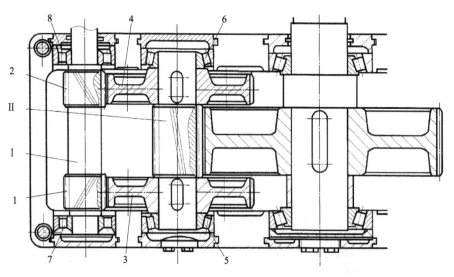

图 16-9　某减速器轴系轴承结构

Ⅰ,Ⅱ—轴；1~4—斜齿轮；5,6—圆锥滚子轴承；7,8—圆柱滚子轴承

16.3 轴与轴承组合配置的应用图例

16.3.1 两端深沟球轴承的配置应用图例

两端深沟球轴承承受径向载荷，同时可承受少量轴向载荷。是一种广泛采用的配置形式（垂直轴也可使用）。前述图 16-4 所示的是在某机床变速箱中的具体应用（一端固定，一端浮动），图 16-10 是在某机床变速箱中的另一种具体应用（两端单向固定）。图中Ⅰ~Ⅵ六根轴的两端都是采用的深沟球轴承支承，而且都是双支点单轴向固定（两端单向固定）。

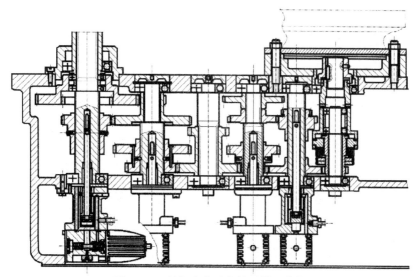

图 16-10 某机床变速箱轴系轴承结构

(深沟球轴承，两端单向固定)

16.3.2 两端圆锥滚子轴承的配置应用图例

两端圆锥滚子轴承适用于轴向负荷较大的场合。这也是一种广泛采用的配置形式，两端轴承的配置装配方式有下列两种。

① 面对面（正装） 用于受力零件在两轴承之间的场合。当一对轴承并列组合为一个支点时［见图 16-11(a)］，正装的两轴承支反力在轴上的作用点距离 B_1 较小，支点的刚性较小。如果轴系弯曲较大或轴承对中较差，则采用正装合适。

② 背对背（反装） 用于受力零件在悬伸端的场合。当一对轴承并列组合为一个支点时［见图 16-11(b)］反装的两轴承支反力在轴上的作用点距离 B_2 较大（$B_2 > B_1$），支承有较高的刚性和对轴的弯曲力矩有较高的抵抗能力，故多用于有力矩载荷作用及受力零件在悬伸端的场合。

以上分析也适用于角接触球轴承。

图 16-12 和图 16-13 是两种减速器的轴系轴承结构图。轴 I 两端装有圆锥滚子轴承 1 和 2，受力件在两轴承之间，故均采用正装、两端单向固定的结构形式；轴 II 在图 16-12 中是受力件在左端的悬伸结构锥齿轮上，故两圆锥滚子轴承 3 和 4 布置为反装；而在图 16-13 中，按右端并列反装两个圆锥滚子轴承 4，左端装一个滚针轴承来 3 配置轴承结构。

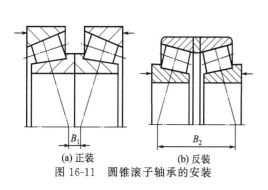

(a) 正装   (b) 反装
图 16-11 圆锥滚子轴承的安装

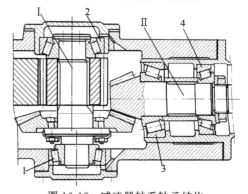

图 16-12 减速器轴系轴承结构
1~4—圆锥滚子轴承；I—两端圆锥滚子轴承（正装）；
II—两端圆锥滚子轴承（反装）

由于锥齿轮（或蜗杆）在装配时，通常需要进行轴向位置的调整。为了便于调整，将确定其轴向位置的轴Ⅱ装在一个套筒中，套筒则装在外壳孔中。通过增减套筒端面与外壳的调整垫片 5 的厚度，即可调整锥齿轮或蜗杆的轴向位置。

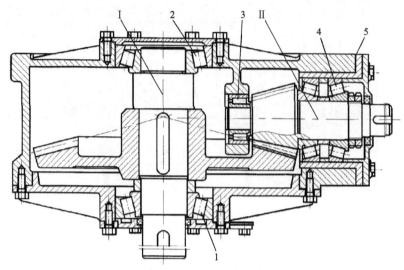

图 16-13　减速器轴系轴承结构

1,2,4—圆锥滚子轴承；3—滚针轴；5—调整垫片

　　图 16-14 所示的是某减速器轴系轴承结构示意图，除轴Ⅰ是两端装有深沟球轴承 4 和 5 之外，轴Ⅱ轴Ⅲ两端均装有圆锥滚子轴承 1、2 和 3（正装），且均为两端单向固定。图 16-15 所示的是某机床变速箱轴系轴承结构示意图，均两端装有圆锥滚子轴承。因轴Ⅰ是主轴，为增加其刚性故轴承反装；轴Ⅱ、轴Ⅲ则正装，且均用带螺纹的端盖来调整轴承间隙。

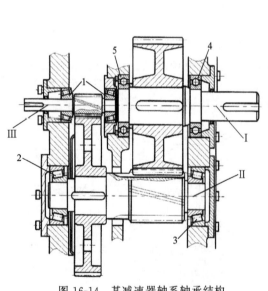

图 16-14　某减速器轴系轴承结构

1～3—圆锥滚子轴承；4,5—深沟球轴承

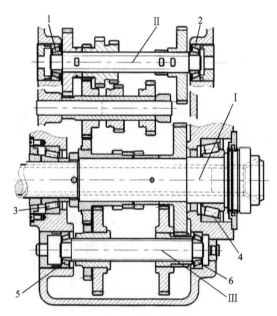

图 16-15　某机床变速箱轴系轴承结构

（两端圆锥滚子轴承）

1～6—圆锥滚子轴承

16.3.3 其他配置方式图例

图 16-16 和图 16-17 所示为减速器轴系轴承配置结构，表示了其他一些轴系轴承配置方式。

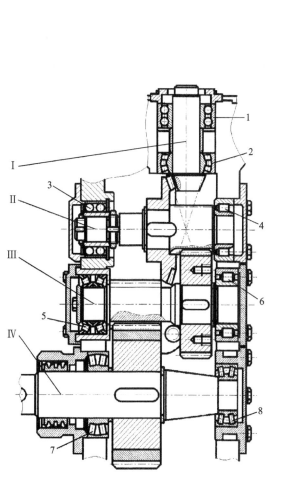

图 16-16 某减速器轴系轴承结构
1—双（单）列深沟球轴承；2—调心球轴承；
3—双列深沟球轴承；4,6—圆柱滚子轴承；
5—圆锥滚子轴承（正装）；
7,8—调心滚子轴承

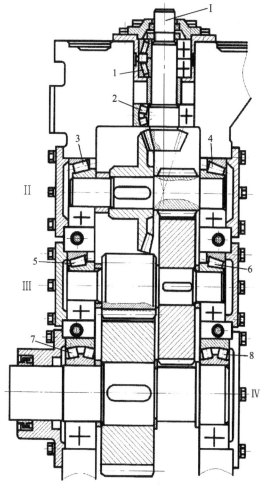

图 16-17 某减速器轴系轴承结构
Ⅰ～Ⅳ—轴
1—圆锥滚子（球）轴承（正装）；2—调心球轴承；
3～6—圆锥滚子轴承；7,8—调心滚子轴承

① 一端调心滚子（球）轴承 2，另一端双（单）列深沟球轴承 1，如图 16-16 中轴Ⅰ所示。

② 一端调心滚子（球）轴承，另一端并列正装两个圆锥滚子（角接触球）轴承，如图 16-17 中轴Ⅰ所示。

③ 一端双列深沟球轴承，另一端圆柱滚子轴承，如图 16-16 中轴Ⅱ所示。

④ 一端并列正装两个圆锥滚子轴承，另一端圆柱滚子轴承，如图 16-16 中轴Ⅲ所示。

⑤ 两端调心滚子（球）轴承，如图 16-16 中轴Ⅳ所示和图 16-17 中轴Ⅳ所示。

承受轴向载荷的推力球轴承安装示例如图 16-18 和图 16-19 所示。

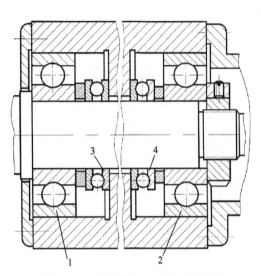

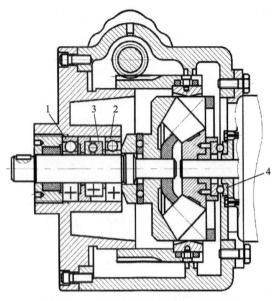

图 16-18　机床部件中的推力球轴承

1,2—深沟球轴承；3,4—推力球轴承

图 16-19　无级变速器中的推力球轴承

1,2—深沟球轴承；3,4—推力球轴承

16.4　主轴部件图例

在机床上所有的各轴中，以主轴及切齿机中的分度轴最为重要。因为它对机床上加工的表面精度和质量的影响最大，因此应仔细配置其轴承和装于其上的零部件。主要部件一般要求具有足够的刚度、运动准确、抗振、表面耐磨等。

16.4.1　装滚动轴承的主轴部件应用图例

装有滚动轴承的转轴，其连接处的细节如图 16-20 所示，其相关参数（如 a、b、c 等）可查阅相关标准或自行合理确定。

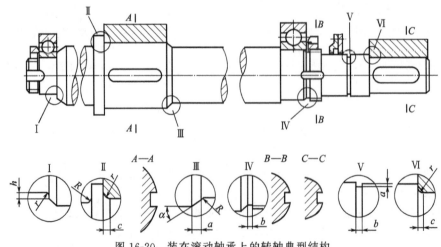

图 16-20　装在滚动轴承上的转轴典型结构

表 16-5 介绍了一些机床主轴部件（装滚动轴承）的典型结构，可供设计时参考。

需要指出，图中仅绘出了各零件大致的相互关系，其连接细节，需按前述原则确定。

表 16-5　使用滚动轴承的机床主轴部件

序号	图　　例	说　　明
1	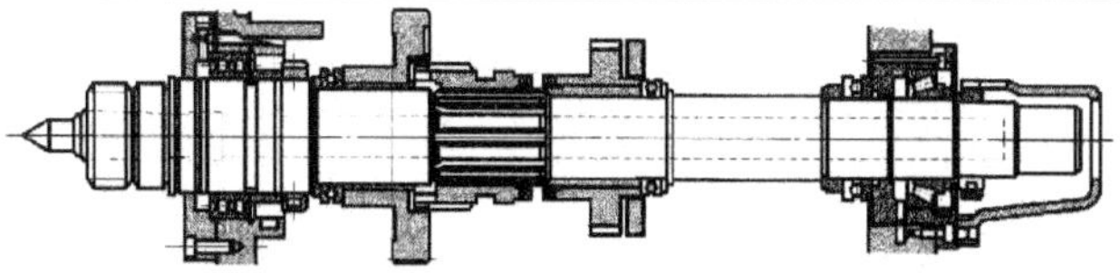	万能车床主轴
2	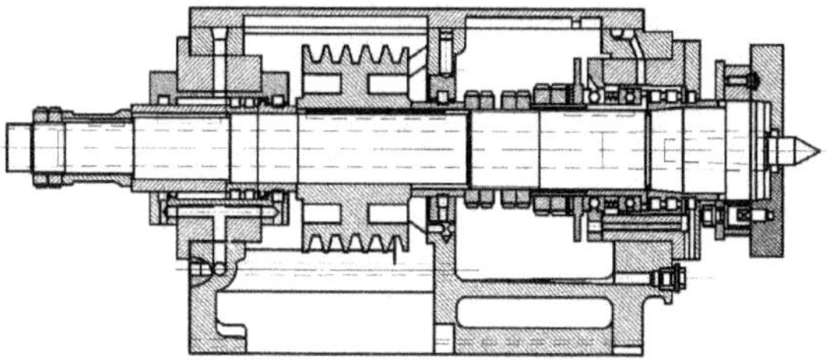	车床主轴
3	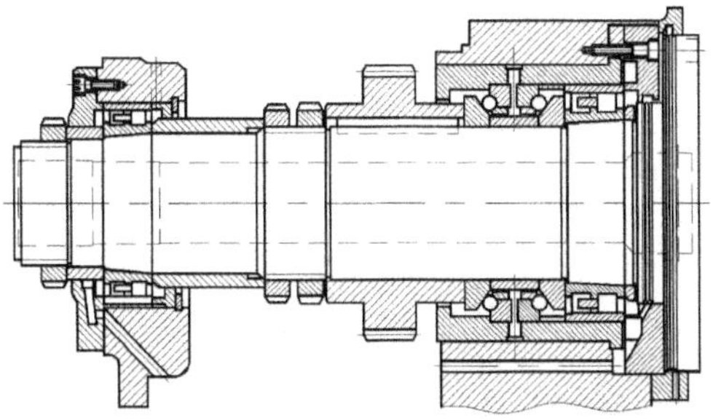	自动车床主轴
4	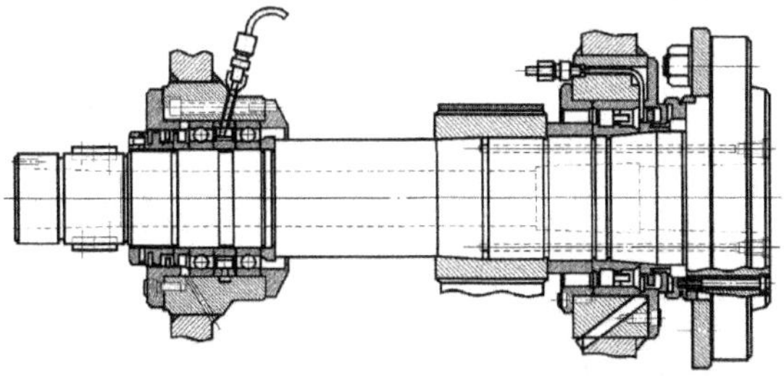	高速车床主轴
5	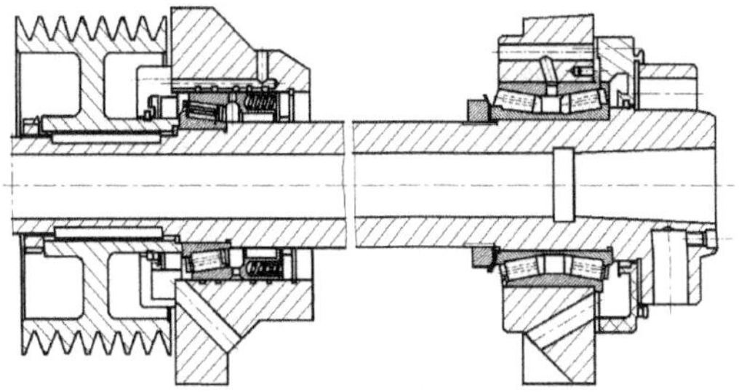	车床主轴
6	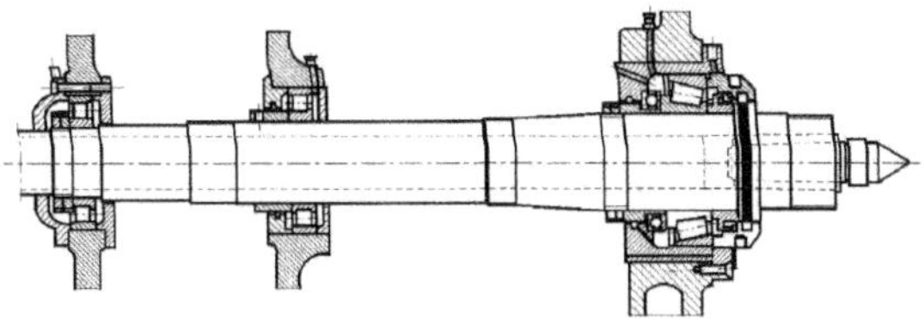	车床主轴

序号	图　例	说　明
7	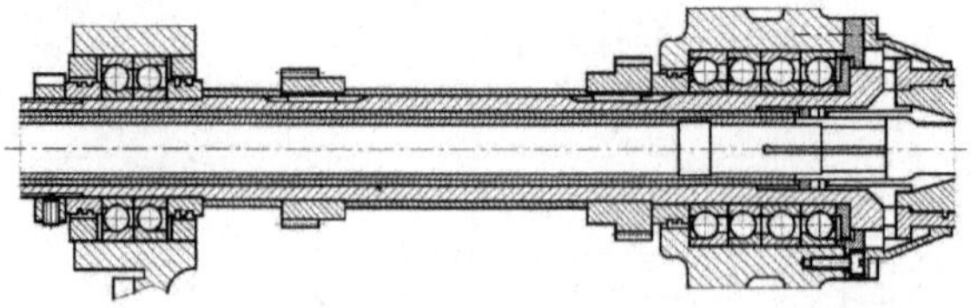	自动车床主轴
8	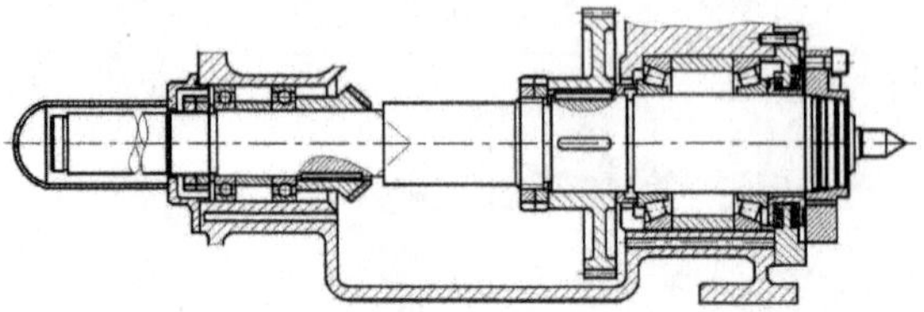	多刀半自动车床主轴
9	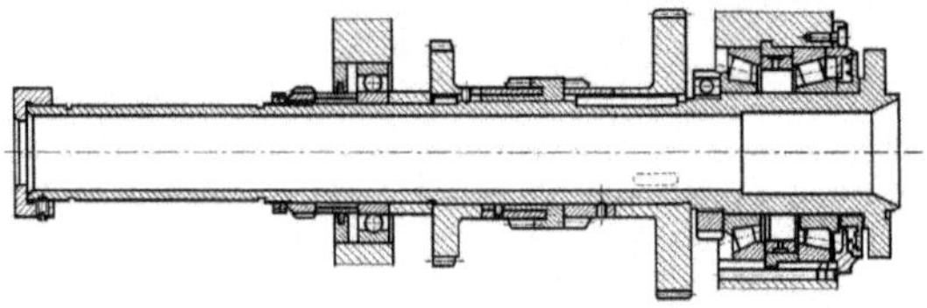	转塔车床主轴
10	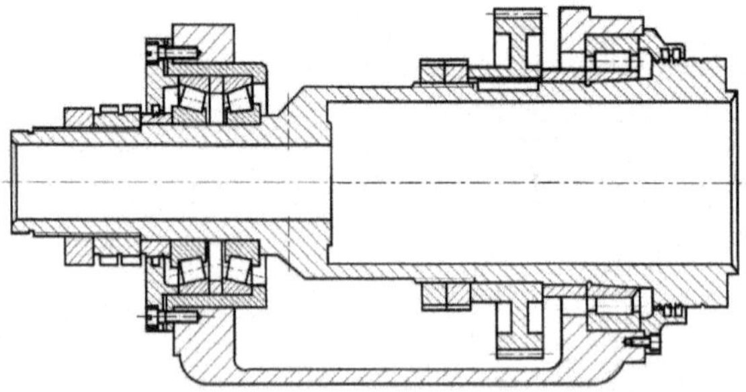	转塔车床主轴
11	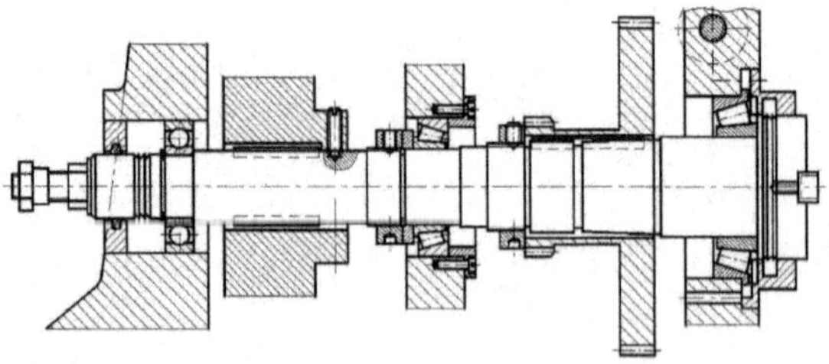	万能铣床主轴
12	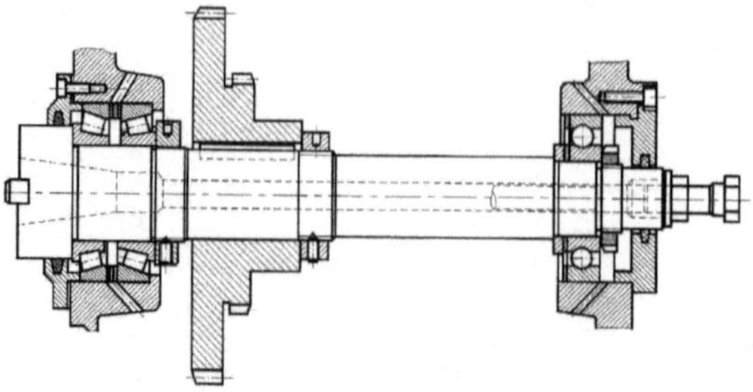	平铣床主轴

序号	图　例	说　明
13	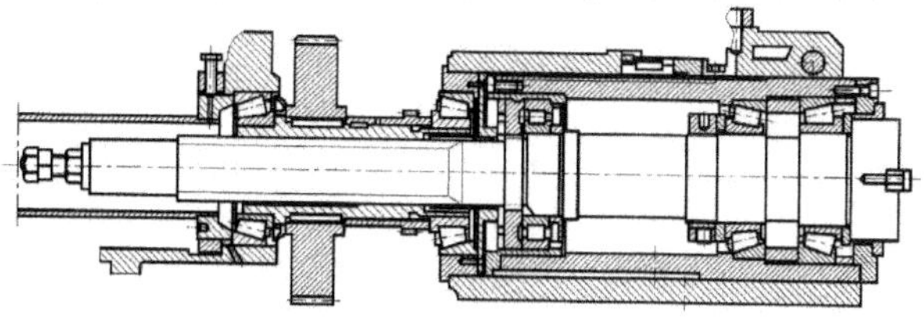	龙门铣床主轴
14	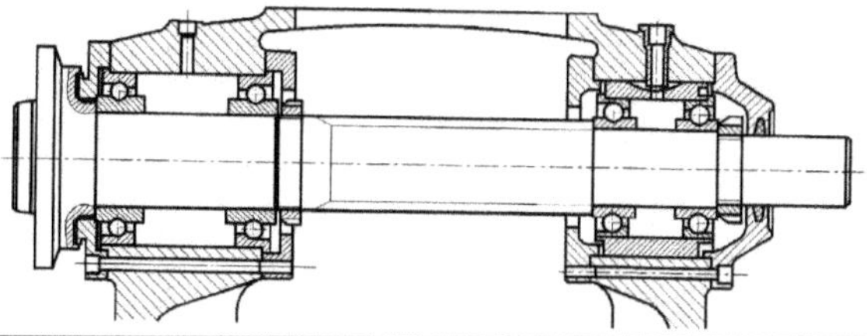	卧式铣床主轴
15	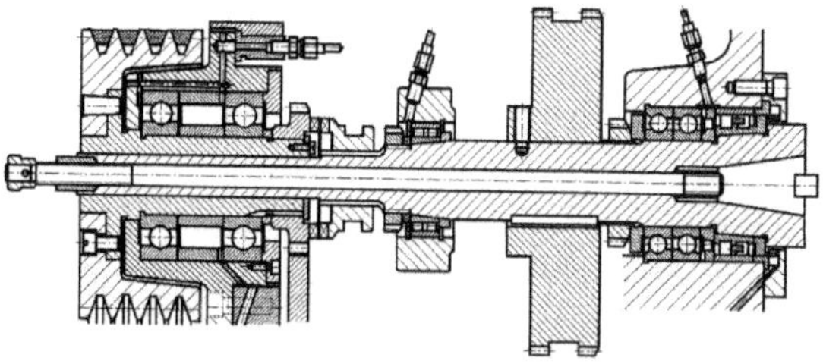	卧式铣床主轴
16	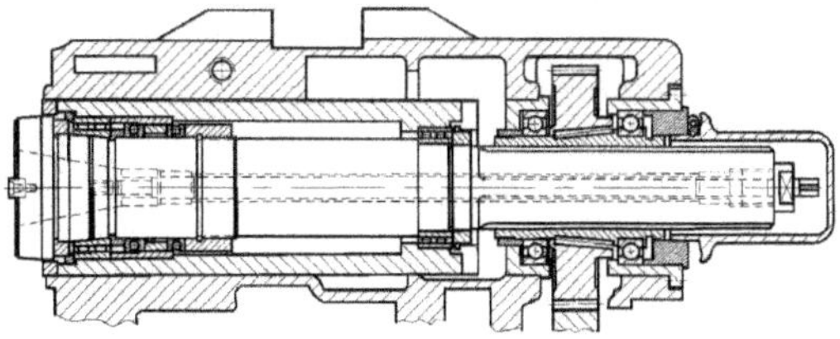	铣床主轴
17	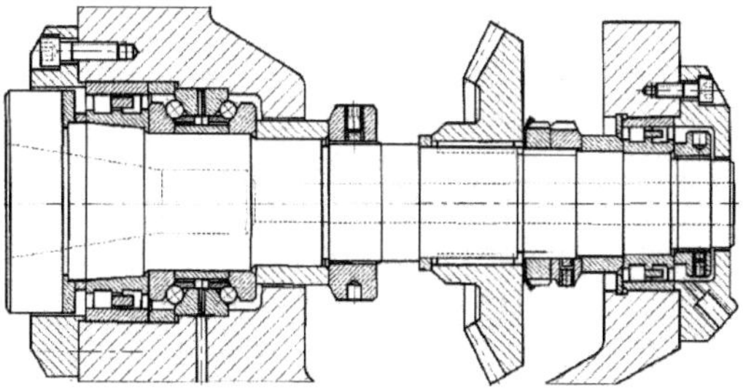	铣床主轴
18	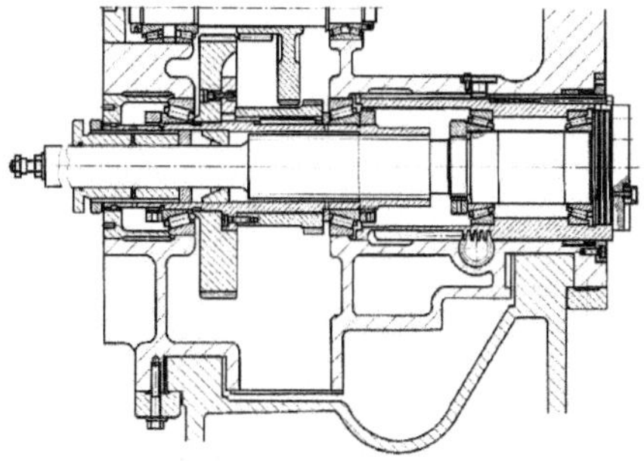	铣床主轴

序号	图 例	说 明
19	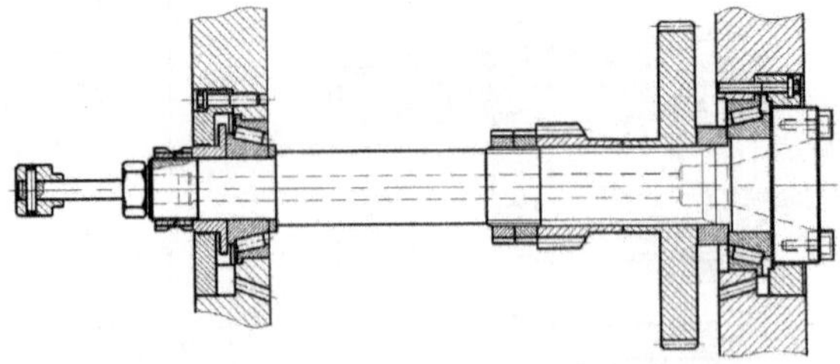	轻型铣床主轴
20	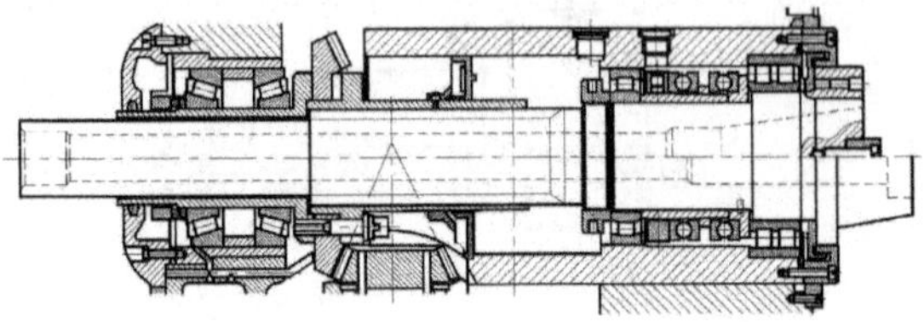	立式铣床主轴(旋转90°放置)
21	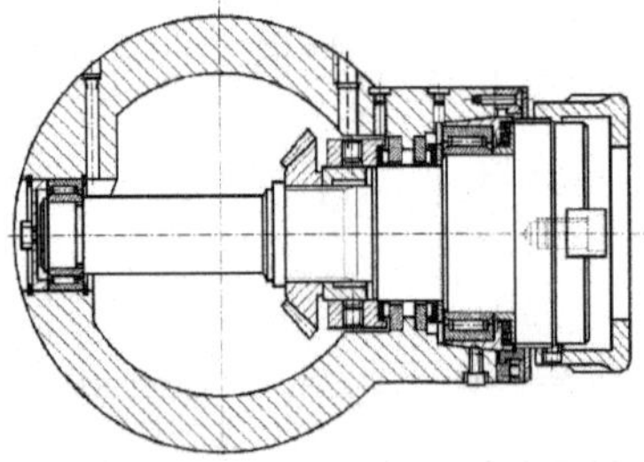	工具铣床主轴(旋转90°放置)
22	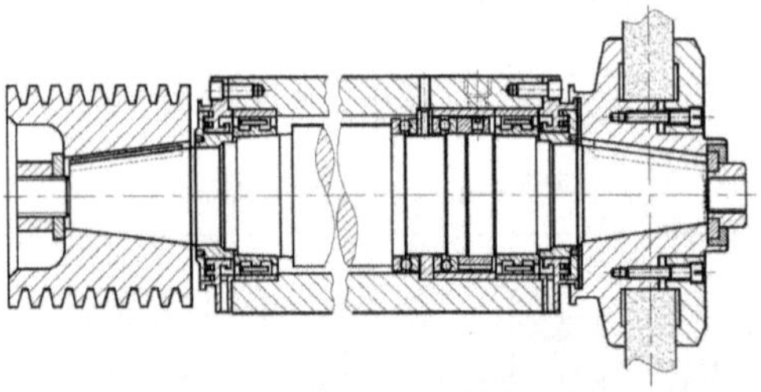	轧辊磨床主轴
23	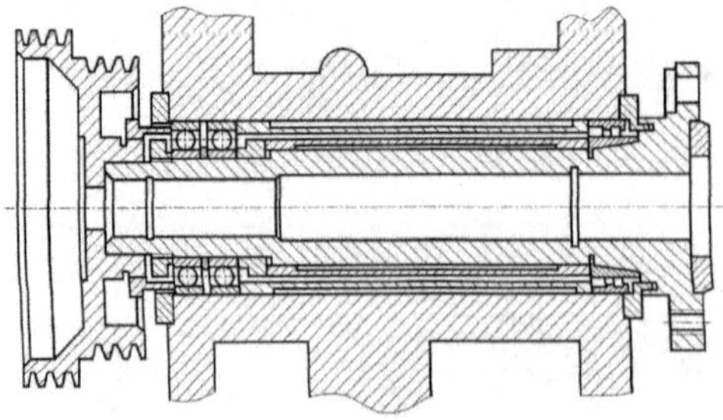	内圆磨床主轴
24	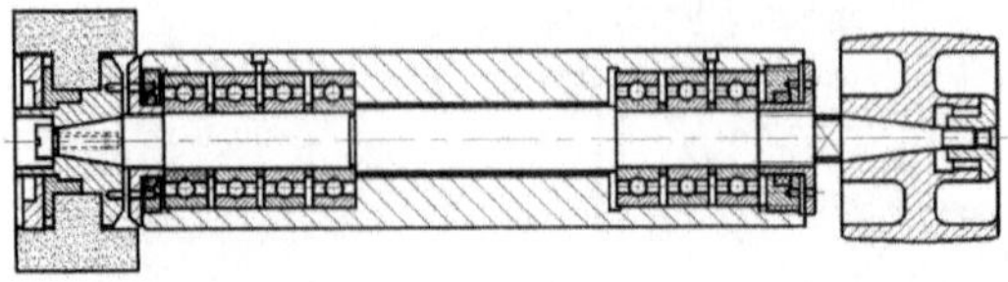	内圆磨床主轴

序号	图　　例	说　　明
25	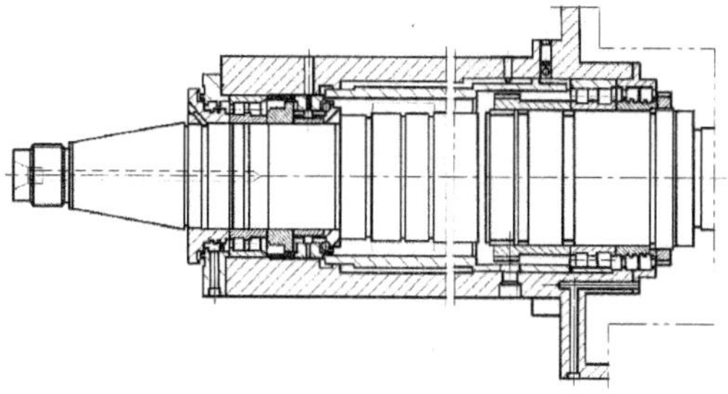	平面磨床主轴
26	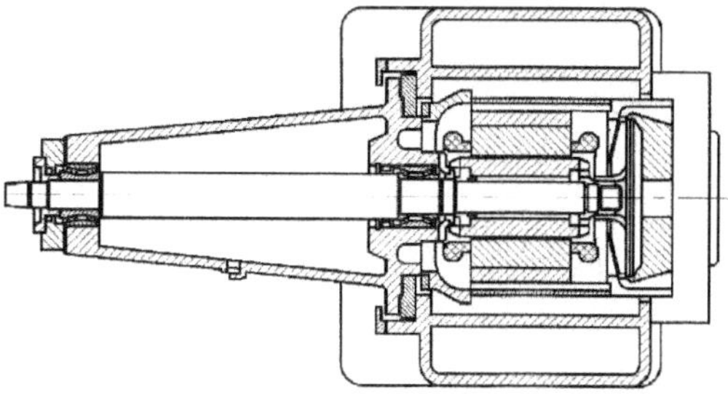	平面磨床主轴
27	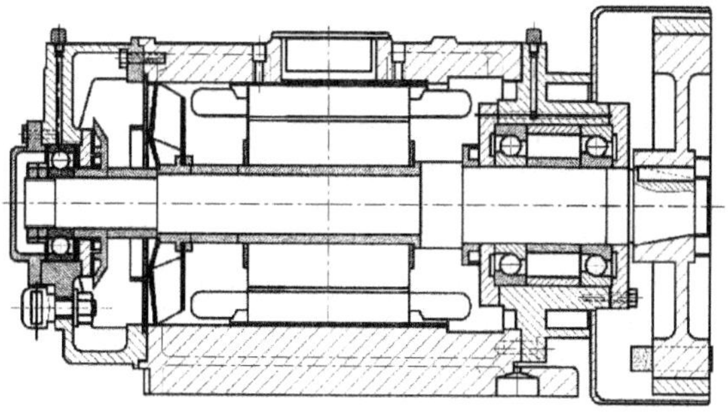	导轨磨床主轴
28	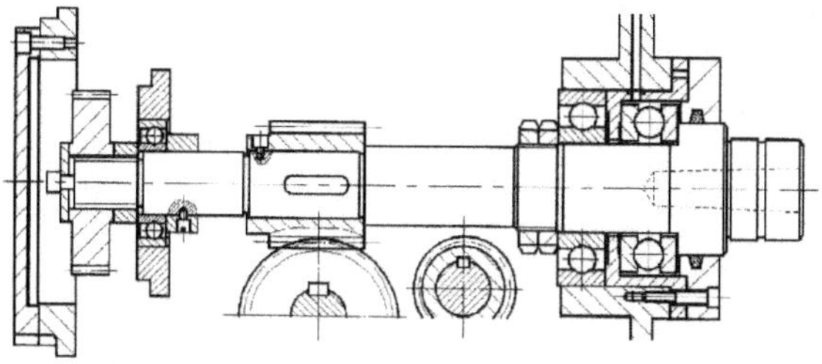	深孔钻床主轴
29	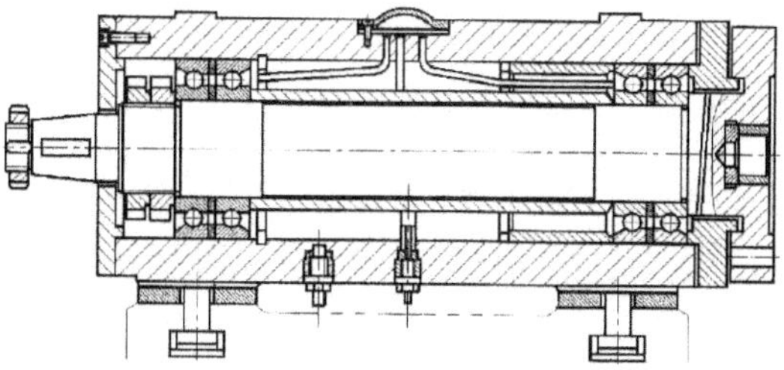	金刚石镗床主轴

序号	图 例	说 明
30		切螺纹机床主轴
31		万能磨床主轴箱
32		加工中心机床主轴

1—主轴;2—双列滚子轴承;3—双向角接触推力球轴承;4,10—紧固螺母;
5—角接触球轴承;6—齿轮;7—推杆;8—深沟球轴承;9—后盖;
11—碟形弹簧;12—弹簧夹头;13—前盖

16.4.2 装滑动轴承的主轴部件应用图例

装在滑动轴承上的转轴典型结构如图 16-21 所示。

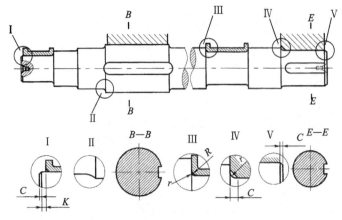

图 16-21 装在滑动轴承上的转轴典型结构

表 16-6 介绍了一些使用滑动轴承（或滑动轴承与滚动轴承组合）主轴部件的典型结构，可供设计时参考。

同样，限于图形过小，图中仅绘出了各零件大致的相互关系，其连接细节，需按前述有关原则合理确定。

表 16-6　使用滑动轴承（或滑动轴承与滚动轴承组合）的主轴部件

序号	图　　　例	说　　　明
1	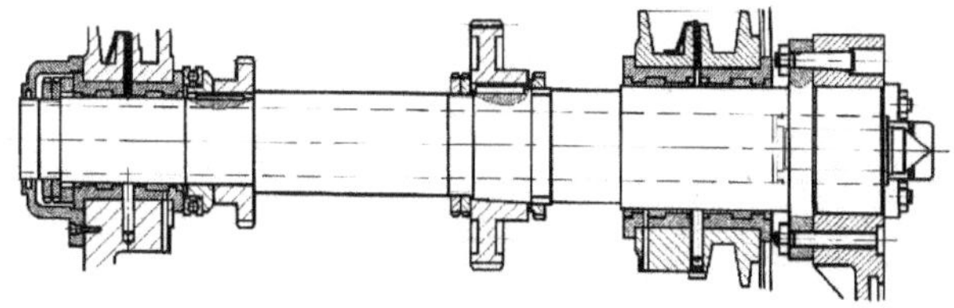	车床主轴
2	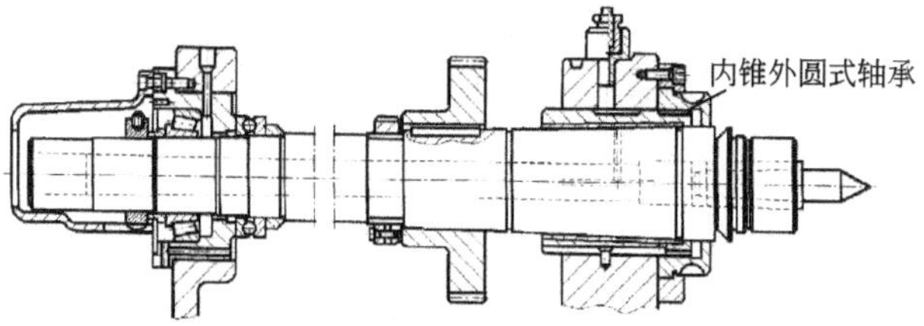 　内锥外圆式轴承	车床主轴
3	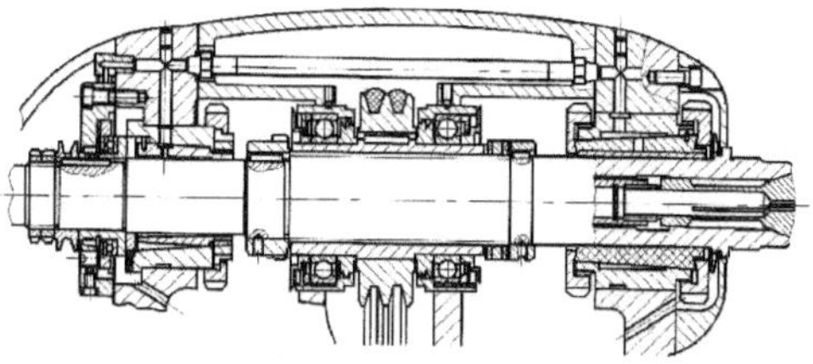	车床主轴
4	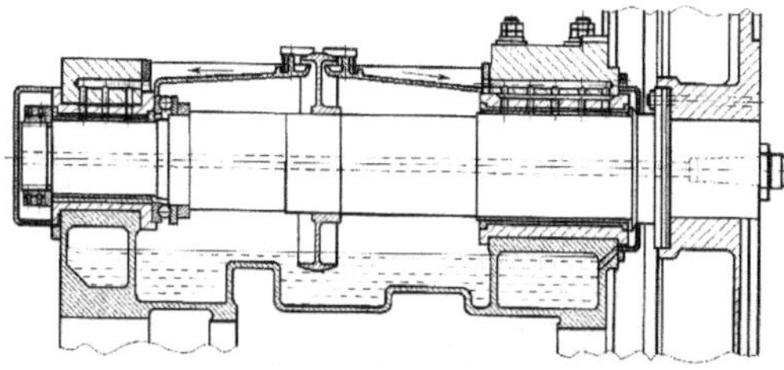	重型车床主轴
5	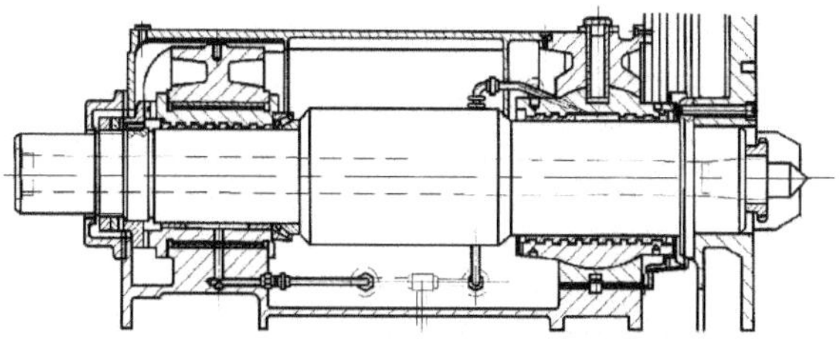	重型车床主轴（前轴承用调位式）
6	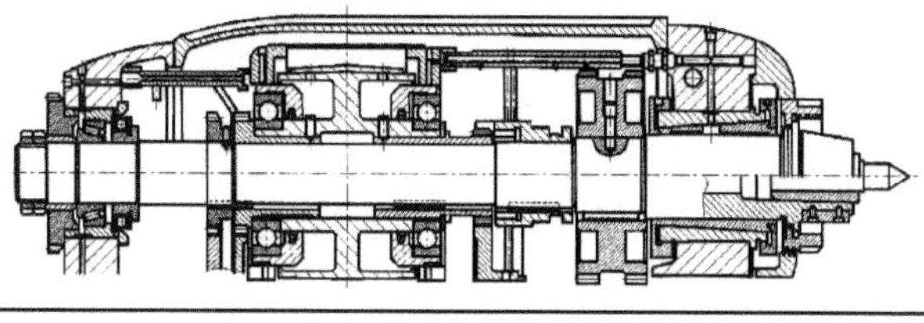	车床主轴

序号	图　例	说　明
7	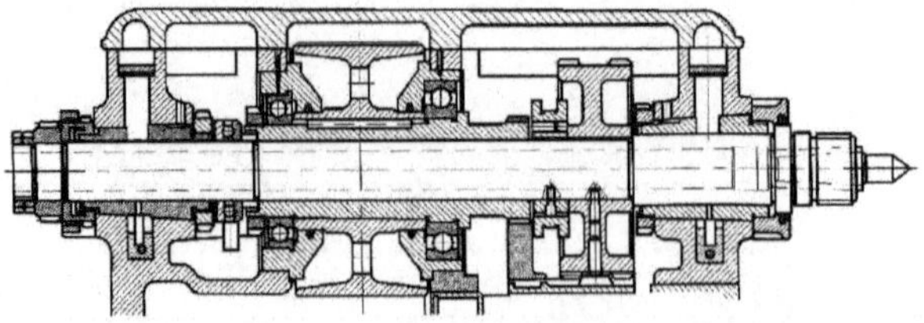	车床主轴
8	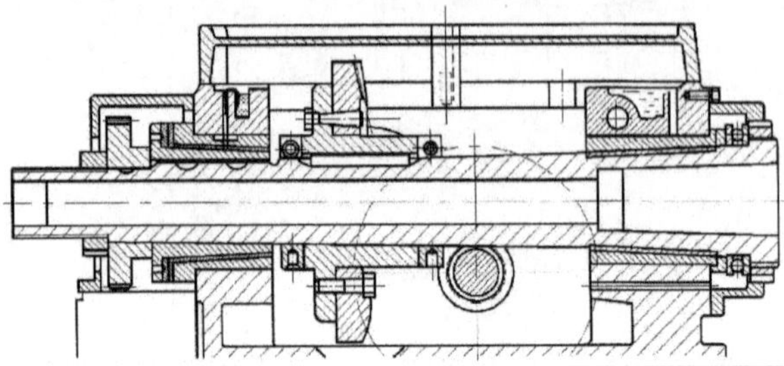	多刀半自动车床主轴
9	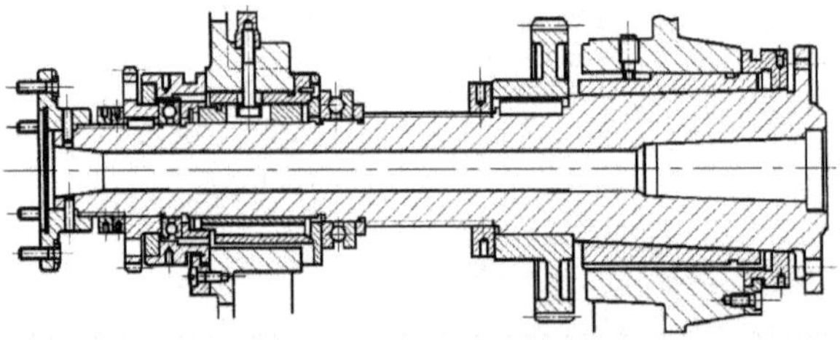	专用车床主轴
10	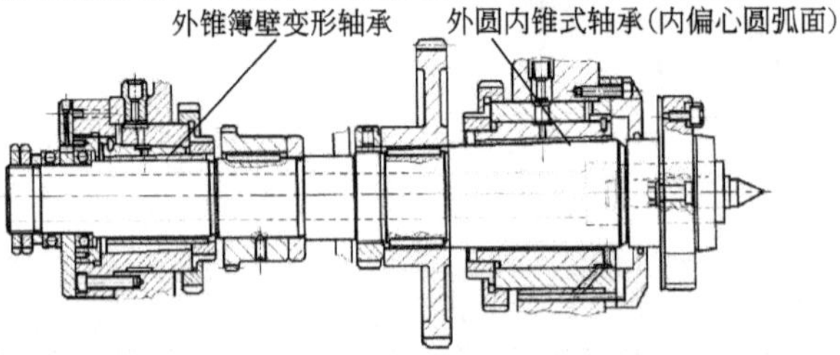 外锥薄壁变形轴承　外圆内锥式轴承(内偏心圆弧面) 	精密车床主轴
11	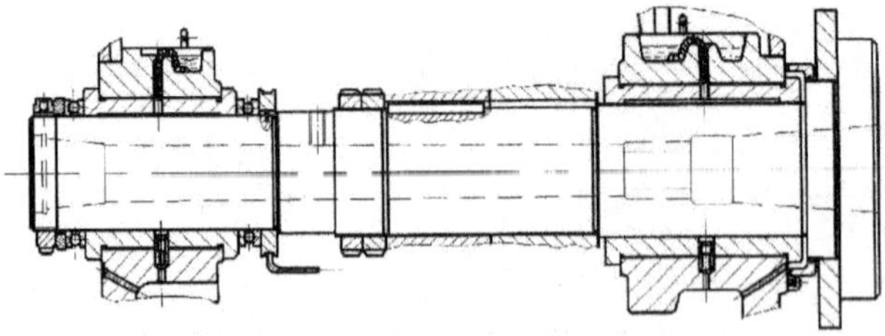	曲轴车床主轴(尾部轴承采用剖分结构)
12	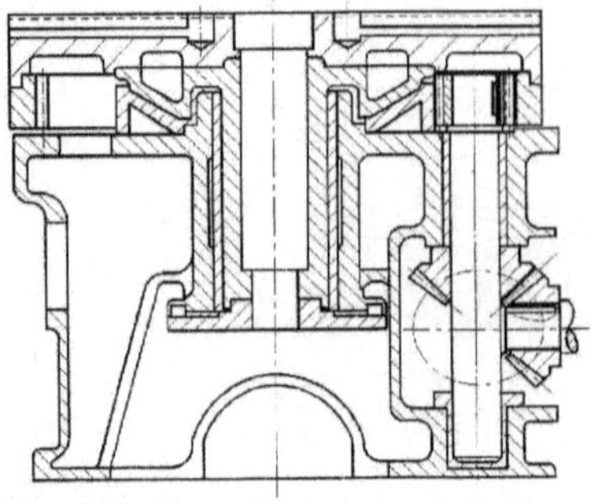	小型立式车床主轴

序号	图　　例	说　　明
13	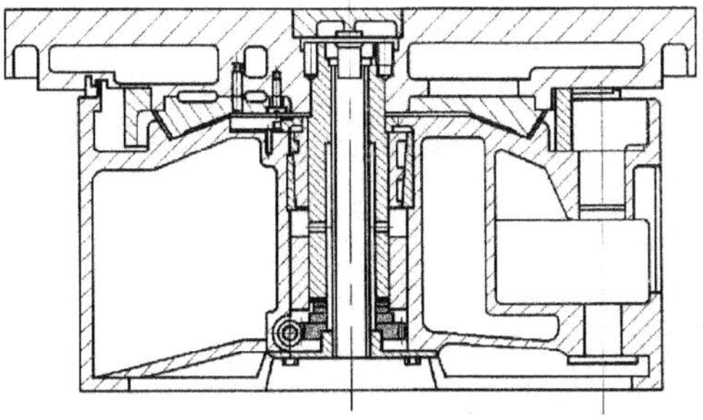	立式车床主轴
14	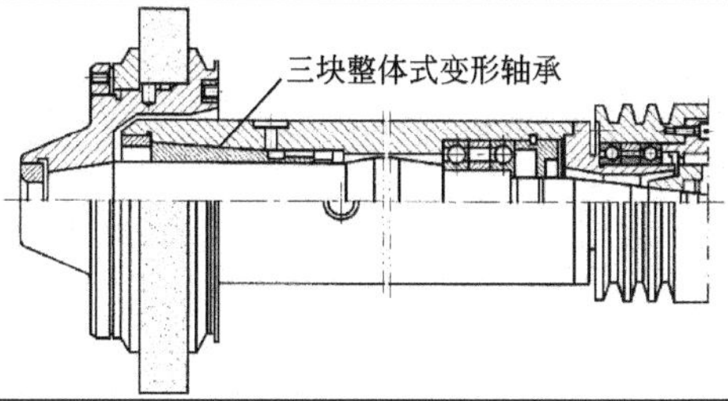 三块整体式变形轴承 	外圆磨床主轴
15	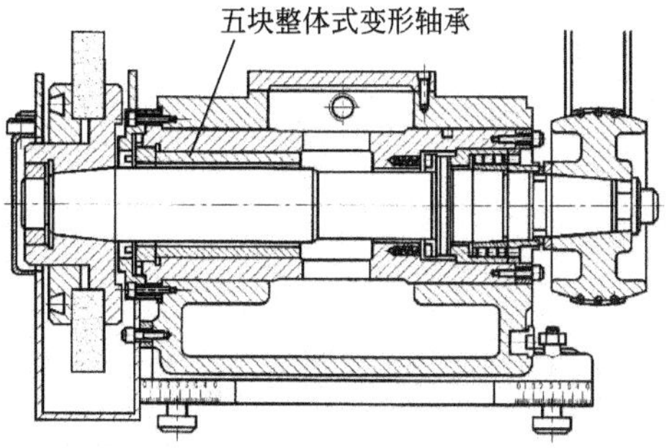 五块整体式变形轴承 	高精度半自动万能外圆磨床主轴
16	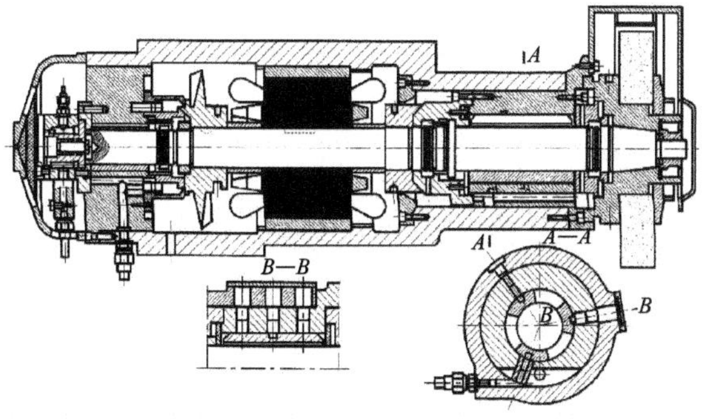	精密平面磨床主轴
17	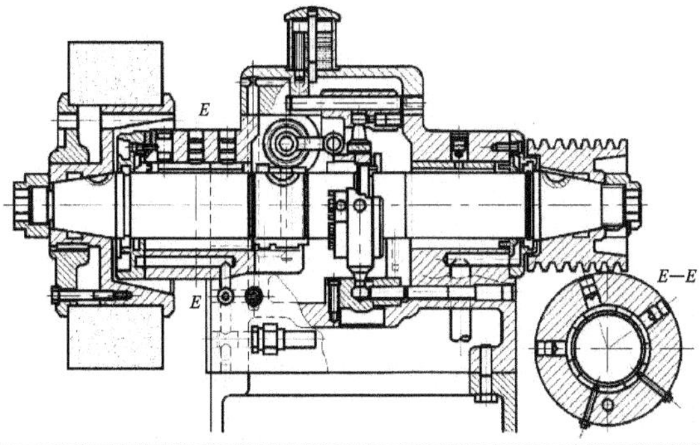	无心磨床主轴

序号	图 例	说 明
18	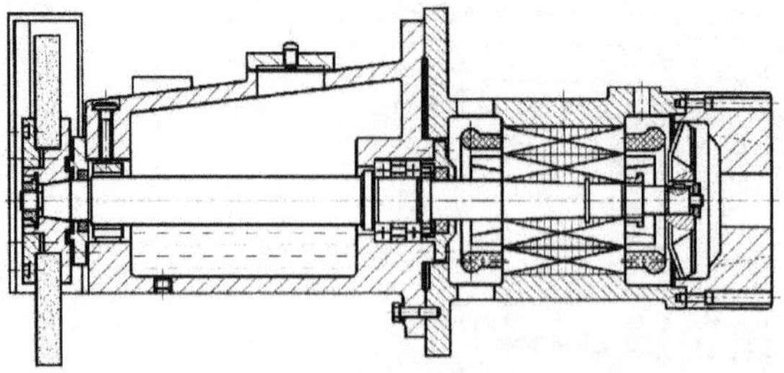	卧轴平面磨床主轴
19	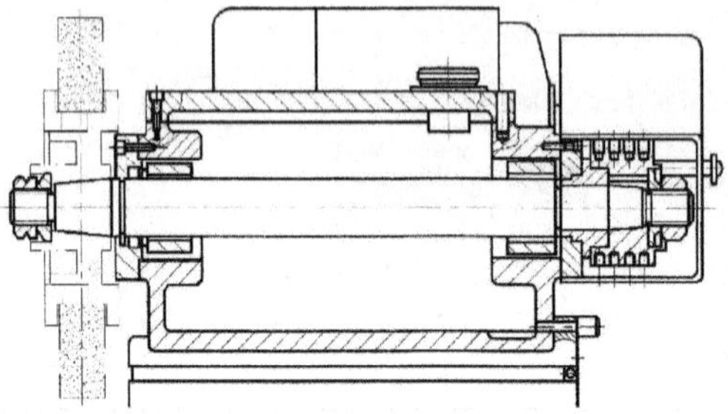	外圆磨床主轴
20	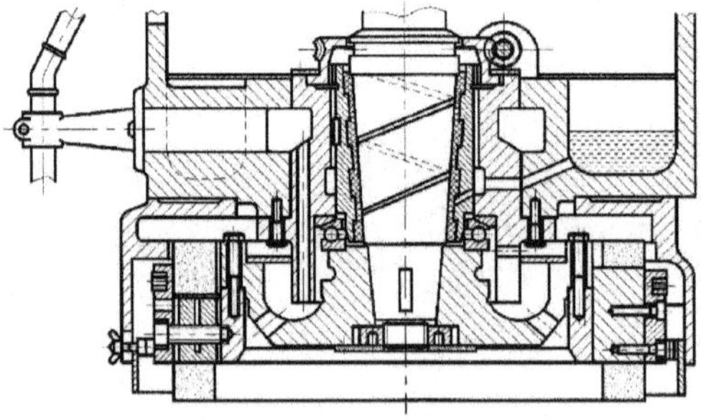	立式平面磨床主轴
21	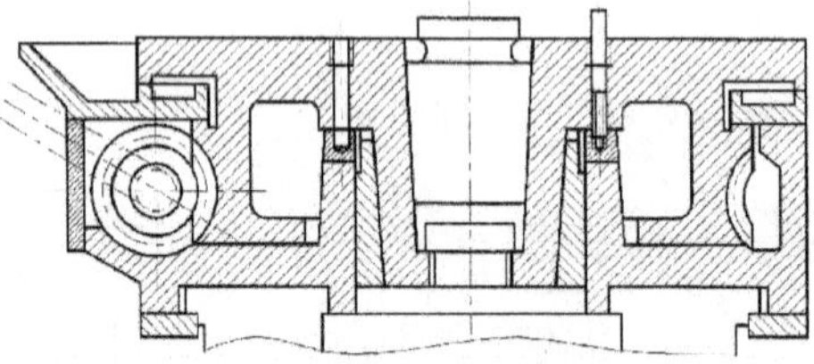	插齿机主轴

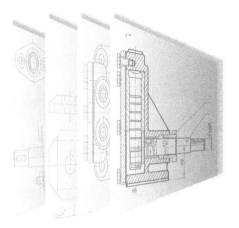

第17章

联轴器、离合器及制动器的典型应用图例

联轴器与离合器是机械中常用的部件，通常用来连接两轴，以便于共同回转并传递运动和转矩，有时也可以作为一种安全装置用来防止被连接件承受过大的载荷，起到过载保护的作用，如图 17-1 所示。

制动器是具有使运动部件（或运动机械）减速、停止或保持停止状态功能的装置，集工作装置和安全装置于一体，是保证机器安全正常工作的重要部件。

联轴器、离合器和制动器的类型很多，其中有些已经标准化、系列化。因此，一般是根据使用条件、使用目的及使用环境进行选用，再按被连接轴的直径、转矩和转速从有关手册中查取适用的型号和尺寸，必要时要作进一步的验算；若现有的联轴器或离合器的工作性能不能满足要求，则需要重新设计。制动器在很多机械产品上已发展成为制动系统，

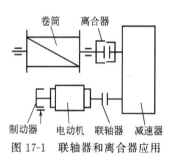

图 17-1 联轴器和离合器应用

即完成制动过程中的操纵或控制部分、制动装置以及其他一些辅助设备等，组成一个完整独立的制动工作系统。选择或设计比较恰当的联轴器或离合器，一般不仅要考虑整个机械的工作性能、载荷特性、使用寿命和经济性问题，同时也应考虑维修保养等问题。

17.1 联轴器

17.1.1 联轴器的种类和特性

联轴器不仅要从结构上采取各种措施传递所需的转矩外，还应具有补偿两轴线的相对位移或偏差，减振与缓冲以及保护机器等性能。

联轴器的种类很多，根据是否带有弹性元件，可以将联轴器分为刚性联轴器和弹性联轴器两大类。联轴器所连接的两轴，由于制造及安装误差、承载后的变形以及温度变化的影响等，往往不能保证严格的对中，而是存在着某种程度的相对位移与偏斜，

如图 17-2 所示。弹性联轴器因有弹性元件故可缓冲减振，并可在一定范围内补偿两轴间的偏斜。

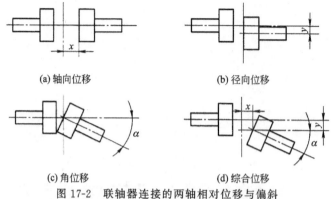

(a) 轴向位移　　　　　　　　　　(b) 径向位移

(c) 角位移　　　　　　　　　　　(d) 综合位移

图 17-2　联轴器连接的两轴相对位移与偏斜

　　刚性联轴器又根据其结构特点分为固定式与可移式两类。刚性可移式联轴器对两轴的偏移量具有一定的补偿能力；固定式联轴器要求被连接的两轴中心线严格对中。联轴器的一般分类如图 17-3 所示。

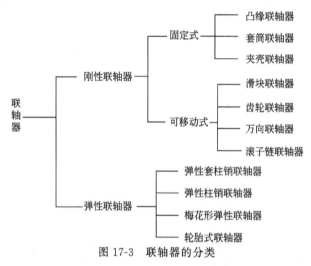

图 17-3　联轴器的分类

17.1.2　刚性联轴器

(1) 固定式刚性联轴器

　　① 套筒联轴器　套筒联轴器是由钢或铸铁制造的套筒，用键或销钉与两轴连接。这种联轴器的构造简单，容易制造，径向尺寸小，适用于两轴同心度高、工作平稳、无冲击载荷的工作条件。缺点是装拆方便。图 17-4 所示为销联接的套筒联轴器。

　　② 凸缘联轴器　凸缘联轴器如图 17-5 所示，它由两个带有凸缘的半联轴器组成，分别用键与两轴连接，并用螺栓将这两个半联轴器连成一体。

　　凸缘联轴器有两种对中方法：一种方法是利用一个半联轴器端面上的凸肩和另一个半联轴器端面上相应的凹槽相互配合而对中，如图 17-5(a) 所示。拆卸时，必须将轴做轴向移动才能使两轴分离。另一种方法是两个半联轴器用铰制孔用螺栓连

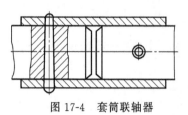

图 17-4　套筒联轴器

接，靠螺栓杆与螺栓孔的配合对中，利用螺栓杆承受的剪切与挤压来传递转矩，如图 17-5(b) 所示。装拆时，轴不必轴向移动，可用于经常装拆的场合。

凸缘联轴器构造简单，成本低，使用方便，能传递较大的转矩，但它要求两轴精确对中，安装精度高，当两轴轴线有偏斜时，会在其他零件内引起附加载荷，而且径向尺寸较大。

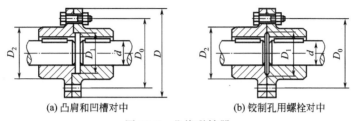

(a) 凸肩和凹槽对中   (b) 铰制孔用螺栓对中

图 17-5　凸缘联轴器

(2) 可移式刚性联轴器

① 十字滑块联轴器　如图 17-6(a) 所示，十字滑块联轴器是由两个端部开有径向矩形凹槽的半联轴器和一个两端有凸榫的中间滑块组成。滑块两端凸榫的中线相互垂直，并分别嵌在两半联轴器的凹槽构成移动副。运转时，若两轴线有相对径向偏移，则可借中间滑块两端面上的凸榫在其两侧半联轴器的凹槽对中滑动来得到补偿，如图 17-6(b) 所示。

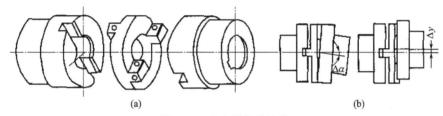

(a)   (b)

图 17-6　十字滑块联轴器

滑块联轴器的结构简单，径向尺寸小，能补偿轴的径向偏移和角偏差，但不耐冲击，易于磨损。适用于低速、载荷平稳、径向偏移 $y \leqslant 0.04d$（d 为轴径）和角向偏移 $\alpha \leqslant 30'$ 的场合。半联轴器的材料一般为 45 钢或铸铁，中间滑块用 45 钢。

② 齿式联轴器　齿式联轴器如图 17-7 所示，它由两个带外齿的内套筒、带内齿圈的外套筒和连接螺栓等组成。两个带外齿的内套筒通过键与轴相连，又通过轮齿与带内齿圈的外套筒构成动连接，两个带内齿圈的外套筒在其凸缘处用螺栓连成一体。齿式联轴器是通过齿的啮合传递转矩的。为了减少轮齿的磨损和相对滑移的阻力，在外壳内储有润滑油。为了能补偿两轴线的综合偏移，外齿套筒的齿顶常制成鼓形，并取较大的齿侧间隙。

齿式联轴器具有较好的补偿综合偏移能力，承载能力大，工作可靠，但结构复杂，制造成本高。其材料一般为 45 钢或 ZG310-570。

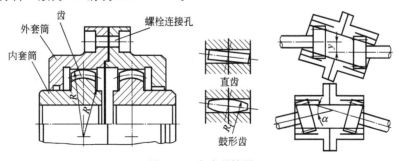

图 17-7　齿式联轴器

③ 万向联轴器　万向联轴器中常见的有十字轴式万向联轴器，如图 17-8（a）所示。它利用中间连接件十字轴 3 连接两边的半联轴器，两轴线间夹角可自行调节。单个十字轴万向联轴器的主动轴 1 做等速转动时，其从动轴 2 做变角速转动。为避免这种现象，可采用两个万向联轴器，使两次角速度变动的影响相互抵消，从而使主动轴 1 与从动轴 2 同步转动，如图 17-8（b）所示，中间轴两端的叉形接头应位于同一平面内，并使主、从动轴与中间轴的夹角相等，这样就能保证从动轴的角速度与主动轴同步。

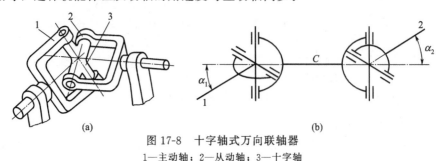

图 17-8　十字轴式万向联轴器
1—主动轴；2—从动轴；3—十字轴

17.1.3　弹性联轴器

（1）弹性套柱销联轴器

弹性套柱销联轴器的结构与凸缘联轴器相似，只是用套有弹性套的柱销代替连接螺栓来把两个半联轴器连接起来，如图 17-9 所示。为了提高其吸振能力，常使它具有梯形的剖面。主动轴的转矩通过半联轴器、弹性套、柱销等传至从动轴。在工作时，由于弹性套的变形而蓄放弹性能，从而减轻振动与冲击。安装弹性套柱销联轴器时，应留出间隙 C，如图 17-9所示，以便被连接的两轴做少量的轴向位移。

弹性套柱销联轴器扭转范围较大，弹性较好，能缓冲吸振，不需润滑。适宜频繁启动，正、反转频繁变换，转速高（低速不宜使用）的中小功率。

（2）弹性柱销联轴器

弹性柱销联轴器的结构与弹性套柱销联轴器相似，只是用弹性尼龙柱销代替弹性套柱销作为中间连接件，如图 17-10 所示。在两端用螺钉固定挡板以防止柱销脱落。

弹性柱销联轴器的特点及应用类似于弹性套柱销联轴器，而且结构更简单，安装和维护方便，使用寿命长，能传递较大的转矩，适用于轴向窜动较大，正、反转或启动频繁、转速较高的场合。

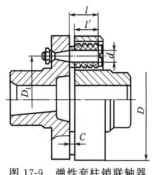

图 17-9　弹性套柱销联轴器

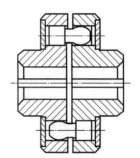

图 17-10　弹性柱销联轴器

（3）其他弹性联轴器

常见的弹性联轴器还有梅花形弹性联轴器、弹性活块联轴器和轮胎式联轴器。

17.1.4 调位联轴器

调位联轴器用于两轴间的相对角度位置需要调整的连接。例如在重型立式车床、龙门铣床和龙门刨床的横梁升降传动中，用调位联轴器使两根升降丝杠同步旋转；在大型滚齿机上，用调位联轴器使两根蜗杆同时驱动一个分度蜗轮等。这类联轴器通常是在普通联轴器上增加调整环节而成的。下面介绍两种调位联轴器。

(1) 牙嵌式调位联轴器

图 17-11 所示为牙嵌式调位联轴器的结构图，两个半联轴器的端面铣出三角形尖牙，联轴器凸缘用螺栓紧固。当需要调整时，拆下螺栓，将端面齿调整一相对角度位置，再行紧固。

此种联轴器结构简单，制造容易；但调整量必须是一个三角形牙距的倍数（不能无级调整），同时调整时要拆装零件，并需把轴或半联轴器做一定距离的轴向移动。

(2) 蜗杆蜗轮式调位联轴器

如图 17-12 所示为蜗杆蜗轮式调位联轴器的结构图，它的一个半联轴器制成不完整的蜗轮减速箱形，并装有蜗杆，另一个半联轴器是一个带有接长轮毂的蜗轮。转动蜗杆，可以改变两个半联轴器的相对角度位置。

这种联轴器的相对角位移可以无级调整，不需要进行任何拆卸，但结构和制造比较复杂，且应平衡。

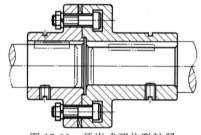

图 17-11　牙嵌式调位联轴器

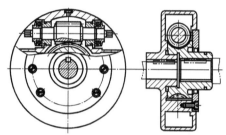

图 17-12　蜗杆蜗轮式调位联轴器

17.1.5 联轴器的选择

(1) 联轴器的特点及应用

为了适应不同需要，人们设计了形式多样的联轴器，部分已标准化、规格化，被广泛应用在机械设备中。正确选用联轴器，对保证正常运转、改善机械工作状态、延长设备使用寿命等都有较大影响。设计时主要是根据机器的工作特点及要求，结合联轴器的性能选定合适的类型。常用联轴器的特点与应用见表 17-1。

表 17-1　常用联轴器的特点与应用

类别	联轴器类型	许用转矩/N·m	轴径范围/mm	最大转速/r·min^{-1}	特点	使用条件
刚性固定式联轴器	凸缘联轴器	400～16000	40～160	1450～3500	结构简单，使用方便，成本低，能传递较大转矩，对中精度可靠	适用于转速低、载荷平稳、两轴的同轴度好，对中性好的连接
	套筒联轴器	4.5～10000	10～100	200～250	结构简单，径向小，同轴度高，但拆装不便	用于两轴直径较小、工作平稳的连接，广泛用于机床中
	夹壳联轴器	85～9000	30～110	380～900	结构简单，拆装方便，但平衡困难，缺乏缓冲和吸振能力	用于低速，无冲击载荷的条件

类别	联轴器类型	许用转矩/N·m	轴径范围/mm	最大转速度/r·min⁻¹	特点	使用条件
刚性可移式联轴器	齿轮联轴器	$710 \sim 10^6$	$18 \sim 560$	$300 \sim 3780$	承载能力大,工作可靠,但制作成本高	可在高速重载条件下工作,常用于启动频繁,正反转变化的场合
	十字滑块式 联轴器	$120 \sim 20000$	$15 \sim 150$	$100 \sim 250$	径向尺寸小,寿命较长,但制造复杂,需要润滑	用于两轴相对偏移量较大,低速转动,工作较平稳的场合
	NZ挠性爪型联轴器	$25 \sim 600$	$15 \sim 65$	$3800 \sim 10000$	结构简单,外形尺寸小,惯性力小	用于小功率、高转速、无急剧冲击的连接
	万向联轴器	$25 \sim 1280$	$10 \sim 40$	—	结构紧凑,维护方便,但制造较复杂有速度波动,将引起附加动载荷	适用于两轴夹角大或两轴平行但连接距离较大的场合
弹性联轴器	弹性圆柱销式联轴器	$67 \sim 15380$	$25 \sim 180$	$1100 \sim 5400$	弹性较好,拆装方便,成本低,但弹性圈易损坏,寿命短,要限制使用温度	用于连接载荷平稳,需正、反转或启动频繁的中小转矩的传动轴
	尼龙柱销联轴器	$100 \sim 400000$	$12 \sim 400$	$760 \sim 7430$	结构简单,制造容易,维护方便,寿命长,但要限制使用温度	用于正、反转变化多,启动频繁的高、低速传动
	轮胎联轴器	$10 \sim 16000$	$10 \sim 230$	$600 \sim 4000$	缓冲性能和综合性能都较好,不需润滑,但径向尺寸大	用于潮湿、多尘、冲击大、正反转次数多及启动频繁的场合
安全联轴器	剪切销安全 联轴器	—	—	—	结构简单,能起过载保护作用,但准确性不够	用于不要求精确控制转矩的一般保护装置

（2）联轴器类型选择

选择一种合适的联轴器类型应考虑以下几点。

① 所需传递的转矩大小和性质以及对缓冲减振功能的要求　例如,对大功率的重载传动,可选用齿式联轴器;对有冲击载荷或要求消除轴系扭转振动的传动,可选用轮胎式联轴器等具有高弹性的联轴器。

② 联轴器的工作转速高低和引起的离心力大小　对于高速传动轴,应选用平衡精度高的联轴器,例如膜片联轴器等,而不宜选用存在偏心的滑块联轴器等。

③ 两轴相对位移的大小和方向　在安装调整过程中,难以保持两轴严格精确对中,或工作过程中两轴将产生较大的附加相对位移时,应选用挠性联轴器。例如当径向位移较大时,可选滑块联轴器,角位移较大或相交两轴的连接可选用万向联轴器等。

④ 联轴器的可靠性和工作环境　通常由金属元件制成的不需润滑的联轴器比较可靠;需要润滑的联轴器,其性能易受润滑程度的影响,且可能污染环境。含有橡胶等非金属元件的联轴器对温度、腐蚀性介质及强光等比较敏感,而且容易老化。

⑤ 联轴器的制造、安装、维护和成本　在满足使用性能的前提下,应选用装拆方便、维护简单、成本低廉的联轴器。例如刚性联轴器不但结构简单,而且装拆方便,可用于低速、刚性大的传动轴。一般的非金属弹性元件联轴器（例如弹性套柱销联轴器、弹性柱销联轴器、梅花形弹性联轴器等）,由于具有良好的综合性能,广泛适用于一般的中小功率传动。

17.2 离合器

17.2.1 离合器的种类和特性

离合器主要用来连接两轴，使其一起转动并传递转矩。对离合器的基本要求是：接合平稳、分离迅速、工作可靠；操作和维护方便；外廓尺寸小、重量轻；耐磨性和散热性好。离合器的种类很多，按控制方法的不同，可分为操纵式离合器和自动式离合器两类。前者的接合和分离需要人工操纵，后者则能按照预定的条件自行接合或分离。

（1）操纵式离合器

操纵式离合器主要有啮合式和摩擦式两类。啮合式离合器靠牙的互相啮合传递转矩，摩擦式离合器靠摩擦力传递转矩。

① 牙嵌离合器 如图 17-13 所示，牙嵌离合器是由两个端面带牙的半离合器组成，其中一个半离合器用键和螺钉固定在主轴上，另一个半离合器则用导向平键或花键与从动轴构成动连接，通过操纵机构可使它在轴上做轴向移动，以实现两半离合器的接合与分离。

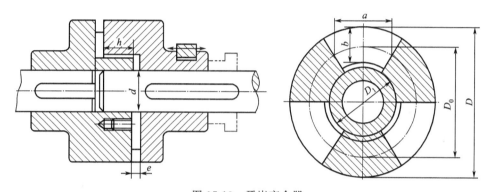

图 17-13 牙嵌离合器

② 摩擦离合器 摩擦离合器可分为单片式、多片式和圆锥式三类。

a. 单片式摩擦离合器。如图 17-14 所示，单片式摩擦离合器由主、从两个摩擦片组成，主动摩擦片固定在主动轴上，从动摩擦片通过导向平键与从动轴构成动连接。操纵滑环可使从动摩擦片做轴向移动，以实现摩擦片的接合与分离。单片式摩擦离合器的结构简单，传递的转矩小，在实际生产中常采用多片式摩擦离合器。

b. 多片式摩擦离合器。如图 17-15 所示，多片式摩擦离合器主要由内、外两组摩擦片和内、外两个套筒组成。外摩擦片靠外齿与外套筒上的凹槽构成动连接，而外套筒又用平键固连在主动轴上。内摩擦片靠内齿与内套筒上的凹槽也构成动连接，内套筒则用平键或花键与从动轴相固连。当操纵装置使锥套向左移动时，杠杆就把两组摩擦片互相压紧，使从动轴随主动轴一起旋转。压紧力的大小可通过改变调节螺母的位置来实现。当锥套向右移动时，两组摩擦片就松开，离合器处于分离状态。

多片式摩擦离合器的传动能力与摩擦面的对数有关，摩擦片愈多，摩擦面的对数也愈多，所传递的功率就愈大。如所传递的功率一定，则它的径向尺寸与单片相比可大为减小，所需轴向压力也可大大减小。因此，多片式摩擦离合器结构紧凑，操作轻便，应用很广。

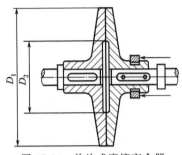

图 17-14　单片式摩擦离合器

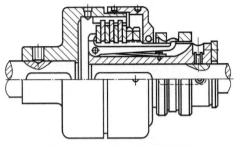

图 17-15　多片式摩擦离合器

(2) 自动离合器

自动离合器是一种能根据机器的运转参数（如转矩、转速或转向等）的变化而自动完成接合和分离动作的离合器。常用的自动离合器有控制转矩的安全离合器、控制转速的离心式离合器和控制旋转方向的定向离合器三类。下面简要介绍定向离合器。

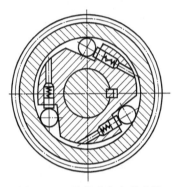

图 17-16　滚柱式定向离合器

定向离合器也称为超越离合器。它只能单向传递转矩，反向时就自动分离。定向离合器的种类很多，图 17-16 所示为滚柱式定向离合器，它由星轮、外环、滚柱和弹簧等组成。弹簧的作用是将滚子压向星轮的楔形槽内，使其与星轮、外圈相接触。

星轮为主动件做顺时针方向转动时，滚柱就楔紧在槽内，从而带动外圈一起转动。

当星轮逆时针方向转动时，滚柱被推到槽中较宽的部位，它不再楔紧在槽内，因而外圈就不转动，离合器处于分离状态。若外圈为主动件时，则情况刚好相反，即外圈逆时针方向转动时，离合器处于结合状态，而顺时针方向转动时，处于分离状态。

定向离合器工作时无噪声，适宜高速、防止逆转、间歇运动等场合，但制造精度较高。

17.2.2　离合器类型选择注意事项

(1) 牙嵌式离合器宜用于转速差小、轻载的场合

牙嵌式离合器接合牙由金属制成，刚性大，在转速差大接合时，会产生相当大的冲击，引起陡振和噪声，特别是在有负载情况下高速接合，有可能使凸牙因受冲击而断裂。因此，牙嵌式离合器只能用在两轴静止时或两轴的转速差很小，在空载或轻载情况下进行接合的传动系统。

(2) 要求分离迅速的场合不要采用油润滑的摩擦盘式离合器

在某些场合下，主、从动轴的分离要求迅速，在分离位置时，没有拖滞。此时，不宜采用油润滑的摩擦盘式离合器。

由于润滑油具有黏性，使主、从动摩擦盘间容易粘连，致使不易迅速分离，造成拖滞现象。若必须采用摩擦盘式离合器时，应采用干摩擦盘式离合器［见图 17-17(a)］或将内摩擦盘制成碟形［见图 17-17(b)］，松脱时，由于内盘的弹力作用可使迅速与外盘分离。

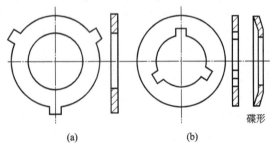

碟形

(a)　　　　　(b)

图 17-17　分离迅速场合用摩擦盘式离合器

（3）多盘式摩擦离合器应在中低温下工作

多盘式摩擦离合器能够在结构空间很
小的情况下传递较大的转矩，这有利于它的广泛应用。但是要注意，对于承受高温的离合
器，在滑动时间长的情况下会产生大量热量，容易导致损坏，因此，宁可采用摩擦面少的离
合器，例如单盘摩擦离合器。

（4）离心离合器不宜用于变速传动和启动过程太长的场合

离心离合器是靠离心体产生离心力，通过摩擦力来传递转矩，以达到自动分离或接合。
它所传递的转矩与转速的平方成正比，因此不宜用于变速传动和低速传动系统。由于离心体
相对于从动体的接合过程实际上是一个摩擦打滑过程，在主、从动轴未达到同步前，伴随有
摩擦发热和磨损及能量的消耗，所以离心离合器也不宜用于频繁启动工况和在启动过程太长
的场合应用。

（5）带负载直接启动困难的机械，宜用离合器取代联轴器

某些大型机械带负载直接启动困难，且启动功率和转矩很大，宜用离合器代替联轴器以
实现平稳启动，例如将柱销联轴器［见图 17-18(a)］改为气压离合器［见图 17-18(b)］，实
现分离启动，启动平稳，延长了电动机和机械设备的寿命。

（6）启动频繁且需要经常正反转的传动系统中，宜设置离合器

在传动系统中，如果电动机启动频繁，且需要经常正反转，在较大的启动电流作用下，
电动机容易发热烧毁，在这种情况下，宜在传动系统中设置离合器，使电动机能实现空载
启动。

如图 17-19 所示，一般机械常在电动机轴上安装主动带轮，如在带轮内设置离心离合
器，电动机启动时离合器处于分离状态，随着电动机转速增加，离合器的三块锥面离心块 1
沿导销 3 做径向移动，直至与轮缘 2 内锥面紧紧接触，从而带动带轮做正向转动。当电动机
反向时，其过程必然是逐渐减速到零再反转，离心块 1 上的离心力也逐渐减少直至零，离心
块与带轮内缘分离。当电动机反转逐渐增速时，离心块又受离心力作用沿导销 3 飞出，使离
心块压紧带轮内锥面，从而带动带轮做反向转动。由此不论正转或反转均实现了空载平稳启
动，保护了电动机。

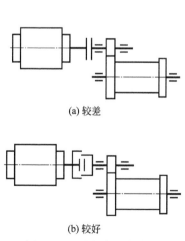

(a) 较差

(b) 较好

图 17-18　用离合器取代联
轴器实现平稳启动

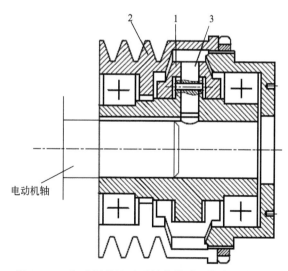

电动机轴

图 17-19　启动频繁且正反转的传动系统中的离合器
1—离心块；2—凸缘；3—导销

17.3 安全联轴器及安全离合器

安全联轴器及安全离合器的作用是：当工作转矩超过机器允许的极限转矩时，连接件将发生折断、脱开或打滑，从而使联轴器或离合器自动停止传动，以保护机器中的重要零件不致损坏。下面介绍几种常用的类型。

(1) 剪切销安全联轴器

这种联轴器有单剪式的 [见图 17-20(a)] 和双剪式的 [见图 17-20(b)] 两种。现以单剪联轴器为例加以说明。单剪联轴器的结构类似凸缘联轴器，但不用螺栓，而用钢制销钉连接。销钉装入经过淬火的两段钢制套管中，过载时即被剪断。销钉直径 d（单位为 mm）可按剪切强度计算。

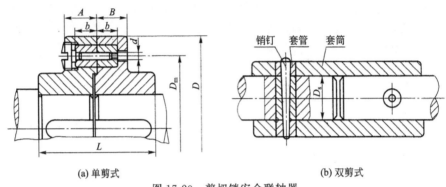

(a) 单剪式   (b) 双剪式

图 17-20 剪切销安全联轴器

销钉材料可采用 45 钢淬火或高碳工具钢，准备剪断处应预先切槽，使剪断处的残余变形最小，以免毛刺过大，有碍于更换报废的销钉。

这类联轴器由于销钉材料力学性能的不稳定以及制造尺寸的误差等原因，致使工作精度不高；而且销钉剪断后，不能自动恢复工作能力，因而必须停车更换销钉；但由于构造简单，所以对很少过载的机器还常采用。

(2) 滚珠安全离合器

滚珠安全离合器的结构形式很多，这里介绍较常用的一种。如图 17-21(a) 所示，离合器由主动齿轮 1、从动盘 2、外套筒 3、弹簧 4、调节螺母 5 组成。主动齿轮 1 活套在轴上。

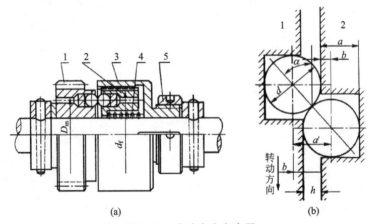

(a)   (b)

图 17-21 滚珠安全离合器

1—主动齿轮；2—从动盘；3—外套筒；4—弹簧；5—调节螺母

外套筒 3 用花键与从动盘 2 连接，同时又用键与轴相连。在主动齿轮 1 和从动盘 2 的端面内，各沿直径为 D_m 的圆周上制有数量相等的滚珠承窝（一般为 4～8 个），承窝中装入滚珠大半后［图 17-21(b) 中，$a>d/2$］，进行敛口，以免滚珠脱出。正常工作时，由于弹簧 4 的推力使两盘的滚珠互相交错压紧，如图 17-21(b) 所示，主动齿轮传来的转矩通过滚珠、从动盘、外套筒而传给从动轴。当转矩超过许用值时。弹簧被过大的轴向分力压缩，使从动盘向右移动，原来交错压紧的滚珠因被放松而相互滑过．此时主动齿轮空转，从动轴即停止转动；当载荷恢复正常时，又可重新传递转矩，弹簧压力的大小可用螺母 5 来调节。这种离合器由于滚珠表面会受到较严重的冲击与磨损，故一般只用于传递较小转矩的装置中。

17.4　特殊功用及特殊结构的联轴器及离合器

(1) 定向离合器

定向离合器只能传递单向的转矩，其结构可以是摩擦滚动元件式，也可以是棘轮棘爪式。

图 17-22 所示为一种滚柱式定向离合器，由爪轮 1、套筒 2、滚柱 3、弹簧顶杆 4 等组成。如果爪轮 1 为主动轮并做顺时针回转时，滚柱被摩擦力驱动而滚向空隙的收缩部分，并楔紧在爪轮和套筒间，使套筒随爪轮一同回转，离合器即进入接合状态。但当爪轮反向回转时，滚柱即滚到空隙的宽敞部分，这时离合器即处于分离状态。因而定向离合器只能传递单向的转矩，可在机械中用来防止逆转及完成单向传动。如果在套筒 2 随爪轮 1 旋转的同时，套筒又从另一运动系统获得旋向相同但转速较大的运动时，离合器也将处于分离状态。即从动件的角速度超过主动件时，不能带动主动件回转。这种从动件可以超越主动件的特性多应用于内燃机等的启动装置中。

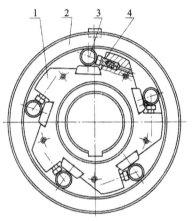

图 17-22　滚柱式定向离合器
1—爪轮；2—套筒；3—滚柱；4—弹簧顶杆

(2) 离心离合器

离心离合器按其在静止状态时的离合情况可分为开式和闭式两种。开式离心离合器只有当达到一定工作转速时，主、从动部分才进入接合；闭式离心离合器在到达一定工作转速时，主、从动部分才分离。在启动频繁的机器中采用离心离合器，可使电动机在运转稳定后才接入负载。如电动机的启动电流较大或启动力矩很大时，采用开式离心离合器可避免电动机过热，或防止传动机构受到很大的动载荷。采用闭式离心离合器则可在机器转速过高时起过载保护作用。又因这种离合器是靠摩擦力传递转矩的，故转矩过大时也可通过打滑而起过载保护作用。

图 17-23(a) 所示为开式离心离合器的工作原理图，在两个拉伸螺旋弹簧 3 的弹力作用下，主动部分的一对闸块 2 与从动部分的鼓轮 1 脱开；当转速达到某一数值后，离心力对支点 4 的力矩增加到超过弹簧拉力对支点 4 的力矩时，便使闸块绕支点 4 向外摆动与从动鼓轮 1 压紧，离合器进入接合状态。当接合面上产生的摩擦力矩足够大时，主、从动轴即一起转动。图 17-23(b) 所示为闭式离心离合器的工作原理图，其工作过程与开式情况相反，在正常运转条件下，由于压缩弹簧 3 的弹力，使两个闸块 2 与鼓轮 1 表面压紧，保持接合状态而一起转动；当转速超过某一数值后，离心力矩大于弹簧压力的力矩时，即可使闸块绕支点 4 摆动而与鼓轮脱离接触。

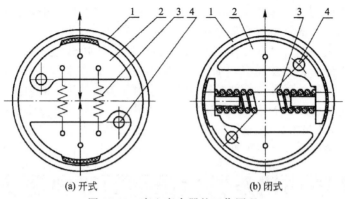

(a) 开式   (b) 闭式

图 17-23　离心离合器的工作原理

1—鼓轮；2—闸块；3—螺旋弹簧；4—铰链支点

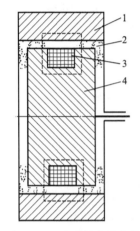

图 17-24　电磁粉末离合器
1—金属外筒；2—铁和
石墨的粉末；3—励磁
线圈；4—电磁铁

（3）电磁粉末离合器

磁粉离合器适用于机械传动系统主、从动端离合和控制系统调节转矩、调节速度、张力控制、空载启动、过载保护、伺服驱动、测试加压、换向等自冷式、风冷式、液冷式、电风扇冷却式离合器。

图 17-24 所示为电磁粉末离合器的原理图。金属外筒 1 为从动件，嵌有环形励磁线圈 3 的电磁铁 4 与主动轴连接，1 与 4 间留有少量间隙，一般为 1.5～2mm，内装适量的铁和石墨的粉末 2（这种称为干式，如采用羰基化铁加油作为工作介质时，则称为油式或湿式）。当励磁线圈中无电流时，散砂似的粉末不阻碍主、从动件之间的相对运动，离合器处于分离状态；当通入电流时（通常为直流电），电磁粉末即在磁场作用下被吸引而聚集，从而将主、从动件联系起来，离合器即接合。这种离合器在过载滑动时，会产生高温。当温度超过电磁粉末的居里点时，则磁性消失，离合器即分离，从而可以起到保护作用。对电磁粉末颗粒大小，有一定要求，工作一定时间后电磁粉末磨损，则需进行更换。

17.5　制动器

17.5.1　制动器的分类及应用

制动器工作原理是利用接触面的摩擦力矩、流体的黏滞力或电磁的阻尼力，以吸收运动机件的能量，来实现制动作用，或者利用制动力与重力的平衡，使机器运转速度保持恒定或迫使机件减速甚至停止。

一般按照吸收运动机件能量的构造，制动器可分为下列几类。

按驱动部件可分为机械制动器、气压制动器、液压制动器、电动制动器、人力制动器等。

按制动部件可分为外抱块式制动器、内胀蹄式制动器、带式制动器、盘式制动器、磁粉制动器、磁涡流制动器。

按功能（双功能）可分为离合制动器、防爆制动器、防风制动器等。

按工作状态可分为常闭式制动器和常开式制动器。常闭式制动器靠弹簧或重力使其经常处于抱闸状态，机械设备工作时松闸，如卷扬机、起重机的起升和变幅机构等。常开式制动器常处于松闸状态，抱闸时需施加外力，如运输车辆和起重机的运行机构、旋转机构等，此类机械需控制制动力矩的大小，以便减速、停车。

17.5.2　常用制动器的性能与特点

常用制动器的性能与特点见表17-2。

表 17-2　常用制动器的性能与特点

序号	制动器名称	特点与应用
1	外抱瓦块制动器	构造简单可靠，散热好。瓦块有充分和较均匀的退距，调整间隙方便。对于直形制动臂，制动力矩大小与转向无关，制动轮轴不受弯曲。但包角和制动力矩小，制造比带式制动器复杂，杠杆系统复杂，外形尺寸大。应用较广，适用于工作频繁及空间较大场合
2	内胀蹄式制动器	两个内置的制动蹄在径向向外挤压制动鼓，产生制动力矩。结构紧凑，散热性好，密封容易。可用于安装空间受限的场合，广泛用于轮式起重机，各种车辆（如汽车、拖拉机等）的车轮中
3	带式制动器	构造简单紧凑。包角大（可超过 2π），制动力矩大。制动轮轴受较大的弯曲作用力，制动带的比压和磨损不均匀（按 $e^{\mu\alpha}$ 规律进行）。简单和差动带式制动器的制动力矩大小均与旋转方向有关，限制了应用范围，散热差。适用于大型要求紧凑的制动，如用于移动式起重机中
4	盘式制动器	利用轴向压力使圆盘或圆锥形摩擦表面压紧，实现制动。制动轮轴不受弯曲，结构紧凑。与带式制动器相比磨损均匀，制动力矩大小与旋转方向无关，用于防尘防潮，可制成封闭形式。摩擦面散热条件次于块式和带式，温度较高。适用于应用在紧凑性要求高的场合，如车辆的车轮和电动葫芦中
5	磁粉制动器	主要利用磁粉磁化时产生的剪切力来制动。体积小，重量轻，励磁功率小且制动转矩与转动件的转速无关。磁粉会引起零件磨损，适用于自动控制及各种机器的驱动系统中

17.5.3　制动器的应用及类型选择

（1）制动器的应用

随着制动技术的发展，制动系统已成为集机械、电、液、材料、计算机技术于一体的现代化装置。制动器的选型与计算，应考虑制动器的类型、性能如何满足配套工作机的要求、可靠性和经济性。例如，起重运输机械用的制动器要求制动力矩随外载荷变化而变化，有制动瓦衬磨损的，设置有自动补偿装置、遥控系统和自动监测功能等；飞机的制动系统要求能适应各种跑道路面的条件，改变制动力矩大小，保证飞机轮胎不被跑道擦伤而导致爆破；矿井巷道下带式输送机的制动，要求防爆，采用液体制动原理，成为机、电、液联合制动系统等。

（2）制动器的类型选择原则

一些应用广泛的制动器，已标准化、系列化。选用制动器应根据使用要求与工作条件，优先在标准制动器中选择。在选择过程中要注意以下几点。

① 要考虑工作机械的工作性质和条件、制动器的应用场合、配套主机的性能和条件。通常要求制动器尺寸紧凑、制动力矩大、散热性能好，则应选用点盘式制动器；只要求尺寸紧凑、制动力矩大，不考虑散热或散热要求不高时，就可以选用多盘式制动器、块状制动器或带状制动器；起重机的起升和变幅机构、矿山机械的提升机、卷扬机都必须

选用常闭式制动器，以保证安全可靠；起重机的行走和回转机构以及车辆等，则多采用常开式制动器。

② 充分重视制动器的重要性。制动力矩必须有足够的安全系数。对于安全性有较高要求的机构需装设双重制动器，例如运送熔化金属的起升机构，规定必须装设两个制动器，其中每一个都能安全地支持吊物，不致坠落；对于起重制动器，则应考虑散热问题，在选用设计计算时，必须进行热平衡验算，以免过热损坏或失效。

③ 考虑安装条件。如制动器安装有足够的空间，可选用块状制动器或臂式盘形制动器；安装空间有限制，则应选用内蹄式、带状制动器。

④ 制动器通常安装在传动系统的高速轴上，此时，需要的制动力矩小，制动器的体积小、重量轻，但安全可靠性相对较差。如安装在低速轴上，则比较安全可靠，但转动惯量大，所需的制动力矩大，制动器的体积和质量相对也大。

⑤ 配套主机的使用环境、工作和保养条件。例如，主机上有液压站，则选用带液压的制动器；固定不移动和要求不渗漏液体的设备、就近又有气源时，则选用气动制动器；主机希望干净并有直流电源，则选用直流短程电磁铁制动器；要求制动平稳、无噪声，则选用液压制动器或磁粉制动器。

17.6　联轴器、离合器和制动器的典型应用图例

17.6.1　联轴器的应用图例

(1) 梅花形弹性联轴器的应用图例

梅花形弹性联轴器的弹性元件近似梅花状，其结构如图 17-25 所示，图中 1、3 为两个半联轴器，它们的端面上各有侧面呈内凹形的凸齿，并在齿侧间隙放置非金属弹性元件（橡胶或尼龙）。该联轴器具有补偿两轴相对偏移、减振、缓冲性能，径向尺寸小、结构简单、不用润滑、承载能力较高、维护方便，更换弹性元件需轴向移动（LMD、LMS 型除外）。适用于连接同轴线、启动频繁，正反转变化，中速、中等转矩传动轴系和要求工作可靠性高的工作部位，例如，冶金、矿山、石油、化工、起重、运输、轻工、纺织、水泵、风机等。工作环境温度 −35～80℃，传递公称转矩 16～25000N·m。不适用于低速重载及轴向尺寸受限制，更换弹性元件后两轴对中困难的部位。

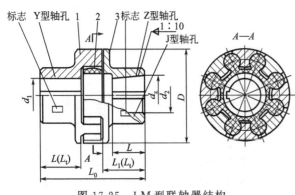

图 17-25　LM 型联轴器结构

1,3—半联轴器；2—弹性元件

(2) 弹性阻尼片簧联轴器的应用图例

弹性阻尼片簧联轴器的簧片组由若干长短不等的簧片叠成一组，构成等强梁结构，其中最长的为主簧片，直接嵌入花键槽内，其余为长度不等的副簧片，非对称分布结构见图 17-26(a)，用于单向传动（不可逆转）；对称分布结构见图 17-26(b)，用于双向传动（可逆转）。

图 17-26(c) 所示为弹性阻尼片簧联轴器。弹性阻尼片簧联轴器有较好的阻尼特性，弹性好，弹性元件变形大，结构紧凑，安全可靠，但价格较高，适用于载荷变化较大、

有扭转振动的轴系，多用于船舶、内燃机车、柴油机发电机组、重型车辆及工业用柴油机动力机组等柴油机动力装置中，用以调节机械系统扭转振动的自振频率，降低共振时振幅的联轴器。

（3）液力偶合器的应用图例

图 17-27 所示为液力偶合器。液力偶合器是一种利用液体动能来传递转矩的动力式液力传动装置。由于主、从动轴之间没有固定的机械连接，转矩是通过工作液体来传递的，允许两轴之间有滑差，能隔离原动机与负载之间的扭转振动和冲击，还可以使原动机空载启动，从而保护动力系统免于过载损坏。由于液力偶合器具有许多可贵的特点，因此在冶金、矿山、电力、起重运输、工程建筑、造船、石油、化工、轻工和建材等行业广泛应用。

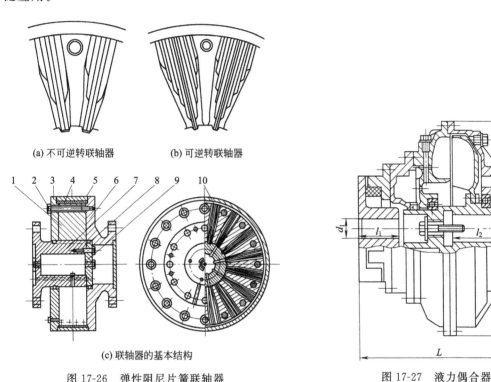

(a) 不可逆转联轴器　　　(b) 可逆转联轴器

(c) 联轴器的基本结构

图 17-26　弹性阻尼片簧联轴器

1—中间块；2—六角螺栓；3—侧板；4—中间圈；
5—紧固圈；6—法兰；7—花键轴；8—O 形
橡胶密封圈；9—密封座圈；10—簧片组件

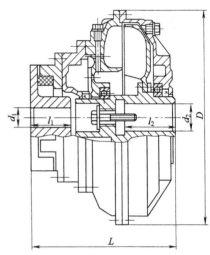

图 17-27　液力偶合器

（4）弹性活销联轴器的应用图例

图 17-28 所示为弹性活销联轴器。弹性活销联轴器是由我国研制的新型高性能联轴器，它集中现有标准弹性联轴器不同结构的优点，例如具有梅花形弹性联轴器的优点：弹性元件受挤压，结构简单，可靠性高。克服了梅花形弹性联轴器的缺点：更换弹性元件时必须移动半联轴器，双法兰梅花形弹性联轴器虽可不用移动半联轴器也能更换弹性元件，但结构复杂，成本高，增加了重量和转动惯量，应用范围受到限制。传递相同转矩时径向尺寸比弹性套柱销联轴器要小得多，重量轻，转动惯量小。

弹性活销联轴器具有良好的补偿轴向、径向和角向轴线偏移性能，减振性能较好，结构简单，工作平稳可靠，无噪声，不用润滑，维护简便，装拆方便，工艺性好，成本低，可派生多种结构形式，通用性好，适用范围广，便于推广。该联轴器最突出的优点之一是只需一次对中安装，更换弹性元件时，不用移动半联轴器，可减少辅助工时，提高生产效率，尤其适用于轴线对中安装困难、要求尽量减少辅助工时的工况环境。

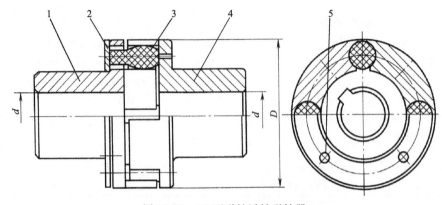

图 17-28 LF 型弹性活销联轴器
1,4—半联轴器；2—挡板；3—弹性活销；5—螺钉

(5) LUP 型剖分轮胎式联轴器的应用图例

LUP 型剖分轮胎式联轴器是利用剖分式轮胎状橡胶弹性元件，通过螺栓与轴套以实现两轴连接。该联轴器具有良好的弹性和阻尼减振特性，能补偿两轴相对位移，结构简单，噪声小，不用润滑，可净化工作环境，最大特点是装拆和维护方便，主机轴线一次性对中后，更换弹性元件时不用移动主机，可快速更换弹性元件，节省时间。适用于公称转矩 65～16000N·m，轴孔直径 20～125mm，工作环境温度－20～80℃，中、低速，中、小功率，启动频繁，正反转多变，有冲击振动，有粉尘、水分工况环境的两轴连接。可广泛应用于矿山、冶金、船舶、纺织、水泵、轻工行业，部分代替现有的弹性联轴器和齿式联轴器。

LUP 型剖分轮胎式联轴器如图 17-29 所示。

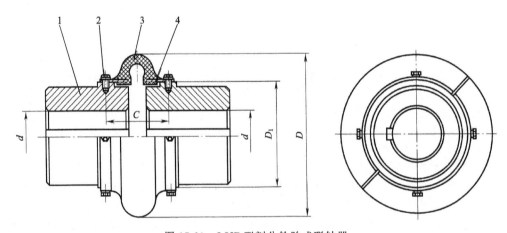

图 17-29 LUP 型剖分轮胎式联轴器
1—轴套；2—螺栓；3—弹性元件；4—半联轴器

(6) 链条联轴器的应用图例

链条联轴器是利用公用的链条，同时与两个齿数相同的并列链轮啮合，不同结构形式的链条联轴器的主要区别是采用不同的链条，常见的有双排滚子链联轴器、单排滚子链联轴器、齿形链联轴器、尼龙链联轴器等。双排滚子链联轴器性能优于其他结构形式的链条联轴

器，为国内外广泛采用，我国亦已制定有国家标准。链条联轴器具有结构简单（4个件组成）、装拆方便、拆卸时不用移动被连接的两轴、尺寸紧凑、重量轻、有一定补偿能力、对安装精度要求不高、工作可靠、寿命较长、成本较低等优点。可用于纺织、农机、起重运输、工程、矿山、轻工、化工等机械的轴系传动。适用于高温、潮湿和多尘工况环境，不适用于高速、有剧烈冲击载荷和传递轴向力的场合。链条联轴器应在良好的润滑并有防护罩的条件下工作。

图 17-30 所示为 TGS 型滚子链联轴器。

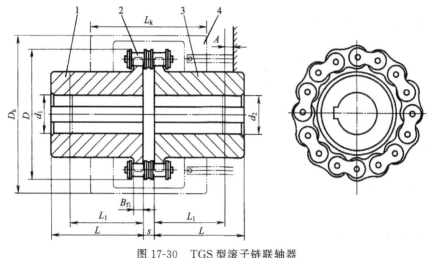

图 17-30　TGS 型滚子链联轴器

1,3—半联轴器；2—双排滚子链；4—罩壳

（7）芯型弹性联轴器

芯型弹性联轴器是利用若干组合在一起的橡胶制成的中心装有钢棒或钢管的柱销，置于两半联轴器的凹形不通孔中，以实现两半联轴器的连接。芯型弹性联轴器结构简单，制造容易，成本低廉，不用润滑，维修方便，但更换弹性件时需移动一端半联轴器和主机轴，该联轴器具有补偿两轴相对偏移和减振性能，适用于中小功率、要求不高、轴线对中比较方便的传动轴系，例如农用泵等。

LN 型芯型弹性联轴器如图 17-31 所示。

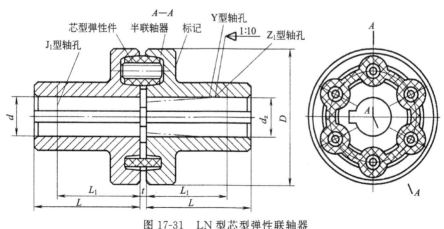

图 17-31　LN 型芯型弹性联轴器

17.6.2　离合器的应用图例

(1) 摩擦式离合器的应用图例（见表 17-3）

表 17-3　摩擦式离合器的应用

型式		特点、应用
锥盘	 1—主动件；2—摩擦衬面；3—被动盘；4—操纵套筒	结构简单，可平稳地接合，在相同直径及传递相同转矩条件下比盘式离合器要求的轴向接合力小。易散热，但启动惯性大，锥盘轴向移动困难 　　用于进给装置。在牵引设备中几乎完全被盘式离合器代替
单盘	 1—主动件；2—摩擦片；3—从动片；4—压紧弹簧；5—压力板	结构简单，在制动盘一侧或两侧嵌有摩擦衬面，主动件与从动片的接合通常由弹簧提供压紧力。单盘式离合器用于直径不受限制的地方。但离合器的直径会随离合器容量的增加很快增加 　　广泛用于汽车与拖拉机等传动装置上
多盘		可增加摩擦盘来增加容量，不用加大直径。湿式多盘离合器摩擦片浸在封闭箱体内的油液内，干式通常由循环的空气带走产生的热量，各种多盘离合器的差别主要在于主动和被动片的夹紧方式不同。广泛用于机床、中心距受空间限制的一些齿轮箱传动装置，以及在推土机等工程机械的变速器中
胀圈	 1—销轴；2—胀圈	胀圈为筒形摩擦片。销轴转动，迫使胀圈外径扩大，压紧环形槽内表面。胀圈转动时的离心力能增加接合功率。销轴复位，胀圈自身弹性收缩。用于低速和转矩不大的场合，如挖掘机等
涨开式扭簧	 1—左旋扭簧；2—主动件；3—从动件	用扭转弹簧与主、从动件的内表面相连接，工作时主动件使弹簧产生径向力带动从动件；可看成是超越型，即主动件只能一个方向驱动从动件。如果从动件的转速超过主动件的转速，则扭簧将放松，两轴脱开。扭簧主要受剪切力。用于洗衣机中

(2) 超越离合器的应用图例

　　超越离合器是一种靠主、从动部分的相对速度变化，或回转方向的变换能自动脱开或接合的离合器，主要用于速度变换、防止逆转、间歇运动的场合（表 17-4）。

表 17-4　超越离合器的应用

型式	棘轮超越式	
	内齿棘轮超越式	外齿棘轮超越式
结构简图	1—钢球；2—弹簧；3—外圈； 4—棘爪；5—内圈；6—挡圈	
特点、应用	当内圈逆时针旋转时，通过棘爪带动外圈输出转矩，内圈顺时针旋转时，棘爪与外圈的内齿呈分离状态，内圈空载旋转 常用于农业机械、自行车传动	轮子向一个方向（图中为逆时针）转动时，棘轮和棘爪处于分离状态，但棘爪将时刻预防棘轮的逆转 用于绞车提升和下放重物
型式	模块超越离合器	
	内环为整圆楔块超越式	非接触型超越式
结构简图		1—外环；2—内环（星轮）
特点、应用	楔块有多种形式。离合器的内、外环均为光滑柱面，为了保证工作时不打滑，楔块的楔角不得超过楔块与内外环之间的最小摩擦角。外环主动时，当 $n_1=n_2$ 时，接合，当 $n_1<n_2$ 时，超越；内环主动时，当 $-n_1=-n_2$ 时，接合，$\lvert -n_2 \rvert < \lvert -n_1 \rvert$ 时，超越 常用于机床、升降机构等	利用滚柱或楔块的离心作用，在高速运转到某限定值时，它们与内环间形成一微小间隙，于是避免了高速超越下的摩擦和磨损，当速度低于限定值时又重新楔合。其缺点是制造精度及内外环同心度要求高 当 $n_1>n_2$ 时，滚柱或楔块与内环形成间隙，离合器超越；当 $n_1<n_2$ 时，滚柱或楔块楔紧，离合器接合，离合器一起低速转动 适用于主动轴达到一定转速，便自动与从动轴脱开，从动轴转速可以继续提高超过主动轴，如高速燃汽轮机和启动机之间的连接

17.6.3　制动器的应用图例

（1）块状制动器的应用图例

块状制动器是由产生摩擦阻力的制动块与鼓轮之间产生摩擦阻力，以达到制动效果。这种制动器又分为单块状制动器和双块状制动器。

图 17-32 所示为单块制动器，此种制动器因正压力只有单向作用于制动鼓轮的旋转轴上，所以会产生较大的弯曲力矩于旋转轴上，不适合大动力的制动，只适用于较小动力

的制动机构。

图 17-33 所示为双块制动器，由于双块状制动器的结构是对称的，正压力双向作用于制动鼓轮的旋转轴，所以不易产生弯曲力矩于旋转轴上，因此适用于较大动力的制动机构。

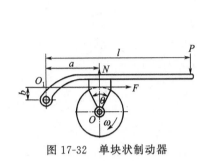

图 17-32　单块状制动器

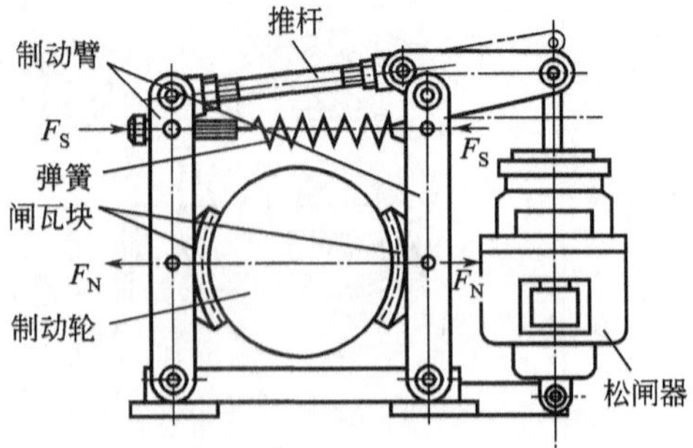

图 17-33　双块状制动器

(2) 盘式制动器的应用图例

盘式制动器沿制动盘轴向施力，制动轴不受弯矩，径向尺寸小，制动性能稳定。常用的盘式制动器有点盘式、全盘式及锥盘式三种。盘式制动器体积小、重量轻、动作灵敏，较多地用于起重运输机械和卷扬机等机械中。

① 点盘式制动器　点盘式制动器是制动块通过液压驱动装置夹紧装在轴上的制动盘而实现制动，由于摩擦面仅占制动盘的一小部分，故称点盘式。为增大制动力矩，可采用数对制动块。各对制动块在径向上成对布置，以使制动轴不受径向力和弯矩。点盘式制动器比全盘式制动器散热条件好，装拆也比较方便。

a. 固定卡钳式。如图 17-34 所示为常开固定卡钳式制动器，摩擦块底板 4 通过销轴 6、1 和平行杠杆组 5 固定在基架 2 上。弹簧 8 使制动器常开。制动时，将液压油通入液压缸 7，同时压缩弹簧 8 而紧闸。平行杠杆组 5 能使摩擦元件与制动盘 3 保持平行。

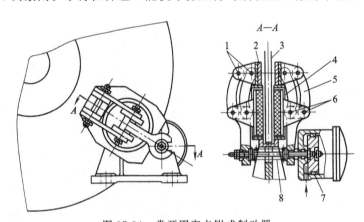

图 17-34　常开固定卡钳式制动器

1,6—销轴；2—基架；3—制动盘；4—摩擦块底板；5—平行杠杆组；7—液压缸；8—弹簧

图 17-35 所示为常闭固定卡钳式制动器，在制动盘 1 的两侧对称布置两个相同的制动缸 2，制动缸固定在基架 3 上，其结构如图 17-36 所示。碟形弹簧 7 压活塞 9 后推动顶杆 8，使摩擦块 2 压制动盘 1 而紧闸。A 管通入液压油后，活塞 9 压碟形弹簧 7 而松闸。

这种制动器的体积小，重量轻，惯量小，动作灵敏，调节油压可改变制动转矩，改变调整垫片 5 的厚度可微调弹簧张力。必要时还可以装磨损量指示器 6。

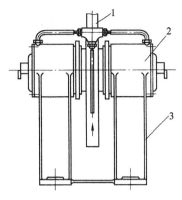

图 17-35　常闭固定卡钳式制动器
1—制动盘；2—制动缸；3—基架

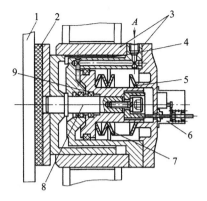

图 17-36　常闭固定卡钳式制动器制动缸结构
1—制动盘；2—摩擦块；3—缸体；4—导引部分；5—调整垫片；
6—磨损量指示器；7—碟形弹簧；8—顶杆；9—活塞

b. 浮动卡钳式。图 17-37 所示为常开浮动卡钳式制动器。制动缸 6 由销轴 12 与基架 11 铰接，借螺栓 9 及弹簧 10 定位。制动时，液压油由孔 7 进入制动缸推动活塞 5，使摩擦块 4 压紧制动盘 3，由于制动缸为浮动，故活塞 5 同时也使摩擦块 2 压紧制动盘。制动缸卸压后，弹簧 10 使制动器松闸。

图 17-38 所示为一常用于垂直制动工况的提升机用常闭浮动钳式制动器，浮动钳 1 通过导柱可在制动器基架 2 上做轴向滑动。因而制动时，两摩擦片将均匀地同时压在制动盘 3 上作平稳制动。松闸时，前腔 4 中的油压将使主弹簧组 5 压缩而松闸。这种结构设计为恒转矩型，分泵后油腔 6 中的油压将保持制动器的主弹簧推力不变，致使整个制动器的出力维持不变。此外，这种制动器具有散热好、制动闭合时间短（$t \leqslant 0.2 \mathrm{s}$）、装有制动块、磨损间隙自动补偿装置等优点。

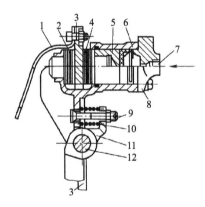

图 17-37　常开浮动卡钳式制动器
1—轮辐；2,4—摩擦块；3—制动盘；5—活塞；
6—制动缸；7—进油孔；8—缸盖；9—螺栓；
10—弹簧；11—基架；12—销轴

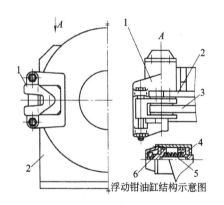

图 17-38　常闭浮动卡钳式制动器
1—浮动钳；2—制动器基架；3—制动盘；4—分泵
前油腔；5—主弹簧组；6—分泵后油腔

② 全盘式制动器　全盘式制动器由定圆盘和动圆盘组成。定圆盘通过导向平键或花键连接于固定壳体内，而动圆盘用导向平键或花键装在制动轴上，并随轴一起旋转。当受到轴向力时，动、定圆盘相互压紧而制动。这种制动器结构紧凑、摩擦面积大、制动力矩大，但散热条件差。为增大制动力矩或减小径向尺寸，可增多盘数和在圆盘表面覆盖一层石棉等摩

擦材料。图 17-39 所示为装于电动机轴端的常闭单盘式制动器。电动机尾盖 1 上装有磁铁线圈 7 和弹簧 6,兼作制动盘用的动铁芯 5 可以沿柱销 2 轴向移动,冷却风扇 4 上装有摩擦环 3。线圈 7 通电后,动铁芯 5 被吸合而松闸。这种制动器结构紧凑,摩擦面积大。改变垫片 8 的厚度,可改变弹簧 6 的压缩量以调节制动转矩。

图 17-40 所示为一液压推杆点盘式制动器。主弹簧通过传动杠杆组、制动臂及制动摩擦片使制动器紧闸。松闸时,液压推杆的顶杆伸出,使主弹簧压缩而松闸。本制动器由于保留了液压推杆,所以继承了液压推杆的缺点(闭合时间长,约 0.35s,制动过程中电能消耗大)。

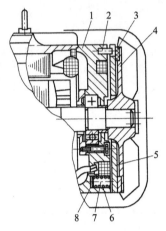

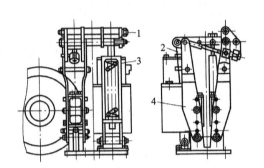

图 17-39　常闭单盘式制动器

1—电动机尾盖;2—柱销;3—摩擦环;4—冷却风扇;
5—动铁芯;6—弹簧;7—线圈;8—垫片

图 17-40　液压推杆点盘式制动器

1—杠杆组;2—液压推杆;3—主弹簧;4—制动臂

③ 锥盘式制动器　图 17-41 所示为锥形转子电动机的锥盘式制动器。碟形弹簧 2 通过电动机轴 4 将冷却风扇的摩擦面压紧电动机尾盖 3 而紧闸。电动机 1 通电后,电动机轴 4 右移,使制动器松闸。

(3) 内靴状制动器的应用图例

如图 17-42 所示,内靴状制动器以两相同金属块制成靴状,再以摩擦性能好的材料涂覆于其上,装于鼓轮的内侧。当制动时利用凸轮或油压,使靴状金属块往外扩张,迫使制动片抵住鼓轮,产生制动作用。这种制动器被广泛应用于机车、汽车、卡车等需要高制动能力的场所。

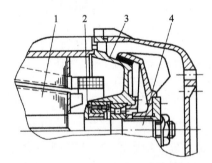

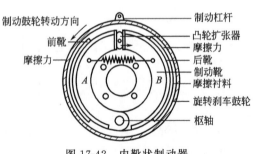

图 17-41　锥盘式制动器结构

1—电动机;2—碟形弹簧;3—电动机尾盖;4—电动机轴

图 17-42　内靴状制动器

（4）磁粉制动器的应用图例

磁粉制动器如图 17-43 所示。磁粉制动器是一种在定子和转子之间的工作间隙中填充磁粉，借助电磁吸力产生的磁粉间的结合力和磁粉与工作面之间摩擦力传递动力和运动，并能控制调节转矩的制动装置，用于机械传动系统需制动和控制系统需调节转速、张力控制、测试加载等自冷式、风冷式、液冷式、电风扇冷却式制动器。

这种制动器体积小、重量轻、励磁功率小且制动力矩与转动件的转速无关，磁粉会引起零件磨损，主要用于制动（制动转矩可调）、精密定位、测试加载、张力控制等。

（5）载荷自制盘式制动器的应用图例

这种制动器是靠重物自重在机构中产生的内力制动的，主要用于提升设备，能保证重物在升降过程中安全悬吊和平稳下降，有蜗杆式、螺旋式及牙嵌式。

① 蜗杆式　如图 17-44 和图 17-45 所示，蜗杆 2 的轴向力 F_{a1} 使杆端锥面或平面（见图 17-44）与棘轮 1 间产生摩擦力矩，棘轮的逆止作用保证重物悬吊空中。无论重物升或降，均需转动手柄，升降速度通过手柄控制。

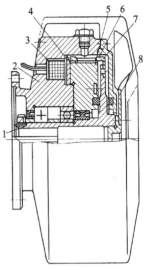

图 17-43　磁粉制动器
1—非磁性铸铁套；2,5—固定部分；
3—励磁绕组；4—非磁性圆盘；
6—磁粉；7—薄壁圆筒；
8—风扇

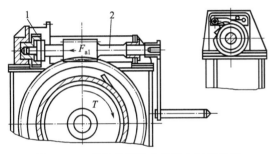

图 17-44　手绞车蜗杆式载荷自制制动器
1—棘轮；2—蜗杆

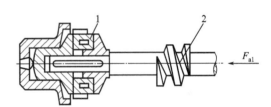

图 17-45　平面摩擦盘蜗杆式载荷自制制动器
1—棘轮；2—蜗杆

② 螺旋式　图 17-46 所示为机械驱动螺旋式载荷自制制动器。小齿轮 3 正转时，使齿轮端面、棘轮 2、挡圈 1 及轴 4 相互压紧，并带动轴 4 旋转而提升重物。小齿轮停止时，棘轮逆止，保证重物悬吊空中。小齿轮反转时重物下降。

手驱动装置常被称为安全手柄，如图 17-47 所示。

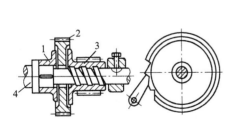

图 17-46　机械驱动的螺旋式载荷自制制动器
1—挡圈；2—棘轮；3—小齿轮；4—轴

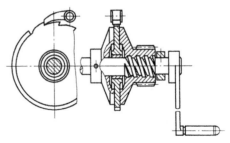

图 17-47　安全手柄

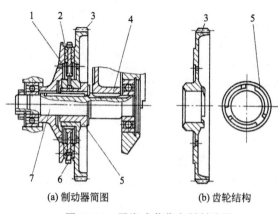

(a) 制动器简图　　　(b) 齿轮结构

图 17-48　牙嵌式载荷自制制动器

1—圆盘；2—摩擦片；3,4—齿轮；
5—套筒；6—棘轮；7—齿轮轴

③ 牙嵌式　图 17-48(a) 所示为牙嵌式载荷自制制动器。停车时，载荷转矩通过齿轮 4 和齿轮轴 7 使套筒 5 转动，套筒端面的螺旋齿 [见图 17-48(b)] 迫使齿轮 3 轴向位移并压紧摩擦片 2 及棘轮 6 而紧闸。下降原理与螺旋式相同。

(6) 逆止器的应用图例

逆止器是一种防止逆转和支持重物不动的装置。其主要功能为：长时间支持重物不动（支承作用）；只允许机构单方向运动，起止逆作用；允许机构单方向自由运动，逆方向限速运动，即起超越离合作用。

① 滚柱式逆止器　滚柱式逆止器是各种逆止器中较为完善的一种（见图 17-49）。如果外圈 2 固定不动，轮芯 1 按图中箭头方向旋转，此时滚柱 3 在摩擦力作用下，滚向楔形空间小端，停止器起止逆器作用。如果外圈 2 以一定速度反转，轮芯 1 就可与外圈同向旋转，但转速不可能超过外圈，此时停止器起限速器作用。为了产生一定的初始摩擦力，装有弹簧 4 使滚柱与外圈保持接触，如图 17-49(b) 所示。

② 带式逆止器　倾斜带式输送机向上输送物料时，如果电动机偶然断电停车，在物料重量作用下，工作分支会自动下滑，造成事故。在传动机构中装设自动作用的制动器、棘轮或滚柱式逆止器能防止这一事故的发生，但最常用的是带式逆止器。

带式逆止器是一根与输送带完全相同的带子，一端固定在机架上，另一端自由置于输送机驱动滚筒处非工作分支的内侧，称为止动带。止动带不妨碍输送机正常运转，但一旦出现输送带反行时，止动带就被输送带带进滚筒与输送带之间，通过摩擦力作用，使滚筒和输送带的逆转停止，如图 17-50 所示。

带式逆止器结构简单，适用于输送机倾角小于等于 18°向上运输。缺点是制动时先倒转一段，头部滚筒直径越大，倒转距离越长，因此对大功率和大产量的输送机不宜采用此种逆止器。

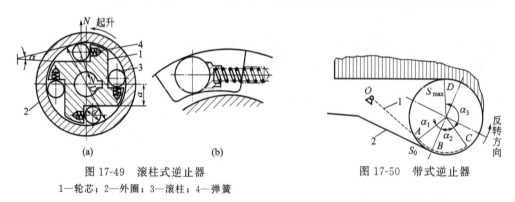

(a)　　　　　　　　(b)

图 17-49　滚柱式逆止器

1—轮芯；2—外圈；3—滚柱；4—弹簧

图 17-50　带式逆止器

17.6.4　综合应用图例

图 17-51 所示的是摩擦片式离合器与摩擦片式制动器组合应用的实例。二者均是多片式的，但离合器（左）的片数比制动器（右）片数多些。当向左压紧离合器的同时，右边制动器即松开，反之亦然。

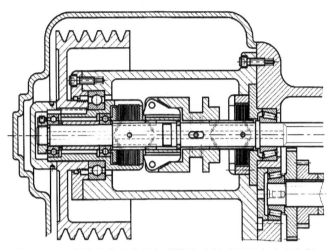

图 17-51　摩擦片式离合器与摩擦片式制动器组合应用实例

　　图 17-52 所示的是摩擦盘式离合器与摩擦锥式制动器组合应用的实例。旋转运动由链轮经过固定在链轮上的壳体 2 以及与壳体相连的盘 3（该盘内装有许多纤维质的扇形块 4），再经过法兰盘 6、轴套 8 及键传到轴 9 上（此轴不承受键的拉力）。图上表示的是离合器断开的位置。为了接合离合器，应向左移动拉杆 17，拉杆 17 通过轴 9 的中心孔。此时，销与拉杆 17 相连的锥体 16 被向左推动，同时杠杆 15 将绕其自己轴心 14 转动。杠杆 15 经过这些轴心稍稍向右推轴套 8 与其相连的法兰盘 6，同时柱 13 将向左推动由销 7 与法兰盘 6 相连的盘 5。这样，盘 3 的纤维部分就在盘 5 与法兰盘 6 之间被压紧，于是轴 9 就开始与链轮 1一同旋转。为了消除离合器自动断开的危险，当离合器完全接合时，杠杆 15 的长臂及与制动锥体套筒相连的拉杆间形成了一个小于 90°的角。掉换扇形块 4 时只要取下螺母 10 及法兰

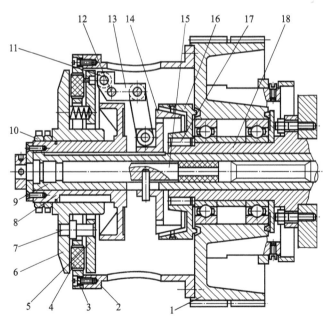

图 17-52　摩擦盘式离合器与摩擦锥式制动器组合应用的实例

1—链轮；2—壳体；3—盘；4—扇形块；5—摩擦片；6—法兰盘；7—销；8—轴套；9—轴；10—螺母；
11—柱；12—轴心；13—杠杆；14—锥体；15—拉杆；16—外锥壳体；17—销钉；18—套筒

盘 6 及盘 3 即可。轴 9 制动时，是把装在轴 9 导键上的锥体 16 向外锥壳体 18 移动，外锥壳体 18 用销钉 19 及螺栓与套筒 20 相连，套筒 20 用法兰盘与箱体相连。制动器由操纵机构与上述之盘式离合器相互联锁。为防止锥式制动器自动断开，可选择小的锥度值，即锥体的顶角取为 18°～30°。

　　图 17-53 所示的是牙嵌式离合器与牙嵌式制动器的组合应用实例。传动由半离合器 10 上的齿轮传入，经滑动半离合器 7，传动离合器轴 9，输出运动。滑动半离合器 7 左移时，与固定在箱体上的固定半离合器 5 结合进行制动。为了使离合器在液压油路发生故障时仍能处于结合状态，因此设计了辅助操纵活塞 1 和止动销 6 作为止动装置。滑动半离合器 7 用圆柱销装在离合器轴空心部分的滑动心轴 8 上，在弹簧压力下，滑动半离合器 7 总是与固定半离合器 5 相结合，即总是处于制动状态。这时液压油路不接通，活塞 1 在活塞弹簧力作用下处于右端位置，活塞 3 在轴心弹簧力作用下处于左端位置。活塞 3 的右端铣一平面，当此平面与止动销 6 相对滑移时，可以不致损坏活塞的圆柱表面。当需要离合器结合时．压力油进入活塞 1 的右腔，使活塞 1 左移，止动销 6 因自重滑下；另一路压力油进入活塞 3 左腔，使活塞 3 右移，推动滑动心轴 8 压缩轴心弹簧右移，至滑动半离合器 7 的右端与半离合器 10 的端面牙结合，此时活塞 1 右腔的油已排出，活塞 1 在弹簧力作用下右移，止动销受活塞 1 右端锥面的垂直分力作用而上移。当离合器结合好后，止动销 6 便卡在活塞 3 的环形槽内，作为滑动半离合器的轴向定位（如图示位置）。当需要离合器脱开时，同样先从活塞 1 的右端进油，止动销 6 因自重滑下，活塞 3 左腔排油，轴心弹簧复位，离合器脱开并进行制动。

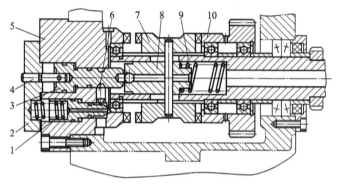

图 17-53　牙嵌式离合器与牙嵌式制动器的组合应用实例
1,3—活塞；2—端盖；4—撞销；5—固定半离合器；6—止动销；
7—滑动半离合器；8—滑动心轴；9—离合器轴；10—半离合器

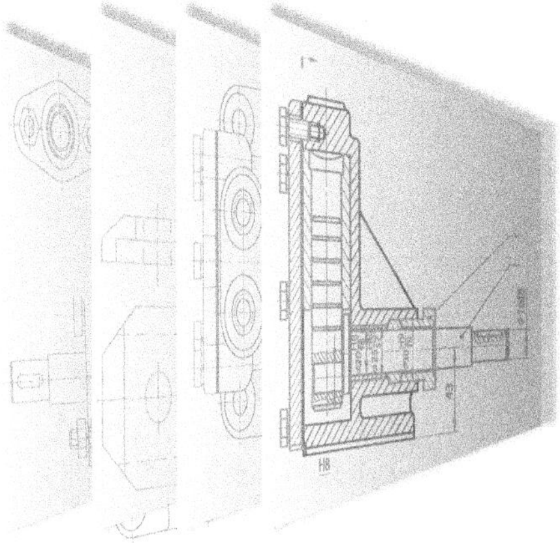

第18章

弹簧的典型应用图例

18.1 弹簧的功用和类型

18.1.1 弹簧的功用

弹簧是一种常见的机械零件，几乎所有的工业产品，例如飞机、火车、汽车等运输工具，电器设备、仪器仪表、动力机械、工具机械、农业机械，甚至小至钟表、门锁或自动伞等日常家庭用品也都离不开弹簧。弹簧外形虽然简单，但是在机械中却起着非常重要的作用，如果一个弹簧损坏，机械的某个部分以至整台机械设备都会失效或停止运转，因此愈来愈多地引起人们的重视。目前世界各国对于弹簧的设计、选材、制造、热处理和检验都已有了严格的标准和准则。

弹簧的作用就是利用材料的弹性和弹簧结构的特点，使它在产生或恢复变形时，能够把机械功或动能转变为变形能，或把变形能转变为机械功或动能。正是由于这种特性，使弹簧可用于机械产品的减振或缓冲、控制运动、储存能量、测量力和转矩，并可作为机械的动力。弹簧在机械工程中应用极广，主要用于以下几个方面。

① 用来施加力，为机构的构件提供约束力，以消除间隙对运动精度的影响。例如凸轮机构中可以用弹簧保持从动件紧贴凸轮。

② 储存或吸收能量，用作发动机。其能量借助于预先绕紧而积蓄在弹簧中，例如钟表发条。

③ 吸收冲击能，隔离振动。主要用于运输机械（汽车、铁路车辆等）、仪器以及机器的隔振基础等。

④ 提供弹性，根据弹性元件的弹性变形来测量力，例如用于测量仪器中。

18.1.2 弹簧的类型

弹簧的种类很多，分类的方法也很多。按承受的载荷类型分，有拉压弹簧、扭转弹簧和弯曲弹簧等；按结构形状分，有圆柱螺旋弹簧、非圆柱螺旋弹簧、板弹簧、碟形弹簧、环形弹簧、片弹簧、扭杆弹簧、平面涡卷弹簧和恒力弹簧等；按材料分，有金属弹簧、非金属的空气弹簧和橡胶弹簧等；按弹簧材料产生的应力类型分，有产生弯曲应力的螺旋扭转弹簧、平面涡卷弹簧、碟形弹簧和板弹簧；产生扭应力的螺旋拉压弹簧和扭杆弹簧；产生拉压应力的环形弹簧等。常用弹簧的类型及其特性如表 18-1 所示。

表 18-1　常用弹簧的类型与特性

类型	名称	简图	特性线	性能
圆柱螺旋弹簧	圆形截面圆柱螺旋压缩弹簧	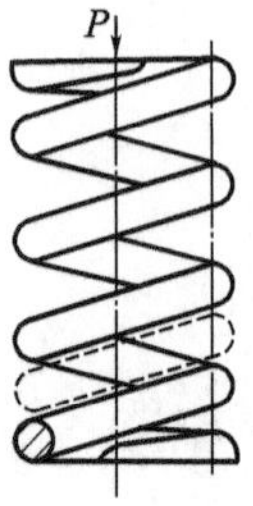	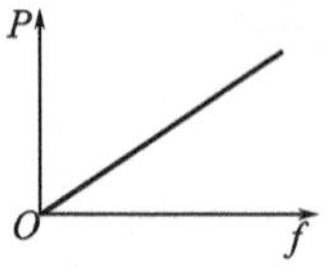	特性线呈线性，刚度稳定，结构简单，制造方便，应用较广，在机械设备中多用作缓冲、减振以及储能和控制运动等
	矩形截面圆柱螺旋压缩弹簧	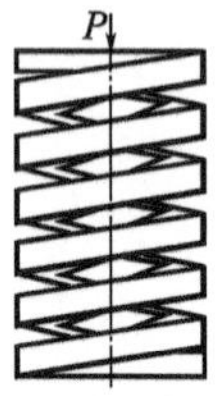	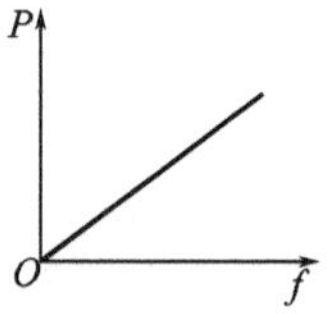	在同样的空间条件下，矩形截面圆柱螺旋压缩弹簧比圆形截面圆柱螺旋压缩弹簧的刚度大，吸收能量多，特性线更接近于直线，刚度更接近于常数
	扁形截面圆柱螺旋压缩弹簧	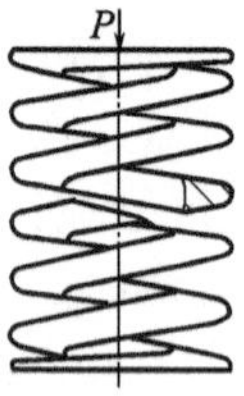		与圆形截面圆柱螺旋压缩弹簧比较，储存能量大，压并高度低，压缩量大，因此被广泛用于发动机阀门机构、离合器和自动变速器等安装空间比较小的装置上
	不等节距圆柱螺旋压缩弹簧	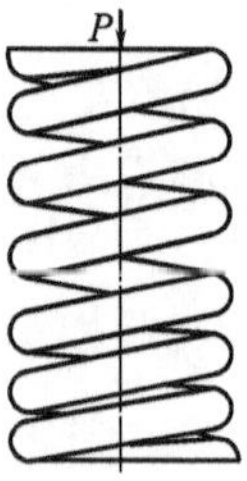	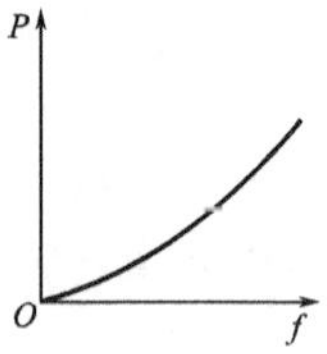	当载荷增大到一定程度后，随着载荷的增大，弹簧从小节距开始依次逐渐并紧，刚度逐渐增大，特性线由线性变为渐增型。因此其自振频率为变值，有较好的消除或缓和共振影响的作用，多用于高速变载机构
	多股圆柱螺旋弹簧		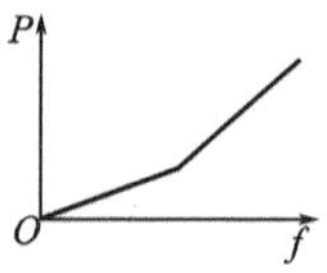	材料为细钢丝拧成的钢丝绳。在未受载荷时，钢丝绳各根钢丝之间的接触比较松，当外载荷达到一定程度时，接触紧密起来，这时弹簧刚性增大，因此多股螺旋弹簧的特性线有折点。比相同截面材料的普通圆柱螺旋弹簧强度高，减振作用大。在武器和航空发动机中常有应用

类型	名称	简图	特性线	性能
圆柱螺旋弹簧	圆柱螺旋拉伸弹簧	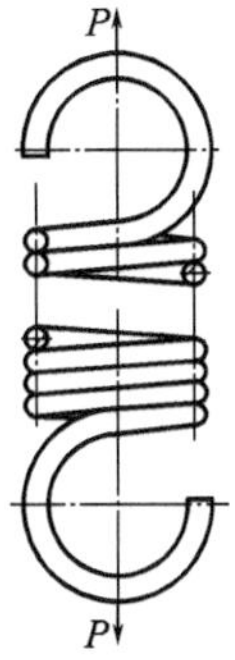	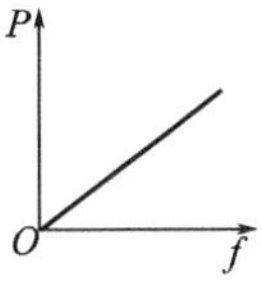	性能和特点与圆形截面圆柱螺旋压缩弹簧相同，它主要用于受拉伸载荷的场合，如联轴器过载安全装置中用的拉伸弹簧以及棘轮机构中棘爪复位拉伸弹簧
	圆柱螺旋扭转弹簧	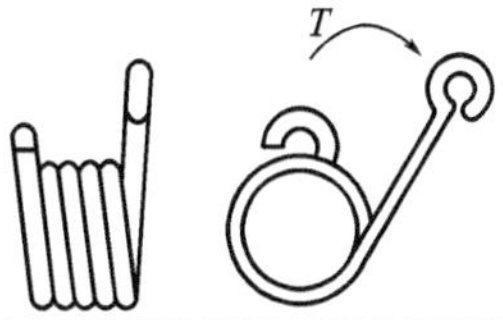	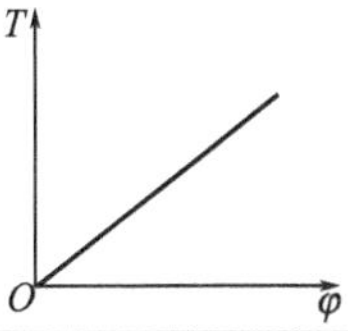	承受扭转载荷，主要用于压紧和储能以及传动系统中的弹性环节，具有线性特性线，应用广泛，如用于测力计及强制气阀关闭机构
变径螺旋弹簧	圆锥形螺旋弹簧		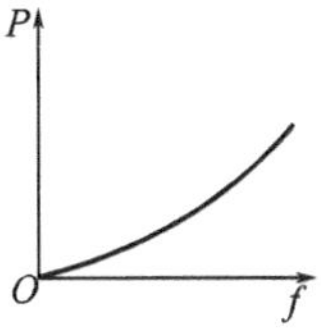	作用与不等节距螺旋弹簧相似，载荷达到一定程度后，弹簧从大圈到小圈依次逐渐并紧，簧圈开始接触后，特性线为非线性，刚度逐渐增大，自振频率为变值，有利于消除或缓和共振，防共振能力较等节距压缩弹簧强。这种弹簧结构紧凑，稳定性好，多用于承受较大载荷和减振，如应用于重型振动筛的悬挂弹簧及东风型汽车变速器
	涡卷螺旋弹簧	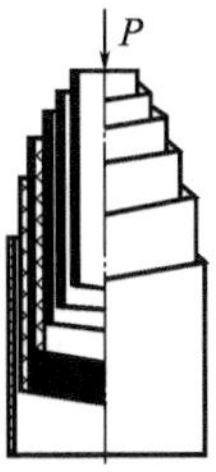	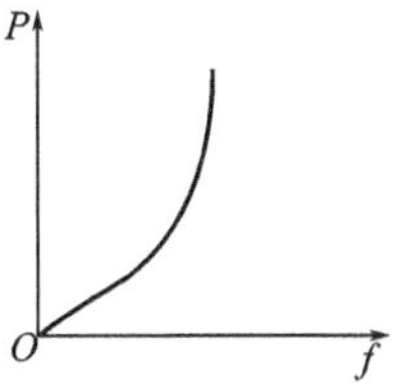	涡卷螺旋弹簧和其他弹簧相比较，在相同的空间内可以吸收较大的能量，而且其板间存在的摩擦可利用来衰减振动。常用于需要吸收热膨胀变形而又需要阻尼振动的管道系统或与管道系统相连的部件中，例如火力发电厂汽、水管道系统中。其缺点是板间间隙小，淬火困难，也不能进行喷丸处理，此外制造精度也不够高
	扭转弹簧	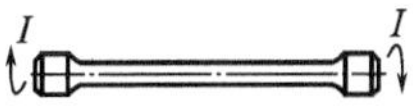	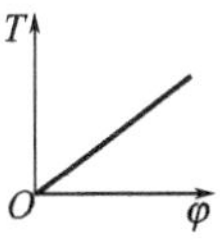	结构简单，但材料和制造精度要求高。主要用作轿车和小型车辆的悬挂弹簧，内燃机中作气门辅助弹簧以及空气弹簧、稳压器的辅助弹簧
碟形弹簧	普通碟形弹簧	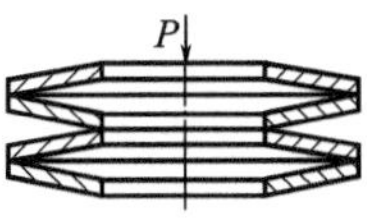	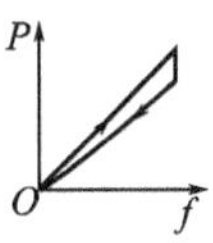	承载缓冲和减振能力强。采用不同的组合可以得到不同的特性线。可用于压力安全阀、自动转换装置、复位装置、离合器等

类型	名称	简图	特性线	性能
	环形弹簧	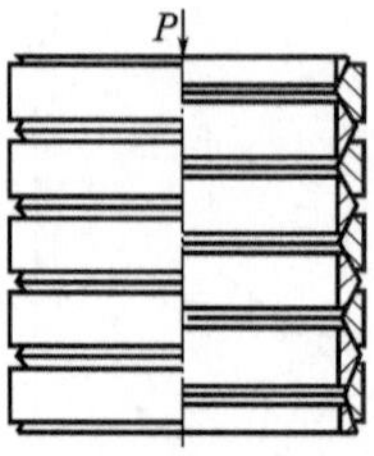	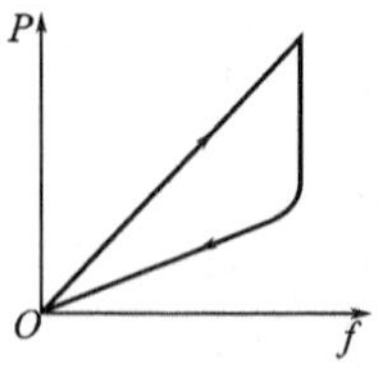	广泛应用于需要吸收大能量但空间尺寸受到限制的场合,如机车牵引装置弹簧、起重机和大炮的缓冲弹簧、锻锤的减振弹簧、飞机的制动弹簧等
平面涡卷弹簧		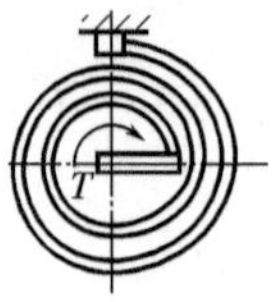	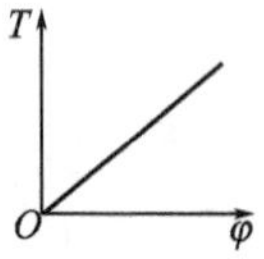	游丝是小尺寸金属带盘绕而成的平面涡卷弹簧。可用作测量元件(测量游丝)或压紧元件(接触游丝)
		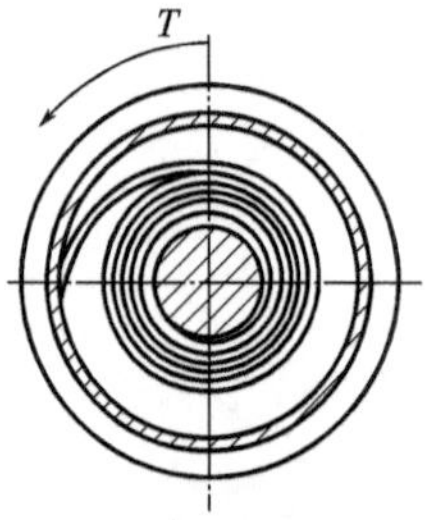	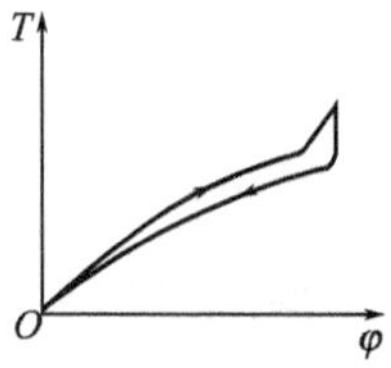	发条主要用作储能元件。发条工作可靠、维护简单,被广泛应用于计时仪器和时控装置中,如钟表、记录仪器、家用电器等,用于机动玩具中作为动力源
	片弹簧	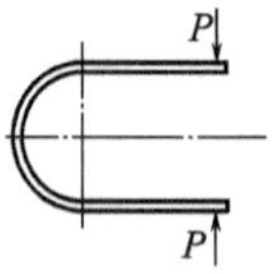	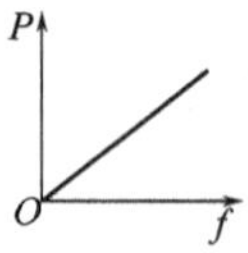	片弹簧是一种矩形截面的金属片,主要用于载荷和变形都不大的场合。可用作检测仪表或自动装置中的敏感元件,电接触点、棘轮机构棘爪、定位器等压紧弹簧及支承或导轨等
	钢板弹簧	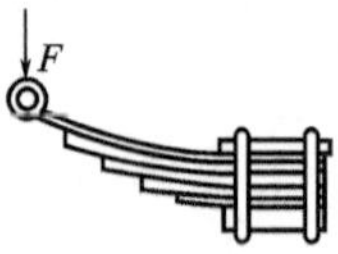	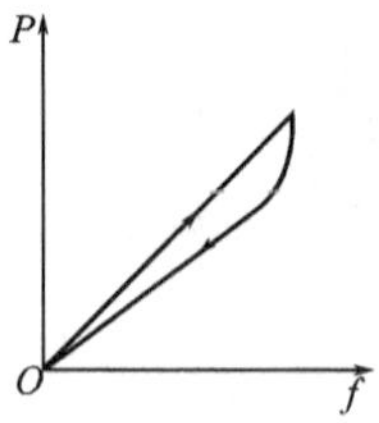	钢板弹簧是由多片弹簧钢板叠合组成。广泛应用于汽车、拖拉机、火车中作悬挂装置,起缓冲和减振作用,也用于各种机械产品中作减振装置,具有较高的刚度
	橡胶弹簧	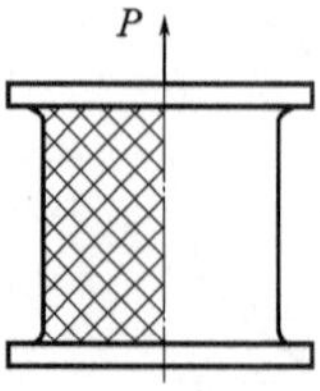	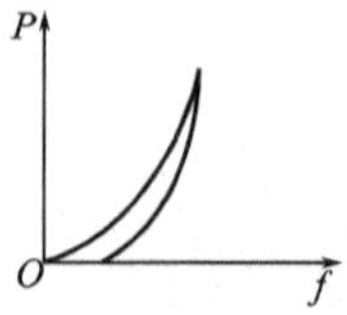	橡胶弹簧因弹性模量较小,可以得到较大的弹性变形,容易实现所需要的非线性特性。形状不受限制,各个方向的刚度可根据设计要求自由选择。同一橡胶弹簧能同时承受多方向载荷,因而可使系统的结构简化。橡胶弹簧在机械设备上的应用正在日益扩展

类型	名称	简图	特性线	性能
	橡胶-金属螺旋复合弹簧	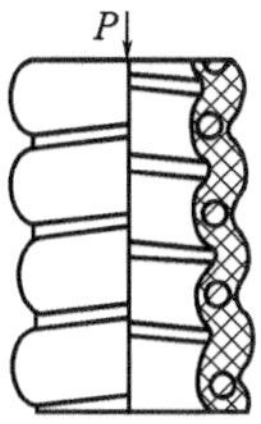	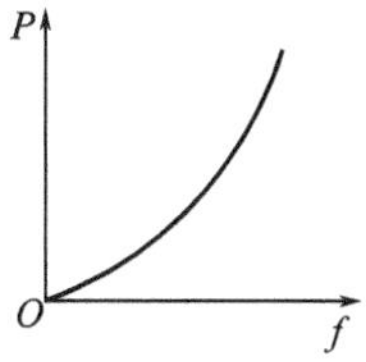	特性线为渐增型。此种橡胶-金属螺旋复合弹簧与橡胶弹簧相比有较大的刚性,与金属弹簧相比有较大的阻尼性。因此,它具有承载能力大、减振性强、耐磨损等优点。适用于矿山机械和重型车辆的悬架结构等
	空气弹簧	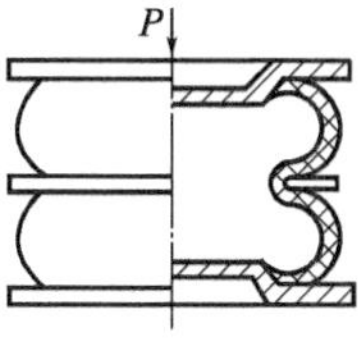	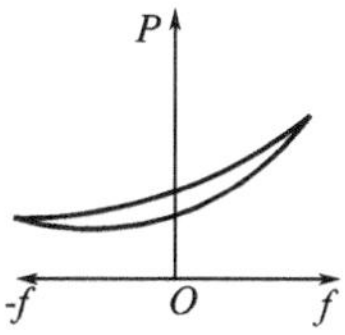	空气弹簧是利用空气的可压缩性实现弹性作用的一种非金属弹簧。用在车辆悬挂装置中可以大大改善车辆的动力性能,从而显著提高其运行舒适度,所以空气弹簧在汽车和火车上得到广泛应用
膜片及膜盒	波纹膜片	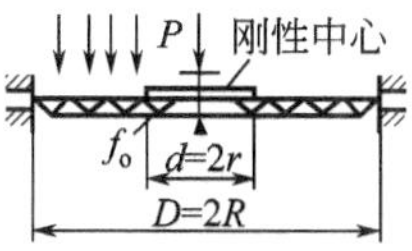	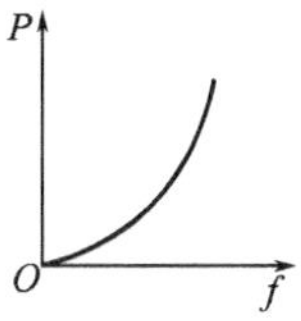	用于测量与压力成非线性的各种量值,如管道中液体或气体流量、飞机的飞行速度和高度等
	平膜片	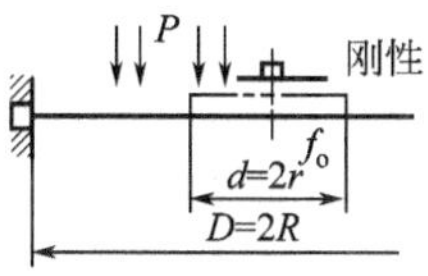	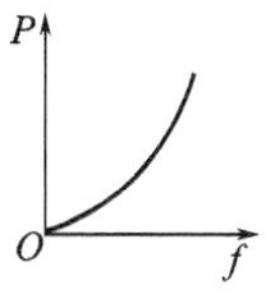	用作仪表的敏感元件,并能起隔离两种不同介质的作用,如因压力或真空产生变形时的柔性密封装置等
	膜盒	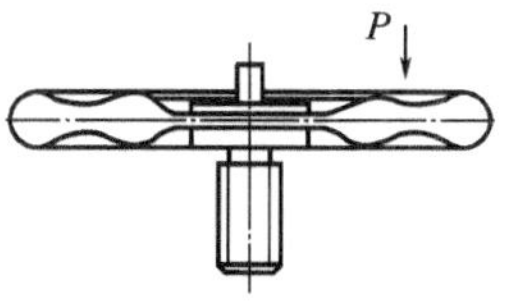	特性线随波纹数密度、深度而变化	为了便于安装,将两个相同的膜片沿周边连接成盒状
	压力弹簧管	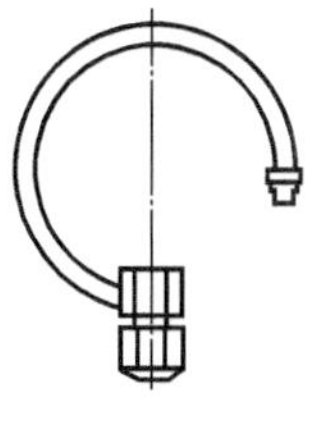	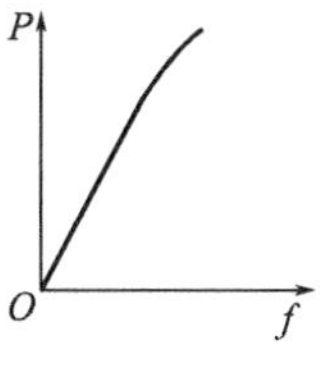	在流体的压力作用下末端产生位移,通过传动机构将位移传递到指针上,用于压力计、温度计、真空计、液位计、流量计等

18.2　圆柱螺旋弹簧的特点和用途

和其他类型的弹簧比较,圆柱螺旋弹簧有下列优点:

① 精密的调节性能。即作用力与位移的关系非常灵敏;

② 柔软性能好,即变形的范围相对较宽;

③ 制造比较容易；

④ 结构比较紧凑；

⑤ 能量利率高。

圆柱螺旋弹簧综合了上述优点，而其他类型的弹簧就不具备。例如，扭杆弹簧虽有精密的调节性能，但柔软性能很差；板弹簧具有良好的柔软性能，但精密调节性能较差。圆柱螺旋弹簧的精密调节性能是由于它几乎没有摩擦及阻尼的结果。

按工作时受载荷的特性不同，圆柱螺旋弹簧分为压缩弹簧、拉伸弹簧和扭转弹簧三种。这三种弹簧的基本构成部分完全相同，只是端部结构有所不同。应当指出，只要有可能，无论在什么场合下，螺旋弹簧应用作压缩弹簧，而不宜用作拉伸弹簧。

18.2.1 圆柱螺旋压缩弹簧的特点和用途

圆柱螺旋压缩弹簧为承受压缩力的圆柱螺旋弹簧，如图 18-1 所示，是目前应用最为广泛的一种弹簧。它所用的材料截面多为圆形，但也有正方形、长方形和特殊形状的金属丝制造出的压缩弹簧。圆柱螺旋压缩弹簧一般为等节距的，弹簧的圈与圈之间有一定的间隙，当受到外载荷时弹簧收缩变形，储存形变能。

主要应用方向：医疗呼吸设备、医疗移动设备、手工工具、家庭护理设备等，在机械设备中多用作缓冲、减振以及储能和控制运动等。

18.2.2 圆柱螺旋拉伸弹簧的特点和用途

圆柱螺旋拉伸弹簧为承受拉伸力的圆柱螺旋弹簧，如图 18-2 所示。在不承受负荷时，圆柱螺旋拉伸弹簧的圈与圈之间一般都是并紧的没有间隙。许多不同的终端装置或者"钩"是用来保证拉伸弹簧的拉力来源。圆柱螺旋拉伸弹簧与圆柱螺旋压缩弹簧的工作原理相反，压缩弹簧在压紧的时候反向作用，拉伸弹簧则在伸展或拉开的时候反向作用。与圆柱螺旋压缩弹簧相同的是，圆柱螺旋拉伸弹簧也是吸收与储存能量的，不同的是，大多数的圆柱螺旋拉伸弹簧通常保持一定程度的张紧力，即使在空载下也需要有一定的初拉力。

主要应用方向：医疗呼吸设备、运动控制、医疗移动设备、手工工具、家庭护理设备、减震、泵弹簧、机械与电子的防护硬件、流体控制阀、机械航天部件、促动器、开关设备。

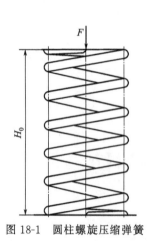

图 18-1 圆柱螺旋压缩弹簧

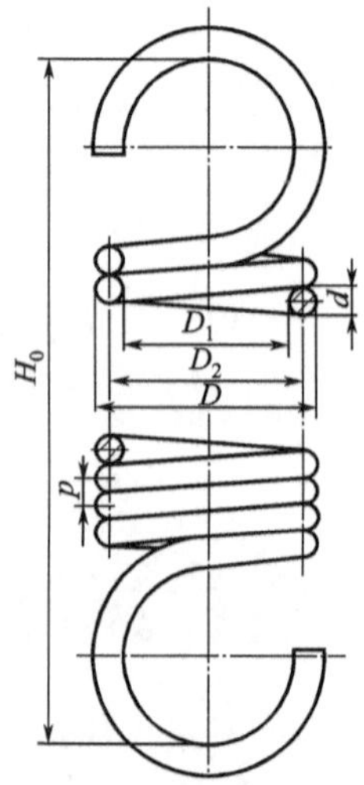

图 18-2 圆柱螺旋拉伸弹簧

18.2.3　圆柱螺旋扭转弹簧的特点和用途

　　圆柱螺旋扭转弹簧是承受绕弹簧轴线起扭矩作用的螺旋弹簧（如图 18-3 所示）。它和压缩、拉伸弹簧不同，在载荷（扭矩）作用下，所产生的主要是弯曲应力。这种弹簧一般尺寸较小，多用于日用品和家用电器方面。

图 18-3　圆柱螺旋扭转弹簧

18.3　其他弹簧简介

18.3.1　平面涡卷弹簧（游丝）的特点和用途

　　游丝在精密机械中用得很多，常见的有测量游丝和接触游丝。

　　游丝的外端固定常采用可拆连接，例如锥销楔紧，如图 18-4（a）所示，以便调节游丝的长度，获得给定的特性。

　　游丝的内端固定常用冲榫的方法铆在游丝上，如图 18-4（b）所示。

　　在电工测量仪表中，游丝除了用作测量元件外，常常又是导电元件，为了减少连接处电阻，端部固定常用钎焊的方法，如图 18-4（c）所示。

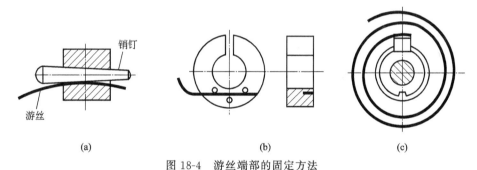

销钉

游丝

(a)　　　　　　　　(b)　　　　　　　　(c)

图 18-4　游丝端部的固定方法

18.3.2　片弹簧的特点及用途

　　片弹簧因用途不同而有各种形状和结构。按外形可分为直片弹簧和弯片弹簧两类，按板片的形状则可以分为长方形、梯形、三角形和阶段形等。

　　片弹簧的特点是，只在一个方向——最小刚度平面上容易弯曲，而在另一个方向上则有大的拉伸刚度及弯曲刚度。因此，片弹簧很适宜用来做检测仪表或自动装置中的敏感元件、弹性支承、定位装置、挠性连接等，如图 18-5 所示。由片弹簧制作的弹性支承和定位装置，实际上没有摩擦和间隙，不需要经常润滑，同时比刃形支承具有更大的可靠性。

　　片弹簧广泛用于电力接触装置中（见图 18-5），而用得最多的是形状最简单的直悬臂式片弹簧。接触片的电阻必须小，因此用青铜制造。

　　测量用片弹簧的作用是转变力或者位移。如果固定结构和承载方式能保证弹簧的工作长度不变，则片弹簧的刚度在小变形范围内是恒定的，必要时也可以得到非线性特性，例如将弹簧压落在限位板或调整螺钉上，改变其工作长度即可，如图 18-5(f) 所示。

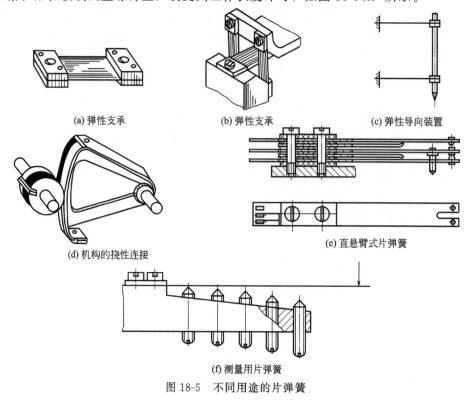

(a) 弹性支承　　　　　　　(b) 弹性支承　　　　　　　(c) 弹性导向装置

(d) 机构的挠性连接　　　　　　　　　　(e) 直悬臂式片弹簧

(f) 测量用片弹簧

图 18-5　不同用途的片弹簧

片弹簧主要用于弹簧工作行程和作用力均不大的情况下，如图 18-6(a) 所示是片弹簧的典型结构，它用于继电器中的电接触点。当安放片弹簧的结构空间较小时，而又必须增大片弹簧的工作长度时，可采用弯片弹簧，如图 18-6(b)、(c) 所示。图 18-6(b) 所示的是棘轮、棘爪的防反转装置，图 18-6(c) 所示的是用于转轴转动 90°的定位器。

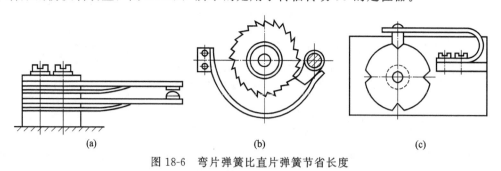

(a)　　　　　　　　　　　(b)　　　　　　　　　　　(c)

图 18-6　弯片弹簧比直片弹簧节省长度

18.3.3　环形弹簧的特点及用途

环形弹簧是由两个或多个具有配合圆锥面的内环和外环，如图 18-7 所示那样交互组合叠积构成的。当弹簧承受轴向压缩载荷 P 后，各圆环沿圆锥面相对滑动产生轴向变形而引起弹簧作用时，内环受压缩、外环扩张，内、外环大致产生均等的圆周方向应力，不过内环为压缩应力而外环为拉伸应力。环形弹簧用于空间尺寸受限制而又必须吸收大量的能量以及需要强力缓冲的场合。

18.3.4 碟形弹簧的特点及用途

碟形弹簧是由钢板冲压形成的碟状垫圈式弹簧，普通碟形弹簧如图 18-8 所示，其截面为圆锥形，在承受轴向载荷后，截面的锥底角减小，弹簧产生轴向变形。

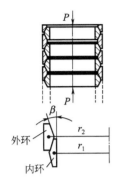

图 18-7　环形弹簧的截面形状

r_i—内环截面重心的半径；β—摩擦面的倾斜角

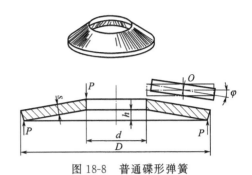

图 18-8　普通碟形弹簧

碟形弹簧的特点如下。

① 刚度大，缓冲吸振能力强，能以小变形承受大载荷，适用于轴向空间要求小的场合。

② 具有变刚度特性，可通过适当选择碟形弹簧的压平时变形量 h_0 和厚度 t 之比，得到不同的特性曲线。其特性曲线可以呈直线、渐增型、渐减型或是它们的组合，这种弹簧具有很广范围的非线性特性。

③ 用同样的碟形弹簧采用不同的组合方式，可使弹簧特性在很大范围内变化。可采用对合、叠合的组合方式，也可采用复合不同厚度、不同片数等的组合方式。

当叠合时，相对于同一变形，弹簧数越多则载荷越大。当对合时，对于同一载荷，弹簧数越多则变形越大。

碟形弹簧在机械产品中的应用越来越广，在很大范围内，碟形弹簧正在取代圆柱螺旋弹簧，常用于重型机械（如压力机）和大炮、飞机等武器中作为强力缓冲和减振弹簧，用作汽车和拖拉机离合器及安全阀或减压阀等的压紧弹簧，以及用作机动器的储能元件，将机械能转换为变形能储存起来。

但是，碟形弹簧的高度和板厚在制造中如出现即使不大的误差，其特性也会有较大的误差。因此这种弹簧需要由较高的制造精度来保证载荷偏差在允许范围内。和其他弹簧相比，这是它的缺点。

18.3.5 橡胶弹簧的特点及用途

橡胶弹簧是利用橡胶的弹性变形实现弹簧作用的，由于它具有以下优点，所以在机械工程中应用日益广泛。

① 形状不受限制，各个方向的刚度可以根据设计要求自由选择，改变弹簧的结构形状可达到不同大小的刚度要求。

② 弹性模量远比金属小，可得到较大的弹性变形，容易实现理想的非线性特性。

③ 具有较大的阻尼，对于突然冲击和高频振动的吸收以及隔声具有良好的效果。

④ 橡胶弹簧能同时承受多方向载荷，对简化车辆悬挂系统的结构具有限制优点。

⑤ 安装和拆卸方便，不需要润滑，有利于维修和保养。

它的缺点是耐高低温和耐油性比金属弹簧差。但随着橡胶工业的发展，这一缺点会逐步得到改善。

　　工业中用的橡胶弹簧，由于不是纯弹性体，而是属于黏弹性材料，其力学特性比较复杂，所以要精确计算其弹性特性相当困难。

18.4　弹簧的典型应用图例

18.4.1　圆柱螺旋压缩弹簧的应用图例

　　图 18-9 所示为矿井单绳提升罐笼齿爪式防坠器。矿井罐笼上下升降正常工作时，弹簧 2 受到压缩，齿爪 10 总是张开的，当与主吊杆相连的钢绳或主吊杆本身破断时，被压缩的弹簧自动伸张，将能量释放驱动横担 6，带动齿爪 10 转动，使齿爪卡入罐道木 11，在罐笼载荷作用下，齿爪卡入罐道木的深度逐渐加深，直至罐笼被制动悬挂在罐道木上。这是利用弹簧被压缩时储存的能量驱动机构的应用。

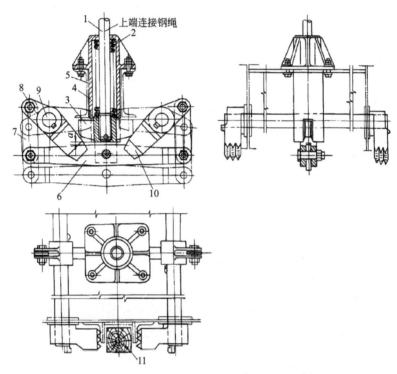

图 18-9　矿井单绳提升罐笼齿爪式防坠器

1—主吊杆；2—弹簧；3—支承翼板；4—弹簧套筒；5—罐笼主梁；
6—横担；7—连杆；8—杠杆；9—轴；10—齿爪；11—罐道木

　　图 18-10 所示的是组合弹簧在汽车喷油泵的机械离心式全速调速器中的应用。内弹簧安装时略有预紧力，以适应低转速时调速的需要，故称怠速弹簧 8。中弹簧安装呈自由状态，在端头留有 2～3mm 的间隙，柴油机高速运转时，内弹簧和中弹簧一起作用，因此中弹簧称为高速弹簧 9。外弹簧在柴油机启动时，起着加浓油量的作用，有利于启动，故称为启动弹簧 10。柴油机启动时，首先是启动弹簧起作用，使油量加浓，利于启动。低速运转时，外弹簧和内弹簧同时起作用。在高速运转时，三根弹簧同时起作用，由于中弹簧的弹簧力最大，高速运转时，主要是中弹簧起作用。

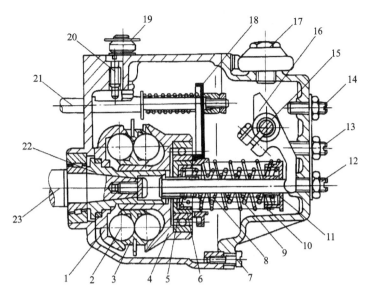

图 18-10　组合弹簧在汽车喷油泵的机械离心式全速调速器中的应用

1—传动斜盘；2—飞球；3—球座；4—推力盘；5—轴承座；6—前弹簧座；7—放油螺钉；
8—急速弹簧；9—高速弹簧；10—启动弹簧；11—后弹簧座；12—调节杆；13,14—调节
螺钉；15—轴；16—调速叉；17—螺塞；18—传动板；19—手柄；
20—限位螺钉；21—供油杆；22—传动轴套；23—喷油泵凸轮轴

18.4.2　圆柱螺旋拉伸弹簧的应用图例

图 18-11 所示为用于矿山的 ZL50 型轮式装载机的平衡式蹄式制动器。图 18-11(a) 为结构图，图 18-11(b) 为受力简图。制动时制动缸 2 的活塞在油压作用下向外推出，使两制动蹄 1 压在制动鼓上（图上未表示），当解除制动时，制动缸 2 中的油压释放，制动蹄 1 在拉伸弹簧 7 的作用下拉回复位。由于两侧制动蹄受力平衡，轮毂轴承不受任何附加载荷，摩擦衬片的磨损也比较均匀。

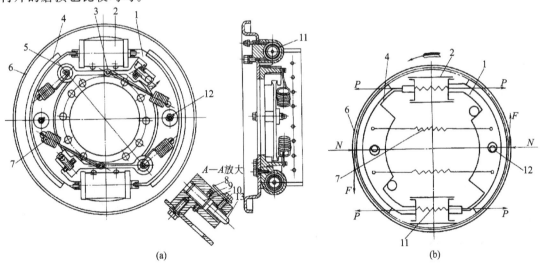

(a)　　　　　　　　　　　　　　　(b)

图 18-11　平衡式蹄式制动器

1,4—制动蹄；2—制动缸；3—簧座；5—支承板；6—底板；7—拉伸弹簧；
8—簧片；9—轮；10—杆；11—弹簧；12,13—销

18.4.3　圆柱螺旋扭转弹簧的应用图例

图 18-12 所示为扭转弹簧在机电测力计中的应用。当被测力 F 对转轴 $O\text{-}O$ 的转矩 M_F 与扭转弹簧的弹簧力矩 M_2 平衡时，即可测得被测力 F 的大小，并用电压 U 的相应变动值大小来表示。

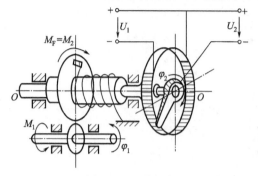

图 18-12　测力计

如图 18-13 所示，制动力调节装置是由两个扭簧 4 并联构成的，负载弹簧的两端分别与传力框架和汽车后轴相联系，由于汽车实际装载量的改变和制动时轴载荷转移所引起的后悬架挠度的改变都将导致扭簧力矩的变化，从而改变对比例阀的控制力，以起到自动调节起始点的作用。

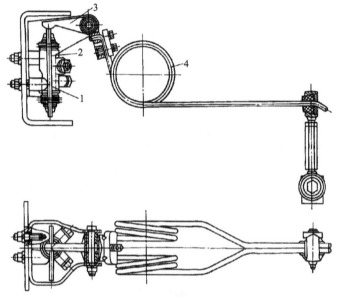

图 18-13　扭簧在货车用制动力调节装置上的应用
1—感应比例阀；2—传力框架；3—杠杆；4—扭簧

18.4.4　碟形弹簧的应用图例

图 18-14 所示为 JCS-013 型自动换刀数控卧式镗铣床主轴箱利用碟簧夹紧刀具的结

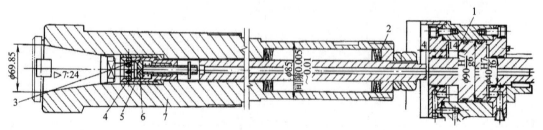

图 18-14　镗铣床上刀具夹紧机构上用的碟簧
1—活塞；2—碟形弹簧；3—拉杆；4—钢球；5—导套；6—喷头；7—主轴

构。图示位置为刀具夹紧状态，此时活塞 1 在右端，碟形弹簧 2 以 10000N 使拉杆 3 向右移动，通过钢球 4 夹紧刀柄。活塞 1 向左移动，并推动拉杆 3 也向左移动，使钢球 4 在导套 5 大直径处时，喷头 6 将刀具顶松，刀具即被取走。同时压缩空气经活塞 1 和拉杆 3 的中心孔从喷头 6 喷出清洁主轴 7 锥孔及刀柄，活塞 1 向右移，碟形弹簧 2 又重新夹紧刀柄。

图 18-15 所示为旅游架空索道上的双人吊椅，其上抱索器 3 是吊椅上的关键部件，要求抱索器对钢绳有足够的夹紧力，使其与钢绳形成的摩擦力能防止吊椅在钢绳上滑动，即使钢绳与悬垂的吊椅成 45°角度时，也有足够的防滑安全系数。

图 18-16 所示为双人吊椅抱索器。从图 18-16 可以看出，要保持抱索器安全可靠，除内、外卡（图中件 2、1）外，碟形弹簧 3 也是很重要的零件。一方面要求碟形弹簧提供足够的压紧力，另一方面要求弹性稳定耐久，簧片不易损坏。

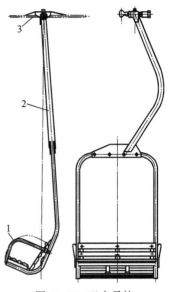

图 18-15　双人吊椅
1—座椅；2—吊架杆；3—抱索器

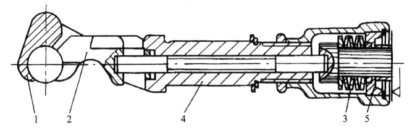

图 18-16　双人吊椅抱索器
1—外抱卡；2—内抱卡；3—碟形弹簧；4—与吊架杆相连的套筒（此套筒与外抱卡 1 是同一整体）；5—螺母

18.4.5　片弹簧的应用图例

图 18-17 和图 18-18 所示为片弹簧在检测仪表中作敏感元件的实例，利用了弹簧只在最小刚度平面上容易弯曲而在其他方向具有大的刚度的特点。图 18-19 所示为片弹簧在插座中的应用，则是利用了弹簧作为弹性支撑和定位装置，没有摩擦和间隙、不需要经常润滑且工作可靠的优点。图 18-20 所示为片弹簧在离合器中的应用，利用了片弹簧形状简单、节省空间、恢复性能好的优点。

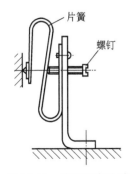

图 18-17　检波器弯片簧

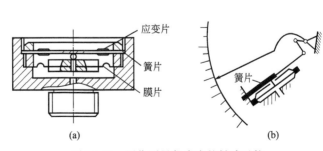

(a)　　　　　　　　　　(b)

图 18-18　用作测量仪表中的敏感元件

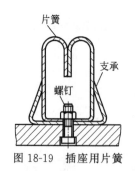

图 18-19　插座用片簧

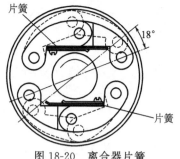

图 18-20　离合器片簧

18.4.6　板弹簧的应用图例

图 18-21 所示为板弹簧在电力车辆悬置车架中的应用，图 18-22 所示为板弹簧在矿运机铲斗中的应用，板弹簧都是起缓冲和减振的作用。

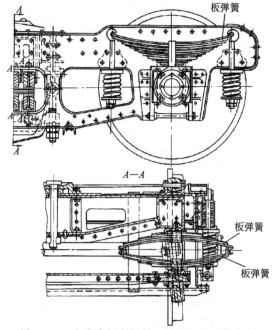

图 18-21　电力车辆所用的三处悬置的双轴车架

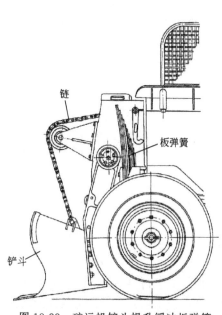

图 18-22　矿运机铲斗提升缓冲板弹簧

18.4.7　游丝应用实例

游丝应用实例见表 18-2。

表 18-2　游丝应用实例

类型	典型结构	说明
钟表机振荡系统的游丝	1—游丝;2—游丝座;3—摆轮;4—摆轮轴;5—小圆盘	利用游丝转角与力矩的关系

类型	典型结构	说明
使零件紧接触的游丝	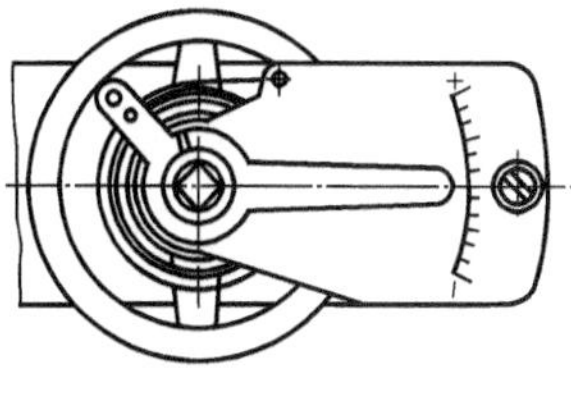	利用游丝工作时产生的弹性恢复力矩，使零件之间紧密接触，以消除系统中的空隙对空回误差的影响
电表中的测量游丝		
百分表中作接触的游丝	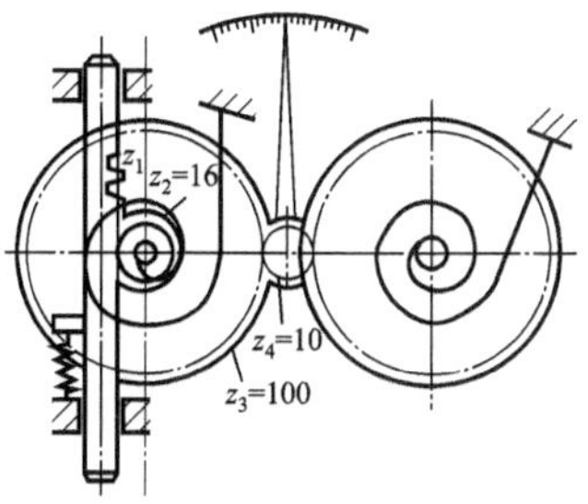	

18.4.8　扭转弹簧的应用实例

图 18-23(a) 所示为采用扭杆弹簧的汽车悬架。扭杆弹簧的一端固定于车身，另一端与悬架控制臂连接。车轮上、下运动时，扭杆便发生扭曲，起弹簧作用。

图 18-23(b) 所示的是扭杆弹簧作为摇枕装置装在转向架上的情况。扭杆部件由扭杆臂或摆动臂 A、扭杆 C 及固定臂（或反作用臂）组成。摆动臂作为扭杆的转动端，固定臂作为扭杆的固定端，扭杆及各臂间大多采用齿形连接。根据实际情况，固定臂既可以布置在图中所示的位置，也可以处于任意一个其他位置。机车重量在摆动臂端部产生反作用力 P，该力以作用力矩 Pp 作用于扭杆。扭杆将此力矩传到固定杆（这时的力矩用 Ff 表示），并在固定臂端部产生作用力 F。如果在 K 及 L 处加上由支承点作用于弹性部件（摆动臂-扭杆-固定臂）的力 P 及 F，系统就处于平衡状态。

图 18-24 所示的是拖拉牵引机的悬挂结构，其悬挂装置是特殊的扭力轴，并沿机器全宽布置，轮子 1 的钢质平衡杆 5 为冲压制成，杆中有孔以减轻重量。各轮的平衡杆是可换的，杆端装有环 4 和托架 2，环 4 用来装缓冲器，托架 2 则是行程限制器 3 的支梁。平衡杆以两个塑料套筒 7 装于机架内，机架端部装有扭力轴 8，为圆柱体，端部较粗且带有花键，扭力轴由合金钢制成。通过加载处理，分成左、右两根扭力轴。

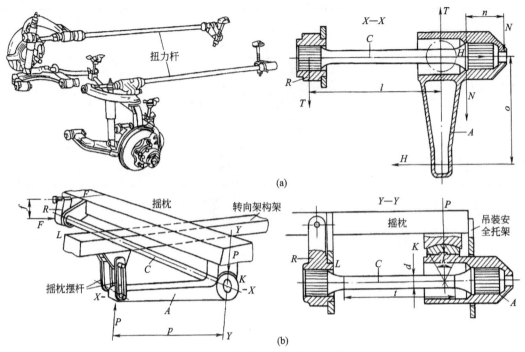

(a)

(b)

图 18-23　扭杆弹簧在汽车及机车上的应用

18.4.9　橡胶弹簧的应用图例

　　图 18-25 所示为 $6m^3$ 底侧卸式矿车中应用了两种形式的橡胶弹簧。其轮对轴箱支承采用人字形橡胶弹簧。这种橡胶弹簧已成功地应用于国外某些铁道车辆转向架上，用它来连接摇枕（或轴箱）和转向架构架，以代替一般转向架中的复杂悬挂系统。国内亦已应用在矿车及工矿电机车、斜井箕斗等运输设备上，并取得了良好效果。这种人字形橡胶弹簧同时能起垂直、横向和纵向三个方向的减振作用，对于简化车辆结构，减轻重量，减少车辆零部件的损坏和钢轨的磨损，以及改善和提高车辆动力性能与运行性能都有良好的效果。在该车车钩缓冲器的中心带孔上还应用了圆柱形多片组合的橡胶弹簧（见图 18-25 所示剖面）。其中心孔直径 $d=40mm$，外径 $D=110mm$，单个弹簧由双层橡胶和钢板粘接、硫化而成，每层橡胶的厚度为 30mm，车钩缓冲器允许承受的最大载荷为 37700N。这种有橡胶元件的缓冲器与一般钢弹簧缓冲器相比，尺寸小，重量轻，结构简单、紧凑，前后两个方向均可起到减振作用，衰减抖振的性能良好。

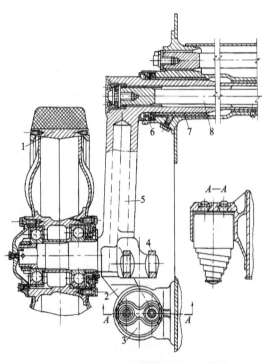

图 18-24　采用扭杆弹簧的拖机悬挂装置
1—轮子；2—托架；3—行程限制器；4—环；5—钢质平衡杆；6—密封；7—塑料套筒；8—扭力轴

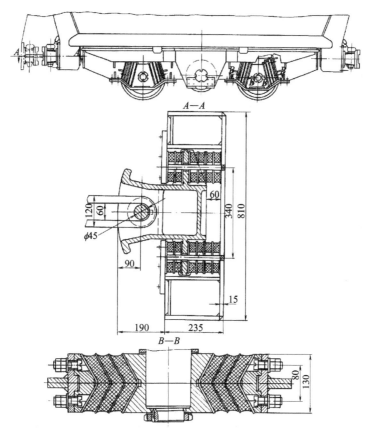

图 18-25 橡胶弹簧在底侧卸式矿车上的应用

图 18-26 所示为摩托车摇动部分的结构示意及橡胶弹簧工作原理图。摩托车转弯时，乘者身体倾斜，使座前的车体部分也倾斜，同时摆轴也倾斜，这时装在凸轮四周的四块橡胶弹簧被四棱凸轮压缩。转弯结束时，橡胶的反力作为恢复力，使身体轻松地恢复到直立状态。

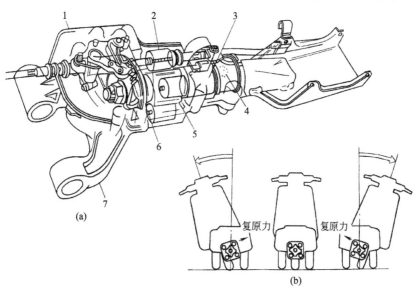

图 18-26 摩托车摇动部分结构示意及橡胶弹簧工作原理图
1—上壳体；2—橡胶弹簧；3—摆动连接轴；4—无油轴瓦；5—四棱凸轮；6—滚动轴承；7—下壳体

但是这一复原特性对于摆轴来说是非线性的。倾斜角小时反力小，倾斜角大时反力也大，所以使人感到既轻快又稳定。

18.4.10 空气弹簧的应用图例

(1) 空气弹簧在矿井进罐摇台上的应用

图 18-27 所示为使用空气弹簧控制的矿井提升罐笼用进罐摇台。取消了配重，使配置结构尺寸紧凑；摇台台面由空气弹簧控制，很平稳；台面下降时靠自重，空气弹簧起缓冲作用；倾

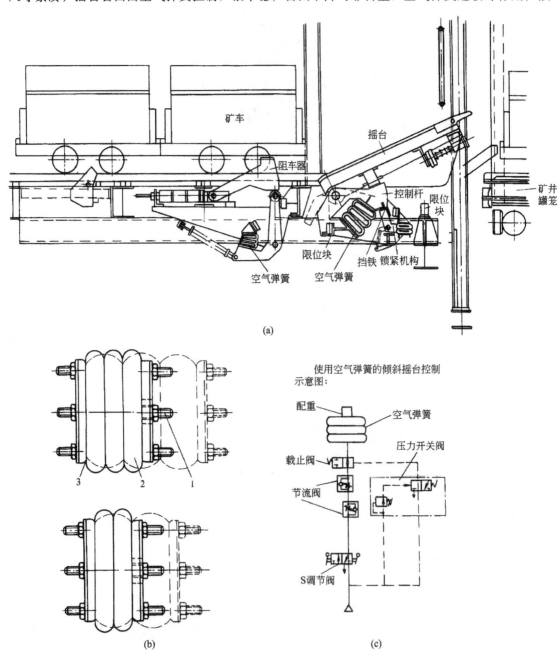

图 18-27　空气弹簧在矿井进罐摇台上的应用

1—上板和下底板，带有不锈钢螺栓和压缩空气接头；2—空气弹簧以及
空气弹簧间的耐蚀垫圈；3—将空气弹簧固定在底板上的零件

斜摇台被充入压力的空气弹簧（并起伸缩气缸作用）抬起并保持在最高的位置上，终端位置由一机械挡铁限制住，并由另外一锁紧机构加以保险；锁紧机构也同样由一空气弹簧控制。要求倾斜摇台下降时，空气弹簧通过一可调节流阀排气，倾斜摇台靠自重将空气弹簧压紧并降至罐笼层。在摇台放平时，如果罐笼还应向上抬起时，因摇台与控制杠杆没有紧固地连接在一起，摇台的台面可再次抬起，空气弹簧保持无压，直至倾斜摇台台面重新抬起时再通气。

（2）空气弹簧在车辆悬挂装置中的应用图例

图 18-28 所示为车辆悬挂装置中的空气弹簧应用简图。空气弹簧悬挂系统主要由空气弹簧本体、空气弹簧悬挂的减振阻尼和高度控制阀系统三部分组成。其工作原理为：车体 1 和转向架 2 之间的空气弹簧 4，通过节流孔 5 与附加空气室 3 沟通。用风管将附加空气室与高度控制阀 8 连接。高度控制阀固定在车体上，并通过杠杆 6 和拉杆 7 与转向架 2 连接，空气经主气缸引至高度控制阀。

假如空气弹簧上的载荷增加，这时车体将下降，并且高度控制阀的杠杆在拉杆的作用下按顺时针方向转动，因此与主气缸连接的高度控制阀的进气阀打开，空气开始流入附加空气室和空气弹簧，一直到车体升高到原来位置为止。于是杠杆恢复到原来水平位置，并且高度控制阀的进气阀被关闭。

假如空气弹簧上的载荷减少，这时车体将上升，而高度控制阀的杠杆按反时针方向转动，通大气的高度控制阀的排气阀被打开，空气从空气弹簧和附加空气室排出，一直到车体降到原来的位置，排气阀被关闭。

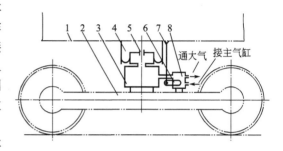

图 18-28 空气弹簧在车辆悬挂装置中的应用
1—车体；2—转向架；3—附加空气室；4—空气弹簧；
5—节流孔；6—杠杆；7—拉杆；8—高度控制阀

所以在高度控制阀的作用下，空气弹簧的高度可以保持不变。如果阀中再设置一个油压减振器和一个缓冲弹簧，起滞后作用，则可以使高度控制阀对动载荷没有反应，只在静载荷变化时才起作用。这样可以避免车辆在运行时空气的消耗。

参考文献

[1]   冯仁余，张丽杰主编．机械制图简化画法及应用图例．北京：化学工业出版社，2015.

[2]   冯仁余，石红霞主编．机械常用机构设计与禁忌．北京：化学工业出版社，2014.

[3]   〔美〕Neil Sclater，Nicholas P. Chironis 著．机械设计实用机构与装置图册．邹平译．北京：机械工业出版社，2011.

[4]   陈光明，贾珂，范海蓉，彭朝勇编著．航空装备中常用机构与零部件应用分析．北京：国防工业出版社，2011.

[5]   〔日〕小栗富士雄，小栗主编．机械设计禁忌手册．北京：机械工业出版社，1990.

[6]   〔日〕藤森洋三著．机构设计实用构思图册．贺相译．北京：机械工业出版社，1990.

[7]   王帆，曾昭儇主编．中外机械图样简化应用图册．北京：机械工业出版社，1988.

[8]   成大先主编．机械设计手册．第 5 版．机构．北京：化学工业出版社，2010.

[9]   杨振宽主编．机械产品设计常用标准手册．北京：中国标准出版社，2010.

[10]   黄平主编．常用机械零件及机构图册．北京：化学工业出版社，1999.

[11]   成大先主编．机械设计手册．第 1 卷．北京：化学工业出版社，2004.

[12]   成大先主编．机械设计手册．第 2 卷．北京：化学工业出版社，2004.

[13]   成大先主编．机械设计手册．第 3 卷．北京：化学工业出版社，2004.

[14]   机械设计手册编委会．机械设计手册．第 1 卷．北京：机械工业出版社，2007.

[15]   机械设计手册编委会．机械设计手册．第 2 卷．北京：机械工业出版社，2007.

[16]   机械设计手册编委会．机械设计手册．第 3 卷．北京：机械工业出版社，2007.

[17]   吴宗泽主编．机械设计实用手册．北京：化学工业出版社，2003.

[18]   龚桂义主编．机械设计课程设计图册．北京：高等教育出版社，2003.

[19]   陈铁鸣主编．新编机械设计课程设计图册．北京：化学工业出版社，1999.

[20]   吴宗泽，罗圣国主编．机械设计课程设计手册．北京：高等教育出版社，2003.

[21]   王大康，卢颂峰主编．机械设计课程设计．北京：北京工业大学出版社，1999.

[22]   邱宣怀主编．机械设计．北京：高等教育出版社，1997.

[23]   吴宗泽主编．机械设计禁忌 500 例．北京：机械工业出版社，2000.

[24]   陈继平，李元科主编．现代设计方法．武汉：华中科技大学出版社，1997.

[25]   陈健元主编．机械可靠性设计．北京：机械工业出版社，1992.

[26]   陈屹，谢华主编．现代设计方法及其应用．北京：国防工业出版社，2004.

[27]   张鄂，买买提明主编．现代设计理论与方法．北京：科学出版社，2007.

[28]   杨现卿，任济生，任中全主编．现代设计理论与方法．北京：中国矿业大学出版社，2010.

[29]   濮良贵，陈国定，吴立言主编．机械设计．北京：高等教育出版社，2013.

[30]   华大年主编．连杆机构设计与应用创新．北京：机械工业出版社，2004.

[31]   符炜编著．机械创新设计构思方法．长沙：湖南科学技术出版社，2006.

[32]   华大年，唐之伟主编．机构分析与设计．北京：纺织工业出版社，1985.

[33]   华大年，华志宏，吕静平主编．连杆机构设计．上海：上海科学技术出版，1995.

[34]   洪允楣主编．机构设计的组合与变异力法．北京：机械工业出版社，1982.

[35]   史习敏主编．精密机械设计．上海：上海科学技术出版社，1987.

[36]   杨甚厚主编．机构运动学与动力学．北京：机械工业出版社，1987.

[37]   许洪基，雷光主编．现代机械传动手册．北京：机械工业出版社，2002.

[38]   张春林主编．机械创新设计．北京：机械工业出版社，1999.

[39]   孟宪源，姜琪编著．机构构型与应用．北京：机械工业出版社，2004.

[40]   于慧力，李广慧，尹凝霞编著．轴系零部件设计实例精解．北京：机械工业出版社，2010.

[41]   于慧力，潘承怡，向敬忠，冯新敏编著．机械零部件设计禁忌．北京：机械工业出版社．

[42]   袁剑雄，李晨霞，潘承怡编著．机械机构设计禁忌．北京：机械工业出版社．